"十四五"时期

国家重点出版物出版专项规划项目 · 重大出版工程

空间科学与技术研究丛书

深空探测卫星重力反演理论及应用

THEORY AND APPLICATION OF DEEP SPACE EXPLORATION SATELLITE GRAVITY RECOVERY

郑 伟 平劲松 著

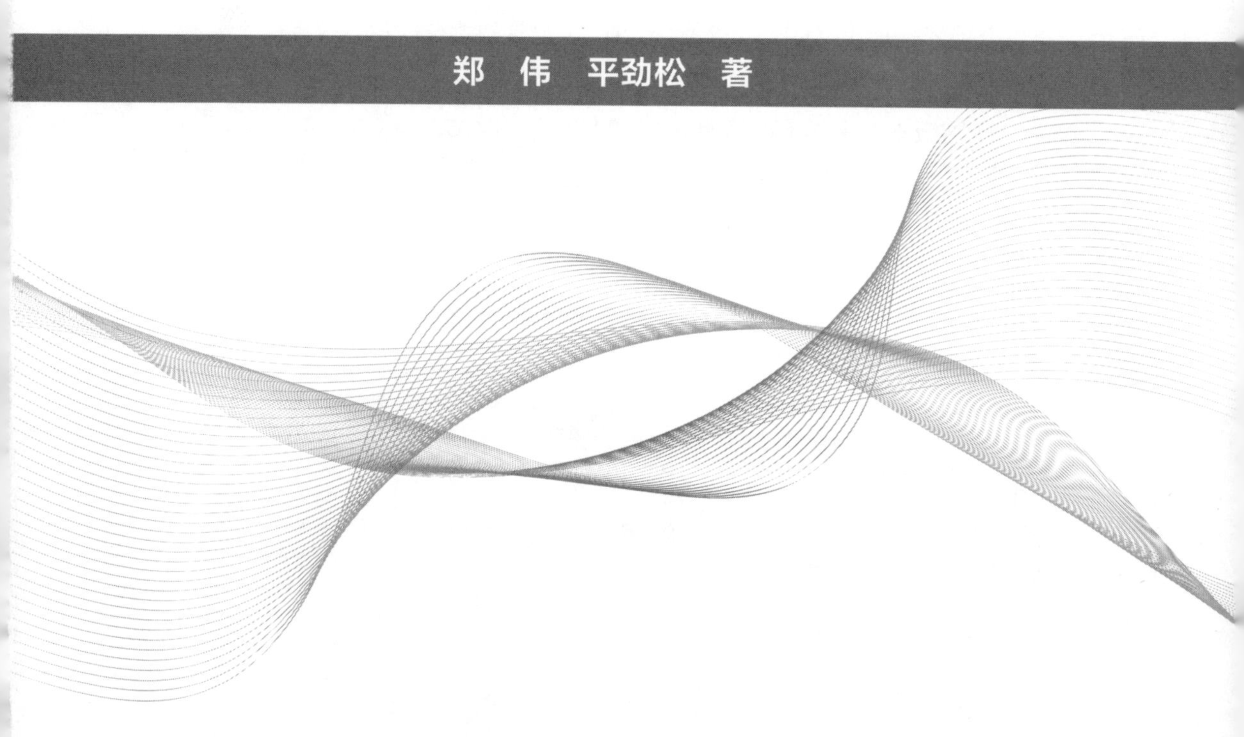

北京理工大学出版社
BEIJING INSTITUTE OF TECHNOLOGY PRESS

内容简介

本书是一本较系统和翔实地论述深空探测卫星重力反演理论及应用的科学专著。全书共11章，主要内容包括：地球卫星重力场模型及其应用研究进展；月球物理场探测理论和方法；月球探测计划研究进展；月球重力场模型研究进展及展望；基于“嫦娥”1号和其他探月数据的测月学研究；我国将来月球卫星重力梯度计划实施；下一代Moon－Gradiometer月球重力梯度卫星系统的关键载荷和轨道参数的敏感度分析；基于将来Moon－ILRS卫星重力计划提高月球重力场反演精度；我国将来Mars－SST火星卫星重力测量计划优化设计；基于新型半数值累积大地水准面综合误差模型精确估计火星卫星重力场精度；未来金星卫星重力梯度计划Venus－SGG的精度评估和性能分析。

本书可供从事与深空探测卫星重力反演相关科学研究的科研人员阅读，也可作为天体测量学、天体物理学、天文学等相关专业本科生和研究生的教学参考书。

图书在版编目（CIP）数据

深空探测卫星重力反演理论及应用／郑伟，平劲松著．－－北京：北京理工大学出版社，2022.7

ISBN 978－7－5763－1415－1

Ⅰ．①深…　Ⅱ．①郑…　②平…　Ⅲ．①卫星重力学－重力反演问题－研究　Ⅳ．①P312

中国版本图书馆CIP数据核字（2022）第104057号

责任编辑：陈莉华　　**文案编辑**：陈莉华
责任校对：刘亚男　　**责任印制**：李志强

出版发行／北京理工大学出版社有限责任公司
社　　址／北京市丰台区四合庄路6号
邮　　编／100070
电　　话／（010）68944439（学术售后服务热线）
网　　址／http：//www.bitpress.com.cn

版 印 次／2022年7月第1版第1次印刷
印　　刷／三河市华骏印务包装有限公司
开　　本／710 mm×1000 mm　1/16
印　　张／28.5
彩　　插／4
字　　数／438千字
定　　价／126.00元

序

重力场是天体的基本物理场。它反映天体系统的质量分布与其运移状况，制约天体及周围物体的运动状态。天体重力场探测，对于天体测量学、天体物理学、深空导航学、空间科学等都有重要意义。

传统的地面探测手段，受诸多限制，难以获取天体重力场的详细信息。不同于地面探测手段，卫星重力测量是一种先进的全新重力探测技术。其原理是，将低轨卫星当作重力场的传感器，通过观测卫星资料反演天体重力场。拿地球卫星重力测量来说，自20世纪70年代以来，受到国际科学界的重视，相继推出CHAMP、GRACE、GOCE等卫星重力计划。其结果是，地球重力场探测与研究取得了极大进展，地球重力场模型达到了前所未有的精细程度。

深空探测的科学目标，在于认识自然，探索宇宙奥秘，寻求人类未来。天体重力场探测是深空探测的重要组成部分。重力场知识是研究天体质量分布，进行物理勘探的基础，也是空间飞行器的发射、定轨、遥控、跟踪、制导的依据。因此，天体重力场探测，对于行星科学、空间科学、宇航学等具有重要的意义。

重力场探测的意义，不只表现在科学方面，还表现在社会政治方面。重力场是人们进出太空、利用太空与控制太空的“利器”。在一定意义上说，谁掌握重力场，谁就拥有太空的主动权，拥有深空的主动权。因此，重力场探测，对于太空安全、领空安全、国土安全，都具有无比的重要性。

本书是关于深空天体重力场探测问题的专著，也是两位作者关于深空天体卫星重力反演研究的成果。本书主要内容包括：地球卫星重力场模型及其应用研究进展；月球物理场探测理论和方法；月球探测计划研究进展；月球重力场模型研究进展及展望；基于“嫦娥”1号和其他探月数据的测月学研究；我国将来月球卫星重力梯度计划实施；下一代 Moon - Gradiometer 月球重力梯度卫星系统的关键载荷和轨道参数的敏感度分析；基于将来 Moon - ILRS 卫星重力计划提高月球重力场反演精度；我国将来 Mars - SST 火星卫星重力测量计划优化设计；基于新型半数值累积大地水准面综合误差模型精确估计火星卫星重力场精度；未来金星卫星重力梯度计划 Venus - SGG 的精度评估和性能分析等。

本书聚焦国际卫星重力测量和深空探测的热点问题，面向科学发展和国防需求，围绕深空探测卫星重力反演理论及应用，进行了比较系统性的研究，提出了一些深空天体重力场探测方案。希望本书对我国未来深空卫星重力计划实施有所帮助。

深空的含义，在不同领域，有不同说法。按照本人的观点，深空指地球静止卫星轨道（离地球36 000 千米）以上的空间，远在太空（离地球100 ~ 1 000 千米）之外，包括整个太阳系。

深空，寂静而浩瀚。或偶有引力波掠过，或稀有不速之客光顾。然而，深空并非处处荒瘠寂寞，那里栖息着太阳系行星及其卫星，还有与它们“生死与共”的重力场相伴。地球村与这些天体为伍为邻，沐浴于它们的重力场中。我们地球人与它们息息相关，我们有义务认识它们，熟悉它们，也许有一天它们就是我们地球人的新家园。科学先辈们为探知深空奥秘已贡献良多，深入探索深空天体重力场的神圣任务已降到我们后辈人肩上了。

祝愿学者们关于深空天体卫星重力反演研究取得更大进展，祝愿我国深空天体重力场探测事业取得更大的成绩。

是为序。

魏子卿

中国工程院院士　魏子卿

西安测绘研究所

前　言

天体重力场是天体（地球、月球、火星、金星等）的基本物理场，反映了天体系统的物质分布、运动和变化状态，制约着天体本身及外部空间所有物体的运动，同时决定着大地水准面的起伏和变化，重力场精密测量对于天体测量学、天体物理学、导航与定位、航空航天、地震学、空间科学等具有重要意义。传统的重力探测技术由于受到自然条件的限制，难以获取全球均匀分布和高精度的天体重力场信息。由于全球重力场测量在国防和民用航天、天体物理等领域具有重大的战略和科学意义，天体重力卫星测量自从20世纪70年代就得到国际科研机构的极大关注和巨大投入。深空卫星重力探测技术是将低轨卫星作为天体重力场的传感器或探测器，获取高精度天体重力场及其时变信息的测量方式。其现实意义在于：高精度天体重力场不仅是研究天体表面和内部物质的质量变化和重新分布的基础，而且也是空间飞行器如卫星、导弹、航天飞机和星际探测器的发射、制导、跟踪、遥控以及返回天体的基本保障，对天体物理勘探、全球变化、国防等研究领域具有重要意义，同时高精度星载设备的研制也将带动我国相关高精尖科学应用技术的发展。

为了适应深空探测、航天、测绘等交叉学科的发展，我国很多高等院校都为天体测量专业的本科生和研究生开设了“深空卫星重力学”等相关课程。本书为满足此方面的教学和科研需要撰写而成，全书共11章：第1章介绍了地球卫星重力场模型及其应用研究进展；第2章介绍了月球物理场探测理论和方法；第 3 章介绍了月球探测计划研究进展；第 4 章介绍了月球重力场模型研究进展及展望；第 5 章介绍了基于“嫦娥”1 号和其他探月数据的测月学研究；第 6 章介绍了我国将来月球卫星重力梯度计划实施；第 7 章介绍了下一代 Moon - Gradiometer 月球重力梯度卫星系统的关键载荷和轨道参数的敏感度分析；第 8 章介绍了基于将来 Moon - ILRS 卫星重力计划提高月球重力场反演精度；第 9 章介绍了我国将来 Mars - SST 火星卫星重力测量计划优化设计；第 10 章介绍了基于新型半数值累积大地水准面综合误差模型精确估计火星卫星重力场精度；第 11 章介绍了未来金星卫星重力梯度计划 Venus - SGG 的精度评估和性能分析。

本书是第一作者在 20 余年（2002—2023 年）从事深空卫星重力学的科研［第一/通讯作者在国内外权威学术期刊 *Surveys in Geophysics*（IF = 7.965，SCI 一区）、*Journal of Hydrology*（IF = 6.708，SCI 一区）、*Remote Sensing*（IF = 5.349，SCI 二区）、*IEEE Geoscience and Remote Sensing Letters*（IF = 5.343，SCI 二区）、*IEEE Transactions on Instrumentation and Measurement*（IF = 5.332，SCI 二区）、*Journal of Geophysical Research - Atmospheres*（IF = 5.217，SCI 二区）、*IEEE Sensors Journal*（IF = 4.325，SCI 二区）、*Progress in Natural Science*（IF = 4.269，SCI 二区）、*Defence Technology*（IF = 4.035）、*Sensors*（IF = 3.847，SCI 二区）、*IEEE Access*（IF = 3.476，SCI 二区）、*Human and Ecological Risk Assessment*（IF = 4.997）、*IEEE Journal of Selected Topics in Applied Earth Observations and Remote Sensing*（IF = 4.715）、*Frontiers in Earth Science*（IF = 3.661）、*International Journal of Remote Sensing*（IF = 3.531）、*Water*（IF = 3.530）、*Hydrogeology Journal*（IF = 3.151）、*Journal of Marine Science and Engineering*（IF = 2.744）、*Journal of Geodynamics*（IF = 2.673）、*Advances in Space Research*（IF = 2.611）、*Acta Geophysica*（IF = 2.293）、*Planetary and Space Science*（IF = 2.085）、*Astrophysics and Space Science*（IF = 1.909）、*Marine Geodesy*（IF = 1.579）等发表研究论文 150 余篇（SCI 收录 110 余篇），他引 1 500 余次；第一发明人授权国家发明专利 25 项和受理 45 项］和教学工作的基础上扩充和整理而成。本书的出版获得了中央军委科技委重点项目和前沿科技创新项目（17 - H863 - 05 - ZT - 001 - 022 - 01，

19－H863－05－ZT－001－017－01），国防科技创新特区创新工作站项目，国家重点研发计划科技军民融合重点专项（2022YFF1400500）、国家自然科学基金重点项目（40234039，41131067）、面上项目（41574014，41774014，42274119）和青年项目（41004006，结题特优），“兴辽英才计划”科技创新领军人才项目（XLYC2002082），日本学术振兴会（JSPS）基金项目（B19340129），中国科学院知识创新工程重要方向青年人才项目（KZCX2－EW－QN114），中国科学院卢嘉锡青年人才和青年创新促进会基金（2012），中国空间技术研究院杰出青年人才基金（2017，2018），中国科学技术协会学术会议示范品牌建设工程项目（2017XSHY006）等30余项联合资助。本书的研究成果荣获英国伦敦国际发明铂金奖（第一发明人，2023）、瑞士日内瓦国际发明银奖（第一发明人，2023）、中国测绘科技进步一等奖（第一完成人，2012、2018、2020）、辽宁省科技进步一等奖（第一完成人，2023）、中国专利优秀奖（第一发明人，2021）、中国发明创业创新一等奖（第一完成人，2022）、湖北省自然科学二等奖（第一完成人，2012）、中国地球物理科技进步二等奖（第一完成人，2013）、中国生产力促进创新发展二等奖（第一完成人，2022）、中国科学院卢嘉锡青年人才奖（全国50名/年，2012）、刘光鼎地球物理青年科学技术奖（全国5名/年，2014）、傅承义青年科技奖（全国5名/年，2015）、十佳中国电子学会优秀科技工作者奖（全国10名/年，2018）、中国青年测绘地理信息科技创新人才奖（全国30名/年，2018）、中国地球物理科学技术创新奖（全国2名/年，2019）、中国产学研合作创新奖（全国40名/年，2022）、中国发明创业人物奖（全国40名/年，2023）、中国航天科技集团钱学森实验室技术创新奖（2022）、“兴辽英才”攀登学者奖（2021）、湖北省新世纪高层次人才工程奖（2012）、领跑者5000－中国精品科技期刊顶尖论文奖（第一作者，2013、2014、2016）、中国惯性技术创新优秀论文奖（全国2篇/年，2018）等30余项。本书的技术成果获西班牙科学院、澳大利亚纽卡斯尔大学等28个国防、航天、测绘、海洋等部门的应用和好评（应用证明），具有重要的应用前景、经济价值和社会效益。

诚挚感谢国家出版基金管理委员会“国家出版基金”对本书出版的全额

资助；衷心感谢北京理工大学出版社陈莉华、李颖颖等全体编辑在本书出版过程中的辛勤工作和鼎力支持。由于作者的科研和教学水平有限，书中不足之处在所难免。如发现不妥之处，恳请广大读者批评指正，并与本书作者联系（Email:wzheng128@163.com），作者将不胜感激。

郑 伟

目　录

第 1 章
地球卫星重力场模型及其应用研究进展

本章在简述地球重力场模型发展历程的基础上，对地球卫星重力场模型及其应用的研究进展进行综述。第一，回顾了卫星重力测量技术的发展历程，并对CHAMP、GRACE、GOCE 和 GRACE - FO 任务进行了详细介绍；第二，阐述了目前主要的卫星重力反演方法及其改进现状；第三，介绍了目前国际上主要机构反演的地球卫星重力模型，并分别对 CHAMP - Only、GRACE - Only 和 GOCE - Only 的系列模型进行对比分析；第四，综述了地球卫星时变重力场模型的应用研究进展；第五，对天空海一体化导航与探测团队在地球卫星重力场模型及其应用的研究进展进行了概述；第六，对未来地球卫星重力场模型研究进行了展望，提出了研究建议。

1.1 研究概述

地球重力场是地球的基本物理特性之一，反映了地球内部物质的空间分布及其运动变化，同时决定着大地水准面的起伏和变化，研究地球重力场及其时变是人类更深层次认识地球的必由之路[1]。高精度和高空间分辨率的地球重力场模型为人类探寻自然资源、揭示环境变化和预测自然灾害提供了重要的基础信息，尤其是高精度地球时变重力场模型在全球陆地水文变化、冰川消融与海平面升降、强地震分析和气候变化等方面具有重要意义[2-7]。

高精度和高空间分辨率的地球重力场测量在国际上一直受到高度重视。传统的重力测量手段主要包括地面重力测量和航空重力测量，由于受到地形、天气等自然条件和作业强度、成本等人工条件的限制，覆盖率并不理想，一般只能用于区域重力测量。卫星测高受限于测量区域地面反射性要求，一般只能用于海洋和冰川地区重力场测量。而卫星重力测量不受地面环境和天气状况等条件限制，自动测量重力场数据，为获取的全球高精度、高空间分辨率的地球重力场模型及其时变提供了新的路径[8-9]。目前国际上已进行了四期地球重力卫星任务，即挑战小卫星有效载荷计划（CHAllenging Minisatellite Payload，CHAMP）、地球重力场恢复及气候探测计划（Gravity Recovery And Climate Experiment，GRACE）、地球重力场稳态海洋环流探测计划（Gravity Field and Steady - State Ocean Circulation Explorer，GOCE）和下一代地球重力场恢复及气候探测计划（Gravity Recovery And Climate Experiment Follow - On，GRACE - FO）。国际上公开发布的融合卫星重力测量、地面/航空重力测量、卫星测高等数据的高精度地球重力场模型最高可达 2 190 阶。例如，美国国家地理空间情报局（US National Geospatial - Intelligence Agency，NGA）释放的全球超高阶地球重力场模型 EGM2008（Earth Gravitational Model 2008），德国波茨坦地学研究中心（GeoForschungsZentrum，GFZ）和法国空间大地测量组（Groupe De Recherche De Géodésie Spatiale，GRGS）联合发布的全球超高阶地球重力场模型 EIGEN - 6C4 等，已经具有相当高的应用价值[10-11]。

尽管目前地球重力场反演已经取得了部分进展，但对于彻底理解地球重力场及其应用仍远远不足，地球重力场反演仍然是大地测量学和地球物理学的重要基础研究领域。中国在重力测量方面起步较晚，目前已有自主发射的重力测量卫星，在地球重力场反演研究方面已取得了一系列成果，如中国科学院测量与地球物理研究所的 IGG 系列和 WHIGG - GEGM01S/02S/03S 系列模型，武汉大学的 WDM 系列模型、西安测绘研究所的 DQM 系列模型以及同济大学的 Tongji 系列模型等。

自 2002 年第一颗重力卫星 CHAMP 发射以来，国内外研究人员围绕四期地球重力卫星任务开展了大量研究。2017 年，GRACE 卫星运行 15 年后完成使命；2018 年，GRACE - FO 卫星发射。在这个承前启后的时间点，对前人在地球重力卫星方面的研究进展进行总结和回顾并提出未来展望具有非常重要的意义。

1.2　卫星重力测量的基本概念与发展历程

1.2.1　卫星重力测量的基本概念

卫星重力测量跟踪模式主要包括卫星跟踪卫星和卫星重力梯度测量两种技术[12]。卫星跟踪卫星技术是利用高轨或低轨卫星跟踪另一低轨卫星由于地球重力场引起的卫星轨道摄动，再由卫星轨道摄动反演地球重力场模型，包括卫星跟踪卫星高低模式（Satellite - to - Satellite Tracking in the High - Low Mode，SST - HL）和卫星跟踪卫星低低模式（Satellite - to - Satellite Tracking in the Low - Low Mode，SST - LL），如图 1.1 和图 1.2 所示。卫星重力梯度测量技术（Satellite

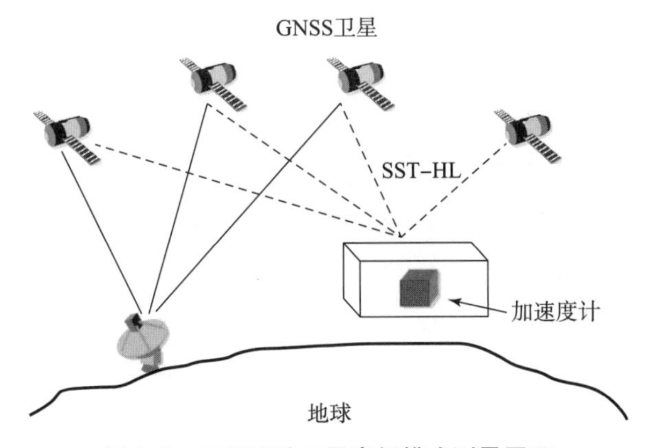

图 1.1　卫星跟踪卫星高低模式测量原理

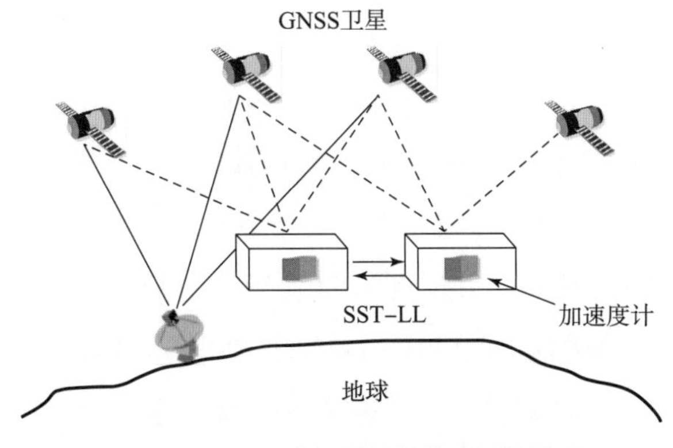

图 1.2　卫星跟踪卫星低低模式测量原理

Gravity Gradient，SGG）是利用低轨卫星搭载的重力梯度仪测量卫星轨道高度处的重力梯度张量，进而反演地球重力场模型，如图 1.3 所示。

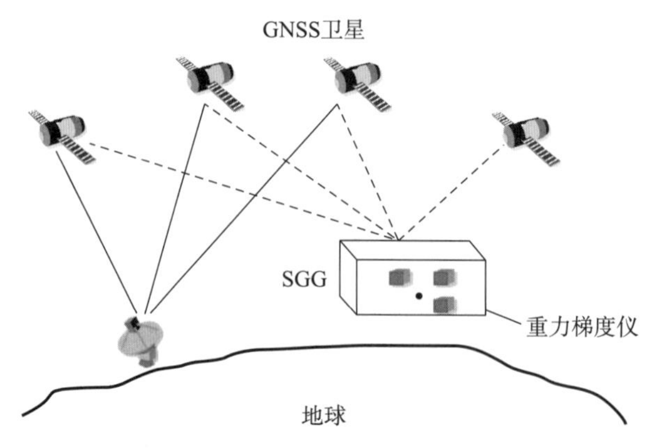

图 1.3 卫星重力梯度测量原理

1.2.2 卫星重力测量的发展历程

自 1957 年苏联在世界上首次成功发射人造卫星 Sputnik－1 以来，利用卫星观测资料建立地球重力场模型的理论和方法在过去的 60 多年中得到迅速发展，并由此衍生了卫星重力学[13]。

20 世纪 60 年代，Baker 和 Wolff 相继提出卫星跟踪卫星高低模式（SST－HL）和卫星跟踪卫星低低模式（SST－LL）理论，为后续卫星重力测量任务实施提供了理论支撑[14－15]。1969 年，Kaula 基于卫星轨道摄动理论，首次结合地面跟踪卫星轨道观测数据和地面重力观测数据构建了 8 阶地球重力场模型，为卫星重力学奠定了基础[16]。

20 世纪 70—80 年代，美国和欧洲相继提出基于卫星跟踪卫星模式的卫星重力测量方案，并进行了相应实验进而验证可行性。20 世纪 80 年代末，欧空局（European Space Agency，ESA）率先提出发射搭载非保守力补偿系统和重力梯度仪的低轨卫星来进行卫星重力梯度测量实验。随后，美国国家航空航天局（National Aeronautics and Space Administration，NASA）也提出卫星重力梯度测量计划。

虽然通过低轨卫星测量地球重力及其变化的概念最早在 20 世纪 60 年代已经

提出，但直到 20 世纪 90 年代，随着 GNSS 技术已经成熟到能够精确对卫星进行定轨，重力卫星计划才真正进入实施阶段。2000 年以后，随着 CHAMP、GRACE、GOCE 和 GRACE－FO 四期地球重力卫星任务相继成功实施，地球重力场探测进入了新纪元。卫星重力测量发展史如表 1.1 所示。

表 1.1　卫星重力测量发展史[12]

时间/年	发展史
1960	Baker 首次提出卫星跟踪卫星高低模式（SST－HL）理论
1966	Kaula 出版的 *Theory of Satellite Geodesy* 奠定了卫星重力学理论基础
1969	Wolff 首次提出卫星跟踪卫星低低模式（SST－LL）理论
1975	美国基于高轨 AST－6 卫星（Applications Technology Satellite－6）进行了 3 次 SST－HL 试验
1978	欧洲 ESA 提出 SLALOM（Satellite Laser Low Orbit Mission）计划
1980	美国 NASA 提出 GRAVSAT（Gravitational Satellite Mission）计划
1989	美国 NASA 提出 SGGM（Superconducting Gravity Gradiometer Mission）计划
1990	美国 NASA 提出 GAMES（Gravity And Magnetic Earth Surveyor）计划
2000	德国 GFZ 研制的 CHAMP 卫星成功发射
2002	美国 NASA 和德国 DLR 合作研制的 GRACE 双星成功发射
2009	欧洲 ESA 研制的 GOCE 卫星成功发射
2018	美国 NASA 和德国 GFZ 合作的 GRACE－FO 双星成功发射

1.2.3　地球重力卫星

CHAMP 卫星于 2000 年 7 月 15 日在俄罗斯发射，由德国 GFZ 提出并负责研制，是世界上第一颗重力卫星，如图 1.4 所示。CHAMP 卫星预期设计寿命为 5 年，通过 4 次轨道提升实际运行 10 年，绕地球飞行 58 277 周，为地球科学研究提供了大量重力观测数据[17]。CHAMP 卫星采用稳定的梯形结构以保证内部空间平稳，卫星搭载用于精确定轨的 BlackJack 型双频全球定位系统（Global Positioning System，GPS）接收机，精度约为 10 cm；用于测定卫星所受非保守力的 STAR 加速度计，精度约为 1×10^{-9} m/s^2；用于测定卫星与地面激光测距站之间距离以验证 GPS 观测数据的激光反射镜，精度为 1～2 cm；提供高精度卫星姿态参考的恒星敏感器，精度约为 4″。CHAMP 采用卫星跟踪卫星高低模式（SST－

HL)，空间分辨率为 1 000 km 时大地水准面精度约为 1 cm，重力异常精度为 0.02 mGal（1 mGal = 10^{-5} m/s^2），极大改善了地球长波重力场模型精度。CHAMP 任务的科学目标：①从轨道摄动分析中得到全球长波至中波长的地球静态和时变重力场模型，应用于地球物理学（固体地球）、大地测量学（大地水准面）和海洋学（洋流和气候）研究；②地球磁场反演，应用于固体地球物理研究；③利用 GPS 无线电掩星技术探测大气和电离层环境，应用于天气预报、导航和全球气候变化研究[17]。

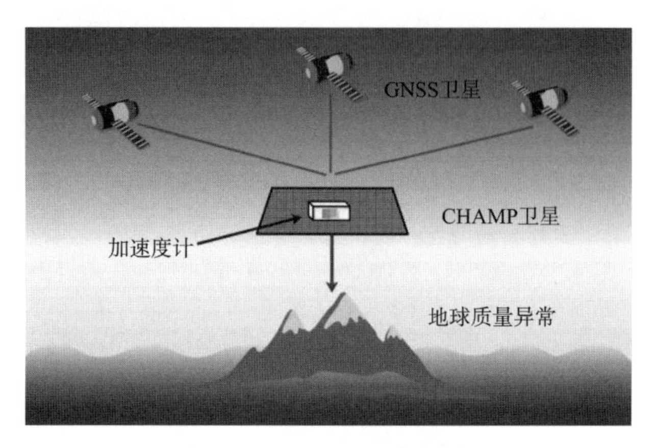

图 1.4 CHAMP 卫星示意图

GRACE 卫星由美国 NASA 和德国宇航中心（Deutsches Zentrum für Luft-und Raumfahrt，DLR）合作研发，是国际上首次采用卫星跟踪卫星低低技术（SST－LL）的重力卫星任务，如图 1.5 所示。GRACE－A/B 双星在 500 km 的轨道高度上相距 220 km，设计寿命为 5 年，实际运行时间长达 15 年，为地球重力场模型反演做出了不可磨灭的贡献[18－19]。卫星搭载用于测定星间距离/速率的高精度星间微波测距系统（K－Band Ranging，KBR），精度为 1 μm/s；用于精确定轨的 BlackJack 型双频 GPS 接收器系统，精度约为 5 cm；用于提供卫星所受非保守力数据的 SuperSTAR 加速度计，精度为 3×10^{-10} m/s^2；提供高精度卫星姿态参考的恒星敏感器，精度约为 2″。GRACE 采用卫星跟踪卫星高低/低低（SST－HL/LL）模式，通过高轨 GPS 卫星跟踪低轨 GRACE 双星以及 GRACE 双星前后相互跟踪来联合确定地球重力场，空间分辨率为 275 km 时大地水准面精度为1 cm，重力异常精度为 0.02 mGal，相比 CHAMP 卫星具有显著提高[20]。GRACE 任务的科学目标：①以前所未有的精度和分辨率获得地球重力场模型及其时间变化；②利用 GPS 无线电掩星技术获得全球大气垂直温度和湿度剖面图；③为研究海洋洋流、冰盖和冰川质量变化以及大陆水和雪的存储变化等提供高精度时变重力场模型。

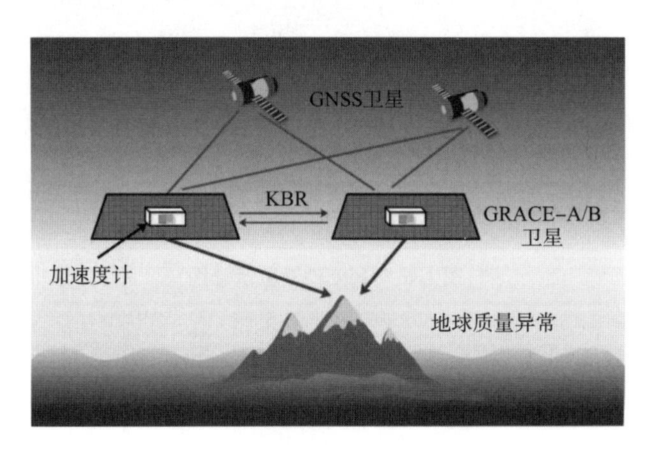

图 1.5　GRACE 卫星示意图

GOCE 是由 ESA 独立研制的首颗采用重力梯度测量模式（SGG）的卫星，如图 1.6 所示。GOCE 卫星设计寿命为 20 个月，实际在 260 km 轨道高度飞行 4 年零 8 个月，为提高地球中短波重力场模型精度提供了大量观测数据[21-23]。GOCE 卫星搭载高精度重力梯度仪，可直接测定卫星轨道高度处的引力位二阶导数，精度达 3×10^{-12} m/s^2；用于非保守力补偿系统的离子微推进器，精度为 50 μN；用于提供卫星姿态参考的恒星敏感器，精度约为 1″；用于确定卫星轨道的 GPS/GLONASS 复合接收机，精度为 2 cm。GOCE 卫星通过联合卫星跟踪卫星高低模式（SST-HL）和卫星重力梯度测量模式（SGG）来确定地球重力场，并首次搭载了非保守力补偿系统来平衡非保守力（包括大气阻力、太阳辐射压、地球辐射压、卫星姿态控制力等）。当空间分辨率为 100 km 时，大地水准面精度为 1 ~ 2 cm，重力场异常精度约为 1 mGal[24-25]。GOCE 任务的科学目标：①确定高精度和高空间分辨率的中短波地球重力场；②首次探测地核结构，为更好地了解地球内部物理结构提供新资料；③联合卫星测高提供精确的海洋大地水准面，满足海洋环流、海洋热循环等研究需要。

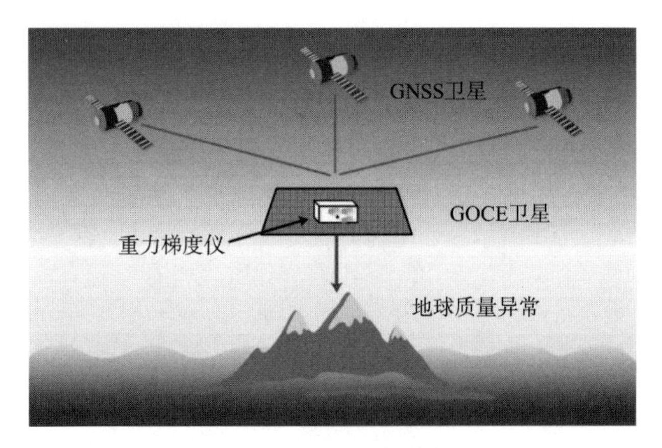

图 1.6 GOCE 卫星示意图

GRACE – FO 卫星于 2018 年 5 月 22 日发射，由美国 NASA 和德国 GFZ 共同研制，任务主要是保持 GRACE 的数据连续性，最大限度地减少 GRACE 之后的数据缺失（图 1.7）。GRACE – FO 卫星搭载实验性质的激光测距干涉仪（Laser Ranging Interferometer，LRI），测量精度相比上一代的星间微波测距系统提高约 20 倍，其他科学载荷与 GRACE 卫星并无太大差别[26-27]。GRACE – FO 任务的科学目标：①继续 GRACE 任务的高分辨率地球重力场月模型反演，预计寿命为 5 年；②验证激光测距干涉仪在改进卫星跟踪卫星低低模式（SST – LL）测量性能方面的有效性；③继续进行 GPS 无线电掩星测量，以便为气候提供服务（如大气垂直温度/湿度剖面图）。当前 GRACE – FO 任务只是为了避免地球重力观测数据出现较长时间断层而进行，并非真正意义上的下一代重力测量卫星。国际上预

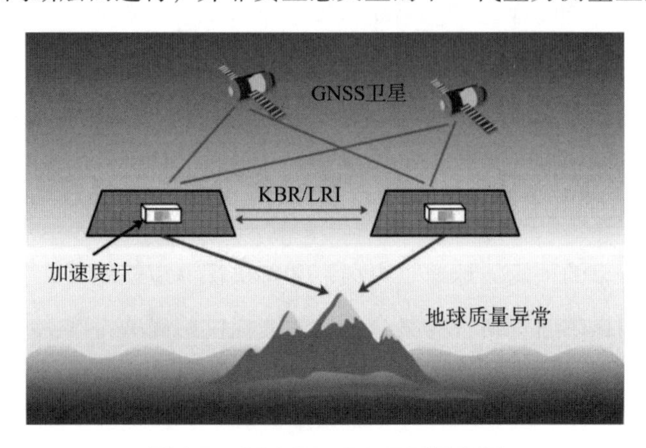

图 1.7 GRACE – FO 卫星示意图

计的下一代 GRACE - FO 卫星轨道高度为 250 km，星间距离为 50 km，同时搭载非保守力补偿系统和激光干涉测距仪，反演地球重力场精度相比 GRACE 计划有较大提升[28-29]。表 1.2 对地球重力卫星主要参数进行了对比。

表 1.2　地球重力卫星主要参数对比

参数	CHAMP	GRACE	GOCE	GRACE - FO
研制机构	GFZ	NASA&DLR	ESA	NASA&GFZ
运行时间	2000. 07. 15—2010. 09. 19	2002. 03. 17—2017. 10. 12	2009. 03. 17—2013. 11. 11	2018. 05. 22 至今
质量/kg	522	487	1 100	580
平均轨高/km	454	485	260	485
轨道倾角/(°)	87. 3	89. 0	96. 5	89. 0
轨道离心率	<0. 004	<0. 004	0. 001	<0. 004
星间距离/km	—	220	—	220
周期/min	93. 55	94. 5	96	~90
设计精度	1 cm@1 000 km	1 cm@275 km	1 cm@100 km	—
测量模式	SST - HL	SST - HL/LL	SST - HL/SGG	SST - HL/LL

1. 3　卫星重力反演理论和方法研究现状

随着 CHAMP、GRACE、GOCE 和 GRACE - FO 的相继发射，目前已经积累了海量的地球重力场观测数据，如何高质量和高效率地处理这些观测数据并反演高精度和高空间分辨率的地球重力场模型成为国际研究热点。本章介绍了目前主流方法的研究进展，包括动力学法、能量守恒法和短弧积分法。

1. 3. 1　动力学法

动力学法是指利用地面 GPS 跟踪站观测数据、地面 SLR 观测数据、重力卫星仪器（星载 GPS、加速度计、星间测距仪等）观测数据以及其他相关数据联合解算 GPS 卫星和重力卫星轨道、地面跟踪站坐标、重力场参数以及其他相关动力学模型参数[30]。

$$\frac{\mathrm{d}^2\boldsymbol{r}}{\mathrm{d}t^2}=\frac{\partial V(\boldsymbol{r},\boldsymbol{u},t)}{\partial \boldsymbol{r}}+\boldsymbol{f}\left(\boldsymbol{r},\frac{\mathrm{d}\boldsymbol{r}}{\mathrm{d}t},\boldsymbol{p},t\right)=\boldsymbol{a}\left(\boldsymbol{r},\frac{\mathrm{d}\boldsymbol{r}}{\mathrm{d}t},\boldsymbol{u},\boldsymbol{p},t\right) \tag{1.1}$$

式中，$\boldsymbol{r}$ 为卫星位置向量；$\partial V(\boldsymbol{r},\boldsymbol{u},t)$ 为卫星所受的单位质量引力；$\boldsymbol{f}\left(\boldsymbol{r},\frac{\mathrm{d}\boldsymbol{r}}{\mathrm{d}t},\boldsymbol{p},t\right)$ 为卫星所受的单位质量其他摄动力；$\boldsymbol{a}\left(\boldsymbol{r},\frac{\mathrm{d}\boldsymbol{r}}{\mathrm{d}t},\boldsymbol{u},\boldsymbol{p},t\right)$ 为引力和其他摄动力之和；$\boldsymbol{u}$ 为待估的地球重力场模型球谐系数；$\boldsymbol{p}$ 为其他待估参数。

动力学法虽然计算步骤复杂、累积误差较难控制，但是其理论严密，求解精度较高。目前国际三大机构（GFZ、JPL 和 CSR）均采用动力学法反演高精度地球重力场模型。德国 GFZ 的 Reigber 等基于动力学法，仅利用 CHAMP 卫星任务 3 个月的 GPS 卫星跟踪数据和加速度计数据即反演了地球卫星重力场模型 EIGEN－1S，在 5°×5°格网下的平均大地水准面误差约为 20 cm，相比之前利用传统卫星轨道观测数据反演的地球重力场模型精度提升了 2 倍[31]。美国 CSR 的 Tapley 等也基于动力学法并利用重力卫星数据反演了 GGM 系列模型[32]。

王长青等基于动力学两步法利用 GRACE Level－1B 数据解算出 IGG 时变重力场模型，且模型精度与国际权威机构发布的时变重力场模型接近[33]。罗志才等为降低轨道共振现象影响，基于动力学积分法仅利用 GRACE 星间 K 波段距离变率（K－Band Range Rate，KBRR）恢复了 60 阶时变重力场模型 WHU－GRACE01，对比结果表明与三大机构时变重力场模型具有较好一致性[34]。

Zhou 等在传统动力学法基础上提出了处理 KBR 残差低频噪声的过滤器预定策略（Filter Predetermined Strategy，FPS），将观测方程的观测向量和设计矩阵通过经验参数同时过滤。模拟实验表明，FPS 可以有效吸收 KBR 残差中的低频噪声[35]。Zhou 等基于改进的动力学法利用 13 年的 GRACE 数据建立了 HUST－GRACE2016S 地球静态重力场模型，已接近主流地球重力场模型精度水平[35]。

1.3.2 能量守恒法

能量守恒法依据具有普适性的能量守恒定律而建立，是获取地球重力场模型的重要途径之一。能量守恒法基于卫星绕地球飞行时扣除所受非保守力后的动能、重力势能等总能量之和为常数的特性，建立卫星动能与扰动位的关

系[36]，即

$$T(\boldsymbol{h})=\frac{1}{2}\,|\dot{\boldsymbol{r}}|^{2}-U_{0}-V_{1}-\omega(\dot{r}_{x}\dot{r}_{y}-\dot{r}_{y}\dot{r}_{x})-\int_{t_{0}}^{t}\dot{\boldsymbol{r}}(\tau')a_{n}(\tau',\boldsymbol{q})d\tau'-C \tag{1.2}$$

式中，T 为扰动引力位；$\dot{\boldsymbol{r}}$ 为卫星速度；$\boldsymbol{h}$ 为待求重力场参数；U_0 为正常引力位；V_1 为保守力位；ω 为平均地球自转角速度；$\boldsymbol{q}$ 为非保守力加速度参数；C 为常数。将高精度轨道观测数据和非保守力测量数据代入式（1.2），可直接解算重力场参数。

自 1957 年 O'Keefe 提出利用能量守恒法解算地球重力场模型以来，国际上对基于能量守恒法利用重力卫星观测数据反演地球重力场模型不断提出改进方法，但直到 2003 年德国慕尼黑工业大学才首次基于能量守恒法利用 CHAMP 重力卫星观测数据构建了 TUM 系列模型[37-39]。

作者等开展了基于改进的能量守恒法反演地球重力场模型研究，并解算了 IGG-GRACE 重力场模型[40-41]，并基于改进的能量守恒法对 GRACE 卫星的关键载荷精度与地球重力场模型精度的相关性进行了定量分析，给出了我国下一代重力卫星的关键载荷精度指标设计，并研究了地球重力场精度与 GRACE 卫星星体和 SuperSTAR 加速度计的质心调整精度的相关性[42-43]。

1.3.3　短弧积分法

短弧积分法本质上由牛顿运动方程推导而来，将卫星轨道表示成 Fredholm 积分方程形式的边界值问题，然后用积分方程法求解地球重力场模型[44]。短弧积分法将弧段积分方程中任意历元的卫星状态向量表示为边界轨道参数、重力场待估参数和其他加速度参数的函数，进而解算地球重力场模型[45]。短弧积分法观测方程表示为

$$\boldsymbol{r}(\tau)=\boldsymbol{r}_{\mathrm{A}}(1-\tau)+\boldsymbol{r}_{\mathrm{B}}\tau-T^{2}\int_{0}^{1}K(\tau,\tau')a(\tau',\boldsymbol{r},\dot{\boldsymbol{r}},x,y)\mathrm{d}\tau' \tag{1.3}$$

式中，$\boldsymbol{r}_{\mathrm{A}}$ 和 $\boldsymbol{r}_{\mathrm{B}}$ 分别为 t_{A} 和 t_{B} 历元处的卫星位置；$T=t_{\mathrm{B}}-t_{\mathrm{A}}$；$\tau=\dfrac{t-t_{\mathrm{A}}}{T}$；$\boldsymbol{r}(\tau)$ 为弧段内任意位置向量；$\boldsymbol{r}_{\mathrm{A}}(1-\tau)+\boldsymbol{r}_{\mathrm{B}}\tau$ 为参考轨道向量；$T^{2}\int_{0}^{1}K(\tau,\tau')a(\tau',\boldsymbol{r},\dot{\boldsymbol{r}},x,y)\mathrm{d}\tau'$ 为改正轨道向量；$K(\tau,\tau')$ 为积分核函数，有

$$K(\tau,\tau')=\begin{cases}\tau(1-\tau'),\tau\leqslant\tau'\\ \tau'(1-\tau),\tau'\leqslant\tau\end{cases} \tag{1.4}$$

1968 年，Schneider 提出可利用短弧积分法进行卫星定轨[46]。Mayer - Gürr 等基于短弧积分法利用 CHAMP 卫星轨道数据反演了 ITG - CHAMP01 模型（90 阶），后续又提出对几何轨道进行梯度改正后用于 GRACE 地球重力场反演[44]。Schall 等基于短弧积分法利用 7.5 个月的 GOCE 重力梯度和轨道观测数据反演了 240 阶 ITG - GOCE02S 模型，其精度与欧洲 ESA 同期发布的 GOCE 地球重力场模型精度相当[47]。

游为等分析了短弧积分法中弧段长度和梯度改正对解算地球重力场模型精度的影响，得出 30 min 弧段长度且进行梯度改正最佳的结论[48]。黄强等分别对比了短弧积分法与能量守恒法在使用相同数据源情况下反演地球重力场模型的精度，结论显示短弧积分法的精度高于能量守恒法[49]。苏勇等进一步对比了短弧积分法、能量守恒法和平均加速度法 3 种方法处理 GOCE 卫星数据的优劣性[50]。

Chen 等对短弧积分法进行了改进，利用加权最小二乘法将所有轨道和距离速率改正、重力位系数和加速度计偏差联合求解，将传统短弧积分法的弧段长度由 1 h 以内延展到 2 h，并且不再需要边界位置参数[51]。同时，Chen 等通过对加速度和卫星姿态数据的误差进行建模，减少了地球重力场模型反演的高频噪声[52]。Chen 等基于改进的短弧积分法利用 GRACE 观测数据恢复了高精度 Tongji - GRACE 系列模型及其时变模型[51-52]。

1.4 地球重力场模型发展和现状

自 2000 年国际上第一颗重力卫星 CHAMP 发射以来，卫星重力反演理论与方法得到迅速发展，各大机构均推出基于卫星重力观测数据反演的地球重力场模型。国际地球模型中心（International Centre for Global Earth Models，ICGEM）是国际大地测量学和地球物理学联合会（International Union of Geodesy and Geophysics，IUGG）所属的国际大地测量学协会（International Association of Geodesy，IAG）提供地球重力场模型上传与下载服务的权威中心，收录了达到世界领先水平的地球重力场模型及其时变模型。国际主流机构的卫星静态重力场模型如表 1.3 所示。

表 1.3　卫星重力模型对比

模型名称	发布时间/年	最高阶数	数据来源	研究机构
AIUB – CHAMP01S	2007	70	CHAMP	瑞士伯尼尔大学
AIUB – CHAMP03S	2010	100	CHAMP	
AIUB – GRACE01S	2008	120	GRACE	
AIUB – GRACE02S	2009	150	GRACE	
AIUB – GRACE03S	2011	160	GRACE	
EIGEN – 1	2002	119	CHAMP	德国波茨坦地学研究中心
EIGEN – 2	2003	140	CHAMP	
EIGEN – CHAMP03S	2004	140	CHAMP	
EIGEN – CHAMP05S	2010	150	CHAMP	
EIGEN – CG01C	2004	360	测高 + 地面 + CHAMP + GRACE	
EIGEN – CG03C	2005	360	测高 + 地面 + CHAMP + GRACE	
EIGEN – GRACE01S	2003	140	GRACE	
EIGEN – GRACE02S	2004	150	GRACE	
EIGEN – GL04S1	2006	150	GRACE + LAGEOS	
EIGEN – GL04C	2006	360	测高 + 地面 + GRACE + LAGEOS	
EIGEN – 5S	2008	150	GRACE + LAGEOS	
EIGEN – 5C	2008	360	测高 + 地面 + GRACE + LAGEOS	
EIGEN – 51C	2010	359	测高 + 地面 + CHAMP + GRACE	
EIGEN – 6S	2011	240	GRACE + GOCE + LAGEOS	
EIGEN – 6S2	2014	260	GRACE + GOCE + LAGEOS	
EIGEN – 6S4（V2）	2016	300	GRACE + GOCE + LAGEOS	
EIGEN – 6C	2011	1420	测高 + 地面 + GRACE + GOCE + LAGEOS	
EIGEN – 6C2	2012	1949	测高 + 地面 + GRACE + GOCE + LAGEOS	
EIGEN – 6C3sat	2014	1949	测高 + 地面 + GRACE + GOCE + LAGEOS	
EIGEN – 6C4	2014	2190	测高 + 地面 + GRACE + GOCE + LAGEOS	

续表

模型名称	发布时间/年	最高阶数	数据来源	研究机构
GGM01S	2003	120	GRACE	美国得克萨斯大学空间研究所
GGM01C	2003	200	GRACE + TEG4	
GGM02S	2004	160	GRACE	
GGM02C	2004	200	测高 + 地面 + GRACE	
GGM03S	2008	180	GRACE	
GGM03C	2009	360	测高 + 地面 + GRACE	
GGM05S	2014	180	GRACE	
GGM05G	2015	240	GRACE + GOCE	
GGM05C	2015	360	测高 + 地面 + GRACE + GOCE	
TUM - 01S	2003	60	CHAMP	德国慕尼黑工业大学
TUM - 02SP	2003	60	CHAMP	
TUM - 02S	2004	60	CHAMP	
GOGRA02S	2013	230	GRACE + GOCE	
GOGRA04S	2014	230	GRACE + GOCE	
GOCO01S	2010	224	CHAMP + GRACE	德国波恩大学、德国慕尼黑工业大学、奥地利科学院、奥地利格拉茨技术大学、瑞士伯尔尼大学
GOCO02S	2011	250	GRACE + GOCE	
GOCO03S	2012	250	GRACE + GOCE	
GOCO05S	2015	280	GRACE + GOCE	
GOCO05C	2016	720	测高 + 地面 + GRACE + GOCE	
GOGRA02S	2013	230	GRACE + GOCE	
GOGRA04S	2014	230	GRACE + GOCE	
GO_CONS_GCF_2_DIR_R1	2010	240	GOCE	德国波恩大学、德国波茨坦地学研究中心、德国慕尼黑工业大学、奥地利科学院、奥地利格拉茨技术大学、丹麦哥本哈根大学、意大利米兰理工大学、法国国家空间研究中心
GO_CONS_GCF_2_DIR_R2	2011	240	GOCE	
GO_CONS_GCF_2_DIR_R3	2011	240	GRACE + GOCE + LAGEOS	
GO_CONS_GCF_2_DIR_R4	2014	260	GRACE + GOCE + LAGEOS	
GO_CONS_GCF_2_DIR_R5	2014	300	GRACE + GOCE + LAGEOS	

续表

模型名称	发布时间/年	最高阶数	数据来源	研究机构
GO_CONS_GCF_2_SPW_R1	2010	210	GOCE	德国波恩大学、德国波茨坦地学研究中心、德国慕尼黑工业大学、奥地利科学院、奥地利格拉茨技术大学、丹麦哥本哈根大学、意大利米兰理工大学、法国国家空间研究中心
GO_CONS_GCF_2_SPW_R2	2011	240	GOCE	
GO_CONS_GCF_2_SPW_R4	2014	280	GOCE	
GO_CONS_GCF_2_SPW_R5	2017	330	GOCE	
GO_CONS_GCF_2_TIM_R1	2010	224	GOCE	
GO_CONS_GCF_2_TIM_R2	2011	250	GOCE	
GO_CONS_GCF_2_TIM_R3	2011	250	GOCE	
GO_CONS_GCF_2_TIM_R4	2013	250	GOCE	
GO_CONS_GCF_2_TIM_R5	2014	280	GOCE	
ITG - CHAMP01S	2003	70	CHAMP	德国波恩大学
ITG - CHAMP01K	2003	70	CHAMP	
ITG - CHAMP01E	2003	75	CHAMP	
ITG - GRACE02S	2006	170	GRACE	
ITG - GRACE03	2007	180	GRACE	
ITG - GRACE2010S	2010	180	GRACE	
ITG - GOCE02	2013	240	GOCE	
Tongji - GRACE01	2013	160	GRACE	中国同济大学
Tongji - GRACE02S	2017	180	GRACE	
Tongji - GRACE02K	2018	180	GRACE	

为分析基于单颗重力卫星反演地球重力场模型精度，本章以 EIGEN - 6C4 为参考模型，选取 EIGEN 系列 CHAMP - Only 模型、GGM 系列 GRACE - Only 模型、GO_CONS_GCF_2_TIM 系列 GOCE - Only 模型，分别进行精度评定。

图 1. 8 和图 1. 9 分别表示 EIGEN 系列 CHAMP - Only 模型的大地水准面高和大地水准面累积误差，表 1. 4 列举了部分 CHAMP - Only 模型大地水准面累积误

差统计。结果表明，随着 CHAMP 观测数据增加，在 70 阶以内，EIGEN - CHAMP05S 模型与 EIGEN - 6C4 模型符合较好，精度明显优于其他模型；在 70 阶以后，EIGEN - 1、EIGEN - 2、EIGEN - CHAMP03S、EIGEN - CHAMP05S 模型精度均较差。因此，CHAMP 卫星观测数据更适合反演 70 阶以内地球重力场模型，适当增加 CHAMP 观测数据长度有利于提高地球中长波重力场模型精度。

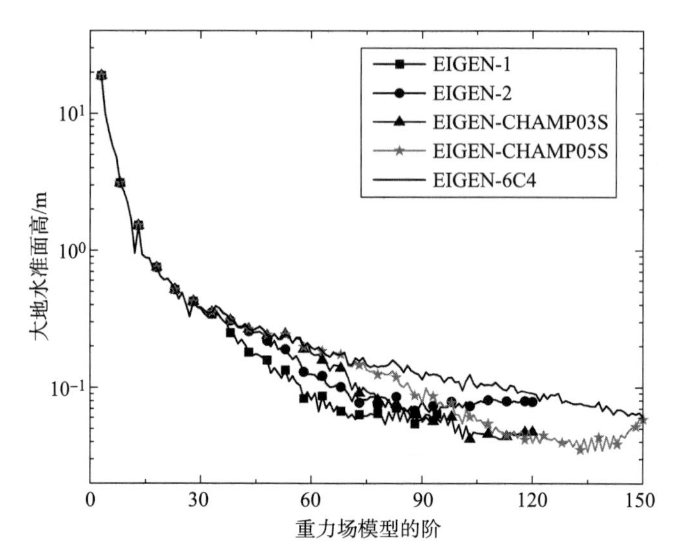

图 1.8　CHAMP - Only 系列模型大地水准面高对比

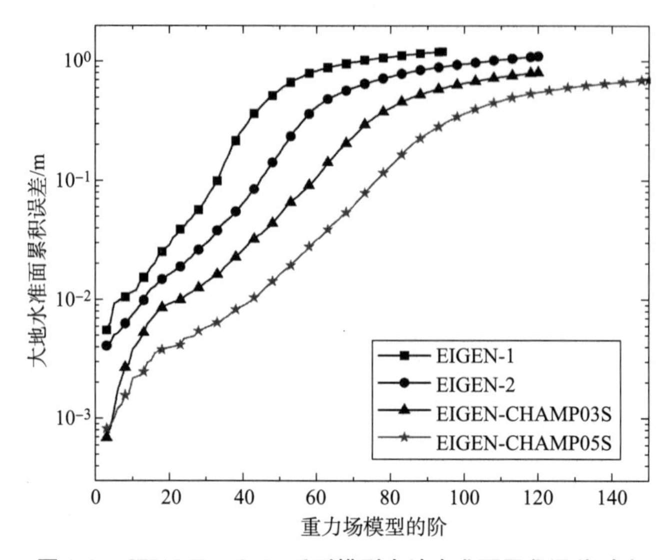

图 1.9　CHAMP - Only 系列模型大地水准面累积误差对比

表 1.4　CHAMP – Only 模型大地水准面累积误差统计

重力场模型	大地水准面累积误差/m				
	20	50	80	120	150
EIGEN – 1	2.875×10^{-2}	5.793×10^{-1}	1.089×10^{0}	—	—
EIGEN – 2	1.631×10^{-2}	1.711×10^{-1}	7.447×10^{-1}	1.103×10^{0}	—
EIGEN – CHAMP03S	9.255×10^{-3}	5.188×10^{-2}	4.080×10^{-1}	8.081×10^{-1}	—
EIGEN – CHAMP05S	3.956×10^{-3}	1.636×10^{-2}	1.337×10^{-1}	5.502×10^{-1}	7.014×10^{-1}

图 1.10 和图 1.11 分别表示 GGM 系列 GRACE – Only 模型大地水准面高和大地水准面累积误差，表 1.5 列举了部分 GRACE – Only 模型大地水准面累积误差统计结果。结果表明，在观测数据足够的情况下，直到 150 阶 GGM – 05S 模型与 EIGEN – 6C4 的符合程度均较好，从 150 ~ 180 阶 GGM03S 和 GGM05S 的大地水准面累积误差均增大 10 倍。因此，GRACE 观测数据更适合反演 150 阶以内的地球重力场模型，适当增加 GRACE 观测数据时间长度有利于提高地球短波重力场模型精度。

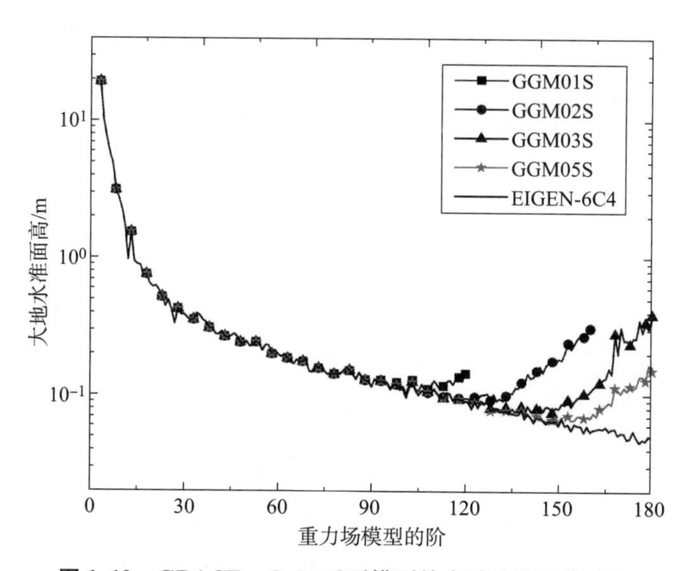

图 1.10　GRACE – Only 系列模型的大地水准面高对比

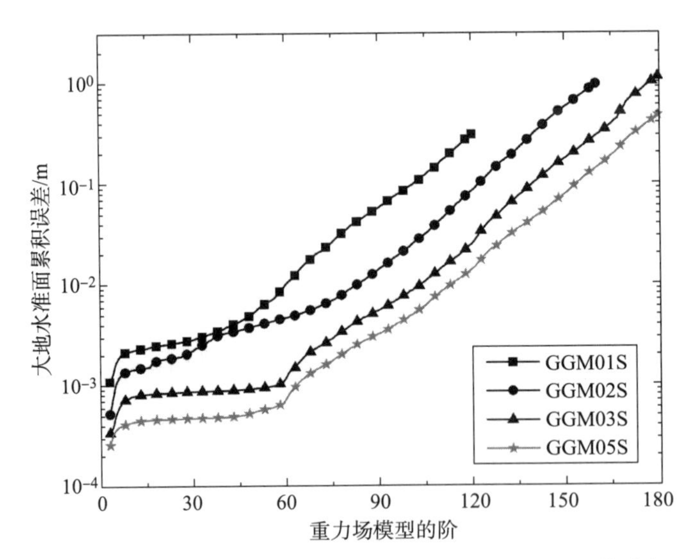

图 1.11 GRACE－Only 系列模型大地水准面累积误差对比

表 1.5 GRACE－Only 模型大地水准面累积误差统计

重力场模型	大地水准面累积误差/m					
	30	60	90	120	150	180
GGM01S	5.305×10^{-4}	4.171×10^{-3}	1.550×10^{-2}	1.018×10^{-1}	—	—
GGM02S	5.138×10^{-4}	8.342×10^{-4}	4.210×10^{-3}	2.570×10^{-2}	1.757×10^{-1}	—
GGM03S	4.507×10^{-5}	4.964×10^{-4}	1.236×10^{-3}	7.401×10^{-3}	5.108×10^{-2}	3.813×10^{-1}
GGM05S	2.369×10^{-5}	3.037×10^{-4}	8.455×10^{-4}	4.445×10^{-3}	2.548×10^{-2}	1.410×10^{-1}

图 1.12 和图 1.13 分别表示 GO_CONS_GCF_2_TIM 系列 GOCE－Only 模型的大地水准面高和大地水准面累积误差，表 1.6 所示为 GOCE－Only 模型大地水准面累积误差统计结果。结果表明，在一定范围内 GO_CONS_GCF_2_TIM 系列地球重力场反演精度与观测序列长度成正相关，其中 GO_CONS_GCF_2_TIM_R5 在前 220 阶与 EIGEN－6C4 符合程度较高，但在 220 阶之后提升有限。GOCE 卫星观测数据相对于 GRACE 和 CHAMP，对地球重力场高频信号更敏感，适合反演地球短波重力场。

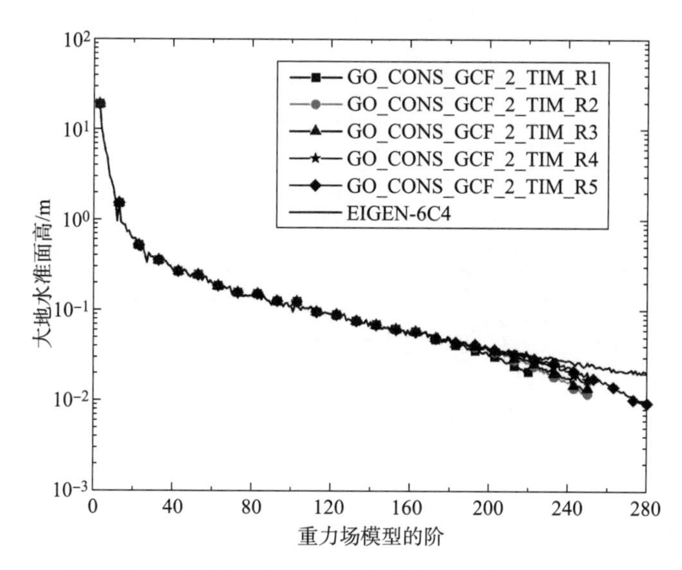

图 1.12　GOCE - Only 系列模型的大地水准面高对比

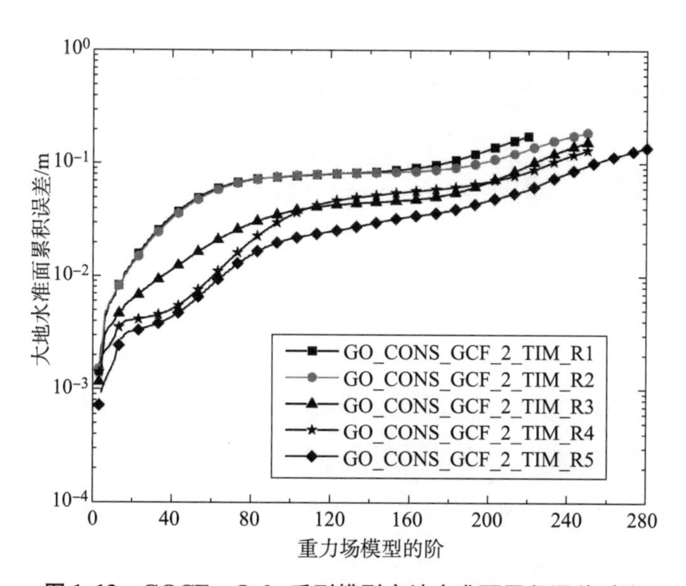

图 1.13　GOCE - Only 系列模型大地水准面累积误差对比

表 1.6 GOCE - Only 模型大地水准面累积误差统计

重力场模型	大地水准面累积误差/m				
	50	100	200	250	280
GO_CONS_GCF_2_TIM_R1	4.655×10^{-2}	7.697×10^{-2}	1.345×10^{-1}	—	—
GO_CONS_GCF_2_TIM_R2	4.455×10^{-2}	7.747×10^{-2}	1.056×10^{-1}	1.889×10^{-1}	—
GO_CONS_GCF_2_TIM_R3	1.526×10^{-2}	3.778×10^{-2}	6.887×10^{-2}	1.547×10^{-1}	—
GO_CONS_GCF_2_TIM_R4	6.812×10^{-3}	3.473×10^{-2}	6.955×10^{-2}	1.316×10^{-1}	—
GO_CONS_GCF_2_TIM_R5	5.815×10^{-3}	2.157×10^{-2}	4.746×10^{-2}	9.617×10^{-2}	1.387×10^{-1}

从上述分析中可看出，单独利用 CHAMP、GRACE 或 GOCE 重力卫星观测数据反演地球重力场都存在一定缺陷。各个重力卫星受其观测模式和轨道高度的影响，对不同阶数的地球重力场敏感程度不同，且一定范围后单纯增加观测数据长度对提高地球重力场模型精度提升有限。因此，融合 CHAMP、GRACE 和 GOCE 重力卫星观测数据是提高地球重力场模型精度的重要途径。

1.5 地球时变重力场模型应用研究进展

自 2002 年第一颗重力卫星 CHAMP 升空至今，国际上发表了较多有关地球重力卫星应用的研究成果。据统计，目前在 *Nature*、*Science* 及其主要子刊 *Nature Geoscience*、*Nature Communications* 和 *Science Advances* 有关地球重力卫星的论文多达 28 篇。其中，*Nature* 有 4 篇，*Science* 有 12 篇，*Nature Geoscience* 有 9 篇，*Nature Communications* 有 2 篇，*Science Advances* 有 1 篇。各应用领域发表篇数如图 1.14 所示，可以看出国际上地球时变重力场模型的应用研究主要聚焦于冰川冰盖与海平面研究，原因是重力卫星可以较为准确地监测冰川冰盖以及区域海洋质量变化。

地球时变重力场模型的应用是研究地球重力场的关键目的，国际上主要通过 GFZ、CSR 和 JPL 发布的 GRACE 时变重力场模型来研究地球卫星重力场的应用。GRACE 重力卫星完成使命后，CSR、GFZ 和 JPL 重新处理了完整的 15 年的 GRACE 任务数据，发布了各自最新的 RL06 地球时变重力场模型，基于 GRACE 卫星时变重力场模型应用研究仍有较大进步空间。下一步将基于 GRACE - FO 任

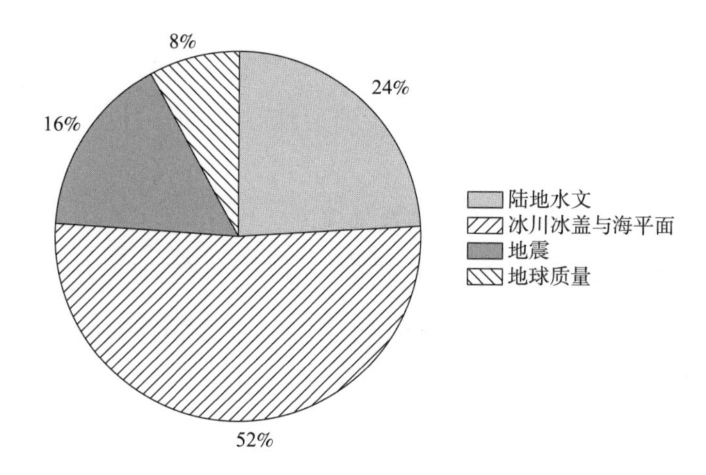

图 1.14　*Nature* 和 *Science* 上刊登卫星重力论文的应用领域分析

务开始新一轮地球时变重力场模型及其应用研究。本节将综述基于 GRACE 卫星时变重力场的主要应用研究方向，包括陆地水文研究、冰川冰盖与海平面研究和地震研究。

1.5.1　陆地水文研究进展

GRACE 任务最重要的贡献之一就是揭示了全球陆地水文变化趋势，即地球总体上呈现高纬度和低纬度地区水储量增加，中纬度地区水储量减少的趋势，这对淡水资源利用、食物安全保障等具有深远影响[2]。

Rodell 等研究了近年来全球可用淡水资源的新趋势，利用 2002—2016 年间的 GRACE 重力卫星观测数据量化了 34 个陆地区域淡水资源存储趋势，并将这些趋势驱动因素分类为自然年度变化、不可持续的地下水消耗（即人类影响）、气候变化或上述因素的组合[3]。研究表明，最大的淡水资源损失发生在南极洲、格陵兰岛、阿拉斯加湾海岸和加拿大群岛 4 个区域，这些区域的冰川和冰盖消融可能是受到全球气候变暖的影响，在北美洲、欧亚大陆和热带地区淡水资源总体上增加，但是在中国华北、印度北部、中东地区和美国南部地区淡水资源正在枯竭，推测是人类活动的影响[3]。Rodell 等研究揭示了在人口密集区域淡水资源将会更加珍贵，同时由于气候变化影响，全球冰盖和冰川消融现象将继续加剧[3]。

Reager 等通过 GRACE 观测数据量化河流流域的水储量，并通过河流流域水储量估算流域洪水潜力，最终提供洪水预警[4]。当一个区域的水储量增加时，该区域的重力信号也会按比例增加，GRACE 卫星正是通过这个原理监测大型区域的水储量变化，由 GRACE 任务反演的地球时变重力场模型可监测大于 200 000 km^{2}的总蓄水量变化[4]。Reager 等使用 2011 年密苏里河洪水作为案例进行研究，建立了由水文监测站测量的河流流量与由 GRACE 任务测量的河流流域范围内的水储量之间的关系。通过应用时间滞后的河流流量自回归模型，可利用基于 GRACE 任务的水储量信息提前 5 ~ 11 个月评估河流流域发生洪水的可能性，为河流流域提供洪水预警[4]。

1.5.2 冰川冰盖与海平面研究进展

随着过去几十年里全球气候变暖情况不断加剧，地球上几乎所有冰川冰盖的质量损失率急剧上升，由此导致了全球平均海平面上升一半以上。通过 GRACE 卫星监测地球区域重力异常变化，可以研究长时序的全球冰川冰盖的质量变化以及全球海平面的升降情况，为分析全球气候变暖带来的冰川冰盖与海平面影响提供可靠数据支撑。

Farinotti 等利用 GRACE 卫星重力测量、卫星激光测高和冰川模拟 3 种方案对比研究了天山山脉冰川近 50 年的变化情况，并综合结果分析了天山山脉的冰川消退原因[5]。中亚人口严重依赖天山山脉的雪和冰川融化供水，研究天山山脉冰川消退情况及其驱动因素具有重要意义。Farinotti 等使用基于卫星重力测量、激光测高和冰川模拟的 3 个独立方案来估计天山的总冰川质量变化，这 3 种方案的研究结果一致：1961—2012 年，天山山脉冰川总面积和总质量分别减少了 18.6% 和 27.15%，分析结果表明，天山山脉冰川总面积和质量下降的主要原因是夏季融化过快，这可能与北大西洋和北太平洋的气候变暖与环流变化的综合影响有关[5]。

Forsberg 等利用 13 年的 GRACE 观测数据研究了格陵兰岛和南极洲的质量变化及其对全球海平面的影响[6]。由 GRACE 卫星任务得到地球时变重力场模型分析格陵兰岛和南极洲的质量变化，发现在 2002—2015 年期间格陵兰岛质量损失达（265 ± 25）Gt/年（包括外围冰帽），南极洲质量损失达（95 ± 50）Gt/年，相当于全球平均海平面分别升高 0.72 mm/年和 0.26 mm/年。在 2002—2015 年，南极洲的质量损失显著加速，格陵兰岛的质量损失持续加速，但在 2012 年达到创纪录的峰值后，格陵兰岛质量损失趋势相对略有下降[6]。Forsberg 等联合 GRACE 和卫星测高确定了格陵兰岛和南极洲质量变化的来源：格陵兰岛的质量变化与边缘冰区有关，特别是在格陵兰岛西部和东南部以及 Jakobshavn 和 Helheim 等主要的溢出冰川最为明显；南极洲的质量变化与西南极洲（主要是松岛和思韦茨冰川系统）以及南极半岛的主要溢出冰川有关[6]。

1.5.3　地震研究进展

地震导致区域地壳形变的同时也会引起区域重力异常变化。利用 GRACE 卫星可监测特大地震（8 级以上）引起的重力异常变化，也可捕捉地震前板块运动引起的重力异常变化。因此，GRACE 地球时变重力场模型在地震研究中具有广阔的应用前景。

Panet 等利用 GRACE 观测数据分析了 2011 年 3 月日本东北大地震周围广阔时空范围内的地球重力场变化，揭示了地震前的板块变形模式[7]。基于 GRACE 任务的地球时变重力场模型显示，地震周围区域的重力变化开始于地震前几个月，且震中附近的地震信号被整个板块俯冲系统的大尺度变化所包围。从 2010 年末开始，地震区域重力变化在震中两侧发展。在 2011 年 3 月，重力变化沿着地震区域 3 个构造板块的俯冲边界扩散。地震之后，重力变化逐渐集中在震中附近。Panet 等的研究结果表明，在地震发生之前，板块侵入上地幔的时间尺度达几个月，因此利用地球时变重力场模型可以提前几个月监测到这种大地震前兆信号，这可以用于地震灾害预测[7]。

1.6　天空海一体化导航与探测团队研究进展

天空海一体化导航与探测团队在卫星重力反演和卫星重力水文应用方面已经取得阶段性研究成果。本节将综述天空海一体化导航与探测团队在地球重力场模型建立、下一代卫星重力计划和卫星重力水文应用方面的研究进展。

1.6.1 卫星重力反演

1. 地球重力场模型建立

作者等详细阐述了 GRACE 重力卫星关键载荷实测数据的处理过程，并基于能量守恒法利用 6 个月的 GRACE Level - 1B 实测数据解算了 120 阶的 IGG - GRACE 地球重力场模型[41]。作者等首先对 6 个月的 GRACE 卫星 Level - 1B 实测数据进行轨道拼接、粗差探测、线性内插、重新标定、坐标转换、误差分析等有效处理，然后基于无参考扰动位的能量观测方程利用有效处理后的 GRACE 数据建立了 120 阶的 IGG - GRACE 地球重力场模型。对比同期的 EIGEN - GRACE02S，由于采用了更长时序的 GRACE 观测数据，IGG - GRACE 在低频部分精度略高于 EIGEN - GRACE02S；由于采用的 GPS 观测数据采样率仅为 EIGEN - GRACE02S 的 1/12，IGG - GRACE 在高频部分精度略低于 EIGEN - GRACE02S。

作者等利用 12 个月的 GRACE 实测数据基于星间距离插值法（Inter satellite Range Interpolation Method，IRIM）解算了 120 阶 WHIGG - GEGM01S 地球重力场模型[53]。通过将精确星间距离引入相对轨道位置矢量的视线（Line - Of - Sight，LOS）分量，利用卫星轨道位置、星间距离和非保守力首次建立了星间距离插值方程。通过多点星间距离插值方程解算对比，确定 9 点星间距离插值公式能有效提高地球重力场反演精度。相对于其他方法，星间距离插值法具有形式简单、物理意义明确、对地球引力场变化敏感、计算要求低等优势。WHIGG - GEGM01S 地球重力场模型在 120 阶处累积大地水准面高度为 1.098×10^{-1} m，重力异常误差为 1.741×10^{-6} m/s^2，与同期 EIGEN 系列地球重力场模型精度处于同一水平。

作者等通过将精确的星间速度测量值引入轨道速度差矢量的视线分量中，建立了基于星间速度牛顿插值法（Intersatellite Range - Rate Interpolation Approach，IRRIA）的卫星观测方程，并解算了 120 阶 WHIGG - GEGM02S 地球重力场模型[54]。通过对比 2 点、4 点、6 点和 8 点星间速度牛顿插值公式，验证了使用 6 点星间速度牛顿插值公式可以显著提升地球重力场模型反演精度。在 120 阶处，WHIGG - GEGM02S 累积大地水准面误差为 1.140×10^{-1} m，累积重力异常误差为 1.807×10^{-6} m/s^2。WHIGG - GRACE02 模型精度与国际 GGM02S 模型精度接近。

作者等通过将高精度 K 波段星间测距（KBR）观测值引入双星动能差中，

建立了基于新型能量插值法的卫星观测方程，并反演了 120 阶 WHIGG－GEGM03S 地球重力场模型[55]。作者等分别验证了 2 点、4 点、6 点和 8 点能量插值观测方程对地球重力场反演精度的影响，研究结果表明基于 6 点能量插值观测方程有利于提高地球重力场反演精度。利用美国、欧洲和澳大利亚的 GPS/水准观测数据检验了 WHIGG－GEGM03S 地球重力场模型，并与国际 EIGEN 系列模型进行了精度对比。结果表明，WHIGG－GEGM03S 模型精度接近于国际 EIGEN－GRACE02S 模型。

2. 下一代卫星重力计划

天空海一体化导航与探测团队立足于当前重力卫星任务，展望下一代卫星重力计划，目前已经取得一系列研究成果。

作者等基于改进的半解析法模拟研究了不同轨道高度与星间距离对下一代 Improved－GRACE 地球重力场模型精度的影响，综合考虑卫星寿命和累积大地水准面误差，建议下一代 Improved－GRACE 重力卫星的轨道参数设计为平均轨道高度 350 km 和平均星间距离 50 km 较优[56]。作者等综合考虑卫星轨道高度、轨道倾角、星间距离对地球重力场模型精度的影响，通过设置不同卫星轨道参数分别反演了 120 阶地球重力场模型，通过模型精度对比研究并考虑卫星寿命，最终提出了 Improved－GRACE 卫星重力计划的优化轨道参数：卫星轨道高度为（300 ± 50）km、轨道倾角为 89° ± 2°、星间距离为（50 ± 10）km[57]。作者等从卫星设计制造、卫星跟踪模式、卫星轨道参数、卫星反演方法等方面研究论证了中国卫星重力计划（China's Satellite Gravity Mission，CSGM），并提出了将来 CSGM 重力卫星任务的科学目标：在 300 阶处累积大地水准面误差达 1～5 cm，累积重力异常误差达 1～5 mGal[58]。

作者等分别研究了基于联合串行式和钟摆式卫星编队、三向车轮双星编队和四星转轮式编队 3 种卫星编队方式对地球重力场模型精度和空间分辨率的影响。研究表明，改进卫星编队方式，对提高地球卫星重力场模型时空分辨率和精度有较大帮助[59－61]。

1.6.2　卫星重力水文应用

天空海一体化导航与探测团队的尹文杰等基于 GRACE 地球时变地球重力场

模型和其他水文模型，在卫星重力水文应用方面取得了阶段性成果。

尹文杰等结合 GRACE 数据、全球降水气候计划（Global Precipitation Climatology Project，GPCP）数据和全球陆面同化系统（Global Land Data Assimilation System，GLDAS）数据，分别计算了陆地水储量变化、土壤水含量变化、雪水当量变化和降水量变化，最后反演确定甘肃北山地区 2003—2012 年的地下水储量每年下降约 0.26 cm[62]。随后，利用 GRACE 数据和其他水文模型数据，尹文杰等对比分析了 1980—2015 年甘肃北山地区地下水储量变化趋势，研究发现甘肃北山地区地下水储量总体呈下降趋势[63]。

尹文杰基于 GRACE 时变重力场模型获取陆地水储量信息，在利用 GLDAS 模型扣除土壤水分和雪水后，确定了中国北方地区的地下水储量变化，并和中国官方公布的地下水监测数据进行了对比，分析了地下水储量变化原因[64]。研究结果表明，2003—2012 年华北地区地下水年平均耗竭率为 0.17 cm/年，华北地区地下水储量普遍呈下降趋势，京津冀地区地下水资源面临枯竭，推测原因主要是地下水超采。由于 GRACE 计划空间分辨率限制，尹文杰等提出了利用蒸散模型数据提高 GRACE 反演地下水储量异常空间分辨率的降尺度法[65]。通过降尺度法，华北平原地下水储量异常空间分辨率从 110 km 降至 2 km，且与地下水观测井数据一致。

1.7 地球卫星重力场模型未来展望

2000 年以来，随着地球重力卫星的相继发射，利用重力卫星获取数据并解算地球重力场模型的理论与方法迅速发展，地球重力场模型的精度和空间分辨率均得到较大提升。虽然目前已经反演出超高阶（2 190 阶）地球重力场，但仍不能满足当前各个领域的应用需要。按目前发展趋势，需进一步提升地球重力场模型精度和时空分辨率。

1. 改进卫星重力反演方法

目前国际上获取高精度和高空间分辨率地球重力场模型主要依靠动力学法，但动力学法本质上是数值积分，存在长弧段轨道误差难以修正、计算难度较大等缺点。未来在长弧段轨道误差控制、非保守力改正模型的精化、高效并行计算等方面需要加快研究。2005 年以来，迅速发展的短弧积分法在高精度和高空间分辨率地球重力场反演上产生了较大作用，利用短弧积分法解算的地球重力场模型精度和空间分辨率甚至优于同期部分动力学法产品，未来短弧积分法将大有可为。

2. 参考力模型的精化

无论使用何种卫星重力反演方法，参考背景力模型都是得到高精度和高空间分辨率地球重力场模型不可或缺的部分。参考力背景模型主要包括 N 体扰动模型、地球固体潮汐和地球固体极潮模型、大气与海洋潮汐模型、海洋极潮模型、广义相对论扰动模型和非保守力模型，对上述参考力模型进行改进优化是提升地球重力场模型精度和空间分辨率的重要手段。

3. 多源重力观测数据融合研究

前人研究已经证明，融合多源重力观测数据对提升地球重力场模型整体精度有较大帮助。CHAMP、GRACE、GOCE 和 GRACE - FO 为地球重力场反演提供了海量卫星重力观测数据，同时还有海洋测高数据和地面/航空重力观测数据。如何完美融合上述数据是未来研究的关键问题。目前发布的超高阶地球重力场模型均为融合多源重力观测数据后得到的产品。因此，多源重力观测数据融合研究将是未来研究热点。

4. 下一代重力卫星任务

2018 年发射的 GRACE - FO 仅是 GRACE 任务的延续，除搭载实验性质的激光干涉测距仪外，它与 GRACE 基本相同，并不是国际上普遍提出的下一代重力卫星。研发轨道高度 300 km 以下、搭载非保守力补偿系统且全面升级关键载荷的下一代重力卫星对反演高精度和高空间分辨率地球重力场模型具有本质性提升。

1.8　本章小结

随着地球重力卫星 CHAMP、GRACE、GOCE 和 GRACE - FO 的相继发射，地球卫星重力场模型的构建及应用在近 20 年来飞速发展。基于单一重力卫星数据反演地球重力场模型空间分辨率和精度均有限，融合多源数据（包括重力卫星、海洋测高和地面监测站数据）有利于提高地球重力场模型的空间分辨率和精度。最新融合多源数据的超高阶地球重力场模型 EIGEN－6C4 已达到 2 190 阶且精度超过 EGM2008。地球卫星时变重力场模型在陆地水文、冰川冰盖、海平面、地震分析等方面的应用具有重要意义，有助于提高我们对全球气候变化、地震预警的认识。天空海一体化导航与探测研究团队在地球重力场模型建立、下一代地球重力卫星计划和卫星重力水文应用方面已取得实质性研究成果。同时，团队正在开展基于 GNSS－R 卫星海面测高原理反演高精度海洋重力场，旨在提高水下惯性/重力组合导航精度研究，并取得了阶段性研究成果[66－68]。

参考文献

[1] 郑伟，许厚泽，钟敏，等．地球重力场模型研究进展和现状［J］．大地测量与地球动力学，2010，30（4）：83－91.

[2] Tapley B D，Watkins M M，Flechtner F，et al. Contributions of GRACE to understanding climate change［J］. Nature Climate Change，2019，9（5）：358－369.

[3] Rodell M，Famiglietti J S，Wiese D N，et al. Emerging trends in global freshwater availability［J］. Nature，2018，557（7707）：651－659.

[4] Reager J T，Thomas B F，Famiglietti J S. River basin flood potential inferred using GRACE gravity observations at several months lead time［J］. Nature Geoscience，2014，7（8）：588－592.

[5] Farinotti D，Longuevergne L，Moholdt G，et al. Substantial glacier mass loss in the Tien Shan over the past 50 years［J］. Nature Geoscience，2015，8（9）：716－722.

[6] Forsberg R，Sørensen L，Simonsen S. Greenland and Antarctica ice sheet mass changes and effects on global sea level［J］. Surveys in Geophysics，2017，38（1）：89－104.

[7] Panet I，Bonvalot S，Narteau C，et al. Migrating pattern of deformation prior to the Tohoku－Oki earthquake revealed by GRACE data［J］. Nature Geoscience,

2018, 11 (5): 367-373.

[8] 孙文科. 低轨道人造卫星（CHAMP, GRACE, GOCE）与高精度地球重力场—卫星重力大地测量的最新发展及其对地球科学的重大影响 [J]. 大地测量与地球动力学, 2002, 22 (1): 92-100.

[9] 许厚泽, 周旭华, 彭碧波. 卫星重力测量 [J]. 地理空间信息, 2005, 3 (1): 1-3.

[10] Föerste C, Bruinsma S L, Abrikosov O, et al. EIGEN-6C4: the latest combined global gravity field model including GOCE data up to degree and order 1949 of GFZ Potsdam and GRGS Toulouse [R]. Potsdam: GFZ Data Services, 2014.

[11] Pavlis N K, Holmes S A, Kenyon S, et al. The development and evaluation of the earth gravitational model 2008 (EGM2008) [J]. Journal of Geophysical Research: Solid Earth, 2013, 118 (5): 2633.

[12] 许厚泽, 陆洋, 钟敏, 等. 卫星重力测量及其在地球物理环境变化监测中的应用 [J]. 中国科学: 地球科学, 2012, 42 (6): 843-853.

[13] 宁津生. 卫星重力探测技术与地球重力场研究 [J]. 大地测量与地球动力学, 2002, 22 (1): 1-5.

[14] Wolff M. Direct measurements of the Earth's gravitational potential using a satellite pair [J]. Journal of Geophysical Research, 1969, 74 (22): 5295-5300.

[15] Baker R M. Orbit determination from range and range-rate data [C]. Semi-Annual Meeting of the American Rocket Society, Los Angeles, ARS preprint, 1960: 1120.

[16] Kaula W M. Theory of satellite geodesy: application of satellites to geodesy [M]. New York: Blaisdell Publishing Company, 1966.

[17] Reigber C, Lühr H, Schwintzer P. CHAMP mission status [J]. Advances in Space Research, 2002, 30 (2): 129-134.

[18] Tapley B D. Gravity model determination from the GRACE mission [J]. Journal of the Astronautical Sciences, 2008, 56 (3): 273-285.

[19] Han S. Efficient determination of global gravity field from satellite – to – satellite tracking mission [J]. Celestial Mechanics and Dynamical Astronomy, 2004, 88 (1): 69 – 102.

[20] Erol B, Sideris M G, Celik R N. Comparison of global geopotential models from the champ and grace missions for regional geoid modelling in Turkey [J]. Studia Geophysica Et Geodaetica, 2009, 53 (4): 419 – 441.

[21] Drinkwater M R, Floberghagen R, Haagmans R, et al. GOCE: ESA's first earth explorer core mission [J]. Space Science Reviews, 2003, 108 (1): 419 – 432.

[22] Visser P N A M. A glimpse at the GOCE satellite gravity gradient observations [J]. Advances in Space Research, 2011, 47 (3): 393 – 401.

[23] 郑伟，许厚泽，钟敏，等. 国际卫星重力梯度测量计划研究进展 [J]. 测绘科学，2010，35 (2)：57 – 61.

[24] Bock H, Jäggi A, Meyer U, et al. GPS – derived orbits for the GOCE satellite [J]. Journal of Geodesy, 2011, 85 (11): 807 – 818.

[25] Pail R, Bruinsma S, Migliaccio F, et al. First GOCE gravity field models derived by three different approaches [J]. Journal of Geodesy, 2011, 85 (11): 819 – 843.

[26] Sheard B S, Heinzel G, Danzmann K, et al. Intersatellite laser ranging instrument for the GRACE follow – on mission [J]. Journal of Geodesy, 2012, 86 (12): 1083 – 1095.

[27] 郑伟，许厚泽，钟敏，等. 国际下一代卫星重力测量计划研究进展 [J]. 大地测量与地球动力学，2012，32 (3)：152 – 159.

[28] 宁津生，王正涛，超能芳. 国际新一代卫星重力探测计划研究现状与进展 [J]. 武汉大学学报（信息科学版），2016，41 (1)：1 – 8.

[29] Zheng W, Xu H Z, Zhong M, et al. Precise and rapid recover of Earth's gravity field from next – generation GRACE Follow – On mission using the residual intersatellite range – rate method [J]. Chinese Journal of Geophysics, 2014, 57 (1): 31 – 41.

[30] 沈云中．动力学法的卫星重力反演算法特点与改进设想 [J]. 测绘学报，2017，46 (10)：1308 - 1315.

[31] Reigber C，Balmino G，Schwintzer P，et al. A high - quality global gravity field model from CHAMP GPS tracking data and accelerometry (EIGEN - 1S) [J]. Geophysical Research Letters，2002，29 (14)：31 - 37.

[32] Tapley B，Ries J，Bettadpur S，et al. GGM02 - An improved Earth gravity field model from GRACE [J]. Journal of Geodesy，2005，79 (8)：467 - 478.

[33] 王长青，许厚泽，钟敏，等．利用动力学方法解算 GRACE 时变重力场研究 [J]. 地球物理学报，2015，58 (3)：756 - 766.

[34] 罗志才，周浩，李琼，等．基于 GRACE KBRR 数据的动力积分法反演时变重力场模型 [J]. 地球物理学报，2016，59 (6)：1994 - 2005.

[35] Zhou H，Luo Z C，Zhou Z B，et al. HUST - Grace2016s：A new GRACE static gravity field model derived from a modified dynamic approach over a 13 - year observation period [J]. Advances in Space Research，2017，60 (3)：597 - 611.

[36] Zheng W，Xu H Z. Progress in satellite gravity recovery from implemented CHAMP，GRACE and GOCE and future GRACE Follow - On missions [J]. Geodesy and Geodynamics，2015，6 (4)：241 - 247.

[37] O'Keefe J A. An application of Jacobi's integral to the motion of an Earth satellite [J]. The Astronomical Journal，1957，62 (1252)：265 - 266.

[38] Gerlach C，Földváry L，Avehla D，et al. A CHAMP - only gravity field model from kinematic orbits using the energy integral [J]. Geophysical Research Letters，2003，30 (20)：2037 - 2041.

[39] Földváry L，Avehla D，Gerlach C，et al. Gravity model TUM - 2Sp based on the energy balance approach and kinematic CHAMP orbits [M]. Berlin，Heidelberg：Springer Berlin Heidelberg，2005：13 - 18.

[40] Zheng W，Lu X L，Xu H Z，et al. Simulation of the Earth's gravitational field recovery from GRACE using the energy balance approach [J]. Progress in Natural Science，2005，15 (7)：596 - 601.

[41] Zheng W, Xu H Z, Zhong M, et al. Effective processing of measured data from GRACE key payloads and accurate determination of Earth's gravitational field [J]. Chinese Journal of Geophysics, 2009, 52 (8): 1966 - 1975.

[42] 郑伟，许厚泽，钟敏，等. 卫星跟踪卫星测量模式中关键载荷精度指标不同匹配关系论证 [J]. 宇航学报，2011，32 (3): 697 - 706.

[43] Zheng W, Xu H Z, Zhong M, et al. Influence of the adjusted accuracy of center of mass between GRACE satellite and SuperSTAR accelerometer on the accuracy of Earth's gravitational field [J]. Chinese Journal of Geophysics, 2009, 52 (6): 1465 - 1473.

[44] Mayer Gürr T, Ilk K H, Eicker A, et al. ITG - CHAMP01: a CHAMP gravity field model from short kinematic arcs over a one - year observation period [J]. Journal of Geodesy, 2005, 78: 462 - 480.

[45] 陈秋杰. 基于改进短弧积分法的 GRACE 重力反演理论、方法及应用 [D]. 上海：同济大学，2016.

[46] Schneider M. A general method of orbit determination [R]. Hants, UK: Royal Aircraft Establishment, 1968.

[47] Schall J, Eicker A, Kusche J. The ITG - Goce02 gravity field model from GOCE orbit and gradiometer data based on the short arc approach [J]. Journal of Geodesy, 2014, 88 (4): 403 - 409.

[48] 游为，范东明，黄强. 卫星重力反演的短弧长积分法研究 [J]. 地球物理学报，2011，54 (11): 2745 - 2752.

[49] 黄强，范东明，游为. 利用 GOCE 卫星轨道数据反演地球重力场模型 [J]. 武汉大学学报（信息科学版），2013，38 (8): 907 - 910.

[50] 苏勇，范东明，游为. 利用 GOCE 卫星轨道数据恢复地球重力场模型的方法的分析 [J]. 测绘学报，2015，44 (2): 142 - 149.

[51] Chen Q J, Shen Y Z, Zhang X, et al. Monthly gravity field models derived from GRACE Level 1B data using a modified short - arc approach [J]. Journal of Geophysical Research: Solid Earth, 2015, 120 (3): 1804 - 1819.

[52] Chen Q J, Shen Y Z, Francis O, et al. Tongji - Grace02s and Tongji -

Grace02k：High – precision static GRACE – only global earth's gravity field models derived by refined data processing strategies [J]. Journal of Geophysical Research：Solid Earth，2018，123 (7)：6111 –6137.

[53] Zheng W，Xu H Z，Zhong M，et al. Efficient accuracy improvement of GRACE global gravitational field recovery using a new Inter – satellite Range Interpolation Method [J]. Journal of Geodynamics，2012，53：1 –7.

[54] Zheng W，Xu H Z，Zhong M，et al. Precise recovery of the Earth's gravitational field with GRACE：Intersatellite Range – Rate Interpolation Approach [J]. IEEE Geoscience and Remote Sensing Letters，2012，9 (3)：422 –426.

[55] 郑伟，许厚泽，钟敏，等. 基于新型能量插值法精确建立 GRACE – Only 地球重力场模型 [J]. 地球物理学进展，2013，28 (3)：1269 – 1279.

[56] 郑伟，许厚泽，钟敏，等. Improved – GRACE 卫星重力轨道参数优化研究 [J]. 大地测量与地球动力学，2010，30 (2)：43 –48.

[57] Zheng W，Xu H Z，Zhong M，et al. Requirements analysis for future satellite gravity mission Improved – GRACE [J]. Surveys in Geophysics，2015，36 (1)：87 – 109.

[58] 郑伟，许厚泽，钟敏，等. 我国将来更高精度 CSGM 卫星重力测量计划研究 [J]. 国防科技大学学报，2014，36 (4)：102 – 111.

[59] Zheng W，Xu H Z，Li Z W，et al. Precise establishment of the next – generation Earth gravity field model from HIP – 3S based on combination of inline and pendulum satellite formations [J]. Chinese Journal of Geophysics，60 (8)：3051 –3061.

[60] Zheng W，Xu H Z，Zhong M，et al. Precise and rapid recovery of the Earth's gravitational field by the next – generation four – satellite cartwheel formation system [J]. Chinese Journal of Geophysics，2013，56 (9)：2928 –2935.

[61] Zheng W，Xu H Z，Zhong M，et al. A study on the improvement in spatial resolution of the Earth's gravitational field by the next – generation ACR – Cartwheel – A/B twin – satellite formation [J]. Chinese Journal of Geophysics，2015，58 (3)：767 –779.

[62] 尹文杰，胡立堂，王景瑞．基于 GRACE 重力卫星的甘肃北山地区地下水储量变化规律研究 [J].水文地质工程地质，2015，42 (4)：29 -34.

[63] Yin W J, Hu L T, Han S C, et al. Reconstructing terrestrial water storage variations from 1980 to 2015 in the beishan area of China [J]. Geofluids, 2019：1 -13.

[64] Yin W J, Hu L T, Jiao J J. Evaluation of groundwater storage variations in northern China using GRACE data [J]. Geofluids, 2017：1 -13.

[65] Yin W J, Hu L T, Zhang M L, et al. Statistical downscaling of GRACE -derived groundwater storage using ET Data in the North China plain [J]. Journal of Geophysical Research：Atmospheres, 2018, 123 (11)：5973 -5987.

[66] Liu Z Q, Zheng W, Wu F, et al. Increasing the number of sea surface reflected signals received by GNSS - Reflectometry altimetry satellite using the nadir antenna observation capability optimization method [J]. Remote Sensing, 2019, 11 (21)：2473 -2489.

[67] Wu F, Zheng W, Li Z W, et al. Improving the positioning accuracy of satellite -borne GNSS -R specular reflection point on sea surface based on the ocean tidal correction positioning method [J]. Remote Sensing, 2019, 11 (13)：1626 -1641.

[68] Li Z W, Zheng W, Fang J, et al. Optimizing suitability area of underwater gravity matching navigation based on a new principal component weighted average normalization method [J]. Chinese Journal of Geophysics, 2019, 62 (9)：3269 -3278.

第 2 章
月球物理场探测理论和方法

2.1 月球重力探测

月球重力场是研究月球物质分布及月球内部结构的基础之一，同时对研究月球物质成分及月球演化历史具有重要意义。月球重力场主要是通过对绕月飞行的飞行器摄动观测来确定。在早期探月阶段（1958—1976 年），随着月球探测器成功实现绕月飞行，利用轨道数据获取了对月球重力场的初步认识。这一阶段的重要发现是对月球质量瘤（Mascons）的认识。20 世纪 90 年代中后期，随着 Clementine 和 Lunar Prospector 计划的实施，利用探月器数据得到了更高精度的月球重力场信息。近年来，日本“月亮女神”计划（SELENE）实现了对远月面的观测，获取了远月面的重力场信息。

2.1.1 月球重力场模型研究

直接测量是研究月球重力场的最直接方法，由于航天技术和观测设备等限制，人类仅在 1972 年进行过月球重力场的直接测量实验。当时在美国 Apollo 16 登月计划的实施过程中，宇航员利用携带的 Lunar 4 重力仪进行了月球重力测量，此次重力测量由于仪器设计上的失误导致实验失败。同时在此次登月计划中还利用携带的导线重力仪（Traverse Gravimeter Experiment，TGE）进行了相对重力测量，得到了 26 个点的重力异常值，并对测量结果进行了物理解释。虽然本次计划并未成功实现对月球重力场的直接观测，但为未来实现对月球重力场直接测量积累了丰富的经验。

利用卫星轨道追踪数据解算全球重力场是研究地球、月球等星球重力场的常用方法。这种解算方法是反演问题，它通过计算卫星轨道波动来追踪施加于卫星上的各种力。因此，可以得到5种月球重力场表达式：①球谐函数展开式，它描述了全月球相对于球体的偏差；②表面质量离散分布，它描述表面/近表面质量异常，如质量瘤等；③视线加速度；④混合模型；⑤均匀质量椭球体的参考高程，用来构造重力图。

1. 球谐函数模型

球谐分析法是解算月球重力场模型的常用方法之一。月球周围存在重力作用的空间称为重力场，从力的观点可以用重力场强度来描述重力场的性质。根据牛顿第二运动定律，球谐函数可以表达为

$$V = \frac{\mu}{r}\left\{ \sum_{n=0}^{\infty} \left(\frac{R}{r}\right)^{(n+1)} \sum_{m=0}^{n} \left[C_{nm}\cos(m\lambda) + S_{nm}\sin(m\lambda) \right] \times P_{nm}(\sin\varphi) \right\} \tag{2.1}$$

式中，R 为月球参考半径；r 为目标点到月球中心的距离；μ 为月球重力常数；λ 为目标点经度；φ 为目标点纬度；P_{nm} 为勒让德多项式；C_{nm} 和 S_{nm} 为月球重力位球谐系数；n 和 m 为阶和次。

球谐函数的关键是确定方程的重力位系数 C_{nm} 和 S_{nm}，它描述了月球相对于球体的偏差。通常低阶球谐系数展开反映了月球总质量、月球形状等信息，高阶次重力模型含有反映月球内部质量分布及其横向变化的更多信息。阶次大小与其反映重力异常的尺度有关。高阶次重力场模型可更好地反映月球局部重力异常的变化，但随着重力场阶次的提高，需要求解的球谐系数大量增加，对原始观测数据及计算能力均有较高要求。近20年来随着探测数据的丰富和计算机技术的发展，重力场模型的解算阶次已达到1 500阶。由于没有月面直接测量的重力场值作约束，现今获取的月球重力场模型仍缺乏合理的校验，并且远月面探测数据的不足对高阶次重力场模型的解算精度及后续解释均造成了一定影响。

尽管以球谐函数表达的重力场模型需要基于观测多普勒（Doppler）残差对正态方程进行求解，但它可使用直接方法或间接方法对运动方程进行积分。

1）直接法

Lorell和Sjogren首次基于球谐函数方法求解月球重力场模型，但研究中使用

了间接方法[1]。Sjogren 首次尝试使用直接方法求解月球重力场模型，它对运动方程进行积分，对球谐系数的估计达到 4 阶，采用了 Orbiter 4 卫星的 727 个观测数据[2]。由于卫星轨道高度为 2 700 ~ 6 000 km，因此得到的球谐系数不具有高频重力场信息。他进一步推导出了系数 C_{20} 和 C_{22} 的解，结果表明月球是一个各向同性球体。另外，对系数 C_{20}、C_{22}、C_{31} 和 C_{33} 的计算结果表明，在赤道上，月球正面有 572 m 的膨胀（Bugle），在背面有 408 m 的膨胀。同 LP165P 模型参数[3]的比较结果表明，C_{20}、C_{22}、C_{31} 和 C_{33} 的计算结果有一定偏差。LP165P 模型在构造过程中，追踪和建模质量得到了较大改进，且使用了大量球谐参数。

随后球谐系数建模得到改进，阶次达到了 13 阶[4]。采用了 20 148 个 Doppler 追踪数据，历时 80 天，包括探月卫星 Lunar Orbiter 1 ~ 5 号，采用运动方程和相关变量方程的直接积分。基于该模型，绘制了高度为 100 km 的月球重力等值线图，进一步确定了雨海、澄海和危海。但是，由于极地和月球背面的数据量较少，该地区的重力等值线图的可靠性较低。

1980 年，Ferrari 等[5]基于地球 - 月球系统的地球物理参数，开发了 5 × 5 的球谐模型。该模型使用了直接方法，通过对月球激光测距仪和 Lunar Orbiter 4 追踪数据的模拟分析得到。基于该模型，得到的主要极矩值为 $C/MR^2 = 0.390\ 5 \pm 0.002\ 3$，而基于 LP75G 模型得到的结果则为 $0.393\ 2 \pm 0.000\ 2$。同 LP75G 模型相比，Ferrari 模型具有较高的不确定性，这是因为该模型的观测点较少。但是，这个结果与 Gapcynski 等[6]基于 Explorers 35 和 49 资料并采用间接方法得到的结果一致。

数据处理的直接方法主要针对短弧观测数据，受月球正面地表异常导致的卫星短期摄动控制。然而，由于缺少月球背面以及极地的观测资料，基于该方法无法得到月球背面的重力场分布特征。在 20 世纪 80 年代以前，无法对月球背面重力场进行估计。

2）间接法

间接方法可以用来精确估算重力场模型的低阶系数。间接方法可将受低阶球谐系数影响的卫星轨道长期变化平均化。Lorell 和 Sjogren 首次使用该方法进行月球重力场研究。他们采用平均方法，处理 Lunar Orbiter 1 ~ 4 的观测数据得到了月球重力场的 4 阶球谐系数，包括 C_{50}、C_{60}、C_{70}、C_{80} 等共 25 个系数。同基于均匀月球模型得到的系数相比，C_{20} 小了约 3%，这表明月球内部的密度要大于月壳。由于观测数据量的限制，该方法得到的结果同其他模型存在一定偏差。系数 C_{20} 约为 $-0.906\,2\times10^{-4}$，而 LP165P 中 C_{20} 约为 $-0.908\,9\times10^{-4}$；系数 C_{22} 约为 $-0.339\,4\times10^{-4}$，而 LP165P 中 C_{22} 约为 $-0.346\,3\times10^{-4}$；其他系数也存在一定偏差，这些偏差对长期轨道追踪来说则会产生较大误差。尽管这种方法造成的误差较大，但同模型使用的观测数据量相比，这种方法具有改进的空间。Lorell[7] 对该方法加以改进，使用拉格朗日（Lagrange）方程和谐波展开方法对运动方程进行数值积分。Bogolyubov 和 Mitropolsky[8] 将平均方法应用于两个轨道，以得到轨道要素的平均值。他对系数的估计达到了 4 阶田谐系数（Four - Degree Tesseral）和 8 阶带谐系数（Eight - Degree Zonal Harmonics）。

为了给卫星提供导航服务，Liu 和 Laing[9] 结合所有 Lunar Orbiter 卫星资料，将球谐模型展开到 8×8 阶。与使用的 Lunar Orbiter 资料和研究方法相比，此月球重力场模型达到了改进的极限，是当时最好的模型。然而，由于不能预测卫星轨道的长期变化，且与地表特征之间存在非常有限的相关性，此模型在后来被认为不准确。尽管该方法也试图获取影响卫星轨道长期变化的系数，但由于覆盖范围有限，尤其是没有月球背面的相关资料，且地面控制点较少，使得此方法精度不高，不能预测卫星轨道长期变化，不能满足月球物理研究需要。

在 20 世纪 70 年代和 80 年代早期，根据月球卫星长期轨道追踪需要，出现了不同的建模技术以减少计算量。Ferrari[10] 计算出 4×4 阶的球谐模型，并假定了六维时间序列的 Lagrange 方程解，即

$$\tilde{\boldsymbol{k}}(t) = \tilde{K}_0 + \tilde{K}_1 t + \tilde{K}_2 t^2 + \delta\tilde{\boldsymbol{k}}_{\oplus} + \delta\tilde{\boldsymbol{k}}_{\otimes} + \delta\tilde{\boldsymbol{k}}_{\mathrm{sr}} \tag{2.2}$$

式中，$\tilde{\boldsymbol{k}}$ 为轨道要素矢量；$\tilde{K}_0$、$\tilde{K}_1$ 和 $\tilde{K}_2$ 为开普勒常数，由 Doppler 追踪数据的一阶最小平方近似决定；$\delta\tilde{\boldsymbol{k}}_{\oplus}$、$\delta\tilde{\boldsymbol{k}}_{\otimes}$ 和 $\delta\tilde{\boldsymbol{k}}_{\mathrm{sr}}$ 为由地球、太阳引力以及太阳辐射压摄动导致的轨道要素变化。

Ferrari 使用第二加权最小平方处理器的 199 个地面控制点资料作为开普勒要素速率的输入得到了月球重力场模型。然而，这个模型不适合月球卫星轨道的长期追踪。随后，Bryant 和 Williamson[11] 构建了 3×3 阶模型，使用了 Explorer 49

卫星 234 天的观测资料，轨道高度为 1 065 km。Gapcynski 等通过处理宇宙飞船升交点的 600 天的观测资料，改进了内部的月球距。

1975—1977 年，Ferrari[12-13]、Alfred 和 Ferrari[14] 基于 Apollo 计划子卫星的观测资料进行了月球重力场模型研究。Ferrari 将月球重力场模型提高到 16 阶次，模型使用轨道元素来描述摄动。在月球重力场模型研究中，Ferrari 使用的解形式为

$$\bar{\boldsymbol{p}} = (\boldsymbol{F}^{\mathrm{T}}\boldsymbol{W}^{-1}\boldsymbol{F} + \boldsymbol{\Gamma}^{-1})^{-1}(\boldsymbol{\Gamma}^{-1}\bar{\boldsymbol{p}}^{*} + \boldsymbol{F}^{\mathrm{T}}\boldsymbol{W}^{-1}\dot{\bar{\boldsymbol{k}}}) \tag{2.3}$$

式中，$\boldsymbol{W}$ 为每个部分要素速率的权矩阵；$\boldsymbol{\Gamma}$ 为与初始谐波估计量 $\bar{\boldsymbol{p}}^{*}$ 有关的先验协方差；$\dot{\bar{\boldsymbol{k}}}$ 为平均要素速率矢量。这个方程源于对性能指标参数的最小化，先验约束条件为

$$\varepsilon^{2} = (\dot{\bar{\boldsymbol{k}}} - \boldsymbol{F}\bar{\boldsymbol{p}})^{\mathrm{T}}\boldsymbol{W}^{-1}(\dot{\bar{\boldsymbol{k}}} - \boldsymbol{F}\bar{\boldsymbol{p}}) \tag{2.4}$$

为了保持最小平方解的稳定性，求解过程中使用了这些方程的平方根形式[15]。假定先验估计 $\bar{\boldsymbol{p}}^{*}$ 为 0，先验协方差 $\boldsymbol{\Gamma}$ 的统计表达式为

$$\sigma(C_{nm}, S_{nm}) = \frac{3.5 \times 10^{-4} N(n,m)}{n^{2}} \tag{2.5}$$

$$N(n,m) = \left[\frac{(n-m)!(2n+1)(2-\delta_{0m})}{(n+m)!}\right]^{1/2} \tag{2.6}$$

式中，δ_{0m}为 Kronecker δ 函数。由此得到月球重力位函数，因为谐波具有 $1/n^{2}$ 波谱。

Alfred 和 Ferrari 根据模拟结果得出，通过拟合月球正面追踪数据的平均要素可以提取月球背面的重力场信息。然而，这种方法受诸多条件限制，如采样间隔、采样点数等。总地来说，月球背面信息提取过程存在病态问题，即使能够得到月球背面的重力场特征，但这种特征不可靠。基于这种方法，得出科罗廖夫环形山（Korolev）、门捷列夫环形山（Mendeelev）、莫斯科海（Moscoviense）等地区存在负的重力特征；而 LP165P 方法则表明该地区的重力场是正异常。另外，月面系统会导致卫星轨道的较小摄动[16]，这与 Lagrange 方程的传统形式不符，使间接方法的长期应用受到一定限制。

2. 离散质量模型

离散质量模型定义为：如果表面质量是离散的，则重力位函数可以表达为

$$V = \frac{\mu}{|\boldsymbol{r}|} + \sum_{i=1}^{N} \frac{\varepsilon_i \mu}{|\boldsymbol{r} - \boldsymbol{r}'|} \tag{2.7}$$

式中，$\boldsymbol{r}$ 和 $\boldsymbol{r}'$ 为卫星相对于月球中心的位置矢量；ε_i 为第 i 个质量点相对于球体质量的比值。

Muller 和 Sjogren[17] 的研究结果表明，球谐函数重力模型无法较好地处理局部重力异常问题。针对此问题，Gottlieb[18] 和 Sjogren 使用质量瘤模型、Wong 等[19] 使用离散质量模型减小 Doppler 残差的平方和。使用 8 阶预测修正 Gauss - Jackson 差分法对运动方程求梯度为

$$|\ddot{\boldsymbol{r}}| = -\nabla V = Gm\nabla\left(\frac{1}{|\boldsymbol{r}|} + \sum_{i=1}^{N} m_i F_i\right) \tag{2.8}$$

式中，Gm 为万有引力常数与月球质量的乘积；m_i 为月球质量单元中第 i 个质量值；$\boldsymbol{r}$ 为月球坐标系中卫星位置矢量；F_i 为第 i 个位函数。质量 m_i 是未知的，需要通过对 Doppler 数据差分校正得到。差分校正系数可通过对变量方程积分得到

$$\delta|\ddot{\boldsymbol{r}}| = Gm\left[\delta\left(\nabla\frac{1}{|\boldsymbol{r}|}\right) + \nabla\sum_{i=1}^{N} \delta m_i F_i\right] \tag{2.9}$$

结合计算变量 $\delta\boldsymbol{r}$，使用差分链规则得到观测差分。相对于噪声数据，数值计算误差将会非常小。

$$\boldsymbol{Q} = \Delta\boldsymbol{C}^{\mathrm{T}}\boldsymbol{\Sigma}^{-1}\Delta\boldsymbol{C} + \Delta\boldsymbol{S}^{\mathrm{T}}\boldsymbol{\Sigma}_0^{-1}\Delta\boldsymbol{S} \tag{2.10}$$

式中，$\Delta\boldsymbol{C}$ 为观测残差矢量；$\boldsymbol{\Sigma}$ 为数据的方差矩阵；$\Delta\boldsymbol{S}$ 为初始状态矢量偏差；$\boldsymbol{\Sigma}_0$ 为先验状态方差对角矩阵。

1）点质量模型

点质量模型包括平均月球表面的每个格网点的质量。估算每段弧及离散质量可以避免卫星状态误差的影响。尽管初始状态分量和点质量参数具有不同的 Doppler 摄动特征，但它们的信号容易混淆。由于短弧月球卫星轨道 Doppler 观测在地球进行，会导致位置和速度分量的估计出现不确定性，需要添加先验约束。根据轨道高度为 100 km 的点质量模型得到的径向加速度证实了月球正面主要的质量瘤的存在，但是，同 LP165P 模型得到的结果相比，位置和幅值都有差异。离散质量的人工定位和仅使用极地轨道数据是此方法的主要不足。

Ananda[20] 结合 Apollo 计划期间获取的数据，使用 Alfred 和 Ferrari 所采用方法得到平均轨道要素速率，并采用 117 个点质量的摄动方程来改进[19]。同时，

将平均方法应用于 Lagrange 方程，进而对摄动位函数的偏差进行平均化。Ananda 绘制了具有 117 个离散质量点的 20×20 阶重力场。这个重力场图描述了已知的月球重力特征，但是精度较低，且重力等值线发散。因此，考虑到月球背面观测资料的匮乏，对复杂的月球重力场模型来说，点质量模型是一种较简单的方法。

2）盘质量模型

基于点质量模型的月球表面重力场具有奇异性，这是点质量模型的较大缺点。为了避免这种奇异性问题，最简单的解决方法是仅移动月球表面上的质量，这样可以不用改动计算程序。Wong 等采用盘质量模型实现此目标，因为对较大距离来说，盘质量可视为点质量。适合低轨（约 60 km）的均方根数据给出更小的 Doppler 残差，表明这种方法优于点质量模型。另外，同点质量模型相比，此方法得到的极轨残差存在降阶现象，并极大改进了轨道残差。这是由于盘质量模型使用了 Lunar Orbiter 卫星（轨道倾角为 12°～85°）以及 Apollo 8 号和 12 号（轨道倾角分别为 12°和 15°）的观测资料。同时，盘质量模型使用的观测数据量也是点质量模型的 2 倍。结果表明，此方法对质量瘤的描述较好。

3. 视线加速度模型

LOS（Line Of Sight）加速度模型可以用来绘制重力分布图，并且仅限于近地月面，因为这里可以进行卫星轨迹的直接测量。

LOS 加速度模型涉及数据处理的直接方法。在 19 世纪 60 年代，随着计算技术和数据量的增加，对高阶球谐系数估计成为可能。Muller 和 Sjogren 结合 Lunar Orbiter 5 卫星的观测 Doppler 残差资料，使用球谐模型直接提取区域重力加速度，用以绘制月球正面重力分布图，研究中采用了三轴月球模型，并考虑星体重力摄动。通过观测 Lunar Orbiter 5 卫星轨道，使用修正的 3 次多项式进行拟合以生成 Doppler 残差，进而提取导数以估计 LOS 加速度。然后，假定典型质量瘤均在月表以下 50 km 的位置，对 LOS 加速度进行归一化处理，可得到月表以上 100 km 处的加速度值。

$$a_{\text{norm}} = \frac{a_{\text{comp}}(h+50)^2}{150^2} \tag{2.11}$$

式中，a_{norm}为归一化加速度值；a_{comp}为计算得到的加速度值；h 为轨道高度。

基于观测的 Doppler 残差，得到速度残差。

$$f_{\mathrm{d}} = \frac{-2\rho}{\lambda} \tag{2.12}$$

$$\Delta\rho = -\frac{\mathrm{DopplerResidual} \cdot c}{2 \cdot \mathrm{frequency}} \tag{2.13}$$

式中，f_{d}为 Doppler 频率偏移；λ 为追踪信号波长；c 为光速；ρ 为距离比。

根据提取的加速度，Muller 和 Sjogren 认为，在 5 个环形月海区（雨海、澄海、危海、酒海和湿海）的加速度变化率较大，表明这些地区存在小的质量瘤（50～200 km）。此结果已被 Urey－Gilbert 理论所证实，该理论预测了这些区域大尺度质量集中现象的存在，并命名为质量瘤。

LOS 重力不是精确的垂直方向重力加速度，由于最小平方滤波效应，校正会使得最大重力量值减小 20%～30%。显然，在 110°附近，基于 LP65P 球谐模型，采用同样的 Doppler 残差资料，在相同质量瘤地区得到的 LOS 重力模型幅值不同。

为了提高 LOS 重力模型精度，采用 Muller 和 Sjogren 的重力场研究方法，基于 Apollo 14～17 号资料，重新生成了 LOS 重力模型。当 Apollo 14 号沿低拱轨道（16 km）飞行时，采集到的数据含有月球重力高频信息。Sjogren 等[21]构造了 LOS 重力模型。同时，基于 Apollo 15 号追踪资料，Sjogren 和 Muller 构造了另一个 LOS 重力模型。结果表明，西奥菲勒斯环形山（Theophilus）、依巴谷环形山（Hipparchus）和托勒密环形山（Ptolemaeus）具有负的重力特征；而酒海是正的重力场，呈圆盘体分布，且接近月表。

尽管 LOS 重力模型提示了月球正面的重力分布特征，但它在幅值上不严格，且对位置估计与当前最新研究成果具有一定偏差。

4. 混合模型

由于上述各种模型都不能满足月球物理和卫星轨道观测需要，Bills 和 Ferrari[22]结合不同重力场模型优势构造了 16 阶次月球重力场球谐模型。

第一个混合模型是通过将开普勒速率的变化与重力参数关联得到，涉及了运动方程的积分、轨道要素的平均和其他星体、太阳辐射摄动的去除。轨道要素变量与重力特征通过下式联系起来，即

$$\boldsymbol{d}_1 = \boldsymbol{A}_1 \cdot \boldsymbol{p} \pm \boldsymbol{\sigma}_1 \tag{2.14}$$

式中，$\boldsymbol{d}_1 = [\dot{\boldsymbol{e}}, \dot{\boldsymbol{I}}, \dot{\boldsymbol{\Omega}}, \dot{\boldsymbol{\omega}}]$，为四向量开普勒轨道根数的瞬时速度；$\boldsymbol{p}$ 为月球重力位

模型中的向量谐波系数；$\boldsymbol{A}_1$为敏感矩阵（包括偏导数 $\partial \boldsymbol{d}_1/\partial \boldsymbol{p}$）；$\boldsymbol{\sigma}_1$为包括 4 个开普勒速率误差的向量。

第二个混合模型是根据 Apollo 8 号和 12 号飞船（低倾角、近圆形轨道、轨道高度为 10 km）以及 Lunar Orbiter 1、2、3、4 和 5 号卫星（高度偏心轨道）的观测资料，在球体表面 5° ×5°的格网节点上，对加速度的垂直分量进行计算得到。加速度效应和模型中涉及的参数表达式为

$$\boldsymbol{d}_2 = \boldsymbol{A}_2 \cdot \boldsymbol{p} \pm \boldsymbol{\sigma}_2 \tag{2.15}$$

式中，$\boldsymbol{\sigma}_2$为数据误差向量；$\boldsymbol{d}_2$为加速度向量；$\boldsymbol{A}_2$为偏微分矩阵 1008 ×289，

$$\boldsymbol{A}_2 = \frac{\partial \boldsymbol{d}_2(\boldsymbol{r},\theta,\varphi)}{\partial \boldsymbol{G}_{nm}} = \frac{GM}{R^2}(n+1)\left(\frac{r}{R}\right)^{-(n+2)} \boldsymbol{\Lambda}_{nm}(\theta,\varphi) \tag{2.16}$$

式中，$\boldsymbol{G}_{nm}$为二维 Fourier – Legendre 系数向量；$\boldsymbol{\Lambda}_{nm}$（$\theta$，$\varphi$）为 n 阶和 m 次的球谐方程，有

$$\begin{cases} \int_0^{2\pi} \int_{-1}^{+1} \boldsymbol{\Lambda}_{nm}^2(\mu,\varphi)\,\mathrm{d}\mu\mathrm{d}\varphi = 4\pi \\ \mu = \sin\theta \end{cases} \tag{2.17}$$

如果月球质量的估计正确，且其坐标系圆点与月球质量中心重合，则球谐函数是 0 阶。然而，为了消除偏差，处理时一般使用由 600 个非零离散质量构成的球体，且质量中心位于近地月面。另外，在估计其他球谐系数时，偏差出现是由于积分在一个具有可变权重的球面进行，此时球谐波不正交。因此，基于均匀月球重力场估计无法得到真实重力信息[22]。

第三个模型是由 Bills 和 Ferrari 开发。由于使用了高程相位的 Lunar Orbiter 4 卫星的 Doppler 追踪数据和月表激光测距仪数据，它对低阶重力谐波敏感。激光测距仪数据包括了由于月球、地球相互作用导致的月球重力场变化，它的归一化方程为

$$\boldsymbol{d}_3 = \boldsymbol{A}_3 \cdot \boldsymbol{p} \pm \boldsymbol{\sigma}_3 \tag{2.18}$$

式中，矩阵 $\boldsymbol{A}_3$包含由 2 阶重力谐波加上 6 阶和 7 阶部分谐波施加于 Doppler 数据的效应。

因此，从不同模型得到的数据综合起来，可提供高分辨率的全部月球正面及月球背面赤道上的重力场数据，同时也可以提供低分辨率的月球背面赤道以外部

分的重力场数据。

5. 均匀质量椭球体的参考高程模型

均匀质量椭球体的参考高程模型可用来构造重力图，根据参考均匀质量椭球体，该模型表达式为

$$h = R\sum_{n=1}^{N}\sum_{m=1}^{n}P_{nm}(\sin\varphi)\frac{2n+1}{3}[C_{nm}\cos(m\lambda)+S_{nm}\sin(m\lambda)] \tag{2.19}$$

式（2.19）给出的是相对于假定密度均匀分布的球体等效高程变化。但是，以高程形式表达的重力模型需要估计球谐系数，因此它相当于球谐函数模型。

2.1.2 常用的月球重力场模型

随着计算机技术的发展，更高阶次的月球重力模型 Lun60D、LP165P 和 LP150Q 被反演出来。

1. Lun60D 模型

Konopliv[23]基于 Lunar Orbiter 1 ~ 5 号卫星及 Apollo 15、16 计划观测资料，构建了 60 阶次月球重力场模型 Lun60D。Lun60D 模型是继 Bills 和 Ferrari 后开发的第一个高阶球谐重力场模型。该模型第一次使用了计算机的高计算性能，同时使用了 Kaula 规则（$1.5\times10^{-4}/n^2$）。该模型对月球正面重力场估计与 Muller 和 Sjogren 的观测结果一致，也能估算月球背面重力场。

基于 Lun60D 模型，Konopliv 在 Apollo 16 号飞船发射 34 天后就计算出其大致降落地点（实际降落使用了 35 天），表明该模型可用于飞船（卫星）轨道观测。但该模型对月表重力异常分布估计具有一定误差。

尽管如此，Konopliv 对月球重力场模型研究具有划时代意义，是当时最为精确的模型，极大促进了月球重力场模型研究。

2. 基于 Clementine 卫星观测数据的重力场模型

1994 年和 1997 年，Lemoine 等[24]使用 Kaula 规则（$1.5\times10^{-4}/n^2$）分别设计了 70 阶次 GLGM－1（70 × 70）和 GLGM－2（Goddard Lunar Gravity Model）（70 × 70）模型。该模型使用了 Clementine 极轨卫星观测数据，轨道高度为 430 km × 2 950 km。高轨道不能提供高频重力场信息，但可以改善低阶重力场的求解系数。Lemoine 等认为，同 Lun60D 模型相比，GLGM－1 模型显示的重力异

常要多10%，且与月球正面质量瘤分布位置相对应。结合先前研究中得到的低轨观测数据，GLGM－1模型可得到短波重力场信息，进而揭示众多在月海盆地以外、以负的重力异常为特征的质量瘤，并认为月球岩石圈是弯曲的。

GLGM－2模型在70阶次是完整的，它对应半波长分辨率为80 km。Lemoine等认为该模型的自由空间重力异常在－294～358 mGal，并认为该模型在短波长范围内低估了月球重力场。GLGM－1模型和GLGM－2模型的主要区别是数据处理过程中使用的加权方案不同，同时在GLGM－2模型中增加了Apollo 16亚卫星的观测数据。

图2.1和图2.2表示GLGM－2模型和Bills－Ferrari模型的RMS幅度谱。图2.1中显示的GLGM－2模型是完整的，达到70阶，而在图2.2中显示的只有16阶。Bills－Ferrari模型中使用的先验规则以变量形式出现，即$1.5\times10^{-4}/n^2$。图2.2表明，除了第5、7和15阶外，GLGM－2模型和Bills－Ferrari模型几乎一致；GLGM－2模型较Bills－Ferrari模型更为可靠。Bills－Ferrari模型与GLGM－2模型得到的结果非常接近，但其使用的系数未经过归一化处理（表2.1），同理论值存在一定偏差；模型中系数C_{31}明显被低估，而S_{31}则被高估，结果使得3阶时基于Bills－Ferrari得到的RMS谱值与GLGM－2模型的结果相差不大。Bills－Ferrari模型预测的月球正面重力场与Lun60D模型结果相吻合，但对一些质量瘤的估计有误。

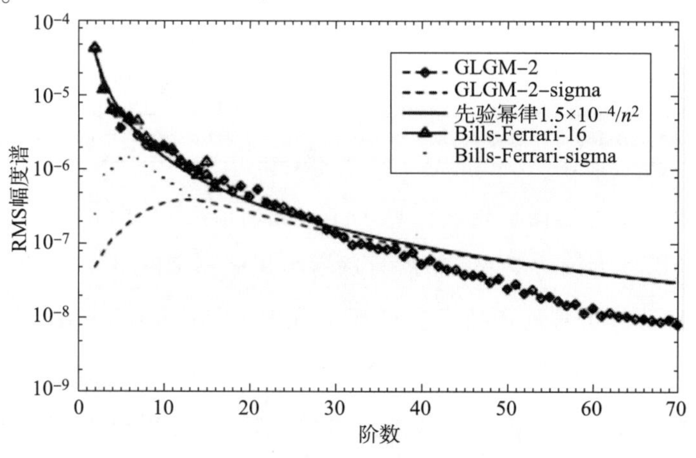

图2.1　月球重力场模型GLGM－2（70阶）与Bills－Ferrari（16阶）引力位系数信号和精度对比

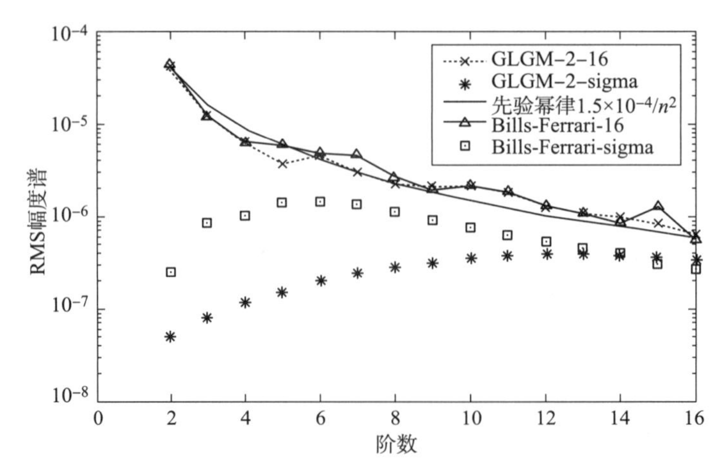

图 2.2 月球重力场模型 GLGM－2（16 阶）与 Bills－Ferrari（16 阶）引力位系数信号和精度对比

表 2.1 卫星跟踪与月球激光测距产生的低阶次球面谐波值比较（$\times 10^{-6}$）

系数	Bills－Ferrari	LLR	Lun60D	GLGM－2
J_2	202.431 ±1.140	204.000 ±1.000	203.805 ±0.057	203.986 ±0.131
J_3	8.889 ±1.508	8.660 ±0.160	8.250 ±0.060	9.990 ±0.240
C_{22}	22.263 ±0.129	22.500 ±0.005	22.372 ±0.011	22.227 ±0.023
C_{31}	23.719 ±1.123	32.400 ±2.400	28.618 ±0.018	28.290 ±0.098
S_{31}	7.160 ±1.285	4.670 ±0.730	5.870 ±0.020	5.540 ±0.070
C_{32}	4.829 ±0.048	4.869 ±0.025	4.891 ±0.009	4.886 ±0.030
S_{32}	1.626 ±0.037	1.696 ±0.009	1.646 ±0.008	1.656 ±0.029
C_{33}	2.213 ±0.143	1.730 ±0.050	1.719 ±0.003	1.756 ±0.007
S_{33}	－0.341 ±0.143	－0.280 ±0.020	－0.211 ±0.003	－0.270 ±0.006

为弥补现有重力场模型短波信息不足，以适应 LRO（Lunnar Reconnaissance Orbiter）定轨需要，构建了 150 阶次月球重力场模型 GLGM－3。GLGM－3 模型融合了 NASA 历史探月任务数据，包括 Lunar Orbiter 1～5、Apollo 15 和 Apollo 16、Clementine、LP 及部分 LRO 跟踪数据（包括多普勒跟踪数据、单程激光数据和 LOLA 测高交叉点数据）。GLGM－3 位系数与地形相关性系数曲线变化比较平稳，在 40～120 阶之间相关性系数在 0.5 以上，135 阶之后出现较明显下降趋势。利用 GLGM－3（截断至 100 阶次）计算的月球重力异常取值范围为

-659. 08 ~499. 92 mGal。基于 GLGM-3（截断至 100 阶次）模型位系数计算月球大地水准面起伏的取值范围为 -549. 11 ~557. 02 m。

3. 基于 Lunar Prospector 卫星观测数据的重力场模型

随着美国 Lunar Prospector 探月卫星的发射成功，首次拥有了低高度、高空间分辨率的月球极轨追踪数据，使高阶次球谐系数求解成为可能。直接结果是两个球谐解：75 阶次的 LP75D 和 LP75G 模型。另外，随着 Lunar Prospector 任务拓展，非常低轨道（30 km）可以得到重力场高频信息，同时使更高阶次球谐重力场模型成为可能，进而构造了 100 阶次的 LP100J、LP100K、一步解 LP150Q 和多步解 LP165P。

图 2. 3 表示 GLGM-2 和 LP75G 的 RMS 幅度谱，图 2. 4 表示 LP75D 和 LP75G 的 RMS 幅度谱。根据图 2. 3 可知，在 11 阶之前，GLGM-2 与 LP75G 的 RMS 幅度谱相吻合；在 11 阶之后，GLGM-2 显示较低能量，LP75G 遵循 $1.5\times10^{-4}/n^2$ 能量定理。LP75G 与 LP75D 的区别在于 LP75G 使用了更多的 Lunar Prospector 卫星观测数据。LP75D 在 40 阶后近似符合能量定理 $1.5\times10^{-4}/n^2$，而 LP75G 遵循 $1.5\times10^{-4}/n^2$。总地来说，LP75G 可以较为准确地观测卫星轨道，并能够揭示轨道摄动的高频特征。

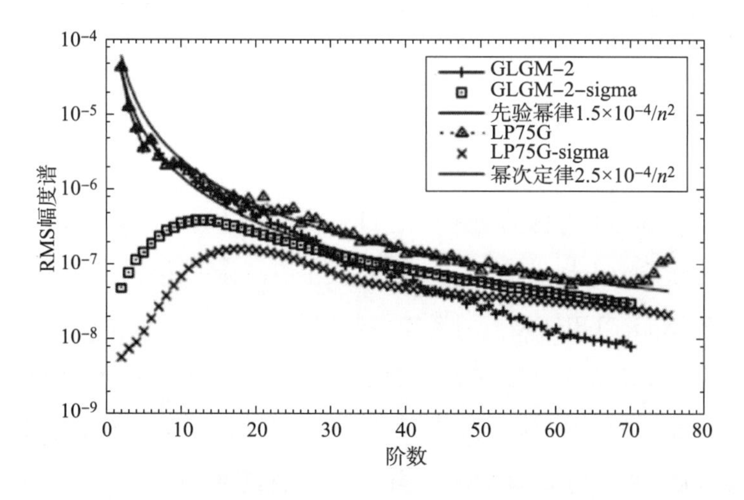

图 2. 3　月球重力场模型 GLGM-2 与 LP75G 引力位系数信号和精度对比

由于缺少月球背面的观测数据，LP75G 模型对背面撞击坑的估算表现出较大不确定性[25]。尽管存在不少问题，但基于 Lunar Prospector 卫星得到改进的月球

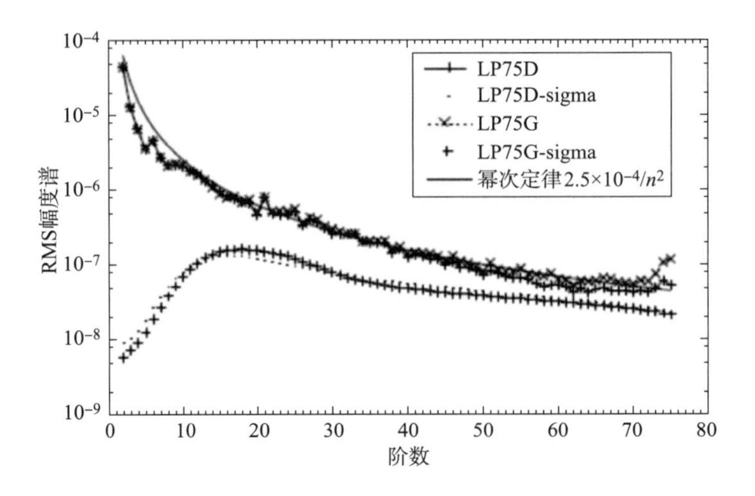

图 2.4 月球重力场模型 LP75D 与 LP75G 引力位系数信号和精度对比

重力场模型，在重力分布与地形地貌方面表现出较强的相关性，其相关程度明显好于先前月球重力场模型。LP75G 模型的另一个重要成果是对月球内部极矩的估计。月球激光测距（Lunar Laser Ranging，LLR）数据的求解结果是 0.394 ± 0.002[26-27]，基于先前测量数据的求解结果是 0.393 ± 0.001[28]，而基于 Lunar Prospector 重力模型得到的新求解结果是 0.393 2 ± 0.000 2，平均矩是 0.393 1 ± 0.000 2。月球内部极矩和平均矩的不确定性是正常误差的5 倍，这是由于所使用参数 J_2 和 C_{22} 较正常误差大 5 倍的原因。尽管如此，其得到的极矩精度要高于之前的模型。因此，总体上 LP75G 模型优于 GLGM-2 模型，不仅可以更好估测卫星轨道，也可以用于月球物理研究。

Lunar Prospector 重力场模型还包括 LP100J、LP100K 和 LP165P。使用 LP100J 模型得到的月球重力模型显示出一定误差，在正面赤道附近为 20 mGal，在月球背面达到 100 mGal。LP100K 重力场模型使用了 Lunar Prospector 计划拓展期间的低轨观测数据。图 2.5 至图 2.7 显示的是 Lunar Prospector 模型 LP75G、LP100J、LP100K 和 LP165P 的 RMS 幅度谱。同 LP75G 模型相比，LP100K 模型显示有略多的波谱能量。LP100K 的波动对称分布于信号曲线两侧，而 LP75G 则略小于信号，这是由于 LP100K 使用的先验规则为 $3.6\times10^{-6}/n^2$，而 LP75G 使用的先验规则为 $(1.5\sim2.5)\times10^{-4}/n^2$ 所致。LP100J 与 LP100K 模型几乎是一致的，都可用于卫星轨道估算。但后者使用了 Lunar Prospector 计划拓展期间的观测数据，更适合用于卫星轨道估算。

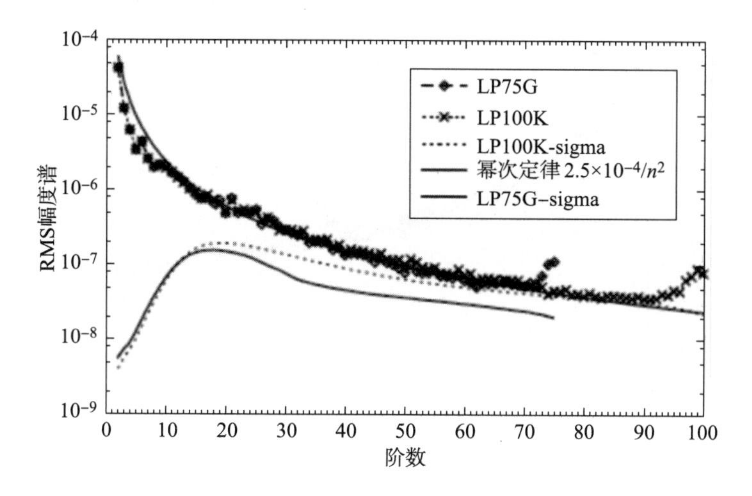

图 2.5　月球重力场模型 LP75G 与 LP100K 引力位系数信号和精度对比

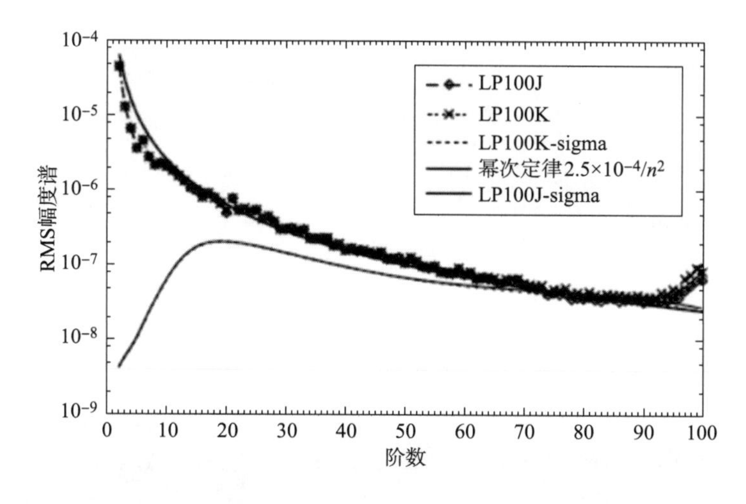

图 2.6　月球重力场模型 LP100J 与 LP100K 引力位系数信号和精度对比

图 2.7 表示 LP100K 和 LP165P 模型的对比。LP165P 使用了 Lunar Prospector 计划拓展期间的观测数据，可以提供平滑解，在 110 阶内没有偏差，与多数撞击坑的分布一致。LP165P 使用了多步解，这会导致高阶次时出现大的偏差。同 LP100J 或 LP100K 相比，LP165P 模型更适用于 Doppler 残差数据。图 2.8 表明 LP100J 和 LP165P 模型系数的 RMS 差异约为先前正常误差的 2 倍。

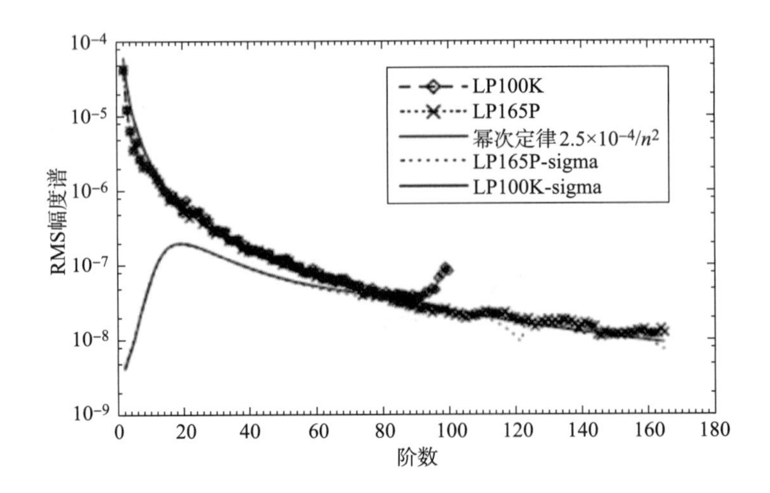

图 2.7 月球重力场模型 LP100K 与 LP165P 引力位系数信号和精度对比

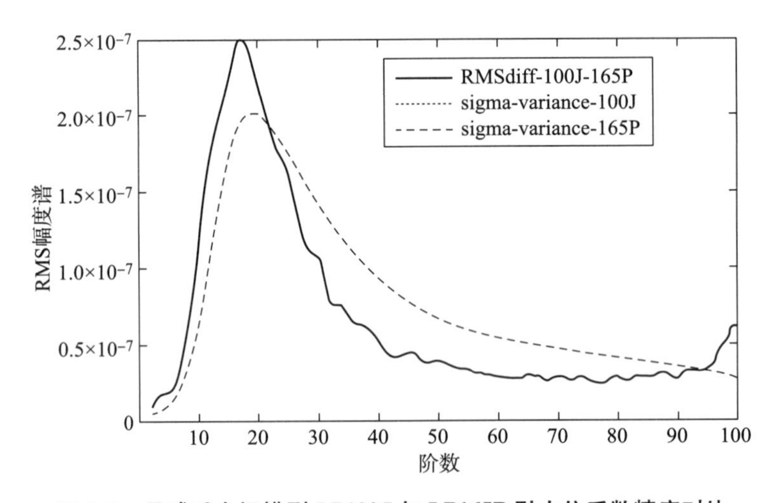

图 2.8 月球重力场模型 LP100J 与 LP165P 引力位系数精度对比

LP150Q 模型的阶次达到 150，是当时最好的月球重力场模型。图 2.9 和图 2.10 表示 LP100K、LP165P 和 LP150Q 模型的能量谱。同 LP165P 相比，LP150Q 的 RMS 幅度谱的能量较小，表明 LP150Q 模型的可靠性优于 LP165P 模型。图 2.11 表示 LP100J 和 LP150Q 的 RMS 差值，可见系数的 RMS 差值是正常误差的约 2 倍。图 2.12 表示 LP150Q 和 LP100K 的 RMS 差值，图 2.13 表示 LP100J 和 LP100K 的 RMS 差值。对比结果表明，观测数据的数量、解的度、约束类型及所使用的权值直接决定系数的质量；LP150Q 模型的不确定性最小。

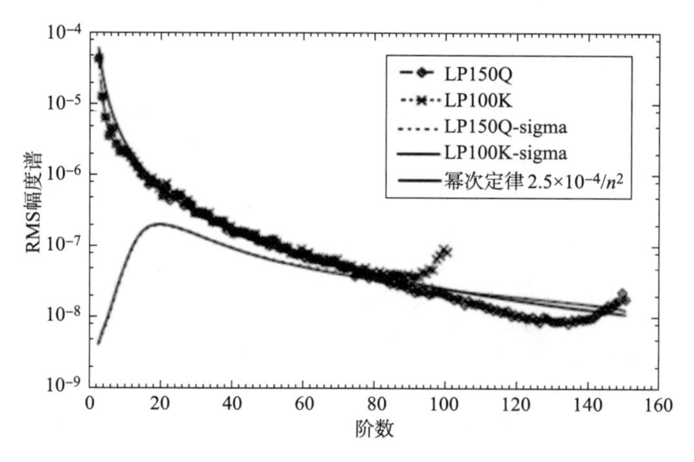

图 2.9　月球重力场模型 LP100K 与 LP150Q 引力位系数信号和精度对比

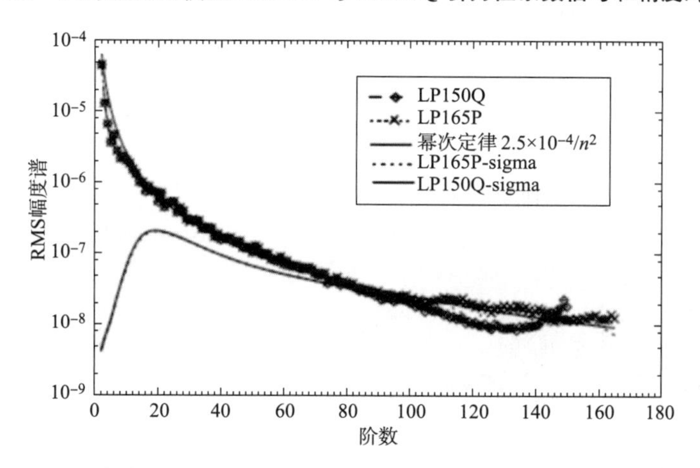

图 2.10　月球重力场模型 LP150Q 与 LP165P 引力位系数信号和精度对比

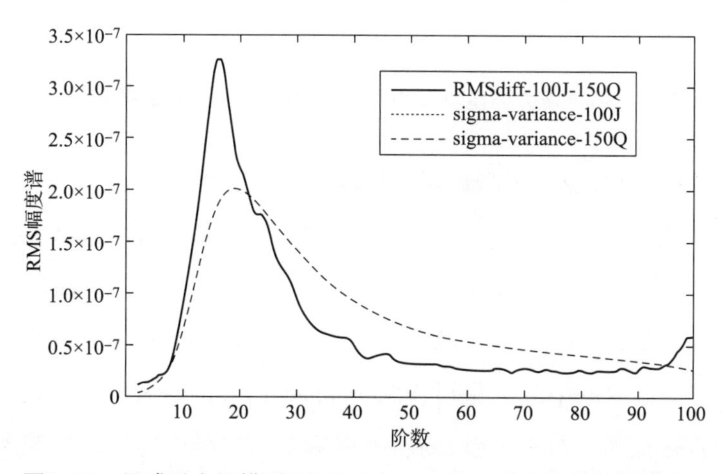

图 2.11　月球重力场模型 LP100J 与 LP150Q 引力位系数精度对比

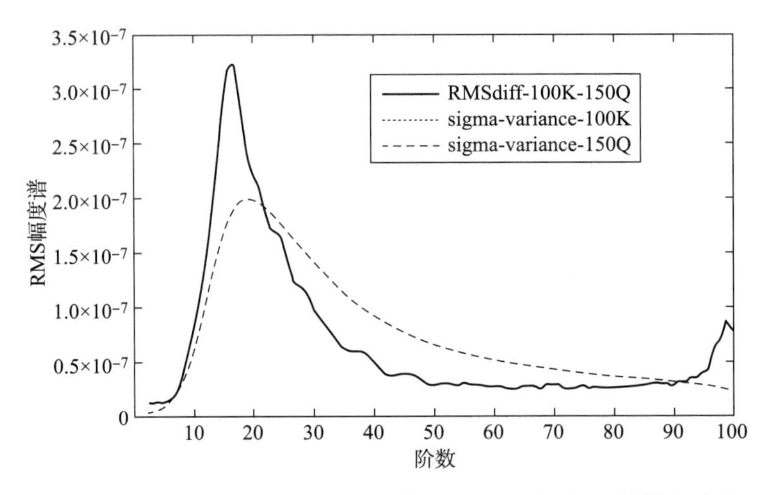

图 2.12 月球重力场模型 LP100K 与 LP150Q 引力位系数精度对比

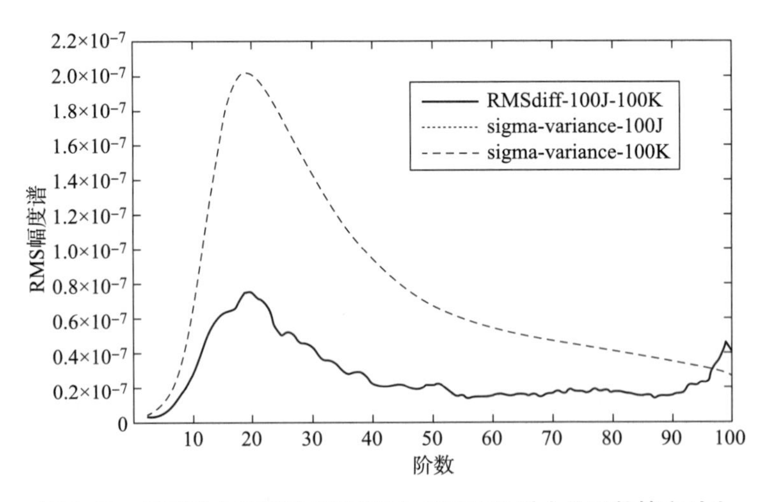

图 2.13 月球重力场模型 LP100J 与 LP100K 引力位系数精度对比

4. 基于 SELENE 卫星观测数据的月球重力场模型

2007 年 9 月，日本首个大型探月任务 SELENE（Kaguya）将 3 颗卫星送入月球极轨轨道，其中包括位于低轨的主星 Main（100 km）、位于高轨的中继卫星 Rstar（120 km×2 395 km）和 VLBI 子卫星（100 km×800 km）。当主星进入月球背面时，位于高轨的中继卫星可作为 Doppler 信号的转发器，实现了对月球背面重力场的直接观测。基于 4 程 Doppler 观测量，并结合历史已有观测数据（不包含 LP 扩展任务阶段跟踪数据），研制了 SGM 系列月球重力场模型。

Namiki 等首次在 SELENE 任务中利用双星技术直接探测获得了月球背面的重力数据，解决了缺少背面数据的难题，建立了 90 阶次月球重力场模型 SGM90d[29]。此模型较好地解决了月球背面与盆地有关环形构造问题。Matsumoto 等基于 4 程 Doppler 观测量，构建了 100 阶次的月球重力场模型 SGM100h[30]。由于模型使用的数据覆盖了月球背面，此模型可在不采用先验限制的情况下，对球谐系数估算达 70 阶次。Goossens 等综合 SELENE 系列卫星观测资料，建立了 100 阶次的 SGM100i 模型[31]。

SGM100i 以 SGM100h 为先验重力场模型，在其基础上又加入了 14 个月（2008 年 1 月至 2009 年 2 月）差分 VLBI 数据，使定轨误差由几百米降至几十米。SGM100i 与地形相关性在 20 ~ 95 阶较 GLGM - 3 高，尤其在 50 ~ 70 阶，相关性系数高达 0.9，而后者相关性系数仅为 0.6 ~ 0.7。GLGM - 3 位系数与地形相关性系数曲线变化比较平稳，在 40 ~ 120 阶之间相关性系数在 0.5 以上，135 阶之后出现较明显的下降趋势。SGM100i 所计算的月表自由空气重力异常在月球背面和正面均能较好地描述重力场特征，且精度较高。计算所得重力异常范围为 - 879.39 ~ 575.62 mGal。

基于 SGM100i 与 GLGM - 3（截断至 100 阶次）模型位系数计算月球大地水准面起伏的取值范围分别为 - 556.60 ~ 547.61 m（SGM100i）和 - 549.11 ~ 557.02 m（GLGM - 3），基本相当。月球大地水准面起伏较大区域集中在月球赤道附近的低纬地区。SGM100i 对月球大地水准面起伏均有较好表达，虽然在描述月球细部特征时较 GLGM - 3 稍差，但对于月球背面重力场特征描述从分辨率和精度上均优于后者。由两模型所计算的月球大地水准面起伏差值最大值（正：179.55 m；负： - 186.19 m）均位于月球背面。

5. 基于 Chang'E - 1 卫星观测数据的月球重力场模型

Chang'E - 1 卫星任务期间积累了大量测距和测速跟踪数据，这类测控数据可以用来进行或参与月球重力场解算。在任务前的仿真分析表明，使用 Chang'E - 1 测控数据可有效反演 50 阶次的月球全球重力场，而对更高阶次的重力成分不太敏感。与飞行在 100 km 高度的 SELENE 主卫星比较，除了采用不同几何构型轨道外，Chang'E - 1 卫星飞行过程中动量轮卸载频度是 1 次/2 436 h，一个完整飞行弧段可以包括 18 圈之多，是“月亮女神”的 4 ~ 6 倍。利用这些数据可以进行高精度月球重力场模型解算。

使用青岛和喀什两测控站的双程测距和测速数据，数据采样率为 1 s，测距标称精度为 2 m，测速标称精度为 10 mm/s。参考 LP100h 和 SGM100h 解析中的经验，对 Chang'E－1 卫星跟踪数据的权进行了一定程度弱化，并将数据进行了 10 s 平均，定轨解算弧段长度为 1 天。在卫星测控数据精度和覆盖均有限的条件下，基于动力法精密定轨解算月球重力场模型的原理及策略，独立使用卫星 6 个月的在轨运行双程测距和测速跟踪数据，成功构建了 50 阶次月球重力场球谐模型 CEGM01。通过重力场模型频谱特性、实测数据定轨残差、月球重力场异常特征、与地形相关性及导纳值等方式，对 CEGM01 月球重力场模型进行分析评价的结果表明，单独使用 Chang'E－1 卫星测距和测速跟踪数据分析月球低阶重力场时，18 阶次以上的模型误差与模型本身的差异不显著，而 18 阶次以下的部分模型误差比 CEGM01 模型本身小很多，表明 CEGM01 模型对低阶重力场部分更敏感。

随后，综合了使用 Chang'E－1 卫星的测距和测速跟踪数据、SELENE－1 卫星观测数据（包括中继星、VRAD 星及主卫星的双程测距测速数据、中继星与主卫星的四程测速数据）以及美国发射的 Apollo 15 与 Apollo 16 子卫星、Lunar Orbiter 1～5、Clementine 等探测器的轨道跟踪数据以及 Lunar Prospector 卫星正常任务段跟踪数据，采用了 LP 月球系列重力场模型求解中数据的定权方式，得到了 100 阶次的月球重力场模型 CEGM02。对 CEGM02 模型的分析结果表明，Chang'E－1 卫星轨道跟踪数据的融入，使得对月球重力场长波部分的解算精度显著提高，相比于 SGM100h 模型在 5 阶以内精度提高约 2 倍，在 10 阶以内有明显贡献，在 20 阶内都有贡献。

2.1.3 月球重力场应用

月球重力场主要用于研究月壳结构及月球的均衡状态，特别是在月球质量瘤研究方面取得了一系列成果。

1. 月壳结构遥感

利用重力异常反演月壳厚度是研究月壳结构最直接的方法之一。消除月球地形的重力效应后可得到布格重力异常，认为其主要是由月壳/月幔边界起伏引起的重力效应。一般将布格重力异常向下延拓至平均壳幔边界深度，利用重力与密度界面起伏关系可得到月壳厚度。为避免重力场向下延拓运算的噪声干扰，一般增加滤波器以稳定反演过程。Wieczorek 等利用该思想反演了月壳厚度，并对比了多个月壳模型及其计算结果，认为双层厚度变化月壳模型反演结果较为理想，平均月壳厚度约 60 km，并认为近月面主要的冲击盆地月壳很薄[32]。

Jolliff 等[33]给出了 3 个较为合理的月壳厚度模型：两个单层模型假设月壳成分均一（除月海玄武岩外）；一个双层模型假设上月壳为斜长岩层，下月壳为苏长岩层。3 个模型对均衡补偿状态未做假定。通过 3 个模型反演的月壳厚度分析认为，远月面的月壳厚度比近月面月壳厚度平均大 10 km 以上，月球的质心也比其形心存在约 1.9 km 的偏离；尽管在大型冲击盆地给出的月壳厚度明显减薄，但从给定月壳厚度模型预测来看，存在月幔出露的区域并不多：从模型 2 的结果预测，在南极艾特肯（Aitken）盆地可能存在月幔出露；若采用模型 1 和模型 3 预测，可能的月幔出露则在危海盆地。若月壳分层性成立，根据双层模型的计算结果，在一些大型冲击盆地下月壳会出露月表。

通过月球重力场与地形场结合也可反演月壳厚度，并分析月球的均衡状态。一种方法是在空间域计算月球水准面与月球地形的比率（GTR）反演月球高地的月壳厚度；另一种方法则在频率域，通过重力场与地形的傅里叶变换计算导纳或相干等获取月壳厚度相关信息。两种方法均在一定均衡模式（如 Airy 均衡）假设下通过理论曲线匹配实测数据计算结果反演月壳厚度。GTR 方法适用于满足特定均衡假设地区的月壳结构研究，如在 Airy 均衡模式下，GTR 方法可用于月球高地月壳研究，其地形质量由月壳山根支撑，但对质量瘤地区并不适用该假设条件。Wieczorek 等用该方法研究了单层月壳和双层月壳 Airy 均衡模式下月球高地的月壳结构和补偿状态，认为月壳是垂直分层的，且在 Apollo 12 和 Apollo 14 台站处壳内界面（上下月壳）与 20 km 深度的地震不连续面一致。相比而言，频率域方法得到的导纳或相干是与波长相关的，可以给出区域补偿机制，通过对不同波段函数的分析识别不同补偿机制引发的效应。通常该方法也用于地球及其他星球内部结构研究。李斐等利用导纳估算了 4 个月海地区的月壳厚度，并根据月海的形成时间得出月壳厚度随月球演化呈变厚趋势[34]。

月球是不对称的，月球背面的月壳较厚，正面的月壳较薄。月壳最薄地方位于危海盆地，月壳较薄的地方还有东海、史密斯海、南极艾特肯等盆地。月球上的盆地似乎不同程度上显现月壳变薄。月壳最厚地方位于月球背面科罗廖夫环形山附近的广大地区，那里地势也最高。这和地球上中国青藏高原情况有些类似，青藏高原地势最高，地壳最厚，布格异常幅度也最大[35]。

月球均衡状态及其岩石圈有效弹性厚度等是研究月球内部结构及其演化的重要依据，关于这方面研究主要集中在冲击盆地（质量瘤）地区。由于月球演化历史及月球内部结构对认识月球均衡状态等的制约，月球结构复杂性使得在计算其均衡补偿状态及弹性岩石圈厚度时进行的假定条件并不能得到保证，目前这方面研究也仅限于在冲击盆地等局部地区进行月壳结构方面研究。

2. 月球质量瘤遥感

探月早期重力场研究最重要成果之一就是月球质量瘤的发现。1968 年，Muller 等根据月球轨道追踪数据获取的近月面重力场信息提出在环形月海地区存在大型的质量集中体，并命名为质量瘤（Mascons）。大多数质量瘤与冲击盆地有关，质量瘤的成因及其与月球演化等相关问题一直是月球研究的热点。最新得到的月球重力场模型（LP165P、SGM90d 等）提供了更为详细的信息来识别月球（包括远月面）的质量瘤分布情况。普遍认为质量瘤对应的重力异常是由高密度玄武岩充填引起，但最近根据 Lunar Prospector 获取的重力数据发现，部分质量瘤重力异常与月海玄武岩充填无关，如在席勒－祖基乌斯盆地没有明显证据证明有月海物质充填。部分冲击盆地的高值重力异常可能与月幔上隆等因素有关。

假设月球重力场由两部分组成：一部分是参考场，将其认为是均质月球产生的正常重力场；另一部分是摄动重力场。假设月球质量异常都是聚集在月球参考表面上的一个个质量异常块，那么摄动场就是这些质量异常块共同作用所产生。同时假设月球地形相对于卫星高度来说可以忽略。那么，球外一点处卫星的视线加速度就是这些质量异常块在卫星处的引力加速度在视线方向上的投影之和。在月固坐标系下建立观测方程，有

$$a_{\mathrm{losi}} = \sum_{j=1}^{M} G\frac{m_j}{r_{ij}^2}\cos\theta_{ij} \tag{2.20}$$

式中，M 为质量异常块的个数；G 为万有引力常数；m_j为第 j 块的质量异常；r_{ij}为卫星到第 j 块的距离；θ_{ij}为第 j 块质量异常的引力加速度方向和视线方向在观

测瞬间的夹角。

若将质量异常作为待估参数，只要观测到足够多的视线加速度 a_{losi} 后，就可以运用最小二乘原则求得参数 m_j。最后利用异常质量和重力异常的转换公式就可将其转换为空间重力异常，即

$$\Delta g_m(\varphi,\lambda) = 2\pi G\sigma(\varphi,\lambda) \tag{2.21}$$

式中，(φ,λ) 为估计质量异常块的经纬度；Δg_m 为异常质量相应的空间重力异常（$\mathrm{m/s^2}$）；$\sigma(\varphi,\lambda)$ 为表面密度（$\mathrm{kg/m^2}$），可由相应质量分布除以对应的小块面积求得。

质量瘤对应着月壳内大型载荷，它的形成和存在是否对应于弹性或黏性月球岩石圈支撑机制？这些问题与月球形成演化等均有密切关系。弹性支撑模型认为质量瘤由月球表层的弹性层支撑，黏性支撑模型认为质量瘤造成的表面载荷在月球内部黏性形变过程中不断衰减。Arkani－Hamed[36]认为地形与重力场的负相关关系表明其由动力学支撑，利用弹性模型计算了几个典型质量瘤地区的弹性支撑厚度，并对比了弹性岩石圈模型与黏性岩石圈模型来讨论质量瘤的支撑机制，提出在月球演化早期主要以月球内部黏性形变支撑质量瘤，后期月球上部主要由弹性支撑体制解释比较合理。Arkani－Hamed 的研究结果还表明，在质量瘤地区月海玄武岩充填厚度为 3～6 km。

3. 月球重力场其他应用

对月球质量横向分布及月球内部结构研究是月球重力场研究的基本内容。此外，月球重力场还用于研究月球的热演化历史。通过重力场与月球内部压力、温度等状态间的关系可推断月球内部热结构，通过对均衡状态及质量瘤成因、支撑机制等的研究也为月球演化研究提供参考依据。通过对重力的正、反演研究可分析月球表面可能的物质成分；通过密度参数描述月表结构，可为月球构造及月球成分研究提供依据。

在类地行星演化方面，通过地球、月球及类地行星相关数据的对比可进一步加深对天体结构的认识，同时促进地球科学研究。近年来，随着美、欧、中、日、印等国相继实施探月计划，掀起了新一轮的月球探索高潮，月球科学研究也成为科学界的研究热点。月球重力场与地形是现今探月工程中较直接的地球物理数据，可提供月球多方面的研究资料。日本 SELENE 计划的实施使远月面的重力

场探测能力得到了极大提高，而美国实施的 GRAIL 计划将获取更详细的月球重力场资料。在可预见的未来，资料的丰富程度有利于推动月球科学研究的快速发展。

2.2 月球磁场探测

对月球磁场的方向、强度、剩磁获得时间和来源的研究，可为认识月球磁场性质、月球内部结构、深部过程以及为早期太阳系演化等提供重要约束。此外，月球磁场研究对于建立合理的月球化学演化模型也非常重要[37]。自 20 世纪中叶探月开始，月球磁场研究一直是月球科学探测的重要内容。

2.2.1 月球磁场测量

对月球磁场的观测主要有 3 种途径，即绕月轨道卫星测量、月球登陆车携带磁力仪的直接测量和返回样品的磁学实验研究。

20 世纪 60—70 年代是月球探测最辉煌的时代，在 1961—1972 年间共有 11 个磁力仪被送往月球测量磁场。1959 年，苏联最先开始对月球进行探测，先后发射的探测器 Luna - 1 和 Luna - 2 均携带了磁力仪，但磁力仪探头灵敏度不高 ($\pm$ $(50\sim100)\gamma$, $1\gamma=10^{-9}$ T)，均没有观测到月球磁场。1966 年，苏联又发射了 Luna - 10 着陆器，所携带的磁力仪磁探头的灵敏度较以前提高了一个数量级，但还是没有探测到月球有磁场。

由轨道卫星释放小卫星携带磁力仪大大提高了探测水平。1969 年，Apollo 12 成功释放小卫星并实施月球磁场观测[38]。1971 年，美国 Apollo 15 和 Apollo 16 释放的小卫星对月球磁场进行了非常成功的观测，飞行轨道距月球表面约为 100 km，前者携带磁通门磁力仪连续观测了 7 个月，后者观测了 1 个月。小卫星在地磁尾区观测到大批月球磁场的数据，但对于月球而言覆盖率有限，没有获得极区的磁场观测数据。

1998 年，美国 Lunar Prospector（LP）所携带的磁力仪和电子反射仪首次获得全月球磁异常分布图。揭示出月球大尺度的磁异常分布与形成盆地的冲击作用有关。Hood 等通过 3D 模拟分析了月球磁异常分布，强调撞击产生磁化的重要性[39]。2007—2008 年，日本 Kaguya 卫星使用三轴磁通门磁力仪在 100 km 高度，对全月球磁场进行了观测研究[40-42]。Purucker 利用 LP 低轨磁场数据建立了月球内磁场模型，为进一步研究月球磁场性质、起源、演化等提供了重要证据[43]。

人类登月首次实现了月球磁场研究的直接观测。美国 Apollo 12、Apollo 13、Apollo 15、Apollo 16 载人飞船携带了磁力仪，实现了着陆点月球表面剩余磁场测量，获得了宝贵的实测资料。月球表面岩石的剩余磁场范围从几 γ 至几百 γ，支持轨道卫星观测提出的月球曾遭受过大规模磁化的观点。Apollo 登月直接观测也为轨道卫星磁场观测提供了重要约束和补充。

阿波罗（Apollo）探测和研究结果表明，月球没有全球性的偶极磁场。据科学家估算，月球磁偶极矩的最佳上限值是 $1.3\times10^{15}\ \mathrm{A\cdot m^2}$，与起源于地核的地球磁偶极矩值（$8.0\times10^{22}\ \mathrm{A\cdot m^2}$）相差 7 ~ 8 个数量级。

然而，阿波罗飞船发现了关于月球一度存在磁场的丰富证据：在阿波罗着陆点附近用磁力仪测得强度达 300 nT 的磁场，说明月球岩石具有剩余磁化强度。除了在月面上直接测量月球磁场外，Apollo 17 号飞船的宇航员在登月点（20°10′N，30°46′E）附近还用专门设计的重力仪测得了（162.694 5 ± 0.005）$\mathrm{cm/s^2}$ 的重力值，约为地球引力的 1/6。由 Apollo 15 号和 Apollo 16 号的子卫星在 100 km 高度的赤道轨道上测得的磁场和电子反射率，显示月壳有大量磁化斑点，大小为 7 ~ 50 km，月表磁场达几百 nT。

2.2.2　月球磁场模型研究

1. 顺序法

基于顺序法得到的月球磁场代表的是每颗卫星半轨道统一场[44]。外部磁场是基于最小平方法得到的。通过去除每半个轨道上的外部场模型，利用 3 个相邻的半轨道，基于球坐标可以得到内部磁场[45]。与 3 个相邻半轨道相关的月壳可以分成不同的区，假定每个区的中心都有一个磁偶极子。水平磁偶极子位于每一个观测中心，采用的月球平均半径为 1 737.1 km。

磁场可以用标量磁场势梯度表示，即

$$V(|\boldsymbol{r}|,\theta,\phi) = -|\boldsymbol{M}|\cdot\nabla\left(\frac{1}{l}\right) \tag{2.22}$$

式中，$\boldsymbol{M}$ 为磁偶极矩。

$$l = \sqrt{|\boldsymbol{r}|^2 + |\boldsymbol{r}'|^2 - 2|\boldsymbol{r}||\boldsymbol{r}'|\cos\zeta} \tag{2.23}$$

式中，l 为源和偶极子之间的距离；ζ 为矢量 $\boldsymbol{r}$ 和 $\boldsymbol{r}'$ 的夹角。

2. 联合估计法

联合估计法利用球谐函数方法来计算内部磁场，并联合估算内部磁场和外部磁场。外部磁场计算仍采用顺序法。Henderson 等利用 B_r 和 B_θ 观测值来限制该模型，这两个观测矢量的标量磁场势梯度表达式为

$$\begin{cases} B_r = -\dfrac{\partial V}{\partial r} = \sum\limits_{n=1}^{180}\left[(n+1)g_n^0\left(\dfrac{a}{r}\right)^{n+2}\right]P_n^0(\theta) \\ B_\theta = -\dfrac{1}{r}\dfrac{\partial V}{\partial \theta} = -\sum\limits_{n=1}^{180}\left[g_n^0\left(\dfrac{a}{r}\right)^{n+2}\right]\dfrac{\mathrm{d}P_n^0(\theta)}{\mathrm{d}\theta} \end{cases} \tag{2.24}$$

式中，a 为月球平均半径；P_n^0 为 n 阶勒让德函数；g_n^0 为由观测量 B_r 和 B_θ 决定的内部场系数[46]。

基于顺序法和联合估计法得到的格网数据，可以用来构造 180 阶次的球谐模型[47]。常用的球谐势函数表达式为

$$V = a\sum_{n=1}^{180}\left(\frac{a}{r}\right)^{n+1}\sum_{m=0}^{n}\left[g_n^m\cos(m\varphi) + h_n^m\sin(m\varphi)\right]P_n^m(\theta) \tag{2.25}$$

式中，θ 为纬度；φ 为经度；p_n^m 为 n 阶 m 次勒让德函数；g_n^m 和 h_n^m 为模型系数。

Henderson 等基于 Lunar Prospector 卫星获取的全月球磁场观测数据，基于球谐函数构建了 170 阶和空间分辨率为 64 km 的月球磁场模型，除了两极部分地区外，覆盖范围还包括了其他所有地区。

2.2.3 月球磁场数据处理与分析

自从月球勘探者于 1998 年 1 月进入环绕月球的极地轨道以来，发回了第一批新数据，这次的数据量很大且覆盖全月球。月球勘探者飞船的电子反射仪 ER 通过观测月球表面电子的磁反射来测量月壳的剩余磁场。在月表测量月壳磁场的灵敏度约为 0.2 nT，空间分辨率约为 4 km。将 5°×5°范围内的数据进行平均，绘制成一幅表示月壳磁化强度的月表磁场图（图 2.14）。

月球磁场强度较低，一般为几 nT，且不同地区磁场强度大小也明显不同。

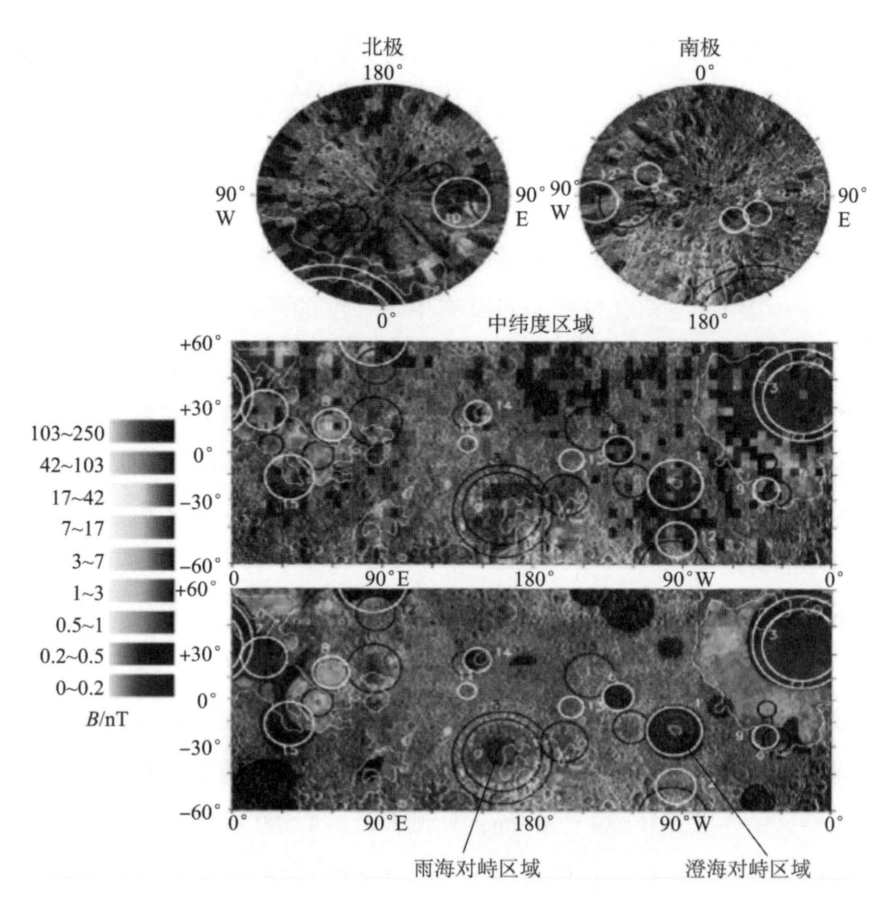

图 2.14　Lunar Prospector 电子反射测量成果图

月球正面磁场强度一般为0.75～6.0 nT，月表磁场较强（场强大于100 nT）区域一般位于月球背面高地，正好位于月球正面雨海、东海、澄海、危海等撞击盆地的对峙区域。在笛卡尔（Descartes）山（16°E，12°S）附近也有类似强磁场异常区。而月表弱磁场一般分布于年轻的撞击坑或撞击盆地，在雨海纪形成的盆地中发现了月表平均磁场最弱仅为0.5 nT，由于撞击退磁作用，一些哥白尼纪、爱拉托逊纪以及雨海纪形成的盆地平均磁场约为2.7 nT。研究还发现，撞击坑内磁场强度一般比其周围磁场强度低，这与最近在火星和地球上一些撞击坑的磁性研究结果相一致。

月球正面部分撞击盆地在月球背面的投影点附近存在较微弱的区域性磁场，特别是在雨海和东海两个撞击盆地在月球背面的投影点附近具有明显区域性磁场：①雨海和东海通过月心在月球背面的投影点的磁场强度绝大多数在1～5 nT

范围内；②在雨海内环的投影区有较强的磁场，最大磁场强度可达 10 nT（反射系数为 0.78）。同样，东海南内环的投影区磁场也较强。最弱表面磁场（小于 0.2 nT）位于雨海，而最强磁场分布地区位于与雨海在直径上相对的地区。在东海盆地，也观察到类似景象。雨海和东海是两个最年轻的大型月球撞击盆地，由此可以假定，形成大型盆地的撞击是造成这种磁化情景的原因。两个较老的大型撞击盆地——澄海和危海，虽然本身具有中等强度的磁场（0.5 ~ 10 nT），也具有明显对点磁化，但这两个盆地位于较晚撞击盆地。Halekas 等用模拟方法研究了上述机制，模拟结果与实际观测结果对比表明，撞击过程的确是造成大部分大规模月球磁场结构的原因[48]。雨海对地区磁场的作用相当强，可以使太阳风中的粒子偏移，因而形成月球的一个小型磁层，跨度为 100 km 至几百千米，是太阳系内最小的磁层。

根据 LP 用电子反射测磁法测得的 220 eV 电子反射系数反映的月壳磁场强度分布图，观测得到的月壳磁场强度大部分为 1 ~ 5 nT，最高反射系数（0.78）对应的磁场强度约为 10 nT。该电子反射分布图覆盖月球背面的部分区域，包括雨海和澄海等撞击盆地的对峙区域，其中图像左侧两条同心虚线圆弧包围的区域位于雨海对峙区，内弧直径约 1 200 km，外弧直径约 1 500 km；右侧的虚线圆弧包围的区域位于澄海对峙区，直径约 740 km。Apollo 15 和 Apollo 16 子卫星在近赤道轨道上飞行，通过电子反射测磁法得到比较强的磁场也位于雨海和澄海对峙区。LP 探测结果显示，强磁场位于雨海对峙区内，向北偏移约 5°或向西偏移几度。在雨海对峙区内，磁场强度也有变化，如测得最大的磁场强度位于（约 20°S，170°E）、（约 43°S，170°E）和（约 36°S，175°E）。较强的磁场同样分布在除约 205°E 以东的澄海对峙区域。在南部高纬度地区发现两个磁场强度相对较弱的地区，中心位于（约 58°S，175°E）和（约 55°S，188°E），大致位于冷海（Frigoris）的对峙区。

月表磁场对峙区增强理论认为，月表磁化与撞击成盆作用有关。当高速（大于 10 km/s）的撞击形成大盆地时，产生等离子云在 5 min 内扩散到整个月表，使撞击盆地的对峙区磁场增强。增强磁场在等离子云消失之前保留约 1 天时间，这要远短于岩石的冷却时间，因而不能形成热剩磁。然而由撞击形成的剩磁大小与冲击波在对峙区的能量和撞击形成的喷射物质有关。撞击形成的喷射物质需要几十分钟到达撞击盆地的对峙区，模型计算其冲击强度最大可超过 10 GPa，使对峙区内的物质足够获得撞击剩磁。年轻的撞击盆地对峙区周围场强在 36 亿~38.5 亿年之间也有增强，这与返回的月球样品古地磁研究结果一致，表明在此期间月表有稳定磁场，强度为 $10^{-5} \sim 10^{-4}$ T，这么强的磁场不可能由太阳磁场或地球磁场形成，只可能是由月球本身形成的磁场。

2.3　月球地震探测

若进一步研究月球内部结构，仅仅依靠上述观测资料远远不够，人类还需要来自月球内部的观测资料，其中最有效的是月震资料。美国是世界上唯一开展过月震研究的国家，在 1969—1977 年间，布设了 Apollo 12、Apollo 14、Apollo 15、Apollo 16 共 4 个月震观测台（Apollo 11 月震仪故障），观测到 12 558 个月震事件，为人类认识月球、了解月球内部结构提供了重要数据[49]。通过这些资料，对月球内部结构、活动性等有了初步认识。

2.3.1　月震测量仪器

1959 年提出 Ranger 项目，研究月球表面着落的测量仪器。最初由哥伦比亚大学和加州理工大学地震学实验室联合研制，是一种垂直向单分量测震仪，固有周期为 1 s，自重 3.6 kg。1966 年以后，提出要在月球上直接测量月震，由 NASA 组织仪器研制。全套测量仪器包括一组低频三分量测震仪，一台高频垂直向单分量测震仪和与月球表面接触的固定支承系统，命名为 ALSEP（Apollo Lunar Surface Experiments Package）。仪器体积小、质量轻，还要适合月球表面特有的环境条件，如昼夜温差大等，工作寿命为 1 ~2 年。

地震波方法已经被普遍认为是研究地球内部结构最有效的方法。地震波具有较强的穿透力，可以携带深达地核的信息；同时，地震波速对地球内部温度和矿物成分变化非常敏感，可以有效探测地球内部物质物理和化学性质的变化。

2.3.2　月震测量

迄今为止，人类获取到的有限月震资料来源于登月计划所布设在月球表面的月震仪。1969 年 7 月，第一台月震仪由 Apollo 11 号飞船成员架设，工作时间为 7 周。它携带有两种拾震器：一种为长周期三分量拾震器；另一种为短周期垂直分量拾震器。而最具有研究价值的月震数据来源于由 4 台月震仪组成的台阵，它们分别由 Apollo 12、Apollo 14 ~ Apollo 16 号飞船成员架设。台阵的几何形状为近似正三角形，边长约为 1 200 km，Apollo 15、Apollo 16 号台站分别位于三角形的两个顶点，Apollo 12、Apollo 14 位于三角形的另一个顶点，间距为 180 km。月震仪型号与 Apollo 11 号飞船所架设的月震仪相同。台阵中各个台站自架设之日起连续工作，直至 1977 年 9 月 30 日同时被关闭。在 Apollo 月震仪记录到的长达 8 年的月震数据中，共记录了超过 12 500 个月震信号。

通过分析，研究者们发现 Apollo 台阵记录的震动信号主要分为 3 类，即天体撞击、月震和局域震动。天体撞击分为流星体撞击和人造天体撞击，其共同特征为震源位于月球表面。值得关注的是，撞击事件不但可以用于月球内部结构研究，也可用于研究撞击天体的运行轨道和质量。月震按震源深度分布分为浅源月震与深源月震，前者的震源深度为 50 ~ 220 km，而后者震源深度为 700 ~ 1 150 km。局域震动又被称为热月震，在月球日出与日落时出现，被认为是由近月表的热破裂和变形过程产生。类比于地震，浅源月震的震源深度位于上月幔，而绝大部分浅源地震则发生在地壳中；深源月震的震源深度为 700 ~ 1 150 km，与月球构造活动无关，最深地震的震源深度只有 720 km，发生在与地球构造活动密切相关的俯冲带上；月震最大所能释放的能量远小于最大地震。

浅源月震释放的能量较大，其体波震级可达 5 级，记录信号以高频成分为主，因此又被称为高频远震事件。浅源月震被认为是唯一与月球构造活动相关的震动事件，发生频率很低，在 Apollo 台阵 8 年的记录中只发现了 28 次此类月震。浅源月震的应力降提供了上月幔内部应力水平下限的估计，进而可以利用热弹性模型计算出原始月球岩浆海的深度。与之相对的深源月震释放的能量则小很多（震级通常小于 H 级），长周期记录中的深源月震信号只有几个数字单位，非常难以辨认。不过深源月震的发生频率非常高，而且具有丛集性，集中发生在中下月幔内部一些相互隔离的小区域。因此，对深源月震的定位和编目不但可以增加月震数据的数量，还可以提高月震数据的质量（如月球背面月震数据可能携带下月幔和月核的结构信息）。随着互相关和单链分析等新方法的应用，已经有超过

7 200 个深源月震被确定在 300 多个分立的震源区域，这些区域大部分位于月球正面，小部分被认为位于月球背面。深源月震的另一个特征是与潮汐相关，早期研究发现其初动符号变化与潮汐周期相关，进一步研究显示，同一震源区的深源月震震源能量空间分布花样随潮汐应力的变化而旋转。

2.3.3　月震数据处理与分析

Apollo 台阵记录的月震信号与地震信号差异较大。月震事件初至信号振幅很小，初至后续振幅增长缓慢，事件持续时间非常长，以至于先到震相的尾波掩盖了后续震相，并且面波不发育。这种信号特征由两方面原因造成：一是月震波在高度松散破碎的月壤和上月幔发生了强烈的散射与多次反射；二是月震波在缺水的月壳中具有低衰减性。研究表明，月壳中的散射带厚度为 1 ~ 20 km，月球表面 20 km 以下月震波的散射效应会大大减弱。同时，由于长周期仪器的宽频记录模式对震动敏感度不够，因此在以往研究中很少采用宽频带的月震数据，从而大大限制了对月震图的分析。据此产生的结果是，大部分研究中使用的数据形式是 P 波和 S 波的初动到时，只有少数事件在少数台站的记录可以辨识出有效的月壳反射或折射震相，使用波形数据的研究更是屈指可数。近年来随着地震波分析技术的发展，很多方法被引入月震资料的分析中。Khan 等尝试使用简正振型的叠加方法分析月球内部结构，似乎得到了下月幔和月核的结构信息[50]。而 Vinnik 等更是将接收函数方法应用到月球结构的分析中[51]。

1. 月壳

根据常规月震射线反演，月壳速度模型分为两层，上月壳为散射层，平均厚度约为 20 km，下月壳为致密岩石层，平均厚度约为 20 km。上月壳的月震波速梯度较大：月球表面至 1 ~ 1.5 km 深处覆盖着月壤，其 P 波平均波速低于 1.2 km/s，流星体频繁地撞击使月壤变得非常细碎和松散；向下至上月壳底部（约 20 km）P 波速度大约从 4 km/s 增长至 6 km/s，此时破碎松散的月壤被压实固结成岩；同时与地壳物质类似，在压力很低的情况下，月震波的波速比 v_P/v_S 与月壳物质的破碎程度呈正相关：月球表面的波速比为 1.9 ± 0.3，上月壳底部波速比下降为正常值 1.70 ± 0.04。进入下月壳 P 波速度跳变约 6.7 km/s，这一速度跳变被认为与月壳矿物成分变化有关。下月壳内速度变化非常小，至壳幔边界波速度略微增长至6.9 km/s，很可能是致密均匀的原始月壳。月壳速度模型结合高温高压条件下月壤和月岩样本波速的测量，可以推断出月壳成分主要是月球玄武岩，但是无法唯一确定是何种矿物。作为参考月球表面矿物成分的研究认为，月球高地的成分为长石质矿物，但是不能确定这种矿物是否能延伸至月壳底部。

由于月震数据有限，迄今为止，研究还无法获得可靠的月壳内部结构，因此月壳厚度成为目前可推断关于月壳的最精确参数；同时月壳的平均厚度和厚度空间分布特征直接关系到原始月球岩浆海的规模以及原始月壳从其中分异的效率。而且由于月球凝固时的化学分异作用，大部分放射性元素富集在月壳中，因此月壳厚度的测定也极大影响着月球内部 U 和 Th 等放射性元素含量的估算，最终影响月球内部温度和物质组成的测算。

“Apollo”时代先驱性的研究给出月壳平均厚度约为60 km。而最近的一系列相互独立的研究认为，月壳较大程度薄于早期测算的平均厚度。Khan 等[52]使用相对早期的 Nakamura 走时数据最终测定的 Apollo 台阵下方月壳平均厚度为（38 ±3）km；而 Gagnepain – Beyneix 等[53]的最新研究成果显示，Apollo 台阵下方的月壳平均厚度约为30 km，他们使用的数据包括重新读取的 P、S 波初动到时和月壳转换波与直达波的走时差。月壳整体的平均厚度估计要比 Apollo 台阵下方厚，约为40 km。不可忽略的是，月壳厚度与月壳、月幔的波速互相耦合。目前主要采用波初动到时数据，它对月球内部的速度间断面结构极其不敏感，因此不能用于确定月壳与月幔之间月震波速为渐变还是跳变。而月球速度模型的准确性直接影响到月壳厚度的估计；另一个误差来源则是月震到时数据的巨大误差。

与地壳类似，月壳是月球最不均匀的圈层。因此，在考虑月壳径向不均匀的同时还要考虑其横向不均匀。Ghenet 等考虑了月壳厚度横向不均匀性，反演了撞击事件和 Apollo 台阵下方的月壳厚度，发现月壳厚度横向分布非常不均匀：月球正面的月壳厚度要小于月球背面，低地的月壳厚度要小于高地；在此基础上他们还联合了月球重力场资料以及平均密度与转动惯量资料，得到了连续的月壳厚度分布图像。同样月壤厚度也是横向不均匀的，Apollo 12 号飞船的降落地点被认为是目前所知月壤最薄区域，其厚度只有150 ~300 m。另外，Vinnik 等发现 Apollo 12 号台站两个水平方向的位移具有相关性，并确定偏振方向为北偏西60°，正好指向100 km 以外的 Lansberg 陨石坑。此发现印证了至少 Apollo 12 号台站附近区域的月壤主要是由流星体撞击产生。

2. 月幔

月幔是月球体积最大的组成部分，其内部结构被认为相对均匀。自“Apollo”时代以来已经建立了很多月震波速模型，这些模型由于使用的到时数据和反演方法不同而各不相同。然而，这些存在差异的速度模型并不是毫无意义的，其中绝大多数速度模型在由矿物学外推的月幔速度范围之内，特别是在上月幔，所有月幔速度模型基本一致。

所有月幔速度模型给出上月幔最初300 km，平均P、S波速分别为7.7 km/s和4.47 km/s，不同模型的P、S波速最大差异分别为0.10 km/s和0.05 km/s。Nakamura在上月幔下部270～500 km发现了较强的P、S波低速带，进而推断此低速带可能源于波速随深度的梯度变化而非速度间断面[54]。但是其他研究都没有在上月幔发现明显的低速异常区。根据目前被普遍认可的月球碰撞起源理论，在月幔中应该存在区别上月幔和下月幔的物质分界面，分别对应于亏损的月幔物质和无亏损的月幔物质。因此，相应的速度间断面是否存在以及存在的深度也是需要利用月震数据给出解答。“Apollo”时代的研究结果显示，该间断面可能位于500 km深处。而Gagnepain－Beyneix等的研究显示该间断面的深度可能深至738 km；Khan等的研究发现P波和S波的间断面处于不同深度，分别为800 km和550 km。上述研究结果的差异在很大程度上是因为400 km以下区域为月震射线极稀疏区域，现有数据根本无法有效解析出该区域结构。另外，Khan等最新研究结果显示，即使月幔内不存在界面，仍然可以找到月幔成分模型较好地拟合现有月震数据。因此，关于月幔内波速间断面的定论需要更多月震数据。

通过月幔速度模型结合月球的地球化学和矿物学研究结果，研究者们可以推测出月幔的物质组成。考虑到辉石类矿物的波速与月震数据测算的上月幔速度接近，上月幔岩石被认为主要由辉石类矿物组成。而同时满足月幔速度模型、月球平均密度、转动惯量数据的上月幔矿物成分则是Ringwood等[55]提出的模型：FeO含量为13.8%，MgO约为8.3%。由此可见，上月幔矿物成分与上地幔模型有很大区别。假设月幔内存在物质间断面，那么下月幔则可能由无亏损的原始月幔物质组成，因此也可能更接近于地球地幔成分。然而，由于月震数据无法有效覆盖下月幔，同时地球化学和矿物学的研究也很难得到下月幔的岩石样本，因此研究者们无法给出下月幔的具体物质成分。Khan 等[56]联合反演月震到时数据与用重力场数据直接估算月幔物质组成与温度场的研究表明，月幔内可能不存在物质分界面，月幔的矿物成分主要为橄榄石和斜方辉石，而单斜辉石与石榴子石的含量较低。

3. 月核

基于现有月震数据，使用射线理论研究月球内部结构的策略无法确定下月幔和内核的波速结构，原因是观测台站和月震震源都处于月球正面。Apollo 台阵无法有效观测到在月球背面半球发生的月震有两种可能解释：一是相对于月球正面半球，月球背面半球没有月震活动，这与月球表面的火山活动主要发生在月震正面半球的观测事实吻合；二是下月幔和月核存在部分熔融，大大衰减了穿过下月幔和月核的月震信号，这与深源月震信号中很难分辨 S 波信号的观测事实吻合。而从月震数据中提取强震事件激发的自由振荡信号不失为了解月核结构的可能有效途径。Khan 等[57]从撞击事件的频率低于 11 MHz 宽频数据中寻找月球自由振荡信号，并且反演了月球内部结构；Oberst[58]曾经试图从浅源月震数据中寻找月球自由振荡信号。目前强震事件激发的月球自由振荡信号低于当前 Apollo 台阵仪器记录噪声。

在缺乏有效月震数据情况下，月球密度、转动惯量、勒夫数和重力场数据、磁场数据成了了解月核结构的有效途径。通过对月球密度、转动惯量及半径的分析表明，月球不同于其他类地天体，很可能拥有一个半径小于 460 km 富含铁元素的核。从月球经过地球磁尾产生的磁场摄动，Hood 等[59]推测月核半径大约为 360 km。Williams 等[60]从月球自转的能量耗散中推测月核可能是熔融状态。而集合上述所有可用数据并联合月球速度模型可对月核结构进行更好的限制。使用最新月球速度模型，Lognonne 等计算的月核密度为 7 ~ 8 g/cm^3，半径为 350 km。

随着月球问题得到全世界的普遍重视，许多国家目前正在计划或者已经发射了月球轨道探测飞行器，如中国 2007 年开始发射的“嫦娥”1 号、日本 2007 年发射的“月亮女神”（Kaguya）号、印度 2008 年开始发射的“月球初航”（Chandrayaan - 1）号、美国 2011 年发射的“GRAIL”计划。已经发射的飞行器不但成功测量了月球背面的地形和重力场等数据，还大大提高了数据的测量精度。然而，精确、全面的月球轨道观测数据还是远远不够，架设于月球表面集成月震仪、热流探测器及磁力仪的月球综合观测台网是必需的。单就月震观测台网而言，将来台网首先需要安装高灵敏度、甚宽频带的月震仪，台网的范围还需要遍及月球，包括难以架设台站的月球背面，最后需要台阵连续工作足够长的时间。可以想象，在不久的将来随着高质量月震观测台网运作，高质量月震资料获取以及新月震资料分析方法的发展，并与其他精确观测资料的联合反演，那么人类完全了解月球内部结构及其起源和演化指日可待。

2.4　本章小结

在月球形成和物质开始分异之后，月球的壳层和月幔岩浆活动主导了月球内部构造和分层过程；高密度物质沉积、内部成分的分异、月球自转、大规模火成活动以及来自外部撞击、固体潮汐引力作用等典型过程，在数十亿年来影响了月球的内部构造的构成和演化特征。从 20 世纪 60 年代以来，人类历史上开展了大量的月球探测活动，我国也成功开展了嫦娥系列的绕、落、回探测，获得了大量的月球遥感和重、磁、电、震、热探测数据。我国的月球科学探测，不仅开展了大量的月球遥感、形貌、地质等领域方向的研究，在月球的重力、磁场、热学物理场方向，也开展了卓有成效的探测。十多年来，我国研究人员使用国内以及“嫦娥”月球探测数据，尝试了对月球浅部结构、壳幔分层、核幔边界的研究，初步优化、构建了月球重力场模型和表面热异常模式，注意到了大型撞击盆地和盾形火山的底部局域分层分布，并发现了新的盾形火山、撞击盆地（质量瘤异常区域），优化了固体潮参数并推定潮汐一直在加热月球核幔边界。开展的对月球内部的解析反演进一步向下解析延拓方法创新，对月球和固体行星内部构造和演化研究奠定了基础，并发现了新的盾形火山和隐匿的质量异常区域。结合对月震数据的分析，以及融合月震探测和重力解析延拓分析，为月球内部圈层结构与演化过程这一科学命题的研究，探索了新途径。

参考文献

[1] Lorell J, Sjogren W L. Lunar gravity: preliminary estimates from lunar orbiter

[J]. Science, 1968, 159 (3815): 625 - 627.

[2] Sjogren W L. Lunar gravity estimate: independent confirmation [J]. Journal of Geophysical Research, 1971, 76 (29): 7021 - 7026.

[3] Konopliv A S. Recent gravity models as a results of the Lunar Prospector mission [J]. Icarus, 2001, 150 (1): 1 - 18.

[4] Michael W H, Blackshear W T. Recent results on the mass, gravitational field and moments of inertia of the moon [J]. Moon, 1972: 3 (4): 388 - 402.

[5] Bills B G, Ferrari A J. A harmonic analysis of lunar gravity [J]. Journal of Geophysical Research, 1980: 85 (B2): 1013 - 1025.

[6] Gapcynski J P, Blackshear W T, Tolson R H, et al. A determination of the lunar moment of inertia [J]. Geophysical Research Letters, 1975, 2 (8): 353 - 356.

[7] Lorell J. Lunar orbiter gravity analysis [J]. Moon, 1970, 1 (2): 190 - 231.

[8] Bogolyubov N N, Mitropolsky Y A, Gillis J. Asymptotic methods in the theory of non - linear oscillations [J]. Physics Today, 1963, 16 (2): 61.

[9] Liu A S, Laing P A. Lunar gravity analysis from long - term effects [J]. Science, 1971, 173 (4001): 1017 - 1020.

[10] Ferrari A J. An empirically derived lunar gravity field [J]. Moon, 1972, 5 (3 - 4): 390 - 410.

[11] Bryant R, Williamson G. Lunar gravity analysis results from Explorer - 49 [C]. American Institute of Aeronautics and Astronautics, Mechanics and Control of Flight Conference, California, USA, August 5 - 9, 1974.

[12] Ferrari A J. Lunar gravity: the first farside map [J]. Science, 1975, 188 (4195): 1297 - 1300.

[13] Ferrari A J. Lunar gravity: a harmonic analysis [J]. Journal of Geophysical Research, 1977, 82 (20): 3065 - 3084.

[14] Alfred J, Ferrari A J. Lunar gravity: a long - term keplerian rate method [J]. Journal of Geophysical Research, 1977, 82 (20): 3085 - 3090.

[15] Bierman G J. A square - root data array solution of the continuous - discrete

filtering problem [J]. IEEE Transactions on Automatic Control, 1973, 18 (6): 675 - 676.

[16] Ferrari A J, Heffron W G. Effects of physical librations of the Moon on the orbital elements of a lunar satellite [J]. Celestial Mechanics, 1973, 8 (1): 111 - 120.

[17] Muller P M, Sjogren W L. Consistency of lunar orbiter residuals with trajectory and local gravity effects [J]. Journal of Spacecraft and Rockets, 1969, 6 (7): 849 - 850.

[18] Gottlieb P. Estimation of local lunar gravity features [J]. Radio Science, 1970, 5 (2): 301 - 312.

[19] Wong L, Buechler G, Downs W, et al. A surface - layer representation of the lunar gravitational field [J]. Journal of Geophysical Research, 1971, 76 (26): 6220 - 6236.

[20] Ananda M P. Lunar gravity: a mass point model [J]. Journal of Geophysical Research, 1977, 82 (20): 3049 - 3064.

[21] Muller P, Sjogren W. Large disks as representations for the lunar mascons with implications regarding theories of formation [M]. Netherlands: The Moon, Springer Netherlands, 1972.

[22] Bills B G, Ferrari A J. A harmonic analysis of lunar gravity [J]. Journal of Geophysical Research, 1980, 85 (B2): 1013 - 1025.

[23] Konopliv A, Sjogren W L, Wimberly R N, et al. A high resolution lunar gravity field and predicted orbit behavior [C]. AAS/AIAA Astrodynamics Specialist Conference, Victoria, B. C. , Canada, August, 1993.

[24] Lemoine F G, Smith D E, Zuber M T, et al. A 70th degree lunar gravity model (GLGM - 2) from Clementine and other tracking data [J]. Journal of Geophysical Research, 1997, 102 (7): 16339 - 16359.

[25] Konopliv A S, Binder A B, Hood L I, et al. Improved gravity field of the Moon from Lunar Prospector [J]. Science, 1998, 28 (5382): 1476 - 1480.

[26] Dickey J. Lunar laser ranging: a continuing legacy of the Apollo program [J].

Science, 1994, 265 (5171): 482 -490.

[27] Banerdt W B, Konopliv A S, Rappaport N J, et al. The isostatic state of mead crater [J]. Icarus, 1994, 112 (1): 117 -129.

[28] Konopliv A S, Binder A B, Hood L I, et al. Improved gravity field of the Moon from Lunar Prospector [J]. Science, 1998, 28 (5382): 1476 -1480.

[29] Namiki N, Iwata T, Matsumoto K, et al. Farside gravity field of the Moon from four - way Doppler measurements of SELENE (Kaguya) [J]. Science, 2009, 323 (5916): 900 -905.

[30] Iwata T, Matsumoto K, Ishihara Y, et al. Four - way Doppler measurements and inverse VLBI observations for the Martian exploration [J]. IEICE Technical Report, 2010, 110 (250): 245 -249.

[31] Goossens S, Matsumoto K, Liu Q. Lunar gravity field determination using SELENE same - beam differential VLBI tracking data [J]. Journal of Geodesy, 2011, 85 (4): 205 -228.

[32] Wieczorek M A, Jolliff B L, Khan A, et al. The constitution and structure of the lunar interior [J]. Reviews in Mineralogy and Geochemistry, 2006, 60 (1): 221 -364.

[33] Jolliff B L, Gillis J J, Haskin L A, et al. Major lunar crustal terranes: surface expressions and crust - mantle origins [J]. Journal of Geophysical Research, 2000, 105 (E2): 4197 -4216.

[34] 李斐, 鄢建国, 平劲松. 月球探测及月球重力场的确定 [J]. 地球物理学进展, 2006, 21 (1): 31 -37.

[35] Chenet H, Lognonne P, Wieczorek M, et al. Lateral variations of lunar crustal thickness from the Apollo seismic data set [J]. Earth Planet Science Letters, 2006, 243 (1): 1 -14.

[36] Arkani - Hamed J. Lunar mascons revisited [J]. Journal of Geophysical Research Planets, 1998, 103 (E2): 3709 -3739.

[37] 欧阳自远. 比较行星地质学与地外物质研究 [J]. 地球科学信息, 1988, 6: 44 -45.

[38] Dyal P, Parkin C W, Sonett C P. Apollo 12 magnetometer: measurement of a steady magnetic field on the surface of the Moon [J]. Science, 1970, 169 (3947): 762 - 764.

[39] Hood L L, Artemieva N A. Antipodal effects of lunar basin - forming impacts: initial 3D simulations and comparisons with observations [J]. Icarus, 2008, 193 (2): 485 - 502.

[40] Matsushima M, Tsunakawa H, Iijima Y, et al. Magnetic cleanliness program under control of electromagnetic compatibility for the SELENE (Kaguya) spacecraft [J]. Space Science Reviews, 2010, 154 (1 - 4): 253 - 264.

[41] Shibuya H, Toyoshima M, Matsushima M, et al. Global mapping of the lunar crustal magnetic field using LP - MAG database and comparison with preliminary KAGUYA LMAG results [C]. AGU Fall Meeting Abstracts, 2008, 154: 219 - 251.

[42] Takahashi K, Berube D, Lee D H, et al. Possible evidence of virtual resonance in the dayside magnetosphere [J]. Journal of Geophysical Research Space Physics, 2009, 114 (A5): A05206.

[43] Purucker M E. A global model of the internal magnetic field of the Moon based on Lunar Prospector magnetometer observations [J]. Icarus, 2008, 197 (1): 19 - 23.

[44] Dyment J, Arkani - Hamed J. Contribution of lithospheric remanent magnetization to satellite magnetic anomalies over the world's oceans [J]. Journal of Geophysical Research, 1998, 103 (B7): 15423 - 15441.

[45] Henderson M A. The interaction of water with solid surfaces: fundamental aspects revisited [J]. Surface Science Reports, 2002, 46 (1 - 8): 228.

[46] Benton E R, Estes R H, Langel R A. Geomagnetic field modeling incorporating constraints from frozen - flux electromagnetism [J]. Physics of the Earth and Planetary Interiors, 1987, 48 (3 - 4): 241 - 264.

[47] Driscoll J R, Healy D M. Computing fourier transforms and convolutions on the 2 - Sphere [J]. Advances in Applied Mathematics, 1994, 15 (2): 202 -

250.

[48] Halekas J S, Mitchell D L, Lin R P, et al. Mapping of crustal magnetic anomalies on the lunar near side by the Lunar Prospector Electron Reflectometer [J]. Journal of Geophysical Research, 2001, 106 (E11): 27841 –27852.

[49] Nakamura Y, Latham G V, Dorman H J. Apollo lunar seismic experiment – final summary [J]. Journal of Geophysical Research Solid Earth, 1982, 87 (S01): A117 – A123.

[50] Khan A, Mosegaard K. An inquiry into the lunar interior: a non – linear inversion of the Apollo lunar seismic data [J]. Journal of Geophysical Research Planets, 2002, 107 (E6): 5036.

[51] Vinnik L, Chenet H, Gagnepain – Beyneix J, et al. First seismic receiver functions on the Moon [J]. Geophysical Research Letters, 2001, 28 (15): 3031 –3034.

[52] Khan A, Mosegaard K, Rasmussen K L. A new seismic velocity model for the Moon from a Monte Carlo inversion of the Apollo lunar seismic data [J]. Geophysical Research Letters, 2000, 27 (11): 1591 –1594.

[53] Lognonné P, Gagnepain – Beyneix J, Chenet H. A new seismic model of the Moon: implications for structure, thermal evolution and formation of the Moon [J]. Earth and Planetary Science Letters, 2003, 211 (1 –2): 27 –44.

[54] Nakamura Y. Seismic velocity structure of the lunar mantle [J]. Journal of Geophysical Research, 1983, 88 (B1): 677 –686.

[55] Ringwood A E, Easene E. Petrogenesis of Apollo 11 basalts, internal constitution and origin of the Moon [M]. New York: Pergamon Press, 1970: 769 –799.

[56] Khan A, Connolly J A D, Maclennan J, et al. Joint inversion of seismic and gravity data for lunar composition and thermal state [J]. Geophysical Journal International, 2007, 168 (1): 243 –258.

[57] Khan A, Mosegaard K. New information on the deep lunar interior from an inversion of lunar free oscillation periodes [J]. Geophysical Research Letters,

2001, 28 (9): 1791 – 1794.

[58] Oberst J. Unusually high stress drops associated with shallow Moonquakes [J]. Journal of Geophysical Research, 1987, 92 (B2): 1397 – 1405.

[59] Hood L L, Huang Z. Formation of magnetic anomalies antipodal to lunar impact basins: two-dimensional model calculations [J]. Journal of Geophysical Research, 1991, 96 (B6): 9837 – 9846.

[60] Williams J G, Boggs D H, Yoder C F, et al. Lunar rotational dissipation in solid body and molten core [J]. Journal of Geophysical Research, 2001, 106 (E11): 27933 – 27968.

第3章 月球探测计划研究进展

本章详细介绍了国内外已实施的苏联“月球”号和“探测器”号，美国“先驱者”号、“徘徊者”号、“勘测者”号、“月球轨道器”号、“阿波罗”号、“克莱门汀”号、“月球勘探者”号和“月球勘测轨道飞行器”号，日本“飞天”号和“月亮女神”1号，欧洲“智能”1号，中国“嫦娥”1号、“嫦娥”2号，印度“月船”1号等和未来实施的探月计划。详细介绍了美国GRAIL月球重力双星计划的总体概述、关键载荷和科学目标，具体阐述了我国下一代月球卫星重力梯度测量工程的实施建议和重要意义。我国下一代月球卫星重力梯度测量工程的成功实施将逐渐打破“太空战”的威胁，使世界和平得到有力保护。

3.1 研究概述

人造卫星、载人航天和深空探测是体现综合国力和科技水平的重要标志。月球重力探测计划是深空探测的起点和中继站，是众学科（月球科学、天文学、天体物理学、宇宙学、空间物理学、地球行星学等）和高科技（航天、通信、材料、能源、电子、遥感、军事等）集成的系统工程，将促进深空测控通信、新型运载火箭、航天工程集成等航天技术实现跨越式快速发展，对于迅速提升国家综合实力（政治、经济、科技、文化、军事等）具有重要而深远的意义。

目前国内外航天等领域的众多学者已围绕探月和登月开展了广泛而深入的研

究工作[1-26]。开展月球重力探测工程将填补我国在深空探测领域的空白，为尽快缩短与国际先进水平的差距提供良好的平台和机遇，有利于进一步确立我国在世界的航天大国地位。国际月球重力探测工程和载人登月的成功实施对我国既存在机遇又不乏挑战。我国应尽快汲取国外长期积累的成功经验，积极推动我国下一代月球卫星重力测量工程以及载人登月的成功实施，并带动相关领域的快速发展，进而达到提升科学技术和推动国民经济的目标。基于此目的，本章首先详细阐述了国际第一期和第二期探月计划的发射时间、计划名称、探测器质量、运载火箭以及科学目标和任务；其次，详细介绍了美国 GRAIL 月球重力双星计划的基本情况，以及我国下一代月球卫星重力梯度测量工程的实施建议。本章的研究不仅对我国下一代月球卫星重力梯度测量工程的成功实施具有一定的借鉴价值，同时对未来太阳系火星[27-29]等其他行星重力探测的发展方向具有一定的参考意义。

3.2　国际探月计划研究进展

国际迄今为止共开展了 127 项月球探测计划，其中美国 57 项、苏联 64 项、日本和中国各 2 项、欧空局和印度各 1 项。在所有已执行的探月计划中，成功或基本成功 64 项、失败 63 项，成功率约为 50%。

3.2.1　国际第一期探月计划（1958—1976 年）

自 20 世纪中叶开始，随着火箭技术的迅猛发展，国际众多研究机构相继掀起了多轮探月热潮。1969 年 7 月 20 日美国 Apollo 11 号宇宙飞船的首次成功载人登月，以及 Apollo 12、Apollo 14、Apollo 15、Apollo 16、Apollo 17 和苏联的 Luna-16、Luna-20、Luna-24 的相继载人和非载人登月标志着人类奏响了月球探测的新篇章。如表 3.1 所示，在第一次探月高潮期间，苏联和美国围绕月球探测开展了长期对峙和声势浩大的“星球争霸”，双方共发射了 83 颗月球探测器（成功率 55.5%），成功实现了 6 次载人登月，12 名美国宇航员完成月球漫步，带回月球的岩石和土壤样品 382 kg。

表 3.1 国际第一期探月计划发展历程

1. 苏联“月球”号（Luna）探月计划（1959—1976 年） （研制机构：苏联科学院和第 88 研究所第 1 特别设计局）				
发射时间	计划名称	探测器质量/kg	运载火箭	科学目标和任务
1959. 01. 02	“月球”1 号（Luna－1）	361	“月球”号	人类首颗探月人造卫星，由于轨道偏离，永远围绕太阳公转
1959. 09. 12	“月球”2 号（Luna－2）	390. 2		首颗月面硬着陆和成功撞月航天器，探明月球没有磁场
1959. 10. 04	“月球”3 号（Luna－3）	278		首次成功拍摄月球背面 70% 面积的照片
1963. 04. 02	“月球”4 号（Luna－4）	1 422	“闪电”号	原计划实现月面软着陆，但由于轨道偏差，成为地球卫星
1965. 05. 09	“月球”5 号（Luna－5）	1 474		原计划实现月面软着陆，最终坠毁于月表
1965. 06. 08	“月球”6 号（Luna－6）	1 440		原计划实现月面软着陆，由于轨道偏离，永远围绕太阳公转
1965. 10. 04	“月球”7 号（Luna－7）	1 504		原计划实现月面软着陆，最终撞毁于月海风暴洋
1965. 12. 03	“月球”8 号（Luna－8）	1 550		原计划实现月面软着陆，最终撞毁于月海风暴洋
1966. 01. 31	“月球”9 号（Luna－9）	1 538		首次成功月球软着陆
1966. 03. 31	“月球”10 号（Luna－10）	1 600		首颗成功环月卫星
1966. 08. 24	“月球”11 号（Luna－11）	1 640		无人月球探测器
1966. 10. 22	“月球”12 号（Luna－12）	1 620		无人月球探测器，在月球赤道上空拍摄图像
1966. 12. 21	“月球”13 号（Luna－13）			首次成功分析月壤成分
1968. 04. 07	“月球”14 号（Luna－14）	1 700		主要探测月球重力场

续表

发射时间	计划名称	探测器质量/kg	运载火箭	科学目标和任务
1969. 07. 13	“月球” 15 号（Luna－15）	5 700	质子－K/D 组级	原计划自动取样并返回，最终坠毁于危海
1970. 09. 12	“月球” 16 号（Luna－16）	5 600		首次利用无人探测器在月球自动取样并成功返回
1970. 11. 10	“月球” 17 号（Luna－17）	5 700		首次搭载自动月球车 1 号登月
1971. 09. 02	“月球” 18 号（Luna－18）	5 600		绕月球运转 54 周后，与地面失去联系
1971. 09. 28	“月球” 19 号（Luna－19）			性能优于月球 10 号的环月卫星
1972. 02. 14	“月球” 20 号（Luna－20）			再次利用无人探测器在月球自动取样并返回
1973. 01. 08	“月球” 21 号（Luna－21）			成功将自动月球车 2 号送上月球
1974. 05. 29	“月球” 22 号（Luna－22）	5 700		月球拍照和探测月球磁场
1974. 11. 28	“月球” 23 号（Luna－23）	5 600		原计划采集月球表面深处的样本，但着陆时出现故障
1976. 08. 09	“月球” 24 号（Luna－24）	5 700		携带 170g 月岩标本成功返回（苏联最后一次探月）
2. 苏联“探测器”号（Zond）探月计划（1965—1970 年）（研制机构：苏联科学院和第 88 研究所第 1 特别设计局）				
发射时间	计划名称	探测器质量/kg	运载火箭	科学目标和任务
1965. 07. 18	“探测器” 3 号（Zond－3）	950	质子－K/D 组级	“探测器” 1 号和“探测器” 2 号分别用于探测金星和火星；“探测器” 3 号掠月飞行并传回月球背面照片，最后进入日心轨道飞往火星
1968. 03. 02	“探测器” 4 号（Zond－4）	5 600		原计划开展绕月后返回地球飞行试验，但最终进入日心轨道

续表

<table>
<tr><td colspan="5">2. 苏联“探测器”号（Zond）探月计划（1965—1970 年）
（研制机构：苏联科学院和第 88 研究所第 1 特别设计局）</td></tr>
<tr><td>发射时间</td><td>计划名称</td><td>探测器质量/kg</td><td>运载火箭</td><td>科学目标和任务</td></tr>
<tr><td>1968. 09. 14</td><td>“探测器”5 号
（Zond－5）</td><td rowspan="4">5 800</td><td rowspan="4">质子－K/
D 组级</td><td>首次绕过月球后成功返回地球，拍摄地球黑白图片</td></tr>
<tr><td>1968. 11. 10</td><td>“探测器”6 号
（Zond－6）</td><td>绕过月球后返回地球，采用跳跃式再入大气层</td></tr>
<tr><td>1969. 08. 08</td><td>“探测器”7 号
（Zond－7）</td><td>首次传回彩色照片</td></tr>
<tr><td>1970. 10. 20</td><td>“探测器”8 号
（Zond－8）</td><td>绕过月球后返回地球，弹道载入式进入北极并于水面回收</td></tr>
<tr><td colspan="5">3. 美国“先驱者”号（Pioneer）探月计划（1958—1959 年）
（研制机构：美国 NASA 和美国陆军弹道导弹局）</td></tr>
<tr><td>发射时间</td><td>计划名称</td><td>探测器质量/kg</td><td>运载火箭</td><td>科学目标和任务</td></tr>
<tr><td>1958. 08. 17</td><td>“先驱者”0 号
（Pioneer－0）</td><td rowspan="3">38</td><td rowspan="4">雷神系列</td><td>人类首次尝试地球以外轨道任务，但在大西洋上空爆炸摧毁</td></tr>
<tr><td>1958. 10. 11</td><td>“先驱者”1 号
（Pioneer－1）</td><td>原计划探测地球附近和月球轨道上的电离层、宇宙射线和磁场等，但最后坠落到南太平洋</td></tr>
<tr><td>1958. 11. 08</td><td>“先驱者”2 号
（Pioneer－2）</td><td>摄像机和电池被改进，但最终在非洲大陆上空燃烧</td></tr>
<tr><td>1958. 12. 06</td><td>“先驱者”3 号
（Pioneer－3）</td><td>5. 87</td><td>原计划探测器划过月球表面后注入日心轨道，但因运载火箭故障在地球大气层中烧毁</td></tr>
<tr><td>1959. 03. 03</td><td>“先驱者”4 号
（Pioneer－4）</td><td>6. 1</td><td>朱诺 2 型</td><td>原计划在月面上空收集并传回科学数据，但因计算错误掠过月球上空成为人造行星</td></tr>
<tr><td colspan="5">4. 美国“徘徊者”号（Ranger）探月计划（1961—1965 年）
（研制机构：美国 NASA 和喷气推进实验室（JPL））</td></tr>
<tr><td>发射时间</td><td>计划名称</td><td>探测器质量/kg</td><td>运载火箭</td><td>科学目标和任务</td></tr>
<tr><td>1961. 08. 23</td><td>“徘徊者”1 号
（Ranger－1）</td><td>306. 2</td><td>擎天神－
爱琴娜 B</td><td>测试进行月球和行星任务所需要的函数和机械零件性能是否适用，由于火箭故障而失败</td></tr>
</table>

续表

4. 美国“徘徊者”号（Ranger）探月计划（1961—1965 年）（研制机构：美国 NASA 和喷气推进实验室（JPL））				
发射时间	计划名称	探测器质量/kg	运载火箭	科学目标和任务
1961.11.18	“徘徊者”2 号（Ranger－2）	304	擎天神－爱琴娜 B	探测地月空间的粒子，由于火箭故障而烧毁于地球大气层
1962.01.26	“徘徊者”3 号（Ranger－3）	329.8		将月面图像传回地球，研究月面反射的雷达信号，但最终未能成功撞击月球
1962.04.23	“徘徊者”4 号（Ranger－4）	331.1		传送月面图片，将测震仪抛掷于月面，搜集 γ 射线资料，由于机载电脑故障坠毁于月面
1962.10.18	“徘徊者”5 号（Ranger－5）	342.5		将月面图像传回地球，研究月面反射的雷达信号，但最终未能成功撞击月球
1964.01.30	“徘徊者”6 号（Ranger－6）	381		原计划传回月球表面的高分辨率照片，但由于摄影机系统的故障，没有任何影像被传回
1964.07.28	“徘徊者”7 号（Ranger－7）	365.7		首次成功地将月球表面的近距离影像传回地球
1965.02.17	“徘徊者”8 号（Ranger－8）	367		以抛射轨道抵达月球，并在撞击前的最后几分钟飞行时间内传回高清晰的月球表面影像
1965.03.21	“徘徊者”9 号（Ranger－9）			以弹道轨道撞击月球，并传回高清晰的月球表面影像
5. 美国“勘测者”号（Surveyor）探月计划（1966—1968 年）（研制机构：美国 NASA）				
发射时间	计划名称	探测器质量/kg	运载火箭	科学目标和任务
1966.05.30	“勘测者”1 号（Surveyor－1）	292	宇宙神－半人马座	首次成功软着陆于月面风暴洋
1966.09.20	“勘测者”2 号（Surveyor－2）			软着陆失败，撞击在月球南部的哥白尼环形山
1967.04.17	“勘测者”3 号（Surveyor－3）	302		成功软着陆于月球风暴洋地区，并发回 6 315 张电视照片

续表

<table>
<tr><td colspan="5">5. 美国“勘测者”号（Surveyor）探月计划（1966—1968 年）
（研制机构：美国 NASA）</td></tr>
<tr><td>发射时间</td><td>计划名称</td><td>探测器质量/kg</td><td>运载火箭</td><td>科学目标和任务</td></tr>
<tr><td>1967.07.14</td><td>“勘测者”4 号
(Surveyor－4)</td><td>282</td><td rowspan="4">宇宙神－半人马座</td><td>准备软着陆时失去联系</td></tr>
<tr><td>1967.09.08</td><td>“勘测者”5 号
(Surveyor－5)</td><td>303</td><td>成功软着陆于月球静海区，发回 18 000 张电视照片和月球表面的雷达及热辐射数据，人类首次进行月球土壤化学分析</td></tr>
<tr><td>1967.11.07</td><td>“勘测者”6 号
(Surveyor－6)</td><td>299.6</td><td>成功软着陆，发回 29 500 张电视照片和化学分析数据，并进行了“跳跃”和移动实验</td></tr>
<tr><td>1968.01.07</td><td>“勘测者”7 号
(Surveyor－7)</td><td>305.7</td><td>成功软着陆，发回 21 274 张电视照片和大量化学分析数据</td></tr>
<tr><td colspan="5">6. 美国“月球轨道器”号（Lunar Orbiter，LO）探月计划（1966—1967 年）
（研制机构：美国 NASA）</td></tr>
<tr><td>发射时间</td><td>计划名称</td><td>探测器质量/kg</td><td>运载火箭</td><td>科学目标和任务</td></tr>
<tr><td>1966.08.10</td><td>“月球轨道器”1 号（LO－1）</td><td>386</td><td rowspan="5">擎天神－爱琴娜 D</td><td rowspan="3">以地基观测为基础，低倾斜轨道飞越，选择了 20 处有潜力的登陆地点</td></tr>
<tr><td>1966.11.06</td><td>“月球轨道器”2 号（LO－2）</td><td>391</td></tr>
<tr><td>1967.02.05</td><td>“月球轨道器”3 号（LO－3）</td><td>386</td></tr>
<tr><td>1967.05.04</td><td>“月球轨道器”4 号（LO－4）</td><td rowspan="2">390</td><td>拍摄了月球的整个正面与 95% 背面</td></tr>
<tr><td>1967.08.01</td><td>“月球轨道器”5 号（LO－5）</td><td>拍摄了整个月球背面，并获得 36 处预先选定的中等（20 m）和高解析（2 m）的影像</td></tr>
<tr><td colspan="5">7. 美国“阿波罗”号（Apollo）探月计划（1967—1972 年）
（研制机构：美国宇航局兰利研究中心（LRC））</td></tr>
<tr><td>发射时间</td><td>计划名称</td><td>探测器质量/kg</td><td>运载火箭</td><td>科学目标和任务</td></tr>
<tr><td>1967.02.21</td><td>“阿波罗”1 号
(Apollo－1)</td><td>20 412</td><td>土星 IB 号
SA－204</td><td>1967 年 1 月 27 日的例行测试中指令舱发生火灾，随后“阿波罗”2 号和“阿波罗”3 号任务取消</td></tr>
</table>

续表

7. 美国“阿波罗”号（Apollo）探月计划（1967—1972 年）（研制机构：美国宇航局兰利研究中心（LRC））				
发射时间	计划名称	探测器质量/kg	运载火箭	科学目标和任务
1967. 11. 09	“阿波罗” 4 号（Apollo – 4）	36 782	土星 5 号 SA – 501	土星 5 号首次发射，检验火箭和指令舱发动机
1968. 01. 22	“阿波罗” 5 号（Apollo – 5）	14 360	土星 IB 号 SA – 204	测试登月舱的单独起飞和降落的新引擎功能
1968. 04. 04	“阿波罗” 6 号（Apollo – 6）	36 932	土星 5 号 SA – 502	检验飞行器的所有功能
1968. 10. 11	“阿波罗” 7 号（Apollo – 7）	14 781	土星 IB 号 SA – 204	首次载人环地球飞行
1968. 12. 21	“阿波罗” 8 号（Apollo – 8）	30 320	土星 5 号 SA – 503	首次载人环月球飞行
1969. 03. 03	“阿波罗” 9 号（Apollo – 9）	41 376	土星 5 号 SA – 504	首次在地球轨道测试登月舱
1969. 05. 18	“阿波罗” 10 号（Apollo – 10）	42 775	土星 5 号 SA – 505	首次在月球轨道测试登月舱
1969. 07. 16	“阿波罗” 11 号（Apollo – 11）	46 768	土星 5 号 SA – 506	首次载人成功登月
1969. 11. 14	“阿波罗” 12 号（Apollo – 12）	44 073	土星 5 号 SA – 507	第二次载人成功登月
1970. 04. 11	“阿波罗” 13 号（Apollo – 13）	44 180	土星 5 号 SA – 508	服务舱爆炸，利用登月舱返回地球
1971. 01. 31	“阿波罗” 14 号（Apollo – 14）	34 504	土星 5 号 SA – 509	第三次载人成功登月
1971. 07. 26	“阿波罗” 15 号（Apollo – 15）	46 800	土星 5 号 SA – 510	第四次载人成功登月，首次使用月球车
1972. 04. 16	“阿波罗” 16 号（Apollo – 16）	46 840	土星 5 号 SA – 511	第五次载人成功登月
1972. 12. 07	“阿波罗” 17 号（Apollo – 17）	46 825	土星 5 号 SA – 512	第六次载人登月（迄今为止最后一次）

3.2.2 国际第二期探月计划（1990—2040 年）

自第一期探月高潮落幕以来，在经过长达 10 多年的成果转化和蓄势待发之后，国际第二期探月高潮逐渐拉开序幕（表 3.2）。与首期探月相比，第二期探月目标更明确，涉及更广泛，规模更宏大，竞争更激烈，收益更丰硕。第二期探月钟声的敲响标志着人类将迎来一个前所未有的月球探测辉煌时代，人类将以百倍的雄心和崭新的姿态重归月球，不久的未来在美丽而神秘的月空将呈现由多国联合或单独研制的众多月球探测器共舞的胜景。

表 3.2 国际现阶段探月计划发展历程

发射时间	计划名称	研制机构	探测器质量/kg	运载火箭	科学目标和任务
1990.01.24	“飞天”（Hiten）	日本宇宙科学研究所（ISAS）	197.4	M3S2 固体	地－月轨道环境探测
	“羽衣”（Feather Mantle）		12.2		记录月球周围的温度和电场，并传回“飞天”号和地球
1994.01.25	“克莱门汀”（Clementine）	美国国防部（DOD）和 NASA	424	大力神 2（23）G	获取了 180 万张月面图像，发现月球极区可能有水存在
1998.01.06	“月球勘探者”（Lunar Prospector）	美国 NASA	295	雅典娜 II	探明月球南北极存在（0.11 ~ 3.30）$\times 10^8$t 的水冰
2003.09.28	“智能”1 号（Smart－1）	欧空局（ESA）	367	阿里亚娜 5G 型	欧洲首期探月计划，探测月面地形、矿物分布和是否有水
2007.09.14	“月亮女神”1 号（Selene－1）	日本宇宙航空研究开发机构（JAXA）	2 914	H2A－13	调查月球表面物质、地形与地质构造、月球环境和重力分布
2007.10.24	“嫦娥”1 号（Chang'e－1）	中国国家航天局（CNSA）	2 350	长征三甲	获取月球三维立体影像，分析元素含量和物质分布，探测月壤厚度和空间环境

续表

发射时间	计划名称	研制机构	探测器质量/kg	运载火箭	科学目标和任务
2008. 10. 22	“月船”1号（Chandrayaan－1）	印度空间研究组织（ISRO）	1 380	PSLV－XL/PSLV－C11	生成月球化学特性和3D拓扑图，探测是否存在固态水
2009. 06. 18	月球勘测轨道飞行器（LRO）	美国NASA	1 846	大力神五号401	勘测月球资源和决定可能的登陆点
	月球坑观测和遥感卫星（LCROSS）		834		在月球表面实施两次撞击，探测月面深坑和寻找月球水冰
2010. 10. 01	“嫦娥”2号（Chang'e－2）	中国CNSA	2 480	长征三丙	获得更清晰月面数据，为“嫦娥”3号实现软着陆进行试验，探测月面元素、月壤厚度、地月环境
2011. 09. 10	月球重力恢复和内部实验室（GRAIL）	美国NASA	132. 6	Delta II	探测从月壳到月核内部结构、热量演化以及月球重力场
2013. 09. 07	月球大气与粉尘环境探测器（LADEE）	美国NASA	330	米诺陶五号运载火箭	确认在未来进一步人类活动造成扰动前的月球稀薄大气层的整体密度、组成和随时间变化状况；确认“阿波罗”计划太空人看到的高数十千米处漫射是钠辉光或尘埃造成；记录月球环境中尘埃的影响程度
2013. 12. 02	“嫦娥”3号（Chang'e－3）	中国CNSA	3 780	长征三乙	突破月球软着陆、月面巡视勘察、月面生存、深空测控通信与遥操作、运载火箭直接进入地月转移轨道等关键技术，实现中国首次对地外天体的直接探测
2018. 05. 21	“鹊桥”号中继通信卫星（Queqiao）	中国CNSA	425	长征四丙	首颗地球轨道外专用中继通信卫星，作为地月通信和数据中转站，可实时将月面背面着陆的“嫦娥”4号探测器发出的科学数据实时传回地球

续表

发射时间	计划名称	研制机构	探测器质量/kg	运载火箭	科学目标和任务
2018.12.08	"嫦娥"4号(Chang'e-4)	中国CNSA	1 200	长征三乙	开展月表地形地貌与地质构造、矿物组成和化学成分、月球内部结构、地月空间与月表环境等探测活动，建成基本配套的月球探测工程系统。对月球背面，尤其是太阳系内已知最大的陨石坑进行探测。尝试月球背面的中继通信。进行世界首次低频射电天文观测
2019.02.22	"创世纪"号(Beresheet)	以色列SpaceIL	585	"猎鹰"9号Block 5	磁力仪用以探测月表岩石磁性；搭载了"阿波罗"飞船曾放置于月面，用以测量地月间距的激光反射器
2019.07.22	"月船"2号(Chandrayaan-2)	印度空间研究组织	100	地球同步卫星运载火箭3型号	展示在月球表面软着陆并在地面上操作机器人月球车的能力；研究月球地形、矿物学、元素丰度、月球大气层以及羟基和月球水冰的特征
2020.11.24	"嫦娥"5号(Chang'e-5)	中国CNSA	8 200	"长征"5号	开展着陆点区域形貌探测和地质背景勘察，获取与月球样品相关的现场分析数据，建立现场探测数据与实验室分析数据之间的联系；对月球样品进行系统、长期的实验室研究，分析月壤结构、物理特性、物质组成，深化对月球成因和演化历史的科学认知

3.3 GRAIL月球重力双星计划[30-33]

3.3.1 总体概述

基于由美国NASA和德国DLR共同研制开发，并于2002年3月17日发射升空的GRACE（Gravity Recovery And Climate Experiment）双星计划（图3.1）的卫星跟踪卫星高低/低低测量模式（SST - HL/LL）的成功经验以及高精度和高空间分辨率地球重力场静态及时变探测，进而促进大地测量学、固体地球物理学、海洋学、地震学、空间科学、天文学、国防建设等领域快速发展的优秀表现[34-49]，美国NASA于2011年9月10日成功发射了GRAIL - A/B（Gravity Recovery And Interior Laboratory）月球探测重力双星。GRAIL探月计划是美国NASA实施的“未来太空探索计划”的核心部分，并于2007年12月11日在美国地球物理学会（American Geophysical Union，AGU）会议上发布。项目首席科学家是麻省理工学院（MIT）地球大气和行星科学系的玛丽亚·朱伯（Maria Zuber），研究目标是精密探测月球表层之下的构造，以进一步提升人类对月球内部奥秘以及演化历史的了解和认知。

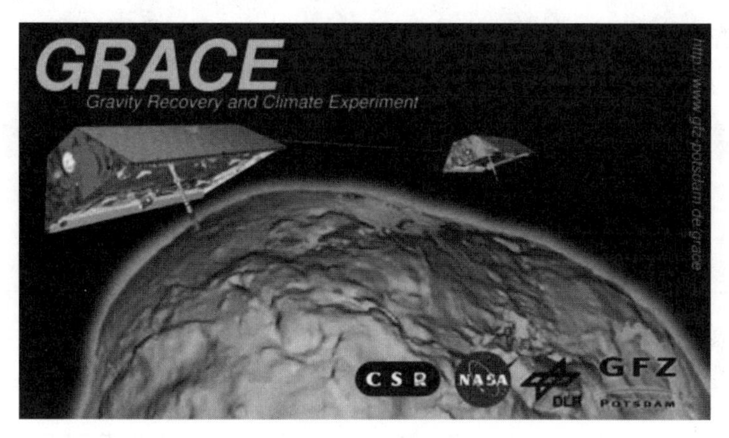

图3.1　GRACE地球卫星重力测量计划

GRAIL系统基本采用美国洛克希德·马丁公司（Lockheed Martin）成功研制的XSS - 11卫星的成熟技术进行设计，具有低风险、高稳定、高性能等优点（图3.2和表3.3）。如图3.3所示，GRAIL双星由Delta II - 7920H - 10运载火箭同时携带发射升空，为防止相互碰撞，双星各自略微倾斜固定于火箭登月仓内。首先，为避免2011年12月10日至2012年6月4日期间月蚀对卫星的干扰，经过26天飞行，火箭登月仓打开并将GRAIL双星释放；其次，GRAIL双星再经过107天的低能量飞行（卫星速度约130 m/s），通过日地Lagrange点进入近圆、近极、低月球轨道（相对于直接进入月球轨道，低能量注入轨道可以节省卫星携带的燃料，以尽可能延长卫星的探月寿命)，在安全进入预定轨道后对月球重力场进行为期 90 天（包括 3 个 27.3 天的月球重力场探测以及数据采集和处理）的高精度和高空间分辨率测量；最后，经过约 46 天，GRAIL 双星燃料耗尽而坠毁于月尘。

图 3.2 GRAIL - A/B 探月双星

表 3.3 GRAIL 重力双星计划基本参数

参数	指标
研制机构	美国 NASA - JPL
发射时间	2011 - 09 - 10 - 13：08：52.775（UTC）
入轨时间	GRAIL - A：2011 - 12 - 31 GRAIL - B：2012 - 01 - 01
任务时段	2012 年 1 月至 2012 年 12 月
发射地点	美国佛罗里达州卡纳维拉尔角 空军基地 17 号航天发射复合体
轨道高度	50 km
星间距离	175 ~ 225 km
绕月周期	113 min
卫星寿命	270 天
卫星质量	132.6 km
测量模式	卫星跟踪卫星低低模式（SST - LL）

图3.3　发射GRAIL双星的Delta Ⅱ运载火箭

如图3.4所示，GRAIL双星采用在同一轨道平面内前后相互跟踪编队飞行，并利用共轨双星轨道摄动之差以前所未有的精度和空间分辨率测量月球重力场。GRAIL月球重力场探测计划的Level-0/1级科学观测数据由美国JPL利用已有的GRACE地球重力场探测任务的计算软件进行处理（利用率约90%），Level-2级科学观测数据由美国戈达德航天飞行中心（GSFC）和MIT联合处理和解算。GRAIL科学项目组将提供高精度的计算结果和相应的科学解释，所有处理结果最

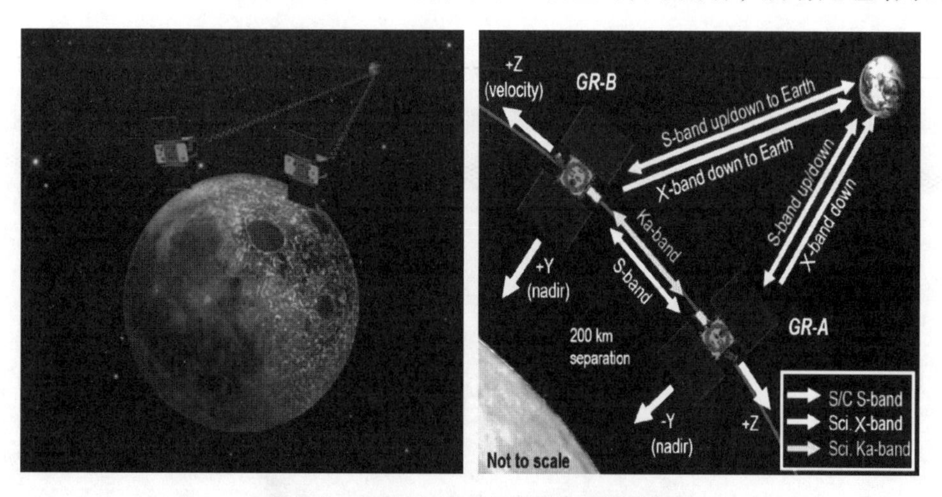

图3.4　GRAIL月球卫星重力探测计划

终将由美国 MIT 交付行星数据系统（PDS）储存。GRAIL 实现了高科学价值和低技术风险的完美结合，不仅将创新的高精度地球重力场测量技术 SST 带到月球重力场探测中，同时未来有望将此技术应用于火星和太阳系其他行星的重力场探测中。基于 GRAIL 获得的月球重力场信息，不仅可以从月壳到月核对月球进行广泛而深入的分析，进而演绎月球内部的热量演化历史（图 3.5），同时将有助于回答长期以来有关月球的未解之谜，并为人类更好地理解地球以及太阳系中其他岩石行星的形成提供新的理论依据。

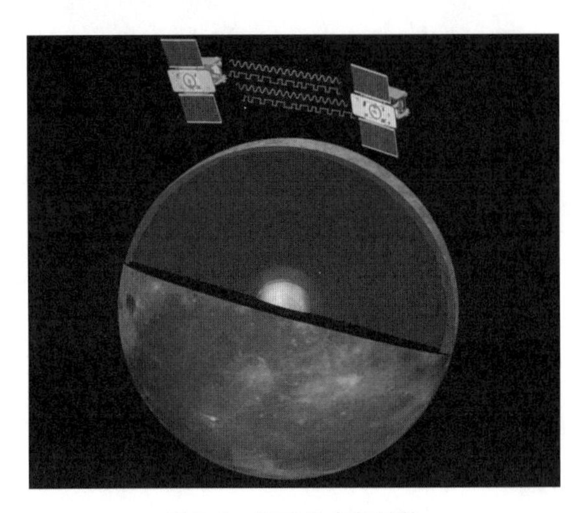

图 3.5　月球的内部结构

3.3.2　关键载荷

如图 3.6 和表 3.4 所示，GRAIL 月球重力探测双星的关键载荷主要包括 Ka 波段星间测距仪、姿态控制系统、暖气推进器、S 波段无线电通信系统、太阳能极板等。Ka 波段星间测距仪的工作原理如图 3.7 所示。

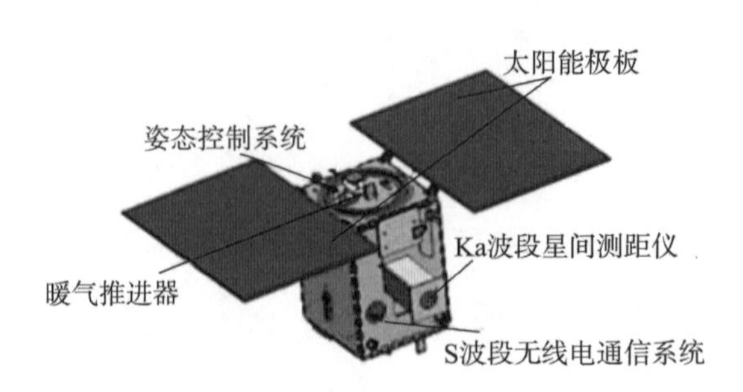

图 3.6　GRAIL 卫星关键载荷

表 3.4　GRAIL 关键载荷名称和功能

名称	功能
Ka 波段星间测距仪	星间速度测量精度 4.5 μm/s，采样间隔 5 s，工作频率 32 GHz
姿态控制系统	由惯性测量装置、太阳传感器和恒星跟踪器组成，主要测量卫星体和各载荷的姿态
暖气推进器	调控卫星的轨道高度和姿态（22 个）
S 波段无线电通信系统	和地面测控站保持联系以及将观测数据实时传回地面
太阳能极板	为卫星系统和所有载荷提供充足的电源（2 个）

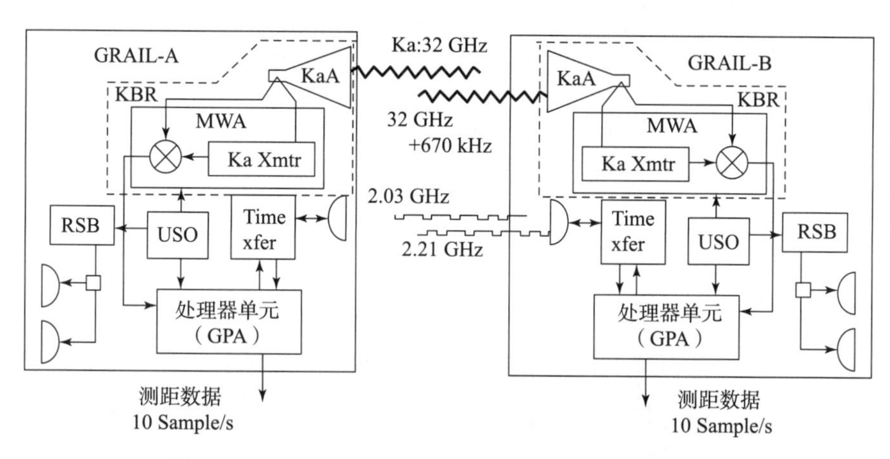

图 3.7　GRAIL 星载 Ka 波段星间测距仪工作原理框图

3.3.3　科学目标

GRAIL 月球重力探测计划的科学目标如表 3.5 所示。

表 3.5　GRAIL 月球重力探测计划的科学目标

科学研究	面积/（10^6 km^2）	空间分辨率/km	相关学科精度需求	GRAIL 科学目标
绘制从月壳到岩石圈的结构图	约 10	30	±10 mGal	±1.0 mGal
理解月球的非均匀热量演化	约 4	30	±2 mGal	±1 mGal
探测其他星体撞击月表形成盆地和“质量瘤”的内部结构	约 1	30	±0.5 mGal	±0.2 mGal
探测月球磁场	约 0.1	30	±0.1 mGal	±0.04 mGal

续表

科学研究	面积/(10^6 km^2)	空间分辨率/km	相关学科精度需求	GRAIL 科学目标
探明内部深层结构的潮汐作用	—	—	K_2：$\pm 6\times10^{-4}$（3%）	$\pm 0.5\times10^{-4}$
测量固体内核的尺寸	—	—	K_2：$\pm 2\times10^{-4}$（1%） C_{21}：$\pm 1\times10^{-10}$	$\pm 0.5\times10^{-4}$ $\pm 0.5\times10^{-10}$

3.4 我国下一代月球卫星重力梯度测量工程

3.4.1 实施建议

21 世纪是人类利用卫星跟踪卫星（SST）和卫星重力梯度（SGG）技术提升对月球认知能力的新纪元。月球重力测量双星 GRAIL 的成功发射昭示着人类将迎来一个前所未有的月球卫星重力探测时代。GRAIL 月球卫星重力测量计划虽然可以精确测量月球重力场，从而获得月球总体形状随时间变化和月球各圈层物质的迁移，但仍无法满足 21 世纪相关学科对全波段月球重力场精度进一步提高的迫切需求。因此，寻求新型、高效、高精度、高空间分辨率和全波段的下一代月球卫星重力测量计划不仅是当前国际众多科研机构（美国 NASA 等）竞相制定的远景规划和首要执行的研究任务，而且是 21 世纪国际深空探测等交叉领域的研究热点和亟待解决的前沿性科学难题之一。

国际 GRAIL 月球卫星重力测量计划的成功实施对我国既存在机遇又不乏挑战，机遇是指我国应尽快汲取国外长期积累的月球卫星重力测量的成功经验，积极推动我国下一代月球卫星重力测量工程的实施，加快我国研制月球重力卫星的步伐，通过月球卫星重力测量工程的实现带动相关领域的发展；挑战是指我国对星载仪器的研制、观测手段的研究和观测数据的处理尚处于起步和跟踪阶段，而且对于月球重力场反演方法以及观测结果物理解释的基础相对薄弱。

GRAIL 月球重力探测双星计划采用卫星跟踪卫星低低模式（SST - LL）。其优点为：①由于以差分原理测定低轨月球重力双星之间的相互运动，因此获得的月球重力场精度比卫星跟踪卫星高低（SST－HL）观测模式至少高一个数量级；②对中长波月球重力场的探测精度较高，技术要求相对较低且容易实现；③可借鉴地球重力双星GRACE整体系统的成功经验。其缺点为：①由于GRAIL采用了差分技术，在差分掉双星间共同误差的同时，也抵消掉了部分月球重力场信号，导致信噪比下降，因此GRAIL对月球重力场长波信号的敏感度较低；②由于GRAIL采用SST－LL跟踪观测模式，因此对定轨精度的要求相对较高以及对月球重力场中高频信号的敏感性较低。

基于GRAIL月球重力双星计划的不足之处，建议我国下一代月球卫星重力测量工程可采用冷原子干涉原理的卫星重力梯度计划。其优点为：①冷原子干涉重力梯度仪对中高频月球重力场的探测精度较高，月球重力场测定速度快、代价低和效益高；②由于卫星重力梯度技术主要敏感于月球引力位的2阶张量，因此对定轨精度的要求相对较低；③可高精度探测远月面处的月球重力场信号，而且可借鉴地球重力梯度卫星GOCE[50]整体系统的成功经验。其缺点为：由于采用了卫星重力梯度技术，因此对月球重力场中长波信号的敏感度相对较低，但可通过GRAIL月球重力探测双星计划的高精度中长波月球重力场数据弥补其不足。综上所述，我国下一代月球卫星重力测量工程采用具有中国特色的冷原子干涉原理的卫星重力梯度观测模式较优。

3.4.2 重要意义

1. 国际地位

航天领域的迅猛发展是国家综合实力和科技水平日益提高的重要标志之一。我国下一代月球卫星重力梯度测量工程是一项多学科领域和高科学技术集成的系统航天战略工程，不仅有利于促进我国的深空测控通信、大推力运载火箭等新技术的迅猛开发和研制，同时可有效带动遥感、信息、新能源、新材料等高技术的跨越式发展。我国下一代月球卫星重力梯度测量工程较人造卫星和载人航天具有更强的科学性和吸引力，对于提高我国的国际影响力，增强民族凝聚力，振奋民族精神，尽早实现“载人登月”，积极开展“深空探测”具有重要的政治意义和应用前景。

2. 科学意义

月球表面蕴藏的丰富矿产资源（氦、硅、铁、铝、镁、钙、氧等）是对地球资源的重要补充和储备，将对地球人类社会的可持续发展产生积极作用和深远影响。基于我国下一代月球卫星重力梯度测量工程的成功实现，不仅能加深对月球本身的认识进而破解众多月球之谜，而且有利于深化人类对地球、月球、太阳系乃至宇宙的起源和演化的研究。由于月球具有高真空、弱磁场、低重力、无大气等不同于地球的特殊环境，因此不仅是研究天体物理学、重力波物理学、中微子物理学等现代科学的理想实验室，同时有利于生产特殊强度和塑性的合金和钢材以及单晶硅、光衰减率低的光导纤维、高纯度药品等，而且适于建立多功能太空观测站、月球中继站等。

3. 维护和平

随着当前世界航天大国正加紧实施探月计划，如何维护世界和平与中国的空间利益已成为亟待关注的问题。自 1991 年苏联解体后，美国通过不断增加太空探测军费，研制了核动力太空飞船和建立了“天军司令部”，目前正以世界航天大国自居而称霸太空。我国下一代月球卫星重力梯度测量工程的成功实施将逐渐打破“太空战”的威胁，使世界和平得到有力维护。我国只有积极和尽早开展月球卫星重力梯度测量工程，才具有分享和开发月球权益的资格和实力，才能更好地维护世界和我国的合法月球权益。

3.5 本章小结

月球重力探测计划作为世界高科技的重要领域之一，对提升综合国力和推动国民经济具有重要意义。我国下一代月球卫星重力梯度测量工程的成功实施将为我国逐步开展深空探测打下良好基础。基于以上原因，本章开展了国际月球探测计划进展的研究。

（1）详细介绍了在国际第一期探月计划期间（1958—1976 年），苏联“月球”号和“探测器”号以及美国“先驱者”号、“徘徊者”号、“勘测者”号、“月球轨道器”号和“阿波罗”号系列探月计划。

（2）详细介绍了在国际第二期探月计划期间（1990—2020 年），日本“飞天”号和“月亮女神”1号，美国“克莱门汀”号、“月球勘探者”号、“月球勘测轨道飞行器”号、“月球大气与粉尘环境探测器”号，欧洲“智能”1号，中国“嫦娥”1~5号，印度“月船”1、2号系列和以色列“创世纪”号，同时展望了国际未来探月计划。

（3）详细介绍了美国GRAIL月球重力双星计划的总体概述、Ka波段星间测距仪等关键载荷以及科学需求和科学目标。

（4）建议我国下一代月球卫星重力测量工程采用冷原子干涉原理的卫星重力梯度观测模式。另外，从国际地位、科学意义和维护和平方面详细阐述了我国下一代月球卫星重力梯度测量工程的重要意义。

参考文献

[1] Akim E L. Determination of the gravitational field of the Moon from the motion of the artificial lunar satellite Luna - 10 [J]. Cosmic Research, 1966, 4: 712.

[2] Lorell J, Sjogren W L. Lunar gravity: preliminary estimates from lunar orbiter [J]. Science, 1968, 159 (3815): 625 - 627.

[3] Nance R L. Gravity: first measurement on the lunar surface [J]. Science, 1969, 166 (3903): 384 - 385.

[4] Gottlieb P, Muller P M, Sjogren W L, et al. Lunar gravity over large craters from Apollo 12 tracking data [J]. Science, 1970, 168 (3930): 477 - 479.

[5] Nance R L. Gravity measured at the Apollo 14 landing site [J]. Science, 1971, 174 (4013): 1022 - 1023.

[6] Ferrari A J. An empirically derived lunar gravity field [J]. Moon, 1972, 5 (3): 390 - 410.

[7] Ferrari A J. Lunar gravity: the first farside map [J]. Science, 1975, 188 (4195): 1297 - 1300.

[8] Akim E L, Vlasova Z P. Model of the lunar gravitational field, derived from Luna 10, 12, 14, 15 and 22 tracking data [J]. DAN SSSR, 1977, 235: 38 - 41.

[9] Ferrari A J. Lunar gravity: a harmonic analysis [J]. Journal of Geophysical

Research, 1977, 82 (20): 3065 - 3084.

[10] Bills B G, Ferrari A J. A harmonic analysis of lunar gravity [J]. Journal of Geophysical Research, 1980, 85 (B2): 1013 - 1025.

[11] Zuber M T, Smith D E, Lemoine F G, et al. The shape and internal structure of the moon from the Clementine mission [J]. Science, 1994, 266 (5192): 1839 - 1843.

[12] Floberghagen R, Noomen R, Visser P N A M, et al. Global lunar gravity recovery from satellite - to - satellite tracking [J]. Planetary Space Science, 1996, 44 (10): 1081 - 1097.

[13] Lemoine F G R, Smith D E, Zuber M T, et al. A 70th degree lunar gravity model (GLGM - 2) from Clementine and other tracking data [J]. Journal of Geophysical Research, 1997, 102 (E7): 16339 - 16359.

[14] Konopliv A S, Binder A B, Hood L L, et al. Improved gravity field of the Moon from lunar prospector [J]. Science, 1998, 281 (5382): 1476 - 1480.

[15] Floberghagen R, Visser P, Weischede F. Lunar albedo force modeling and its effect on low lunar orbit and gravity field determination [J]. Advanced Space Research, 1999, 23 (4): 733 - 738.

[16] Konopliv A S, Asmar S W, Carranza E, et al. Recent gravity models as a result of the lunar prospector mission [J]. Icarus, 2001, 150 (1): 1 - 18.

[17] 欧阳自远. 我国月球探测的总体科学目标与发展战略 [J]. 地球科学进展, 2004, 19 (3): 351 - 358.

[18] Goossens S, Visser P, Ambrosius B. A method to determine regional lunar gravity fields from earth - based satellite tracking data [J]. Planetary and Space Science, 2005, 53 (13): 1331 - 1340.

[19] Chen J Y, Ning J S, Zhang C Y, et al. On the determination of lunar gravity field in the Chinese first lunar prospector mission [J]. Chinese Journal of Geophysics, 2005, 48 (2): 275 - 281.

[20] 栾恩杰. 中国的探月工程—中国航天第三个里程碑 [J]. 中国工程科学, 2006, 8 (10): 31 - 36.

[21] 李斐，鄢建国，平劲松．月球探测及月球重力场的确定［J］. 地球物理学进展，2006，21（1）：31－37.

[22] 宁津生，罗佳．卫星跟踪卫星应用于月球重力场探测的模拟研究［J］. 航天器工程，2007，16（1）：18－22.

[23] Flechtner F，Neumayer K H，Kusche J，et al. Simulation study for the determination of the lunar gravity field from PRARE－L tracking onboard the German LEO mission［J］. Advances in Space Research，2008，42（8）：1405－1413.

[24] Namiki N，Iwata T，Matsumoto K，et al. Farside gravity field of the Moon from four－way Doppler measurements of SELENE（Kaguya）［J］. Science，2009，323（5916）：900－905.

[25] 郑伟，许厚泽，钟敏，等．基于激光干涉星间测距原理的下一代月球卫星重力测量计划需求论证［J］. 宇航学报，2011，32（4）：922－932.

[26] 郑伟，许厚泽，钟敏，等．月球重力场模型研究进展和我国将来月球卫星重力梯度计划实施［J］. 测绘科学，2012，37（2）：5－9.

[27] Zheng W，Xu H Z，Zhong M，et al. China's first－phase Mars Exploration Program：Yinghuo－1 orbiter［J］. Planetary and Space Science，2013，86：155－159.

[28] 郑伟，许厚泽，钟敏，等．国际火星探测计划进展和中国火星卫星重力测量计划研究［J］. 大地测量与地球动力学，2011，31（3）：51－57.

[29] 郑伟，许厚泽，钟敏，等．“萤火”1 号火星探测计划进展和 Mars－SST 火星卫星重力测量计划研究［J］. 测绘科学，2012，37（2）：44－48.

[30] Hoffman T L. GRAIL：Gravity Mapping the Moon［C］. Proceedings of the 2009 IEEE Aerospace Conference，Big Sky，MT，USA，March 7－14，2009.

[31] Zuber M T，Smith D E，Watkins M M，et al. The Gravity Recovery And Interior Laboratory（GRAIL）Mission［C］. LEAG（Lunar Exploration Analysis Group）Briefing，Lunar Science Forum，NASA/ARC，Mountain View，CA，USA，July 23，2009.

[32] Hoffman T L，Bell C E，Price H W. Systematic reliability improvements on the

GRAIL project [C]. Proceedings of the 2010 IEEE Aerospace Conference, Big Sky, MT, USA, March 6 – 13, 2010.

[33] Zuber M T, Smith D E, Asmar S W, et al. Mission status and future prospects for improving understanding of the internal structure and thermal evolution of the Moon from the Gravity Recovery And Interior Laboratory (GRAIL) mission [C]. 42nd Lunar and Planetary Science Conference. March 7 – 11, 2011.

[34] Zheng W, Lu X L, Xu H Z, et al. Simulation of Earth's gravitational field recovery from GRACE using the energy balance approach [J]. Progress in Natural Science, 2005, 15 (7): 596 – 601.

[35] Zheng W, Shao C G, Luo J, et al. Numerical simulation of Earth's gravitational field recovery from SST based on the energy conservation principle [J]. Chinese Journal of Geophysics, 2006, 49 (3): 712 – 717.

[36] Zheng W, Shao C G, Luo J, et al. Improving the accuracy of GRACE Earth's gravitational field using the combination of different inclinations [J]. Progress in Natural Science, 2008, 18 (5): 555 – 561.

[37] Zheng W, Xu H Z, Zhong M, et al. Efficient and rapid estimation of the accuracy of GRACE global gravitational field using the semi – analytical method [J]. Chinese Journal of Geophysics, 2008, 51 (6): 1704 – 1710.

[38] Zheng W, Xu H Z, Zhong M, et al. Physical explanation on designing three axes as different resolution indexes from GRACE satellite – borne accelerometer [J]. Chinese Physics Letters, 2008, 25 (12): 4482 – 4485.

[39] Zheng W, Xu H Z, Zhong M, et al. Physical explanation of influence of twin and three satellites formation mode on the accuracy of Earth's gravitational field [J]. Chinese Physics Letters, 2009, 26 (2): 029101 – 1 – 029101 – 4.

[40] Zheng W, Xu H Z, Zhong M, et al. Influence of the adjusted accuracy of center of mass between GRACE satellite and SuperSTAR accelerometer on the accuracy of Earth's gravitational field [J]. Chinese Journal of Geophysics, 2009, 52 (6): 1465 – 1473.

[41] Zheng W, Xu H Z, Zhong M, et al. Effective processing of measured data from

GRACE key payloads and accurate determination of Earth's gravitational field [J]. Chinese Journal of Geophysics, 2009, 52 (8): 1966 – 1975.

[42] Zheng W, Xu H Z, Zhong M, et al. Demonstration on the optimal design of resolution indexes of high and low sensitive axes from space – borne accelerometer in the satellite – to – satellite tracking model [J]. Chinese Journal of Geophysics, 2009, 52 (11): 2712 – 2720.

[43] Zheng W, Xu H Z, Zhong M, et al. Accurate and rapid error estimation on global gravitational field from current GRACE and future GRACE Follow – On missions [J]. Chinese Physics B, 2009, 18 (8): 3597 – 3604.

[44] Zheng W, Xu H Z, Zhong M, et al. Efficient and rapid estimation of the accuracy of future GRACE Follow – On Earth's gravitational field using the analytic method [J]. Chinese Journal of Geophysics, 2010, 53 (4): 796 – 806.

[45] Zheng W, Xu H Z, Zhong M, et al. Accurate and fast measurement of GRACE Earth's gravitational field using the intersatellite range – acceleration method [J]. Progress in Geophysics, 2011, 26 (2): 416 – 423.

[46] Zheng W, Xu H Z, Zhong M, et al. Efficient calibration of the non – conservative force data from the space – borne accelerometers of the twin GRACE satellites [J]. Transactions of the Japan Society for Aeronautical and Space Sciences, 2011, 54 (184): 106 – 110.

[47] Zheng W, Xu H Z, Zhong M, et al. Efficient accuracy improvement of GRACE global gravitational field recovery using a new inter – satellite range interpolation method [J]. Journal of Geodynamics, 2012, 53: 1 – 7.

[48] Zheng W, Xu H Z, Zhong M, et al. Precise recovery of the Earth's gravitational field with GRACE: Intersatellite Range – Rate Interpolation Approach [J]. IEEE Geoscience and Remote Sensing Letters, 2012, 9 (3): 422 – 426.

[49] Zheng W, Xu H Z, Zhong M, et al. Impacts of interpolation formula, correlation coefficient and sampling interval on the accuracy of GRACE Follow – On intersatellite range – acceleration [J]. Chinese Journal of Geophysics, 2012,

55 (3): 822 - 832.

[50] Zheng W, Xu H Z, Zhong M, et al. Accurate and rapid determination of GOCE Earth's gravitational field using time - space - wise approach associated with Kaula regularization [J]. Chinese Journal of Geophysics, 2011, 54 (1): 240 - 249.

第 4 章
月球重力场模型研究进展及展望

本章结合国际探月进程，为满足我国探月工程对高精度月球重力场模型的需求，介绍了月球重力场模型的研究进展及展望。①综述了自人类开始探月以来所有和月球重力相关的探月卫星以及相关的月球重力场反演模型；②依据探月跟踪模式将探月历程分为 3 个阶段，并对每个阶段跟踪模式的工作原理进行详细介绍并以示意图的形式呈现；③针对当前比较常用的重力场反演方法进行了相关介绍；④对各个探月阶段具有代表性的重力场模型进行介绍，主要包括 8×4 重力场模型、Lun60D、LP165P、SGM100i 和 GL0420，并进行了精度对比，发现最新一代模型精度比之前提高了 4 个数量级，但是在细节处仍有待进一步优化；⑤介绍了本团队在月球重力探索方向研究进展以及月球重力场模型在探究月球内部构造和卫星定轨方面的应用；⑥结合现代技术以及目前重力场反演的不足，提出将来可以改进的方案，包括改进反演算法、应用重力梯度仪和获取月球表面真实重力数据。

4.1 研究概述

随着各国卫星技术的发展，人类的探测已经不再受限于地球，目前国际上深空探测正在如火如荼地开展。从地球迈向深空，一定要走好踏上月球的这一步，因为月球是地球上空唯一的天然卫星。第一个月球探测器由苏联于 1959 年发射，到 2020 年为止，国际上共发射了 100 多个探测器，其中有 60 多个探测器发射成功。目前主要有 6 个国家的研究机构在从事与月球相关的研究工作[1]。对月球探索最重要的就是要获取月球高精度的全球重力场模型[2-7]。同探究地球重力场类似，研究月球重力场可以帮助人类了解月球外部特征、内部构造及其演化过程，进而为地球演变过程和人类起源研究提供参考。月球重力场也为确定月球大地参考框架、卫星精密定轨提供了基础保障。研究表明，“阿波罗”16号飞船撞击月球表面就是由于对月球重力场信息了解具有偏差所导致，可见月球重力场研究至关重要。

1966年，国际研究机构着手开展月球重力场反演研究。由于早期“月球轨道”号和“阿波罗”号探月任务的成功，1968年，Muller和Sjogren利用美国“月球轨道”5号的多普勒跟踪数据发现了月球正面的质量瘤，Lorell和Sjogren发布了球谐系数展开为8×4阶的月球重力场模型[8]；1980年，Bills等反演了球谐展开为13×13阶的月球重力场模型[9]，此模型一直使用了13年；1993年，Konopliv等反演了球谐展开为60阶次的月球重力场模型，此模型是当时最具代表性的月球重力场模型[10]。由于1994年美国发射了“克莱门汀”号（Clementine），1998年发射了“月球勘探者”号（Lunar Prospector，LP），因此获取了精度更高、覆盖面更广的重力数据，为月球重力场模型精确反演提供了支撑。1994年，Zuber等结合“克莱门汀”数据和历史探测器数据反演了GLGM-1月球重力场模型[11]，球谐展开为70阶；1997年，Lemoine等反演了球谐展开为70阶次的GLGM-2月球重力场模型[12]；Konopliv等于1998年反演了球谐展开为75阶次的LP75D月球重力场模型[13]、1999年提出了球谐展开为100阶次的LP100J/K月球重力场模型[14]、2001年又发布了165阶次的LP165P月球重力场模型[15]；2007年，日本的“月亮女神”号（SELENE）第一次成功获得了远月面的重力数据；2009年，Namiki等反演了90阶次的SGM90d月球重力场模型[16]；2010年，Matsumoto等反演了100阶次的SGM100h月球重力场模型[17]；2011年，Goossens等反演了100阶次的SGM100i和150阶次的SGM150j月球重力场模型[18]。2011年，美国发射了第一颗月球重力卫星——“圣杯”号（Gravity Recovery And Interior Laboratory，GRAIL），此卫星借鉴了地球重力场恢复及气候探测计划（Gravity Recovery And Climate Experiment，GRACE）卫星的模式，彻底改变了月球重力场模型反演的历史，构建了一系列高精度月球重力场模型，包括：2013年Zuber等建立的GL0420A模型[19]和Konopliv等建立的GL0660B模型[20]；2014 年 Lemoine 等建立的 GL0900C 模型[21]、Konopliv 等建立的 GL0900D 模型[22]；2016 年 Goossens 等建立的 GRGM1200A 模型[23]和 JPL 发布的 GL1500E 模型。德国 GRAZL 使用 GRAIL 数据在 2014—2019 年间连续发布了 GrazlGM200a、GrazlGM300a、GrazlGM300b、GrazlGM300c、GrazlGM300cx、GrazlGM420a 和 GrazlGM420b 月球重力场模型[24-29]。

为了跟上国际深空探索的步伐，2004 年，我国探月工程正式命名为“嫦娥”工程，并分为“绕”“落”“回”3 个阶段进行[30-33]；2007 年“嫦娥”1 号成功发射；2013 年“嫦娥”3 号成功发射并分别完成了第一、第二阶段目标；2018 年“嫦娥”4 号已经成功发射；2020 年“嫦娥”5 号成功发射，将实现我国探月进程的第三阶段目标。目前天空海一体化导航与探测研究团队正积极探索反演高精度月球重力场模型的理论、方法和关键技术，以期为我国探月工程提供支撑。

4.2 月球重力场模型研究进展

月球探测卫星的发展决定着月球重力场模型反演的进展，要探究月球重力场模型的研究进展需结合历史上各国探月卫星的发射任务。

4.2.1 历史上探月卫星发射

历史上探月工程共分为 4 个阶段：第一阶段是 1959—1972 年，这个阶段是月球探测的高峰期，当时两个探月大国——美国和苏联发射了约 45 个月球探测器；第二阶段是 1993—1998 年，这个阶段为了探测月球重力场美国发射了一个低高度、圆形极轨道飞行器 LP；第三阶段是 2007 年，这个阶段为了获取远月面的重力场特征，日本发射了“月亮女神”号，第一次获得远月面重力探测数据；第四阶段是 2012—2014 年，这个阶段美国于 2011 年发射了对月球重力场反演具有跨时代意义的 GRAIL，获取了全球覆盖的高精度 Ka 波段数据。表 4.1 显示了国际上对月球重力场反演具有重要意义的探月发展史。

表 4.1 探月卫星发展史

探月飞行器	国家	任务起止	备注
Lunar Orbiter 1	美国	1966 年 8 月 10 日起 1966 年 10 月 29 日止	第一个绕月飞行的美国航天器，目的是拍摄月表平坦区，配备了收集月球地质、辐射强度及微流星体撞击数据的设备
Lunar Orbiter 2	美国	1966 年 11 月 6 日起 1967 年 10 月 11 日止	为获取新的月球引力数据，探测器轨道倾角调整为 17.5°
Lunar Orbiter 3	美国	1967 年 2 月 5 日起 1967 年 10 月 9 日止	月球摄影 月面测量
Lunar Orbiter 4	美国	1967 年 5 月 4 日起 1967 年 7 月 17 日止	月球摄影 月面测量
Lunar Orbiter 5	美国	1967 年 8 月 1 日起 1968 年 1 月 31 日止	月球摄影 月面测量
Apollo 8 号	美国	1968 年 12 月 21 日起 1968 年 12 月 27 日止	人类第一次离开近地轨道，并实现绕月球飞行
Apollo 10 号	美国	1969 年 5 月 18 日起 1969 年 5 月 26 日止	首次进行登月舱测试获取彩色影像
Apollo 11 号	美国	1969 年 7 月 16 日起 1969 年 7 月 24 日止	人类首次踏上月球
Apollo 12 号	美国	1969 年 11 月 19 日起 1969 年 11 月 24 日止	第二次载人登月
Apollo 14 号	美国	1971 年 1 月 31 日起	载人登月
Apollo 15 号	美国	1971 年 7 月 26 日起 1971 年 8 月 7 日止	载人登月
Apollo 16 号	美国	1972 年 4 月 16 日起 1972 年 4 月 27 日止	载人登月
Apollo 17 号	美国	1972 年 12 月 11 日起 1972 年 12 月 19 日止	人类历史上第六次成功登月的任务
“克莱门汀”号	美国	1994 年 1 月 25 日起 1994 年 5 月 7 日止	分两阶段进行月球表面测绘进行重力测量
“月球勘探者”号	美国	1998 年 1 月 7 日起 1999 年 7 月 31 日止	携带多普勒重力实验仪；是第一个执行绘制月球极区和低纬度区域重力场的任务

续表

探月飞行器	国家	任务起止	备注
“月亮女神”号	日本	2007 年 10 月 4 日起 2009 年 6 月 11 日止	第一次获得远月面数据
“嫦娥”1 号	中国	2007 年 10 月 24 日起 2009 年 3 月 1 日止	中国第一颗绕月卫星
“嫦娥”2 号	中国	2010 年 10 月 1 日起 2011 年 6 月 9 日止	中国第二颗绕月卫星
GRAIL	美国	2011 年 9 月 10 日起 2012 年 12 月 17 日止	获取高精度全球数据
“嫦娥”3 号	中国	2013 年 12 月 2 日起 2016 年 7 月 31 日止	中国第一颗成功软着陆月球卫星
“嫦娥”4 号	中国	2018 年 12 月 8 日起	中国第二颗成功软着陆月球卫星
“嫦娥”5 号	中国	2020 年 11 月 24 日起 2020 年 12 月 17 日止	中国第一颗成功采样返回卫星

4.2.2　月球重力场模型的进展

自开始反演月球重力场模型以来，国际上所有重要的月球重力场模型如表 4.2 所示。

表 4.2　月球重力场模型研究历程[8-31,34-42]

模型名称	研究单位	时间/年	最高阶次	数据来源
8×4	美国喷气推进实验室	1968	8	Lunar Orbiter 1~5
15×8	美国喷气推进实验室	1971	15	Lunar Orbiter 1~5
13×13	兰利研究中心	1972	13	Lunar Orbiter 1~5
4×4	美国喷气推进实验室	1972	4	Lunar Orbiter 1~5; Apollo 8、10~15
16×16	美国喷气推进实验室	1980	16	Lunar Orbiter 1~5; Apollo 8、12、15、16; LLR
Lun60D	美国喷气推进实验室	1993	60	Lunar Orbiter 1~5
GLGM-1	戈达德太空飞行中心	1994	70	Lunar Orbiter 1~5; Apollo 15; Clementine

续表

模型名称	研究单位	时间/年	最高阶次	数据来源
GLGM-2	戈达德太空飞行中心	1997	70	Lunar Orbiter 1~5；Apollo 15、16；Clementine
LP75D/G	美国喷气推进实验室	1998	75	LP
LP100J/K	美国喷气推进实验室	1999	100	LP
LP165P	美国喷气推进实验室	2001	165	LP
SGM90d	九州大学；日本宇宙航空研究开发机构；日本国立天文台；东京大学	2009	90	SELENE（前5个月）
CEGM-01	武汉大学；中国科学院上海天文台；北京航天指挥控制中心	2010	50	Chang'E-1
SGM100h	日本国立天文台	2010	100	SELENE
GLGM-3	戈达德太空飞行中心；麻省理工学院	2010	150	Clementine；LP；Apollo；Lunar Orbiter 1~5
SGM100i	日本国立天文台；日本宇宙航空研究开发机构；中国科学院上海天文台	2011	100	SELENE
SGM150j	日本国立天文台	2011	150	SELENE；LP
CEGM-02	武汉大学；日本国立天文台；中国科学院上海天文台	2012	100	Chang'E-1；SELENE
GL0420A	美国喷气推进实验室；麻省理工学院	2012	420	GRAIL（PM）
GL0660B	美国喷气推进实验室；麻省理工学院	2013	660	GRAIL（PM）
GL0900C	美国喷气推进实验室；麻省理工学院	2014	900	GRAIL（PM和EM）
GL0900D	美国喷气推进实验室；麻省理工学院	2014	900	GRAIL（PM和EM）
GRGM660PRIM	戈达德太空飞行中心；麻省理工学院	2013	660	GRAIL（PM）

续表

模型名称	研究单位	时间/年	最高阶次	数据来源
GRGM900C	戈达德太空飞行中心；麻省理工学院	2014	900	GRAIL（PM 和 EM）
GRGM1200A	戈达德太空飞行中心；麻省理工学院	2016	1 200	GRAIL（PM 和 EM）
GrazLGM200a	格拉茨工业大学；格拉茨空间研究机构	2014	200	GRAIL（PM）
GrazLGM300a	格拉茨工业大学；格拉茨空间研究机构	2015	300	GRAIL（PM）
GrazLGM300b	格拉茨工业大学；格拉茨空间研究机构	2015	300	GRAIL（PM）
AIUB - GRL200A/B	孟加拉国美国国际大学	2015	200	GRAIL（PM）
GrazLGM300c	格拉茨工业大学；格拉茨空间研究机构	2016	300	GRAIL（PM）
GrazLGM300cx	格拉茨工业大学；格拉茨空间研究机构	2016	300	GRAIL（PM 和 EM）
GL1500E	美国喷气推进实验室	2016	1 500	GRAIL（PM 和 EM）
GrazLGM420a	格拉茨工业大学；格拉茨空间研究机构	2017	420	GRAIL（PM 和 EM）
GrazLGM420b	格拉茨工业大学；格拉茨空间研究机构	2019	420	GRAIL（PM 和 EM）
GRGM1200B	马里兰大学；戈达德太空飞行中心	2019	1 200	GRAIL（PM 和 EM）

4.2.3　卫星跟踪技术的发展

自 1966 年对月球重力场开始研究以来，卫星跟踪技术始终在不断发展、进步和创新，月球重力场模型也跟随其发展在空间分辨率上具有较大提升[43-44]。如表 4.3 所示，结合卫星跟踪技术的发展，月球重力场探测共分为 3 个阶段：第一阶段为 1959—1998 年，主要探月卫星为美国的 Lunar Orbiter 1 ~ 5 号、“阿波罗”系列号、1993 年发射的 Clementine 和 1998 年发射的 LP，跟踪模式为地 - 卫模式；第二阶段为 2007 年，主要探月卫星为日本发射的 SELENE，跟踪模式为卫星跟踪卫星高低跟踪模式；第三阶段为 2011 年，主要探月卫星为美国发射的 GRAIL，跟踪模式为卫星跟踪卫星低低跟踪模式。

表 4.3 空间跟踪技术的发展

时期	模式	代表重力场	说明
第一阶段（1959—1998）	地 - 卫跟踪	LP165P	低阶重力场模型
第二阶段（2007）	卫 - 卫高低	SGM150j	全球重力场模型
第三阶段（2011）	卫 - 卫低低	GL1500E	高精度全球重力场模型

1. 地球跟踪卫星地 - 卫跟踪模式

地 - 卫跟踪模式又叫地球卫星跟踪模式，是指通过地球观测站跟踪观测绕月飞行的卫星以获取与月球相关信息的模式。这种跟踪模式根据是否发射无线信号、信号发射站和接收站是否为同一个站分为单程、双程和三程多普勒跟踪模式[45-46]。

如图 4.1 所示，单程多普勒跟踪模式是指地球上只有接收站而没有发射站，发射站是绕月卫星，能发射电磁波信号并由地面站接收。这是一种开环跟踪模式。

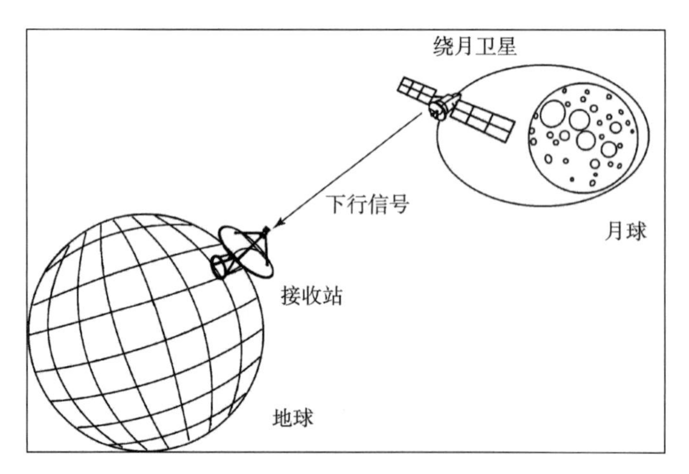

图 4.1 单程多普勒跟踪模式

如图 4.2 所示，双程多普勒跟踪模式是指在地球上既有发射站又有接收站，并且这两个站为同一个站，统称为地面站。地面站通过发射无线电信号给绕月卫星，绕月卫星跟踪到上行信号并产生一个下行信号，再发射给地球，并由同一个地面站跟踪到此信号。这是一种闭环跟踪模式。

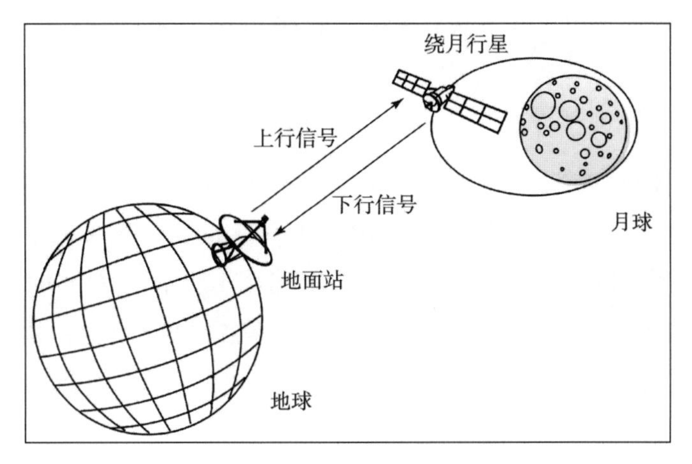

图 4.2　双程多普勒跟踪模式

如图 4.3 所示，三程多普勒跟踪模式和双程多普勒跟踪模式类似，同样是从地面站发射信号，然后由绕月卫星跟踪到地面站发射的信号，再由卫星向地面站发射信号，与双程模式不同的是，绕月卫星跟踪到上行信号并产生的下行信号是同时由两个不同地面站接收到。这是一种开环跟踪模式。

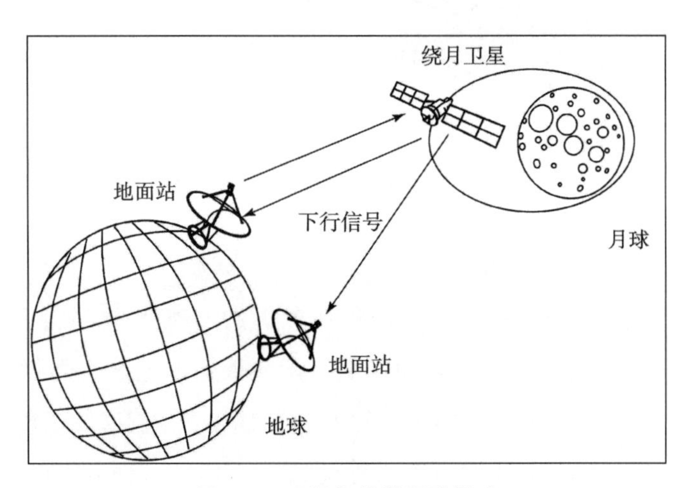

图 4.3　三程多普勒跟踪模式

2. 卫星跟踪卫星高低模式

由于月球的公转周期和自转周期相同，从地球观测月球只能看到月球的近月面，不能看到远月面，地 - 卫跟踪模式的发展并不能获取到远月面的重力数据，所以在反演月球重力场模型的过程中只能通过 Kaula 约束进行反演，得到的全球重力场模型精确度不高。为了获取高精度重力场模型，必须获取远月面的重力数据，因此卫 - 卫高低跟踪模式应运而生，即利用高轨道卫星跟踪低轨道卫星模式。最具代表性的就是日本于 2007 年 9 月 14 日发射的 SELENE，任务中包含一个主卫星和两个中继小卫星 Vstar 和 Rstar，主卫星的运行轨道是距月面 100 km 的极圆轨道，Rstar 的近月点和远月点分别为 100 km 和 2 400 km，Vstar 的近月点和远月点分别为 100 km 和 800 km[47-48]。如图 4.4 所示，臼田站、Rstar 和主卫星间构成四程多普勒跟踪，又叫卫星跟踪卫星高低跟踪模式；臼田站和 Vstar 构成了双程多普勒跟踪。

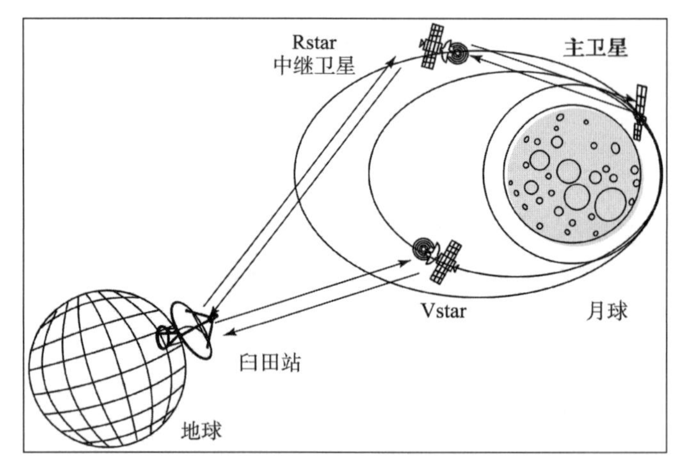

图 4.4　卫星跟踪卫星高低跟踪模式

3. 卫星跟踪卫星低低模式

由于月球不像地球那样，上空具有全覆盖的 GPS 高轨道卫星，且日本的“月亮女神”号任务获得的月球背面数据有限，再加上地球重力卫星 GRACE 任务效果显著，所以美国于 2011 年 9 月发射了 GRAIL 探测卫星，GRAIL 跟踪模式借鉴了 GRACE 的卫星跟踪卫星低低跟踪模式[49]。GRAIL 任务中包含两颗低轨道卫星，分别为 GRAIL - A（又称 Ebb）和 GRAIL - B（又称 Flow），通过星间 LGRS 测量系统获取了全球高精度的 Ka 波段测量数据，这些数据中蕴含了大量月球重力场信息，部分研究机构和人员对这些数据进行信息提取，已经反演出 1 500 阶次全球重力场模型。GRAIL 任务的在轨运行如图 4.5 所示。

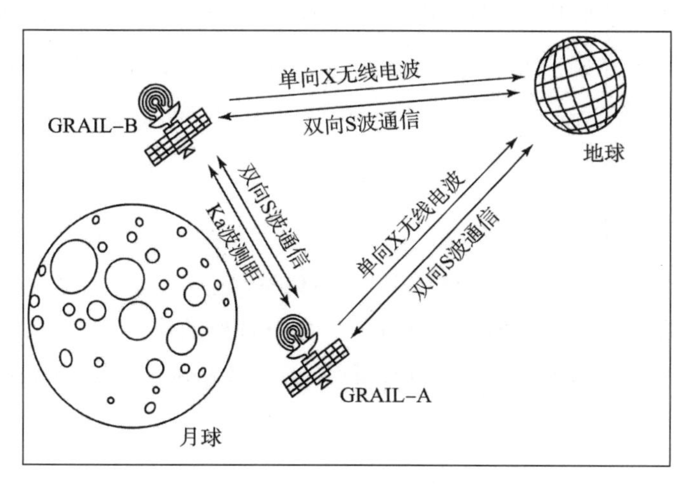

图 4.5　卫星跟踪卫星低低跟踪模式

4.3　月球重力场模型反演方法

随着探月卫星跟踪技术以及高性能计算机技术的快速发展，月球重力场模型反演方法也有了较大提高，目前主要月球重力场反演方法与地球重力反演方法类似：①基于经典位理论的“空域法”；②将卫星观测数据按照时间序列处理的“时域法”。空域法主要包括准解析法、最小二乘配置法等。优点是计算简单；缺点是进行了大量近似计算，精度不高，适用于计算机技术发展较低的时期。时域法主要包括动力学法、能量守恒法、短弧积分法、解析法和半解析法以及星间距离/星间速度插值法等。优点是不进行近似运算，计算精度高；缺点是计算量大且复杂。但是目前计算机处理技术已能满足计算需求，故目前最常用的反演算法为时域法。本章主要介绍了常用的月球重力场模型反演方法，包括短弧积分法和天体力学法。

4.3.1　短弧积分法

短弧积分法的基础是牛顿运动方程，是在惯性空间中将牛顿运动方程重新变形，并形成求解边界值问题形式的方法。1968 年，Schneider 提出短弧积分法并应用于卫星定轨；1969 年，Reigber 将短弧积分法应用于重力场反演；2005 年，

Mayer 将短弧积分法应用于 CHAMP 数据并反演出 ITG－CHAMP01 地球重力场模型，于 2006 年和 2010 年应用于 GRACE 数据并反演了 ITG－GRACE01S 和 ITG－GRACE03 地球重力场模型[23,50-52]。式（4.1）至式（4.8）详细推导过程见文献[52]。

牛顿运动方程为

$$\ddot{r}(t) = f(t;r,\dot{r};x;b) \tag{4.1}$$

式中，r 为绕月卫星在深空控制网（DSN）中 t 时刻的位置；$\ddot{r}$ 为在 t 时刻的加速度；f 为作用在绕月卫星上的力函数；x 为重力场参数；b 为与绕月轨道相关的参数。

变形为求解边界值的形式，即

$$r(\tau) = (1-\tau)r_{\mathrm{A}} + \tau r_{\mathrm{B}} - T^2\int_0^1 K(\tau,\tau')f(t;r,\dot{r};x;b)\,\mathrm{d}\tau' \tag{4.2}$$

式中，τ 为归一化时间变量；r_{A} 为弧段的起点位置；r_{B} 为弧段的终点位置；K 为积分核函数。

边界值为

$$\begin{cases} r_{\mathrm{A}} = r(t_{\mathrm{A}}) \\ r_{\mathrm{B}} = r(t_{\mathrm{B}}) \end{cases} \tag{4.3}$$

式中，t_{A} 为起点时刻；t_{B} 为终点时刻。

归一化时间变量 τ，即

$$\tau = \frac{t-t_{\mathrm{A}}}{T};T = t_{\mathrm{B}} - t_{\mathrm{A}};t \in [t_{\mathrm{A}},t_{\mathrm{B}}] \tag{4.4}$$

式中，T 为时间段。

积分核 K，即

$$K(\tau,\tau') = \begin{cases} \tau(1-\tau'),\tau < \tau' \\ \tau'(1-\tau),\tau > \tau' \end{cases} \tag{4.5}$$

对式（4.1）进行泰勒展开，得

$$\begin{aligned} f(t;r,r';x;b) = {} & f_{\mathrm{s}}(t;r,r';b^0) + f_{\Delta\mathrm{s}}(t;r,r';\Delta b) + \\ & f_{\mathrm{E}}(t;r,r';x^0) + f_{\Delta\mathrm{E}}(t;r,r';\Delta x) \end{aligned} \tag{4.6}$$

式中，b^0 为参考轨道参数；Δb 为参考轨道参数校正量；x^0 为参考月球重力场参数；Δx 为参考重力场参数校正量。

将式（4.6）代入式（4.2），得

$$\begin{aligned} r(\tau) = (1-\tau) r_{A} + \tau r_{B} &- T^{2}\int_{0}^{1} K(\tau,\tau') f_{s}(t; r, r'; b^{0})\,d\tau' \\ &- T^{2}\int_{0}^{1} K(\tau,\tau') f_{\Delta s}(t; r, r'; \Delta b)\,d\tau' \\ &- T^{2}\int_{0}^{1} K(\tau,\tau') f_{E}(t; r, r'; x^{0})\,d\tau' \\ &- T^{2}\int_{0}^{1} K(\tau,\tau') f_{\Delta E}(t; r, r'; \Delta x)\,d\tau' \end{aligned} \tag{4.7}$$

当参考值 x_0、b_0 和估计值 Δx、Δb 已知后，就可得到真实值，即

$$\begin{cases} \widehat{x} = x_0 + \Delta x \\ \widehat{b} = b_0 + \Delta b \end{cases} \tag{4.8}$$

式中，$\widehat{x}$ 为重力场修正后的真实值；$\widehat{b}$ 为轨道修正后的真实值。

Mayer 对短弧积分法发展起到了较大作用，不仅将短弧积分法应用到地球重力场反演，还将其应用到月球重力场反演。至今为止，短弧积分法成功应用到月球重力场反演历程如表 4.4 所示。

表 4.4　基于短弧积分法反演的月球重力场模型

重力场模型	研究单位	年份/年	最高阶次/阶	数据	说明
GrazLGM200a	TU Graz；IWF	2014	200	GRAIL（PM）	GRAZL 项目中利用 GRAIL 的 PM 真实数据反演的第一个重力场模型
GrazLGM300a	TU Graz；IWF	2015	300	GRAIL（PM）	改进了建模和参数
GrazLGM300b	TU Graz；IWF	2015	300	GRAIL（PM）	精细计算
GrazLGM300c	TU Graz；IWF	2016	300	GRAIL（PM）	精细计算
GrazLGM350c	TU Graz；IWF	2016	350	GRAIL（PM 和 EM）	GRAZL 项目中利用 GRAIL 的 PM 和 EM 真实数据反演的第一个重力场模型
GrazLGM300cx	TU Graz；IWF	2016	300	GRAIL（PM 和 EM）	短波段分辨率提高

续表

重力场模型	研究单位	年份/年	最高阶次/阶	数据	说明
GrazLGM420a	TU Graz；IWF	2017	420	GRAIL（PM）	GRAZL 任务中首次求解独立月球重力场
GrazLGM420b	TU Graz；IWF	2019	420	GRAIL（PM）	第一个完全独立的 GRAZL 月球重力场模型

注：表中 TU Graz 和 IWF 分别表示格拉茨工业大学和格拉茨空间研究机构；PM 和 EM 分别表示主要阶段和拓展阶段。

4.3.2 天体力学法

天体力学法是将重力场反演视为一个拓展的定轨问题，它是一种允许伪随机参数吸收力模型误差的动态方法[42]。对于 GRAIL 卫星来说，在惯性系中的运动方程为[42]

$$r = -GM_{\mathrm{M}}\frac{r}{r^3} + f(t,r,\dot{r},q_1,\cdots,q_d) \tag{4.9}$$

式中，G 为重力加速度；M_{M} 为月球质量；r 为探测器到月球中心的位置；$\dot{r}$ 为对 r 的一阶导数；f 为所有扰动加速度（三体加速度、潮汐加速度、非重力加速度、经验加速度和伪随机脉冲）。

式（4.9）是一个二阶微分方程，根据 6 个初始边界条件可求得其中一个特解，在动力学框架中卫星运动被描述为初值问题。初值条件为在 t_0 时刻的 6 个开普勒根数[42]，即

$$\begin{cases} r(t_0) = r(a,e,i,\Omega,\omega,u,t_0) \\ \dot{r}(t_0) = \dot{r}(a,e,i,\Omega,\omega,u,t_0) \end{cases} \tag{4.10}$$

式中，a 为半长轴；e 为偏心率；i 为倾角；Ω 为升交点赤经；ω 为近地点幅角；u 为升交角距；t_0 为时间。

孟加拉国美国国际大学（American International University - Bangladesh，AIUB）基于天体力学法使用 GRAIL 的 PM 数据反演了 AIUB - GRL200A 和 AIUB - GRL200B 两个月球重力场模型[42]。

4.4　月球重力场模型精度对比

本章主要介绍具有代表意义的重力场模型并对其进行精度对比，主要包括 8 ×4 重力场模型、LUN60D、LP165P、SGM100i 和 GL0420A[53-55]。

4.4.1　8 ×4 月球重力场模型

8 ×4 月球重力场模型是开始研究月球重力场的初代产品，在当时已经发射的“月球”号和“月球轨道”系列号探测器的主要任务都不是为了获取月球重力场数据，但是其中多普勒跟踪数据包含了月球重力信息，为反演月球重力场提供了基础数据。第一个 8 ×4 月球重力场模型的提出是 Lorell 等分析处理“月球轨道”系列号数据的初步结果[8]，但是这个模型精度并不太高，和预期精度存在一定差距。通过对这个重力场模型进行分析，可以得到月球质量分布几乎均匀这一结论。这个模型在月球重力场反演进程中具有里程碑意义，它是月球重力场反演的开端，掀起了月球重力场反演的高潮，奠定了月球重力场反演使用球谐展开表示的基础。

4.4.2　月球重力场模型：LUN60D

LUN60D 是 1993 年 Konopliv 等对原有月球重力场数据进行了重新整理和分析后建立的球谐展开达 60 阶次的月球重力场模型，在那个时期代表了较高精度水平[10]。首先这个模型反演所使用的数据为“月球轨道”1 ~5 号任务中的双程和三程多普勒数据（4 号和 5 号为高倾角轨道数据，1 ~3 号为近赤道轨道数据），这个数据集包含了近月面的直接数据和远月面的非直接数据，此月球重力场模型用于帮助“阿波罗”号系列进行精密定轨以及运行燃料估计。

4.4.3　月球重力场模型：LP165P

LP165P 月球重力场模型是 LP 任务下最重要的产物，这个重力场模型是在第二个探月高潮期间最具有代表性的重力场模型[15]。此月球重力场模型反演所用的数据包括之前的月球探索任务和 LP 任务的重力信息数据，其中 LP 任务获取的数据占主要部分。LP 任务首次测量了低极圆轨道上的重力数据，数据精度较高，并且覆盖了整个近月面，但是 LP 任务和其他之前的任务都没有直接测量到月球背面的重力数据，因此远月面重力场细节探测受到了较大限制。通过分析 LP 的数据，很容易发现在远月面存在 Mascons，而且在近月面中可以较容易发现几个新的 Mascons。再者，在 LP 的拓展任务阶段，探测器的飞行高度甚至降低到了距离月面 10 km 处，这使得近月端的重力场反演达到 180 阶次，这也是月球重力场模型得以提高到 165 阶次的重要因素。通过对 LP165P 重力场的分析，有学者发现了很多新的陨石坑，为月球探索和以后的重力场反演精度提高做出了较大贡献。

4.4.4 月球重力场模型：SGM100i

SGM100i 是日本 SELENE 任务构建的月球重力场模型，球谐展开阶数为 100，这个重力场模型是在第三个探月高潮期间具有代表性的重力场模型。模型反演时使用的数据有“月球轨道”系列、“阿波罗”系列、LP、Clementine 和 SELENE，其中 SELENE 数据占主要部分，SELENE 任务数据主要是 2008 年 1 月至 2009 年 2 月期间的同波段 S 波差分 VLBI 数据[38]。正是在定轨时加入了差分 VLBI 数据，轨道精度由原来的几百米提高到几十米，精确轨道也为月球重力场反演精度的提高做出了较大贡献。另外，SELENE 任务和之前所有探月任务均不同的是，它第一次利用三程多普勒跟踪模式探测到了远月面的重力数据，这也为精化月球背面重力场数据提供了较大帮助。SGM100i 是一个加入远月面数据精度较高的全球重力场模型。

4.4.5 月球重力场模型：GL0420A

GL0420A 月球重力场模型具有跨时代意义，因为此模型在精度上有了质的飞跃，较 LP165 模型高 250 阶次，原因是采用了最新 GRAIL 月球重力卫星数据进行反演，使构建的月球重力场模型达 420 阶[19]，GRAIL 反演重力场揭示了以前未发现的特征，包括构造结构、火山地貌、盆地环、火山口中心山峰和许多简单的火山口。从 26 ℃到 148 ℃，超过 98% 的重力特征与地形有关，此结果反映了在高度断裂地壳中陨石坑地形的保存。剩下的 2% 代表未能描绘的地下结构细节。

4.4.6 精度对比

重力场模型频谱信号强度可由位系数阶方差表示，重力场模型计算精度可由误差阶方差表示[56-60]。

位系数阶方差[56]为

$$\sigma_n = \sqrt{\frac{\sum_{m=0}^{n}(\bar{C}_{nm}^2 + \bar{S}_{nm}^2)}{2n+1}} \tag{4.11}$$

误差阶方差[56]为

$$\delta_n = \sqrt{\frac{\sum_{m=0}^{n}(\sigma_{\bar{C}_{nm}}^2 + \sigma_{\bar{S}_{nm}}^2)}{2n+1}} \tag{4.12}$$

其中，$\bar{C}_{nm}$ 和 $\bar{S}_{nm}$ 均为月球重力场模型引力位系数；$\sigma_{\bar{C}_{nm}}$ 和 $\sigma_{\bar{S}_{nm}}$ 为月球重力场模型引力位系数阶方差；n 为阶；m 为次。

Kaula 约束[56]，即

$$K = \frac{2.5 \times 10^{-4}}{n} \tag{4.13}$$

式中，K 为 Kaula 约束值。

通过计算重力场模型 GL0420A、LP165P 和 SGM100i 的位系数阶方差和误差阶方差可得图 4.6 所示的对比图和图 4.7 所示的局部放大图，图中不带 E 表示引力位系数阶方差（如 GL0420A），带有 E 表示误差阶方差（如 GL0420A－E）。

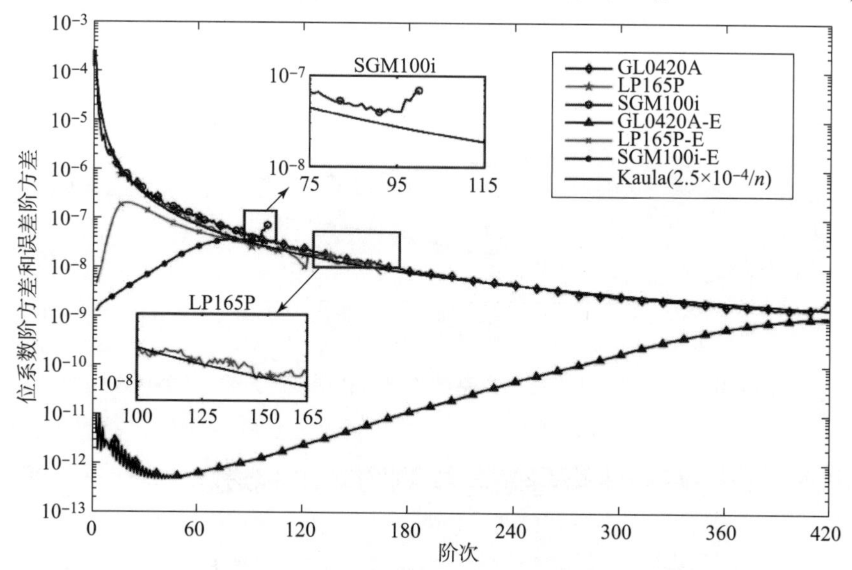

图 4.6　不同月球重力场模型的位系数阶方差和误差阶方差

通过对比发现，模型 GL0420A 和 Kaula 约束全阶次拟合度都较好，但是在 50 ~ 120 阶次发生了轻微偏离。如图 4.6 和图 4.7 所示，模型 SGM100i 在 90 阶次之前和 Kaula 曲线拟合较好，在 90 ~ 100 阶次出现了较大偏离；模型 LP165P 整体拟合性较好，但在 100 ~ 165 阶次出现了较大偏离。模型 SGM100i 的计算精度最高可达 1.2×10^{-9}，平均精度为 1.8×10^{-8}；模型 LP165P 的计算精度最高可达 4.1×10^{-9}，平均精度为 5.0×10^{-8}；模型 GL0420A 计算精度最高可达 4.7×10^{-13}，平均精度为 1.8×10^{-10}。如图 4.8 所示，SGM100i 模型比 LP165P 模型计算精度提高约 1 个数量级，主要原因是由于 SGM100i 的反演使用了月球背面数据；GL0420A 模型反演精度较 SGM100i 模型精度高了 4 个数量级，此为 GRAIL 卫星成功发射并获取全球高精度月球重力场数据的研究成果。

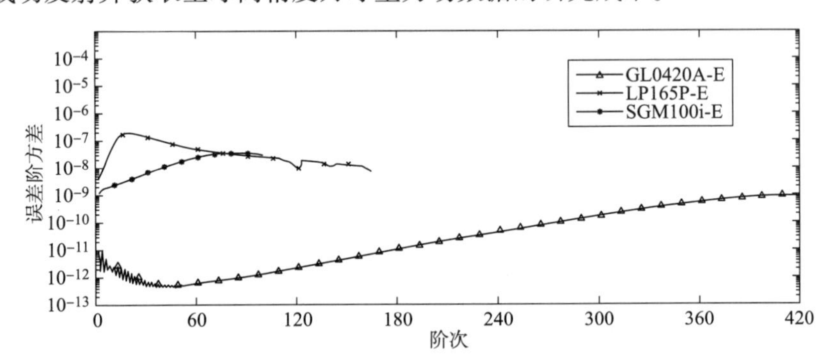

图 4.7 不同月球重力场模型的误差阶方差对比

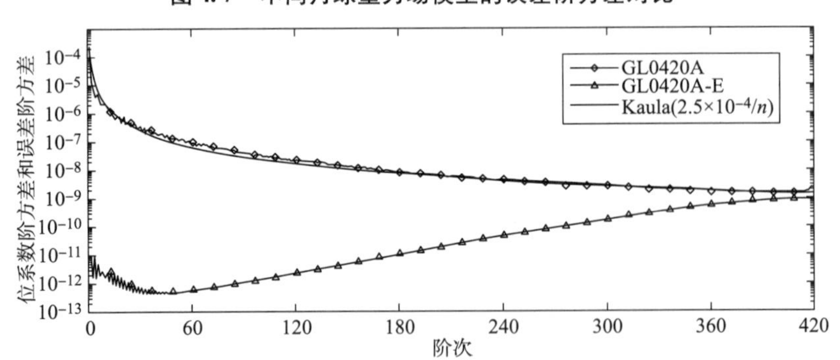

图 4.8 月球重力场模型的位系数阶方差和误差阶方差（GL0420A）

4.5 天空海一体化导航与探测团队研究进展

本研究团队主要从事卫星重力学、卫星测高学、水下导航学、海洋测绘学等方面研究[1,3-4,61-68]。月球卫星重力反演方面的研究进展如下。

（1）基于激光干涉星间测距原理的下一代月球重力卫星测量计划需求论证[65]。借鉴GRACE卫星跟踪模式的成功经验，建议我国未来首期月球重力探测计划中卫星跟踪模式采用卫星跟踪卫星高低/低低结合多普勒和甚长基线干涉测量模式；月球重力卫星轨道高度设计在50～100 km，星间距离控制在（100±50）km；建议我国将仿真技术应用于月球重力探测计划的设计、检验、应用、运行等全过程。

（2）基于国际月球卫星重力计划带来的机遇与挑战提出我国下一代月球重力卫星的实施建议[3]。鉴于当时国外深空探测已较为成熟且美国GRAIL卫星重力计划刚实施，而我国在卫星关键载荷研制、观测技术和观测数据处理正处于起步阶段的现状，提出我国下一代月球重力计划：卫星观测系统采用SST-HL/LL-Doppler-VLBI为最优选择；关键载荷建议采用未来测距发展的主流方向——激光干涉测距仪；卫星轨道高度设计为其他探月卫星的探测盲区50～100 km。

（3）结合国际历史探月计划探讨国际未来探月计划及我国未来月球卫星重力梯度测量工程[1]。通过对国际探月史上一期、二期探月工程以及GRAIL卫星总体概述、关键载荷详细介绍，结合我国深空探测现状，对我国下期探月工程可行性进行论证：建议我国下一代月球重力测量工程采用冷原子干涉测量原理的卫星重力梯度观测模式较优。

（4）结合历史上月球重力场模型发展史及最新探月技术对我国下期月球重力卫星的轨道高度和轨道倾角进行优化设计[4]。详细介绍了国际上月球重力场模型并对SST-HL/LL-Doppler-VLBI和SST-HL/SGG-Doppler-VLBI测量模式的优、缺点进行详细对比，建议我国采用SST-HL/SGG-Doppler-VLBI模式，并针对此模式进行了轨道高度和倾角优化设计，同时建议我国探月卫星轨道高度设计为50～100 km，倾角为近极轨模式。

（5）未来Moon-ILRS卫星重力计划首选设计及误差分析[66]。基于激光干涉测距系统（Interferometric Laser Ranging System，ILRS）的星间距离误差、DNS跟踪卫星轨道位置误差和非保守力误差，构建了新型单一和综合分析误差模型，用于快速估算月球重力场精度。通过分析发现未来Moon-ILRS卫星速度误差为

10^{-8} m/s 时不利于获取高精度月球重力信息，误差为 10^{-10} m/s 时相比于 10^{-9} m/s 时仅提高 1.223 倍。因此，建议未来 Moon - ILRS 卫星速度误差最好控制在 10^{-9} m/s；建议 DSN 跟踪精度设计为 1 m，或高或低都会影响月球重力场反演精度；分析发现 Moon - ILRS 卫星在轨道高度为 25 km、星间距离为 100 km 时，既可避免和 GRAIL 卫星的重复测量又可获取高精度月球重力数据；当采样间隔为 1 s 时，有利于反演月球重力场模型。

（6）基于新一代重力梯度仪技术提出下一代 Moon - Gradiometer 重力测量计划[67]。首先建立了由卫星重力梯度、轨道位置等误差构建的单一和综合解析误差模型，并利用重力梯度和轨道位置之间的累积大地水准面高度误差的符合性验证其具有较高可靠性；通过计算对比可得卫星重力梯度仪的测量精度为 $10^{-12}/s^2$ 较合适。建议 Moon - Gradiometer 计划的最佳观测周期为 28 天、最佳轨道位置误差为 60 m、采样间隔为 1 s。

（7）借鉴 GRACE 地球重力卫星和最新一代 GRAIL 月球重力卫星对下一代月球卫星重力梯度计划 Moon - SGG 进行研究[68]。GRAIL 月球卫星重力计划借鉴了 GRACE 地球卫星重力计划的成功经验，由于 GRAIL 采用的差分技术和跟踪模式导致其对月球重力场长波和中高频信号不敏感，因此提出了 Moon - SGG 月球重力计划：借鉴 GOCE 地球卫星重力计划携带重力梯度仪；采取离心率为 0.001、倾角为 90°和高度为 20 ~ 30 km 的近圆极轨道；设计 Dopper - VLBI/SGG 跟踪模式。基于此模式还建立了卫星重力梯度张量误差和卫星轨道位置误差影响月球重力场反演精度的单独和联合解析误差模型，并通过梯度仪张量误差 $3 \times 10^{-12}/s^2$ 和轨道位置误差 60 m 验证了新型误差模型具有较好的可靠性。

4.6 月球重力场模型的应用及未来展望

4.6.1 月球重力场模型的应用

1. 研究月球内部结构

地球演化一直是各国科学家们研究的热点，而月球又是地球最近的天然卫星，其演化过程和地球具有巨大关联，因此，科学家们也围绕月球演化开展研究。根据对地球演化的研究经验可知，研究月球演化过程需对月球内部构造具有深刻了解，而探寻月球内部构造和月球重力场更是密不可分。自 1966 年开始对月球重力场研究以来，各国学者反演出了一系列月球重力场模型，其精度随着跟踪技术与计算机技术发展具有较大提高，各国学者也因此发现了很多新的撞击盆地和质量瘤以及月球上岩石的构成等[69-74]。因此，对月球内部构造有了越来越深入的了解。

2. 提高卫星定轨精度

随着卫星技术的发展，越来越重要的探月卫星被成功发射，其顺利发射和安全在轨运行至关重要，而绕月卫星在轨运行和月球重力场具有直接影响。自探月以来，月球重力场模型精度正在逐渐提高，导致卫星定轨精度也越来越高，卫星轨道精度提高又有助于摄动获取，为更高精度重力场模型反演提供了数据，两者相辅相成、相互促进。经论证发现，高精度重力场模型已较大程度辅助提高了卫星定轨精度[75]。

4.6.2　月球重力场模型的未来展望

虽然现在行星科学数据系统（Planetary Data System，PDS）网站上公布的月球重力场模型最高已达 1 500 阶次，但是依据地球重力卫星技术的进展可知，月球重力卫星 GRAIL 的技术才达到地球重力卫星的 GRACE 阶段。而且最新地球重力卫星 GOCE 发射又携带了新型探测重力仪器——重力梯度仪还没有应用到月球重力探测卫星上，很多学者通过仿真模拟发现，GOCE 重力卫星的重力梯度仪也适用于月球重力场探测卫星，相应算法也经过很多学者进行了仿真模拟得到了验证，有望在月球重力卫星上应用重力梯度仪技术，将进一步提高月球重力场模型反演精度。

月球重力测量数据来源于地球观测和卫星运动，而并没有实际月面重力测量数据，如今中国“嫦娥”4 号飞船已经能够实现月球背面软着陆，有望在以后的探月飞船上携带专用重力测量设备，直接在月球地面上获取月球重力数据，再和卫星轨道数据结合起来，使月球重力场模型反演精度得到进一步提高。

4.7 本章小结

（1）本章围绕与重力相关的探月卫星进行了综述，又结合探月卫星的发展史及重力数据使用情况，介绍了自 1956 年开始到 2020 年结束的月球重力场模型从最开始的 8 ×4 阶次到现在的 1 500 阶次的整个发展历程。通过对重力场模型发展历程进行阐述发现，重力场模型阶次正在跟随科技的进步快速提高，建议各国学者紧跟科技步伐进一步提高重力场模型的反演阶次和精度。

（2）依据探月卫星跟踪技术的发展过程分为 3 个阶段，分别为地 – 卫跟踪模式阶段、卫 – 卫高低跟踪模式阶段和卫 – 卫低低跟踪模式阶段。其中，地 – 卫跟踪模式根据地面站是否发射信号分为单程多普勒跟踪和多程多普勒跟踪，多程多普勒跟踪根据地面站接收卫星信号是否为同一站分为双程多普勒跟踪和三程多普勒跟踪。通过调查分析发现，在第一阶段中，由于没有获取到远月面重力数据，月球重力场模型最优为 2001 年 Konopliv 等发布的 LP165；在第二阶段中，由于日本 SELENE 探月卫星的发射，通过加入中继卫星 Rstar 和 Vstar 以高低卫星跟踪方式直接获取远月面重力数据，日本国立天文台于 2011 年发布了阶次为 150 的月球重力场模型 SGM150j；第三阶段，2011 年 GRAIL 卫星发射，使用了低低卫星跟踪模式，获取了全球高精度的 Ka 波段星间数据，并于 2016 年在 PDS 官网上公布了阶次达 1 500 的月球重力场模型 GL1500E，这也是迄今为止精度最高的月球重力场模型。但是在月球重力场探测技术中还未应用到重力梯度仪，而且无法获取月面实测重力数据，相信在未来探月工程中加入重力梯度仪，并获取月球重力实测数据，将会更大程度提高月球重力场模型的反演精度。

（3）对月球重力场模型反演方法分类进行了介绍。主要介绍了现在较为常用的短弧积分法和天体力学法的基本原理。通过分析发现这两种反演方法正在通过不断加入各种修正量进行完善，特别是短弧积分法，相信在后期修正量的不断添加会进一步提高月球重力场反演精度。

（4）对各个阶段具有代表性的月球重力场模型进行了介绍和精度对比，主要包括地 – 卫跟踪模式下最具代表性的月球重力场模型 Lun60D 和 LP165P，卫 – 卫高低跟踪模式下的月球重力场模型 SGM100i，卫 – 卫低低跟踪模式下的月球重力场模型 GL0420A，发现 GL0420A 模型比 LP165P 和 SGM100i 的精度高 4 个数量级；SGM100i 模型在 90 ~ 100 阶次以及 LP165P 模型在 130 ~ 165 阶次都发生了较大偏离。通过对比发现，每个跟踪模式的更新所带来的月球重力场模型精度都会相比之前有较大提升，但是局部重力场细节仍需进一步优化。

（5）详细综述了本研究团队在月球重力反演方面的研究进展。

（6）围绕月球重力场在探知月球内部构造和进行卫星定轨这两个方面的应用进行了介绍。高精度月球重力场模型揭示了月球的内部构造，并在月球卫星精密定轨方面起到较大作用。基于月球重力场对未来探索月球的重要性，目前应结合现代科技发展及理论研究进一步获取高精度月球重力场模型。

参考文献

[1] 郑伟，许厚泽，钟敏，等．月球探测计划研究进展［J］. 地球物理学进展，2012，27（6）：2296 – 2307.

[2] 宁津生，罗佳．卫星跟踪卫星应用于月球重力场探测的模拟研究［J］. 航天器工程，2007，16（1）：18 – 22.

[3] 郑伟，许厚泽，钟敏，等．我国下一代月球卫星重力工程［J］. 中国地球物理，2012：695 – 696.

[4] 郑伟，许厚泽，钟敏，等．月球重力场模型研究进展和我国将来月球卫星重力梯度计划实施［J］. 测绘科学，2012，37（2）：5 – 9.

[5] 郑伟，鄢建国，李钊伟．深空卫星重力测量计划研究综述［J］. 深空探测学报，2017，4（1）：3 – 13.

[6] 鄢建国，李斐，平劲松，等．月球重力场模型发展现状及展望［J］. 测绘信息与工程，2010，35（1）：44 – 46.

[7] 李斐，郝卫峰，鄢建国，等．空间跟踪技术的发展对月球重力场模型的改进［J］. 地球物理学报，2016，59（4）：1249 – 1259.

[8] Lorell J，Sjogren W L. Lunar gravity：preliminary estimates from lunar orbiter［J］. Science，1968，159（3815）：625 – 627.

[9] Bills B G，Ferrari A J. A harmonic analysis of lunar gravity［J］. Journal of

Geophysical Research, 1980, 85 (B2): 1013 – 1025.

[10] Konopliv A S, Sjogren W L, Wimberly R N, et al. A high resolution lunar gravity field and predicted orbit behavior [C]. Proceedings of AAS/AIAA Astrodynamics Specialist Conference, Victoria: American Astronautical Society, 1993: 622.

[11] Zuber M T, Smith D E, Lemoine F G, et al. The shape And internal structure of the moon from the Clementine mission [J]. Science, 1994, 266 (5192): 1839 – 1843.

[12] Lemoine F G R, Smith D E, Zuber M T, et al. A 70th degree lunar gravity model (GLGM – 2) from Clementine and other tracking data [J]. Journal of Geophysical Research: Planets, 1997, 102 (E7): 16339 – 16359.

[13] Konopliv A S, Binder A B, Hood L L, et al. Improved gravity field of the moon from lunar prospector [J]. Science, 1998, 281 (5382): 1476 – 1480.

[14] Konopliv A S, Yuan D N. Lunar prospector 100th degree gravity model development [C]. Proceedings of the 30th Annual Lunar and Planetary Science Conference, Houston: Lunar and Planetary Institutes, 1999: 1067.

[15] Konopliv A S, Asmar S W, Carranza E, et al. Recent gravity models as a result of the lunar prospector mission [J]. Icarus, 2001, 150 (1): 1 – 18.

[16] Namiki N, Iwata T, Matsumoto K, et al. Farside gravity field of the moon from four – way Doppler measurements of SELENE (Kaguya) [J]. Science, 2009, 323 (5916): 900 – 905.

[17] Matsumoto K, Goossens S, Ishihara Y, et al. An improved lunar gravity field model from SELENE and historical tracking data: Revealing the farside gravity features [J]. Journal of Geophysical Research, 2010, 115 (E6): 258 – 273.

[18] Goossens S J, Matsumoto K, Kikuchi F, et al. Improved high – resolution lunar gravity field model from SELENE and historical tracking data [C]. Proceedings of the American Geophysical Society Fall Meeting 2011, San Francisco: American Arctic Research Association, 2011: P44B – 05.

[19] Zuber M T, Smith D E, Watkins M M, et al. Gravity field of the moon from the

Gravity Recovery And Interior Laboratory (GRAIL) mission [J]. Science, 2012, 339 (6120): 668 – 671.

[20] Konopliv A S, Park R S, Yuan D, et al. The JPL lunar gravity field to spherical harmonic degree 660 from the GRAIL primary mission [J]. Journal of Geophysical Research: Planets, 2013, 118 (7): 1415 – 1434.

[21] Lemoine F G, Goossens S, Sabaka T J, et al. GRGM900C: A degree 900 lunar gravity model from GRAIL primary and extended mission data [J]. Geophysical Research Letters, 2014, 41 (10): 3382 – 3389.

[22] Konopliv A S, Park R S, Yuan D N, et al. High – resolution lunar gravity fields from the GRAIL primary and extended missions [J]. Geophysical Research Letters, 2014, 41 (5): 1452 – 1458.

[23] Goossens S L F G. A global degree and order 1200 model of the lunar gravity field using GRAIL mission data [C]. Proceedings of the 47th Lunar and Planetary Science Conference, Texas: Universities Space Research Association, 2016: 1484.

[24] Klinger B, Baur O, Mayer – Gürr T. GRAIL gravity field recovery based on the short – arc integral equation technique: simulation studies and first real data results [J]. Planetary and Space Science, 2014, 91: 83 – 90.

[25] Krauss S, Klinger B, Baur O, et al. Development of the lunar gravity field model GrazLGM300a [J]. VGI – Österreichische Zeitschrift für Vermessung & Geoinformation, 2015, 2: 156 – 161.

[26] Krauss S, Klinger B, Wirnsberger H, et al. Development of the lunar gravity field model GrazLGM300b in the framework of project GRAZL [C]. Proceedings of the 2016 European Geoscience Union Congress, Vienna: Presented at the EGU meeting, 2015: 2608.

[27] Krauss S, Wirnsberger H, Klinger B, et al. Latest developments in lunar gravity field recovery within the project GRAZL [C]. Proceedings of the 2016 European Geoscience Union Congress, Vienna: EGU General Assembly Conference, 2016: 9194.

[28] Wirnsberger H, Krauss S, Klinger B, et al. First independent lunar gravity field solution in the framework of project GRAZL [C]. Proceedings of the 2017 European Geoscience Union Congress, Vienna: European Geosciences Union General Assembly, 2017: 7195.

[29] Wirnsberger H, Krauss S, Mayer – Gürr T. First independent Graz lunar gravity model derived from GRAIL [J]. Icarus, 2019, 317: 324 – 336.

[30] 孙智信，卢绍华，林聪榕．人类探月与嫦娥工程 [J]. 国防科技，2007，12：13 – 20.

[31] 吴季，孙丽琳，尤亮，等. 2016—2030 年中国空间科学发展规划建议 [J]. 中国科学院院刊，2015，30 (6)：707 – 720.

[32] 叶培建，黄江川，孙泽洲，等．中国月球探测器发展历程和经验初探 [J]. 中国科学：技术科学，2014，44 (6)：543 – 558.

[33] 尹怀勤．我国探月工程的发展历程 [J]. 天津科技，2017，44 (2)：79 – 87.

[34] Liu A S, Laing P A. Lunar gravity analysis from long – term effects [J]. Science, 1971, 173 (4001): 1017 – 1020.

[35] Michael W H, Blackshear W T. Recent results on the mass, gravitational field and moments of inertia of the moon [J]. The Moon, 1972, 3 (4): 388 – 402.

[36] Ferrari A J. An empirically derived lunar gravity field [J]. The Moon, 1972, 5 (3): 390 – 410.

[37] Mazarico E, Lemoine F G, Han S, et al. GLGM – 3: a degree – 150 lunar gravity model from the historical tracking data of NASA Moon orbiters [J]. Journal of Geophysical Research, 2010, 115 (E5): E05001 – 1 – E05001 – 14.

[38] 鄢建国，李斐，平劲松，等．基于“嫦娥”1 号跟踪数据的月球重力场模型 CEGM – 01 [J]. 地球物理学报，2010，53 (12)：2843 – 2851.

[39] Goossens S, Matsumoto K, Liu Q, et al. Lunar gravity field determination using SELENE same – beam differential VLBI tracking data [J]. Journal of Geodesy, 2011, 85 (4): 205 – 228.

[40] Yan J, Goossens S, Matsumoto K, et al. CEGM02: an improved lunar gravity model using Chang'E - 1 orbital tracking data [J]. Planetary and Space Science, 2012, 62 (1): 1 - 9.

[41] Lemoine F G, Goossens S, Sabaka T J, et al. High - degree gravity models from GRAIL primary mission data [J]. Journal of Geophysical Research: Planets, 2013, 118 (8): 1676 - 1698.

[42] Arnold D, Bertone S, Jäggi A, et al. GRAIL gravity field determination using the celestial mechanics approach [J]. Icarus, 2015, 261: 182 - 192.

[43] 李斐，鄢建国，郝卫峰，等. 基于不同跟踪模式的月球重力场模型研究 [C]. 2014 年中国地球科学联合学术年会论文集. 北京：中国科学技术大学出版社，2014：2 - 3.

[44] 曹建峰，黄勇，胡小工，等. 深空探测中多普勒的建模与应用 [J]. 宇航学报，2011，32 (7)：1583 - 1589.

[45] 曹建峰，黄勇，刘磊，等. 深空探测器三程多普勒建模与算法实现 [J]. 宇航学报，2017，38 (3)：304 - 309.

[46] 董超，田嘉. 深空着陆器双程多普勒测量设计方法 [J]. 空间电子技术，2018，15 (6)：70 - 74.

[47] 平劲松，河野裕介，河野宣之，等. 日本 SELENE 月球探测计划和卫星间多普勒跟踪的数学模型 [J]. 天文学进展，2001，19 (3)：354 - 364.

[48] Chen S B, Meng Z G, Cui T F, et al. Geologic investigation and mapping of the sinus iridum quadrangle from Clementine, SELENE, and Chang'E - 1 data [J]. Science China (Physics, Mechanics, Astronomy), 2010, 53 (12): 2179 - 2187.

[49] Klipstein W M, Arnold B W, Enzer D G, et al. The lunar gravity ranging system for the Gravity Recovery And Interior Laboratory (GRAIL) mission [J]. Space Science Reviews, 2013, 178 (1): 57 - 76.

[50] Mayer - gürr T, Ilk K H, Eicker A, et al. ITG - CHAMP01: a CHAMP gravity field model from short kinematic arcs over a one - year observation period [J]. Journal of Geodesy, 2005, 78 (7 - 8): 462 - 480.

[51] Mayer - gürr T, Eicker A, Kurtenbach E, et al. ITG - GRACE: global static and temporal gravity field models from GRACE data [M]. Berlin: Springer Berlin Heidelberg, 2010: 159 - 168.

[52] 陈秋杰. 基于改进短弧积分法的 GRACE 重力反演理论、方法及应用 [J]. 测绘学报, 2017, 46 (1): 130 - 131.

[53] 鄢建国, 平劲松, 李斐, 等. 应用 LP165P 模型分析月球重力场特征及其对绕月卫星轨道的影响 [J]. 地球物理学报, 2006, 49 (2): 408 - 414.

[54] 孙玉, 常晓涛, 郭金运, 等. 由 SGM100i 质量分析看 SELENE 的贡献 [J]. 测绘科学, 2012, 37 (2): 176 - 178.

[55] 钟振, 李斐, 鄢建国, 等. 新近月球重力场模型的比较与分析 [J]. 武汉大学学报 (信息科学版), 2013, 38 (4): 390 - 393.

[56] 刘志勇, 罗国康, 李鉴, 等. 月球重力场模型质量和可靠性的评定分析 [J]. 测绘, 2015, 38 (5): 209 - 212.

[57] 黄昆学, 常晓涛. 不同月球重力场模型的比较与分析 [J]. 测绘通报, 2016, 4: 21 - 23.

[58] 叶茂, 李斐, 鄢建国, 等. GRAIL 月球重力场模型定轨性能分析 [J]. 武汉大学学报 (信息科学版), 2016, 41 (1): 93 - 99.

[59] Heiskanen W A M H. Physical geodesy [M]. San Franciso: Freeman, 1967.

[60] Kaula W M, Street R E. Theory of satellite geodesy: applications of satellites to geodesy [M]. New York: Dover Publications, 1967.

[61] Li Z W, Zheng W, Fang J, et al. Optimizing suitability region of the underwater gravity matching navigation based on the new principal component weighted average normalization method [J]. Chinese Journal of Geophysics, 2019, 62 (9): 3269 - 3278.

[62] Liu Z Q, Zheng W, Wu F, et al. Increasing the number of sea surface reflected signals received by GNSS - Reflectometry altimetry satellite using the nadir antenna observation capability optimization method [J]. Remote Sensing, 2019, 11 (21): 2473 - 2489.

[63] Wu F, Zheng W, Li Z W, et al. Improving the positioning accuracy of satellite

– borne GNSS – R specular reflection point on sea surface based on the ocean tidal correction positioning method [J]. Remote Sensing, 2019, 11 (13): 1626 – 1 – 1626 – 15.

[64] Li Z W, Zheng W, Fang J, et al. Optimizing suitability area of underwater gravity matching navigation based on a new principal component weighted average normalization method [J]. Chinese Journal of Geophysics, 2019, 62 (9): 3269 – 3278.

[65] 郑伟，许厚泽，钟敏，等. 基于激光干涉星间测距原理的下一代月球卫星重力测量计划需求论证 [J]. 宇航学报，2011，32 (4): 922 – 932.

[66] Zheng W, Xu H Z, Zhong M, et al. Improvement in the recovery accuracy of the lunar gravity field based on the future Moon – ILRS spacecraft gravity mission [J]. Surveys in Geophysics, 2015, 36 (4): 587 – 619.

[67] Zheng W, Xu H Z, Zhong M, et al. Sensitivity analysis for key payloads and orbital parameters from the next – generation Moon – Gradiometer satellite gravity program [J]. Surveys in Geophysics, 2015, 36 (1): 111 – 137.

[68] 郑伟，许厚泽，钟敏. 下一代月球卫星重力梯度计划 Moon – SGG 研究 [C]. 2015 年中国地球科学联合学术年会论文集. 北京：中国和平音像电子出版社，2015: 4 – 6.

[69] 郑伟，鄢建国，李钊伟. 深空卫星重力测量计划研究综述 [J]. 深空探测学报，2017，4 (1): 3 – 13.

[70] Andrews – Hanna J C, Asmar S W, Head J W, et al. Ancient igneous intrusions and early expansion of the moon revealed by grail gravity gradiometry [J]. Science, 2013, 339 (6120): 675 – 678.

[71] Wieczorek M A, Neumann G A, Nimmo F, et al. The crust of the moon as seen by GRAIL [J]. Science, 2013, 339 (6120): 671 – 675.

[72] Melosh H J, Freed A M, Johnson B C, et al. The origin of lunar mascon basins [J]. Science, 2013, 340 (6140): 1552 – 1555.

[73] Neumann G A, Zuber M T, Wieczorek M A, et al. Lunar impact basins revealed by gravity recovery and interior laboratory measurements [J]. Science

Advances, 2015, 1 (9): e1500852 – 1 – e1500852 – 10.

[74] Zuber M T, Smith D E, Neumann G A, et al. Gravity field of the orientale basin from the gravity recovery and interior laboratory mission [J]. Science, 2016, 354 (6311): 438 – 441.

[75] 段建锋，曹建峰，陈明，等. GRAIL 月球重力场模型对嫦娥卫星定轨精度的改进 [J]. 中国科学：物理学 力学 天文学，2017，47 (6)：125 – 130.

第5章
基于“嫦娥”1号和其他探月数据的测月学研究

月球的起源和演化是月球探测的主要科学目标，其中最关键的科学问题是对月球的内部圈层结构，尤其是月壳结构的形成和演化研究。月球重力场数据是探测月球内部物理特征的重要信息源，结合月球地形、月震、月球化学等探测数据，基于一定的地球物理模型和假设，可以对一些重要地球物理参数，如月壳厚度、弹性厚度以及月壳和月幔密度等进行估计，通过这些参数可以进一步对月球的内部分化、月壳的形成和热演化等提供重要约束。由于受到有限的月球地形和重力场数据限制，以往鲜有此类工作在月球上开展。本章旨在以我国“嫦娥”1号月球探测任务为背景，探讨月球起源和演化的根本问题，并为现行和将来月球探测工程提供理论依据和应用参考。

5.1 研究概述

5.1.1 研究背景

“明月几时有，把酒问青天”。自古以来，人们就对月球寄予了真情的遐想和诗意的赞美。作为离地球最近的天体，早期人们用肉眼观测知道月球表面存在比较暗和比较亮的区域。16 世纪望远镜发明后，人们观测到月球上暗的区域是广阔而平坦的月海，亮的区域是高地，表面布满了大大小小的环形山。1610 年，伽利略将观察到的月球景象绘制成第一张月球图，后来赖塔（Rheita）和赫维吕斯（Hevilins）等天文学家相继绘制了更为精细的月面图。20 世纪 50 年代后，月球探测器的成功发射实现了人类对月球近距离观测。1959—1976 年是月球探测的第一次高潮时期，发展了月球硬着陆、软着陆和绕月飞行技术，并最终于1969 年实现了载人登月。从 1959 年开始，美国先后进行了 5 次“Pioneer（先驱者）”、7 次“Ranger（徘徊者）”、5 次“Lunar Orbiter（月球轨道器）”、7 次“Surveyor（勘测者）”以及 11 次“Apollo（阿波罗）”等系列月球探测活动；同时苏联也发射了 24 颗“Luna（月球）”和 5 颗“Zond（探测器）”系列探月器。这些探测器的实施获得了大量的月表照相、月壤和空间环境等信息，并获取了约 381.7 kg 的月球岩石样品，成功实现了环月探测、硬着陆、软着陆、月球车、人类登月等具有划时代意义的月球探测活动，使人类对月球探测达到有史以来的第一次高峰。

在历经 20 年的月球探测宁静期后，美国于 1989 年宣布了重返月球的设想，进行月球资源的开发和利用，并建立月球基地。俄罗斯、欧空局、日本等相继提出了重返月球的探测计划。1989 年，美国发射的“Galileo（伽利略）”木星探测器，先后两次飞临月球，利用搭载的固体成像相机（SSI）对月球进行多波段拍摄，获取的数据被广泛应用于月球影像成图和月表成分研究。1994 年，发射成功的“Clementine（克莱门汀）”号对月球进行了多波段成像、激光测高和带电粒子测量等，获取了大量光谱数据，获得了月表铁和钛元素的含量分布。1998 年，美国“Lunar Prospector（月球勘探者）”号低圆轨道探测卫星，利用伽马谱仪对月表进行了矿物填图，对月球两极水冰等进行了探测，获取了月球磁场信息，并利用多普勒引力装置获取了月球第一幅可利用的重力分布图，为研究月球、地球和太阳系起源与演化提供了大量新资料。2003 年，欧空局成功发射了欧洲第一个月球探测器 SMART-1（“智慧”1 号），主要对月球的地质、地形、矿物、化学、外部环境等进行探测，研究行星的演化、地月系起源、月球的二分性、构造运动以及月球热演化等科学问题。1990 年，日本首次发射了“Hiten（飞天）”号月球探测器，为以后的月球探测和行星际工程提供数据，并检验借助月球引力飞行技术和精确控制引入绕月轨道技术，但是在被送入大椭圆绕地轨道上后，并没有发回月球轨道数据。

2007 年，开启了月球探测新纪元。2007 年 9 月，日本成功发射了绕月探测卫星“Kaguya（月亮女神）”号，搭载了 14 种探测仪器，主要用于探测月球全球地形、元素分布和月球全球特别是背面重力场信息，研究月球的起源和演化。2007年10月，中国成功发射了第一颗月球探测卫星“嫦娥”1号，搭载了6种探测器，用于获取月球三维影像、分析月表有关物质元素分布特点、探测月壤特性以及地月空间环境等。2008年，印度发射了首颗探测卫星Chandrayaan-1，搭载了8个主要探测仪器，用来绘制月球三维地形图并测量各种矿物和化学元素（包括放射性元素）的分布情况。2009年6月，美国NASA发射了月球侦察轨道器（Lunar Reconnaissance Orbiter，LRO），搭载了6个主要仪器，进行全月面地形测绘、月球轨道辐射、月球极地水冰和光照环境测量，为未来登月点选择进行高分辨率测图。2010年10月，我国发射了“嫦娥”2号卫星，搭载了较“嫦娥”1号改进的6种探测仪器，获取了更详细的月表和极区影像数据，探测月表元素、月壤厚度和地月空间环境，对未来“嫦娥”3号着陆区进行高精度成像，卫星于2011年8月25日进入距离地球约1.5×10^{6} km的Lagrange L_2点，进行地球外层空间环境测量。此外，2011年9月8日，美国NASA发射了GRAIL（Gravity Recovery And Interior Laboratory）月球重力场探测卫星，将在继日本Kaguya卫星后，利用两个同轨道高度卫星获取更高精度的月球重力场模型，进一步揭示月球内部结构及其热演化历史。

在人类进行月球探测初期，就开始了对月球表面图像和地形信息的获取，从早期的摄像机到高精度的立体相机和激光高度计的使用，都表征了人类在探索月球地形和表面结构上所做出的努力。这些地形结果记录了月球自形成以来的演化信息，属于测月学（Selenodesy）的重要研究内容。月球外部重力场与月球地形和内部物质分布紧密相关，对飞行器进行精密的轨道跟踪测量，可以用于反演得到月球重力场信息，是进行月球内部结构和演化特征研究的关键物理场之一。地形和重力的探测构成了测月学的主要研究内容，对两者进行联合研究，可以对月球内部构造及其动力学结构等进行深入探索。

我国“嫦娥”1号探月卫星上搭载了自主研发的高精度立体相机CCD和激光高度计，用于对月表的三维高程测量。“嫦娥”1号的精密轨道跟踪测量对月球的重力场结果也有一定贡献。因此，本章围绕测月学中两个重要物理场——地形和重力的数据进行分析，试图对月球的内部结构、圈层形态特征和演化等进行更为深入的科学分析，为我国现行和未来的月球和深空探测提供理论依据和应用参考。

5.1.2 月球测地学（测月学）

月球测地学（Selenodesy，测月学）是行星大地测量学（Planetary Geodesy）的一个分支，它是从比较行星学的角度出发，利用深空探测器、卫星或空间飞行器，对月球的形状、大小、重力、自转等进行观测，并对月球特别是月壳圈层内部结构等进行研究的新兴学科[1]。

1. 月球地形测量

月球地形测量是划分月球表面的基本构造和地貌单元的基础。自人类进行月球观测起，便开始了对月球形状和地形的测量，主要观测手段包括星载激光高度计、立体照相机、地基雷达干涉测量、月球边缘测量等。这些结果使我们将月球表面主要分为月海和高地两大地理单元，其中月球正面约一半面积以上为月海。通过更精细的分析，可以将月球上的地貌划分为月海、撞击坑、山脉、峭壁、月谷、月溪、月湾和月面辐射纹等主要地貌类型，分布于月海和高地内部或横跨这两大地理单元[2]。

月球地形测量经历了较长发展时期。由于月球的自转和公转周期相当，早期观测多局限于月球正面或者沿着轨道跟踪的赤道区域。人们早期主要用肉眼和望远镜对月球表面进行观测，后来在所有月球探测器上都搭载了摄像机等设备，首要目标是获取月球图像，得到月表二维地貌信息。1959 年，“Luna - 2”号月球探测器的发射标志着人类对月球直接近距离科学探测的开始，并发回了月球表面珍贵照片。同年发射的“Luna - 3”号探测器首次飞越月球背面，拍摄到月球背面的照片，获取了月球背面的地形信息，制作了月球背面地图集。1966—1967 年，5 次成功发射的“Lunar Orbiter”系列月球环绕轨道探测器搭载的相机获取了分辨率达 60 m 或更高（最高达到 2 m）的约 99% 月球表面的共 1 654 张高质量照片，制作了覆盖月球全球的地图集[3]。由于以往的相机数据给出的遥感图像都是二维地貌，照相机成像较大程度上受到光照影响，无法准确地对月表不同地貌进行区分。利用地基雷达、立体照相等技术也可以获得月表高程信息，但这些高程结果是相对的，并且受到绝对定标点的高程影响，具有一定的不确定性。激光高度计可以获取月表地形的绝对高程信息，在区分月表不同地质单元方面具有绝对优势。利用激光高度计高程点对遥感照相结果进行定标，可以获得高精度月

表三维影像图。早期“阿波罗”15~17号探测器均进行了激光高度计的在轨测试，激光高度计可给出飞行器到月表的绝对高程距离。“阿波罗”的这些单轨高程剖面显示出月海地区较周边高地地势低且平坦，且月球背面比正面地形要高等特征。

第一张近全月球地形图是由1994年的“Clementine”探测器获得，该探测器利用不同波段相机对月表进行了全球高精度成像，获得了月球99%以上的二维影像数据，携带的高分辨率相机对局部区域还进行了7~20 m的精密测量。该探测器上首次搭载了激光高度计对月球进行几乎全球的三维高程测量，获得了月表约72 548个有效测距点，数据覆盖79°S~81°N。Zuber利用这些测距点，建立了月表2°×2°格网模型，并得到了70×70阶次的球谐函数地形模型GLTM1（Goddard Lunar Topography Model 1），模型覆盖月球区域75°S~75°N[4]。Smith在该模型基础上，依据观测的最小间距，将地形结果展开成0.25°×0.25°格网模型，并采用样条展开法外推得到75°以上极区地形，球谐函数展开得到月表72×72阶次全球地形模型GLTM2[5]。该模型径向高程精度约为130 m，空间分辨率为2.5°。作为数据产品提供给广大用户使用的是进一步内插得到的90×90阶次的地形模型GLTM2c。平劲松利用格网数据产品，采用多步最小二乘拟合算法得到了180×180阶次的月球地形模型NLT180A[6]。USGS（U. S. Geological Survey）利用“Clementine”所有激光测高数据点，并结合立体照相结果归算得到极区1 724 872个高程点，建立了月球高程序列模型USGS 2002。ULCN 2005（The Unified Lunar Control Network 2005）统一月球控制网模型，利用所有历史数据，包括地基照相、“阿波罗”号、“水手”10号、“伽利略”号以及“Clementine”立体照相等，得到了272 937个月面控制点，它是“嫦娥”1号发射以前国际上数据覆盖最全的月球地形模型。但是，Margot等利用地基雷达干涉测量得到的第谷（Tycho）撞击坑的地形模型与“Clementine”模型有近3 km的位置误差[7]。

自2007年以后，已发射的各个月球探测器均搭载了高性能的激光高度计，以改善以往的月球地形数据在全球特别是极区覆盖上的不足。日本“Kaguya”、中国“嫦娥”1号、印度“Chandrayaan”1号以及目前还在月球上运转的美国LRO探测器，在不同月球卫星轨道高度上，以每秒1、10或约30个激光点的方式对月面进行激光高度测量，并获取了有史以来全月表最高精度的地形测量结果。日本通过“Kaguya”探测器的探测公布了359阶次的地形模型STM359[8]，空间分辨率优于0.5°。本章在对“嫦娥”1号激光高度计数据进行处理后也公布了360阶次的CLTM－s01模型[9]。李春来利用“嫦娥”1号约920万个有效原始测距数据获得了全球3 km分辨率的地形格网模型[10]。目前LRO上搭载的LOLA激光高度计正以前所未有的速度对月球进行激光高度计测量，截至2011年7月，已公布了分辨率为1/1024的月球地形模型。

2. 月球重力场测量

月球的外部重力场对月球的形状和内部物质分布较为敏感，对重力场测量是研究月球物质分布及月球内部结构的基础之一。自苏联1959年发射第一颗绕月卫星开始，人类便开展了月球重力场研究。1972年，“阿波罗”7号载人登月计划中，宇航员利用携带的Lunar 4重力仪对着陆点区域进行了直接重力测量，但是由于仪器设计上的失误而导致实验失败[11]。此次登月计划还利用携带的导线重力仪（Tranverse Gravimeter Experiment，TGE）进行了相对重力测量，得到了26个点的重力异常值。虽然本次计划并未成功实现对月球重力场的直接测量，但为未来该技术积累了丰富的经验[12]。

月球重力场的全球模型主要还是来自卫星数据的跟踪测量。1966年，苏联探月卫星“Luna－10”号实现绕月飞行，利用多普勒频移观测数据首次得到了月球重力场信息，并发现了月球重力场的非对称性。因为早期的月球探测卫星多为高轨道卫星，并且受到跟踪数据和计算机数据处理能力的限制，这段时间国际上公布的月球重力场模型均为低阶次模型。Lorell和Sjogren建立了首个8×4阶月球重力场球谐函数模型[13]。Liu和Laing给出了15×8阶模型[14]。Sjogren根据早期差分多普勒数据，利用视线加速度法给出了月球近区概略的重力异常图，发现了月球正面的质量密集区（质量瘤）的存在[15]。1980年，Bills和Ferrari给出了16×16阶次的重力场模型，该模型综合了以往的月球重力场模型结果，并考虑了近区600个离散的异常质量点，得到了高精度的近区重力场异常分布，该模型被认为是早期月球重力场研究中最好的模型[16]。1993年，Konopliv等重新分析了原有数据，并建立了60×60阶次的重力场模型[17]。

20世纪90年代后期，随着“Clementine”和“Lunar Prospector”探月计划的实施，月球重力场模型精度也得到了不断提高。“Clementine”是中低极轨卫星，在月球近区有良好覆盖率，对提高重力场分辨率具有重要意义。Lemoine 利用该探测器数据计算得到了 70 阶的重力场模型 GLGM2（Goddard Lunar Gravity Model 2）[18]。“Lunar Prospector”是一个极地近圆低轨卫星，主要用来探测月球重力场，为了精化月球重力场信息，该卫星从初始 100 km 轨道高度降至 30 km。Konopliv 利用该观测建立了 75×75 阶月球重力场模型 LP75G，并发现了月球背面的质量瘤区域[19]。他利用“Lunar Prospector”数据和早期已有的跟踪数据，相继构建了 LP100J、LP100K、LP165P、LP150Q 等模型[20]。LP165P 模型作为当时阶次最高的月球重力场模型，在正面有效阶次为 110，背面为 60。在上述这些模型中，由于月球的自转和公转的同向性问题，一直缺乏月球背面直接的轨道观测数据，仅是以一定的数学方法，如 Kaula 准则来作为约束条件。

2007 年，日本发射的 Kaguya 探测器利用卫星跟踪卫星技术，直接对月球背面的重力场进行了跟踪探测，获得了首个全月球重力场模型 SGM90（Selene Gravity Model 90）[21]。基于该模型数据得到的月球背面重力场信息，揭示了远月面存在环形负值重力异常，在部分盆地还发现中心存在高值重力异常，这些异常特征对近月面与远月面结构的对比以及月球内部结构研究具有重大意义。利用更全面的 Kaguya 卫星跟踪全部弧段四程多普勒跟踪结果，结合以往“阿波罗”和“Lunar Prospector”正常任务段观测数据，Matsumoto 得到了 SGM100h 重力场模型，且观测数据的直接有效阶次为 70[22]。Goossens 在以上模型的基础上，添加了甚长基线干涉测量（VLBI）的观测结果，得到了 100 阶次的重力场模型 SGM100i[23]。2011 年 9 月 8 日，月球探测计划 GRAIL 成功发射，以类似于地球 GRACE 卫星跟踪卫星的模式对全月球重力场进行高精度探测。该卫星利用同一低轨道上两颗卫星之间的测距和测速观测，经过约 3 个月的有效测量，得到 360×360 阶次的月球全球重力场模型。

3. 地形和重力对内部结构研究

测量行星内部结构最精确且最有效的手段是地震波分析法。该技术在地球上得到了广泛使用。在月球上，仅在阿波罗时期得到了应用。阿波罗月震观测数据对了解月球的内部结构提供了强大依据，尽管缺少深部的月震资料，但是月壳和月幔的月震速度模型帮助我们了解了月壳的内部物理属性，进而对月球的矿物和热演化提供了直接证据[24]。但是，这些观测仅限于月球正面几个阿波罗观测点，在对全月球的内部结构估计上具有一定的局限性。由于月球的引力（重力）场对月球内部结构较为敏感，因此对月球全球引力场，特别是引力和地形的联合分析，是一种从现象到本质、由外及里用来揭示月球内部结构的强有力方法。

月球重力和地形的最主要应用是对月壳厚度反演的研究[25-28]。基本研究思路是结合月球地形，假设一定的月壳密度结构，计算地形引起的引力异常，从自由空间重力异常中将地形引力影响扣除，便得到布格重力异常。布格异常在某种程度上反映了月壳内部质量的分布状态，并且认为这种异常主要是由月壳、月幔边界引起，利用这种起伏关系以及基于月震对平均月壳厚度的限制条件，可以用来计算月壳厚度。月壳厚度反演与月壳密度、月幔密度和壳幔边界的半径等均有较大关系[29]。

重力和地形的另一个最有效的应用是利用两者关系进行除月壳厚度外月球内部物理参数及其属性的研究。如果假设月球地形是由某种特定的机制支撑，如Airy、Pratt 或者岩石圈弯曲等补偿模型，基于这些模型可以试图对月壳厚度、月壳和月幔的密度以及弹性厚度等地球物理参数进行反演。可以通过两种技术方法实现：一种是基于空间域的月球水准面和地形的比率法（GTR）；另一种是基于频率域的导纳（Admittance）和相关（Correlation）法。两种方法都可以在基于一定的均衡模式下，通过理论曲线来匹配实测数据的方法反演月壳厚度等参数。GTR 方法适用于满足特定均衡假设区域的月壳结构研究。在基于 Airy 均衡补偿模式下，该方法可用于月球高地月壳的研究，但对月球上质量瘤区域并不适用。1997 年，Wieczorek 和 Phillips 利用该方法对月球高地月壳进行研究，分析了单层和双层月壳在 Airy 均衡模式下月球高地的月壳结构和补偿状态，并认为月壳具有垂直分层。GTR 方法由于受到与均衡模型不相关的长波特征信号影响，在应用上具有一定的局限性。导纳和相关方法利用重力和地形的频谱关系，改进了 GTR 空间域方法的局限性，独立于波长并且可以通过对不同波段函数分析来识别不同区域的补偿机制。基于一定岩石圈弯曲模型，如今许多学者已经利用重力和地形数据对太阳系类地行星以及月壳和岩石圈的特性进行了研究。

5.1.3　研究目的和意义

1. 研究背景

早期月球探测器“Clementine”和“Lunar Prospector”得到的地形和重力数据为了解月球的内部结构及其演化提供了丰富的资料。但是月球上的这些探测数据相对其他行星而言还相对稀少。月球地形的覆盖较为稀疏，且缺少两极的直接测高数据。月球重力场正面和背面的空间分辨率差异较大，月球背面的重力数据相对缺乏。尽管如此，早期仍有学者进行了重力和地形的联合测月学研究。

基于 GTR 方法，Wieczorek 和 Phillips[30]对月球正面的月壳厚度进行了估算，假设高地区域满足 Airy 均衡条件，并得到了平均月壳厚度估值为（49 ± 16）km，它与利用月震得到的平均月壳厚度的结果相当[31-33]。基于全月壳模型，可以对月球的全球尺度特征进行分析。这些模型最直接的发现是在月表大型撞击盆地下，月壳的厚度十分薄，并且在某些撞击坑底部可能暴露有月幔物质。但是，尽管位于月球背面的撞击盆地——南极艾特肯盆地（SPA）是太阳系中已知的最大撞击结构，结果却显示该区域的月壳厚度约 20 km。利用地形和重力对月球表面特征的研究主要集中在月球特有的质量瘤区域，这些区域对应有地势较低的撞击盆地，但又具有相当高的正重力异常值，明显无法用单纯的 Airy 或 Pratt 模型去解释。研究显示，这种现象是由受到撞击后壳 - 幔边界回弹以及表面的高密度玄武岩覆盖共同作用的结果。相比于大型撞击盆地，Reindler 和 Arkani - Hamed 对中等尺度具有负重力异常的撞击坑进行了研究，发现这些撞击坑存在一定的补偿特征[34]。

重力 - 地形的导纳和相关方法已用于地球、火星、金星等类地行星分析中。但是只有少量研究者用于对月球的分析，他们用该方法对月球的弹性特性进行估算[35-38]，利用弹性薄板模型对月球高地区域的弹性岩石圈厚度进行了估计，显示月球正面南方高地区域弹性厚度为 5 ~ 28 km，雨海北部高地区域则未达到均衡状态，如果要支撑这种未补偿的地形载荷，则需要厚达 80 km 的岩石圈厚度。

由于月球以及有些类地行星的形状较小，相比于以往在笛卡儿坐标系进行的重力和地形的分析方式，球谐分析思想更适用于月球研究。基于球坐标的思想，逐渐发展了频率域的多窗口频谱分析技术[39-40]，利用有限功率地形来快速计算重力异常的方法等。需要指出的是，在给定的岩石圈载荷模型下，要同时对重力 - 地形的导纳和相关加以考虑。如果不能同时对两者进行拟合，那么可能造成选择的模型不符合分析区域的性质，或者观测数据本身具有较大的不确定度。以往很多分析结果都仅是单独采用导纳或相关的，仅有少量研究对其进行了正确应用[41-46]。另外，在仅有表面或内部载荷的分析中，都忽略了地形和重力相关性的讨论。对于这些模型来说，在没有观测噪声的情况下，其相关值为 ±1。目前还没有任何一项研究同时对导纳和相关进行拟合，并对与地形不相关也未被模型包括的重力信号进行讨论。虽然在频率域利用重力 - 地形导纳和相关分析技术已有几十年的发展，但是在准确应用方面还存在一定缺陷。

2007 年，开启了测月学中地形和重力测量的新纪元。日本、中国、印度和美国相继发射了月球探测器，均搭载了高精度的地形探测器，进行了小于公里级的月面地形测绘。日本探测器利用中继卫星首次实现了对月球背面重力场的测量，获得了首个月球全球的高精度重力场模型，为后续地形和重力的联合应用提供了有力的数据支持。

2. 研究目的和意义

测月学的首要目的是进行月球地形和重力的测量。为了弥补“Clementine”探测器中激光高度计对月表地形覆盖的不足，我国首颗探月卫星“嫦娥”1 号搭载了自主研制的高精度激光高度计，用于全月表连续高精度的地形测绘，并为高精度立体照相机提供有效的校准参数，以获得百米级的月表三维成像。激光高度计以星载和机载等方式在地球上得到了有效和成熟的应用。但在类地行星探测中，仅在美国 1997 年发射的火星全球勘探者（Mars Global Surveyor，MGS）中得到了成功应用，MGS 利用搭载的高度计对火星进行了 3 年的有效激光高度测距，获取了大量的地形数据，证明该技术可在恶劣的太空环境中进行长期可靠测量[47]。对于“嫦娥”1 号激光高度计，探索一条有效的月面激光测高数据处理流程和方法是我国航天工程中紧迫而具有实际意义的任务。激光高度计是一种精密的光学工作系统，在较为恶劣的太空环境中，观测结果必然会产生某些不确定性因素。如何对月面测距数据进行有效处理，并对可能的不确定性因素进行分析，得到合理的月表高程信息，建立精确的全月球地形模型，是面临的主要难题之一。

“嫦娥”1号卫星运行在距月表200 km高的圆轨道上，对月球重力场的低阶项具有一定贡献。“嫦娥”1号卫星轨道精密跟踪测距、测速资料，结合月球卫星观测中甚长基线干涉（Very Long Baseline Interferometry，VLBI）等观测量，可以用来实现月球重力场的解算，具有一定的科学贡献[48-50]。

利用“嫦娥”1号等任务得到的月球地形和重力数据，进行月表及其内部结构和演化的分析，是探索月球科学的主要出发点之一。月球形态具有明显的二分性，其表面较为明显的地形特征是布满了凹坑。从遥感影像上较难将它们进行更为细致的区分，只能统一称为撞击坑。基于“Clementine”等飞行器的地形和照相的结果，人们对这些撞击坑进行了分类和分析[51-52]。这些撞击坑的分布和特征对了解月球的演化历史具有非常重要的作用。如果仅限于以往高程数据的有限覆盖，对这些撞击坑的分析还存在一定的不确定性。利用最新的月球探测数据，对这些撞击坑可以重新进行辨认。利用前期的月球地形和正面的重力场观测数据，已经对撞击坑特别是正面的较大直径（大于300 km）的撞击盆地的形成和演化进行了较为详尽的分析[53]。由于数据覆盖的限制，仅对月球高地区域进行了少量的分析。在利用频率域重力-地形导纳和相关方法对岩石圈特性进行分析的研究中，还没有利用该方法对月球进行区域性研究的成功案例。因此，采用合理的岩石圈弯曲模型，利用全月球的重力和地形数据进行重力-地形频谱分析工作，对与月壳和岩石圈相关的地球物理参数进行反演分析具有重要意义，可能引领对月球乃至太阳系行星天体的内部结构研究的新热点。

5.1.4　研究内容、方法和创新点

1. 研究内容和方法

本节从测月学的角度出发，利用“嫦娥”1号激光高度计获得月球地形，结合新近的地形和重力场等结果，对月表形态以及月壳内部结构进行了分析。

1）月球地形模型建立

本节介绍了激光高度计的研究应用背景，介绍了“嫦娥”1号激光高度计的设计、数据处理原理和研究方案；介绍了与建立地形模型相关的卫星轨道和姿态数据情况，讲解了“嫦娥”1号采用的激光高度计处理方法，提出了沿高程轨迹滤波方法，讨论了利用月球高程建立全月球地形模型方法，求解与地形相关的月

球物理参数，如平均半径、月球形状中心和质心的偏差等；分析了月球地形模型的误差和精确度；通过与国际上历史和同时期的地形模型进行格网比对，发现了星上激光高度计上计时器的漂移以及仪器地面标校不确定性等问题，进一步探讨了有效的改进方案；提出了利用激光高度计数字高程模型（Digital Elevation Model，DEM）对“嫦娥”1号成像结果进行融合处理的方案，为获取高精度的全月面高程坐标框架提供依据；最后还对本研究得到的“嫦娥”1号激光高度计数据处理及月面高程模型生成软件进行了说明。

2）月面撞击特征的辨别和证认

本节介绍了月面撞击坑等地貌特征对了解月球二分性的重要性，在前人的工作基础上，利用“嫦娥”1号地形模型，对以往提议的撞击盆地等特征重新进行了辨别和证认，并对以往未揭示的一些类似撞击坑的地貌进行了分析，指出月面正面可能存在古老的盾形火山，为月球的起源和演化研究提供了新依据。

3）联合重力和地形对月壳结构的分析

本节详细介绍了岩石圈弹性均衡模型，如Airy、Pratt、弹性板块以及薄弹性球壳模型；讨论并推导了最新的球谐域附加表面和内部载荷的薄弹性球壳模型。基于该模型，采用了球谐域的区域性重力和地形频谱分析技术（Localized Spectral Analysis），利用“嫦娥”1号、日本Gaguya和美国LRO的月球地形资料以及Kaguya任务得到的最新重力场模型SGM100i，进而对月表不同区域进行导纳和相关分析研究，得到月壳密度、弹性厚度以及表面与内部载荷比等重要地球物理参数。提出多步蒙特卡罗模型参数不确定性分析方法，得到了月表30个区域月壳密度参数的有效估计值。对比了现有不同重力场模型LP150Q、SGM100h和CEGM02对最优结果的影响，以及不同的不确定性分析法对最优值的不确定度估计的影响等。基于月球岩石和月表元素分布的资料，建立了月球无孔隙岩石密度与月表FeO和TiO_2含量的关系，并利用“Lunar Prospector”的伽马谱仪数据，得到了全月表的岩石密度分布图；基于两种密度分析结果，对上月壳的孔隙度进行了估计。最后还利用综合（Synthetic）导纳法，讨论了不同月壳内部密度结构对导纳的影响情况，在此基础上建立了理论可行的利用导纳推算月壳径向密度分布的方法。

2. 创新点

本节基于我国首个月球探测任务“嫦娥”1 号，讨论了月球地形模型的获取、月表特征分析以及基于地形和重力在球谐域对月球进行导纳分析，获取月球内部结构信息的方法。自 2007 年，多国月球探测任务首次开始实现人类对全月球重力和地形的联合观测，从技术方法上创新点如下。

1）月球地形

实现了对“嫦娥”1 号激光高度计的数据处理；结合轨道和姿态数据，生成了全月球地形模型；获得月球两极区域最新的地形结果，在数据覆盖和精度上均较以往模型具有较大改进；对以往提议的地貌特征，特别是撞击盆地进行辨别和证认；提议了 4 个不同的撞击地貌；并提议月球正面可能存在玉兔火山，地形特征类似于地球上夏威夷岛的盾形火山，为月球岩浆海演化等提供了新证据。

2）重力和地形联合分析

推导了较为实用的球坐标系基于表面和内部载荷的薄弹性球壳均衡模型，对全月表同时进行了区域性导纳和相关分析；首次在该结果分析中考虑了模型的重力场噪声信息对结果的影响；得到了月表 30 个区域的月壳密度和弹性厚度等；建立了月球岩石密度与主要元素含量的关系，得到全月表岩石密度分布图；综合以上信息，估算了上月壳的孔隙度，结果与月球岩石和陨石的孔隙度分析一致；首次提出利用重力和地形导纳反演上月壳径向密度的方案。

5.2　“嫦娥”1 号月球地形模型建立与改进

5.2.1　研究背景

“嫦娥”1 号的首要科学任务是获取全月面三维影像图。星上搭载的激光高度计是用来获取月球表面三维影像的重要载荷，可以测量卫星到月球表面的径向距离。激光高度计获取的数据序列可以提供光学探测系统所需立体成图修正参数。结合高精度卫星轨道参数、卫星姿态等数据，可获得卫星星下点月表地形高度信息，可以制作高精度月球数字高程模型[54]。

激光高度计技术是从激光测距中演化而来。通过测量激光脉冲往返于卫星（飞机）到照射表面的穿行时间来获取卫星到照射表面的距离。它主要由激光发射模块、激光接收模块和数据处理模块3部分组成。激光器发射出的激光束作用到地面（水面）上，由于漫反射作用，一部分反射回来的光信号被接收模块接收，并由光电探测器转换成电信号，最后由数据处理模块精确测量出从激光发射到接收所经历的时间。这段时间乘以光速再除以2，就可以计算出高度计距地面的高度。这些高度数据与照相机拍摄的平面图像相叠加，就可以完成精确的三维地形图。由于激光束的发散角较小，作用于地面上形成的光斑直径也很小。如果能高密度地获得探测点，就能得到较精密的探测区域地形图。

激光高度计按其搭载的平台不同可分为机载激光高度计和星载激光高度计；按其探测的对象不同又可分为地球科学激光高度计系统、火星轨道器激光高度计以及月球观测器激光高度计等。机载激光高度计的载体为各种中小型固定翼飞机或直升机。飞机飞行高度较低，一般在几百米至几千米的高度；飞行速度也较慢，一般仅为几十米/秒。由于飞行高度低、速度慢，照射到地表的足迹较小，可以细致地对地表进行扫描和测绘。因此，机载激光高度计广泛应用于航空照相系统、激光回波脉冲采集和记录系统，还经常与机载高精度惯导系统、GPS系统等一起组成机载激光扫描测高系统。通常机载激光高度计的发射功率比较低，对探测接收系统的要求也不高，但存储和处理的信息量较大，因此对数据处理系统的要求较高。目前这类系统主要用于快速获取大面积三维地形数据、快速生成数字高程模型等数字产品，特别是用于测绘森林覆盖区域和山区地形图。另外，在城市规划、自然灾害三维实时监测、海岸地带地形测绘及动态侵蚀情况监测、大型采石场及煤田等大型堆积物的体积测量、森林资源普查以及植被参数的测定等方面具有广泛应用[55]。

星载激光高度计的载体为人造卫星或航天飞机。一般卫星的轨道高度在距地面几百千米以上的外层空间，在轨运行速度很快，可达数千米/秒。由于载体高度高，运行速度快，星载激光高度计一般不用于对局部地形地貌做细致探测，而用于对星球整体轮廓或表面覆盖层进行大范围探测和研究。星载激光高度计的优势体现在：基于卫星的采集和数据处理，可对观测目标进行全球测量；在地球北极等不能用飞机执行观测任务的地方，可用星载激光高度计观察北极地区冰层和海洋冰川的变化。星载激光高度计在天体特征研究、海平面高度变化和陆地植被分布状况研究、云层和气溶胶的垂直分布和光学密度研究以及特殊气候现象监测等方面可发挥重要作用。

自20世纪70年代，美国“阿波罗”15～17号探测器对月球进行了激光高度计的在轨试验，对月面进行了约每隔30 km一次的测量，可以有效辨别相邻点间10 m的高程变化。“阿波罗”15～17号分别获得了$4\frac{1}{2}$轨、$7\frac{1}{2}$轨和12轨的测量。这些单轨高程剖面显示月海地区较周边高地地势低且平坦，月球背面比正面要高且更粗糙。1985年，美国提出采用星载激光高度计测量地球两极地区的冰面变化，NASA正式将地球科学激光高度计列入地球观测系统，并搭载在2003年发射的“Ice－satellite（冰卫星）”上。在1996年和1997年，NASA利用火星观测激光高度计备份件进行了航天飞机搭载激光高度计试验。

1992年，美国NASA首次在“Mars Observer（火星观察者）”上搭载了激光高度计（MOLA－1），但该卫星没有成功地接近火星。1996年，“Mars Global Surveyor（火星全球勘探者）”号上搭载的激光高度计（MOLA－2）成功地对火星进行了近3年的表面地形测量，获得了大量可供火星地球物理、地质和大气环流研究的数据。这些数据可以用来测量大气反射高度，从而更好地了解火星大气的三维结构；在百米尺度上测量火星表面的粗糙度，为未来潜在的着陆点提供参考；测量火星表面1.064 μm的表面反射度，以了解其表面的物质成分和季节变化；试图测量火星极盖地区地形随时间的变化，从而更好地了解火星的季节圈。

1994年，美国“Clementine”绕月探测器上搭载了激光高度计LIDAR（Laser Image Detection And Ranging），实现了人类首次对近全月面的地形观测。该激光高度计用来测量飞行器到月面点的距离，以此来制作高度图，确认月球表面大型撞击坑和其他特征的形貌。结合重力场的数据来研究岩石圈的压力、应力和弹性属性以及壳的密度分布等。由于观测时间仅几个月，LIDAR只获取了月面±75°纬度圈内72 548个有效数据点。

2007年发射升空的日本月球探测器“Kaguya”和中国的“嫦娥”1号卫星，2008年发射的印度“月船”1号，2009年发射的“NASALRO”，均搭载了高精度的激光高度计。表 5.1 给出了主要的深空探测激光高度计情况。在几乎所有的探测任务中，激光高度计都非常成功地对行星体进行了测量，为后续着陆任务提供了有用的地形信息。所有这些探测任务及其搭载的激光仪器均促进了激光技术在行星科学中的应用，并有效地证明了该技术在恶劣太空环境中进行长期测量的可靠性。

表 5.1　主要深空探测激光高度计比较

系统名称	LIDAR	MOLA	NLR	LALT	LAM	LLRI	LOLA
观测对象	月球	火星	近地小行星	月球	月球	月球	月球
平台	克莱门汀	“火星全球勘探者”	近地小行星交会探测器	“月亮女神”	“嫦娥”1 号	“月船”1 号	“月球勘测轨道器”
发射单位	NASA	NASA	NASA	日本	中国	印度	NASA
发射时间	1994	1996	1996	2007	2007	2008	2009
轨道高度/km	640	400	50 – 150	100	200	200	100
激光波长/nm	532/1 064	1 064	1 064	1 064	1 064	1 064	1 064.4
脉冲激光能量/MJ	171@1 064 9@532	48	16.5	100	150	10	2.5，2.7
激光脉冲频率/Hz	1，8	10	1/8，1，2，8	1	1	10	28

1. “嫦娥”1 号激光高度计

“嫦娥”1 号激光高度计是我国第一个用于深空探测的星载激光高度计，是“嫦娥”1 号的主要载荷之一，由中国科学院上海技术物理所研制。图 5.1 所示为“嫦娥”1 号激光高度计的外形，主要技术指标参见表 5.2。激光高度计波长设计为 1 064 nm，平均每 1 s 发射一组能量为 150 MJ，脉冲宽度为 5 ~ 7 ns 的激光束，月面足印直径小于 200 m。距离分辨率为 1 m，仪器测量误差为 5 m。激光高度计在进入环月轨道阶段之前不工作，在进入环月阶段之后，不论月球表面是白天还是黑夜，也不论卫星处于正飞还是侧飞状态，激光高度计均处于长期开机工作状态。如果系统进入故障模式，它可由地面指令控制系统来控制工作。

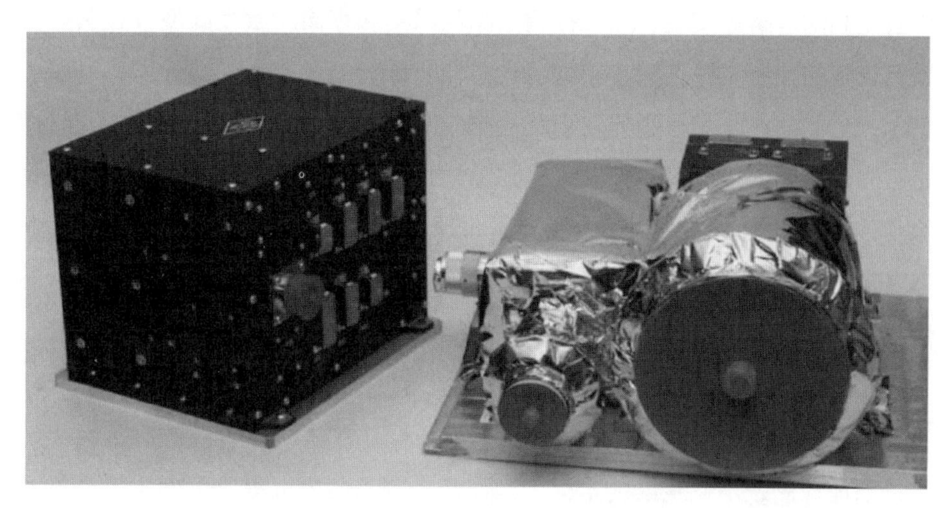

图 5.1　“嫦娥”1 号激光高度计探头和电路箱（中国科学院上海技术物理所研制）

表 5.2　“嫦娥”1 号激光高度计的主要技术和性能指标

名称	指标
距离测量范围	(200 ± 25) km
月面光斑大小	小于 ϕ200 m
激光波长	1 064 nm
激光能量	150 MJ
脉冲宽度	5 ~ 7 ns
激光重复率	1 Hz
接收望远镜口径	140 mm
望远镜焦距	538 mm
距离分辨率	1 m
距离误差	5 m（仪器精度）
质量	15.5 kg
功耗	35 W
沿卫星飞行方向上月面光斑点距离	约 1.4 km
垂直卫星飞行方向上月面光斑点距离	根据相邻卫星轨道间距来决定， 一次全月球覆盖间距为 30.3 km

整个激光高度计主要由探头和电控箱两个单元组成，探头包括激光发射器、接收望远镜和激光探测电路。激光发射器向月面发射窄脉冲激光束，接收望远镜接收月球表面后向散射的激光信号。电控箱主要包括中心控制电路、距离测量电

路和激光控制电路等模块，完成探测数据的采集和存储。激光高度计在其内置的计算机产生的控制时序下同步工作。在总同步脉冲的触发下，激光器每秒发射一次激光，与此同时，一个激光发射的主波启动信号使得时间测量电路开始计数。激光回波被探测器接收后，经放大、阈值检波，输出激光回波脉冲，时间测量电路停止计数，星上计算机读取计数值，并计算出高度计到月表的距离值。同时，计算机还将接收载荷数据管理系统提供的数据注入，完成激光高度计主要状态参数检测和控制任务。

激光高度计的系统设计均充分考虑“嫦娥”1 号卫星运行的特定空间环境，为了检测在距离月表200 km 轨道上的工作能力，在地面还对其进行了间接地面定标，如地面测距不确定度的定标、地面最大测程的模拟等。下面主要介绍本团队对“嫦娥”1 号卫星在第一个正飞阶段激光高度计的数据处理情况，以及第一个全月球地形模型的建立方法。

2. 数据处理原理和研究方案

激光高度计获取的数据序列不仅可以提供光学探测系统所需立体成图修正参数，更重要的是结合高精度卫星轨道参数、卫星姿态数据等，可获得卫星星下点月表地形高度信息，并制作高精度月球数字高程模型（Digital Elevation Models，DEM）。

图 5.2 所示为激光测高、轨道和姿态数据计算月面高程值的示意图。其中，$\boldsymbol{u}$ 表示某观测时刻激光高度计的观测矢量，由激光高度计测距值和姿态数据确定；$\boldsymbol{R}_{\mathrm{S}}$ 表示观测时刻卫星在月心坐标系下的位置矢量，由卫星高精度轨道给出；R 表示月球半径（为了计算月面高程，必须定义一个高程基准面，按照目前“Clementine”上的激光高度计数据处理方法，选择半径为 1 738 km 的正球作为月球参考球体，该正球体的表面作为月面高程基准面）；利用 $\boldsymbol{u}$ 和 $\boldsymbol{R}_{\mathrm{S}}$ 可以得到

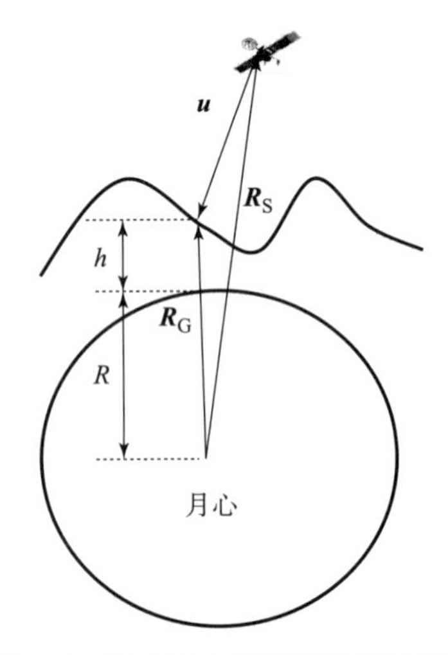

图 5.2 激光高度计高程解算示意图

观测时刻光斑中心点在月心坐标系中的位置矢量 $\boldsymbol{R}_{\mathrm{G}}$，如式（5.1）所示；利用 $\boldsymbol{R}_{\mathrm{G}}$ 和参考半径 R 的关系可得到月面光斑中心点对应的月面高程 h，如式（5.2）所示，即

$$\boldsymbol{R}_{\mathrm{G}} = \boldsymbol{R}_{\mathrm{S}} + \boldsymbol{u} \tag{5.1}$$

$$h = |\boldsymbol{R}_{\mathrm{G}}| - R \tag{5.2}$$

将得到的星下点位置和高程时间序列进行格网化处理，就得到基于“嫦娥”1 号激光测高观测的月面 DEM 地形图。

5.2.2　激光高度计数据处理

“嫦娥”1 号卫星正常进入绕月轨道、经历初始环月阶段卫星在轨测试后，“嫦娥”1 号激光高度计于 2007 年 11 月 27 日正式开机正常工作。该激光高度计在卫星升轨和降轨段均获取探测数据，只需大概连续 155 轨（半个月）的探测数据（轨道高度 200 km，轨道周期约 2h）便可完整覆盖全月面一次。由于降轨段的星下点轨迹并非恰好分布在相邻两个升轨段星下点轨迹之间，无法完全达到均匀覆盖。截至 2008 年 1 月 22 日，第一次全月面正飞阶段，激光高度计共获取 500 多万个数据点，轨道编号从 0243 ~ 0878 轨，其间因轨道控制和大容量存储器异常断电损失近 170 轨测高数据，数据点基本可以覆盖全月面 4 遍，沿卫星飞行轨迹和赤道地区数据分辨率分别为 1.4 km 和 7 ~ 8 km，可用以建立全月球高分辨率地形图。

本章处理了“嫦娥”1 号卫星第一次正飞阶段 0243 ~ 0878 轨所有测高数据。该阶段“嫦娥”1 号卫星轨道维持频繁，部分弧段无相应的地面跟踪数据，卫星轨道弧段不完整，实际处理中有 7 轨缺失轨道信息的测高数据未采用，最后共有 455 轨有效测高数据参与数据处理。

1. 轨道和姿态数据

据图 5.2 可知，要得到高精度月面数字高程模型，必须精确确定观测时刻 t 的激光测距值 $|\boldsymbol{u}|$、卫星位置矢量 $\boldsymbol{R}_{\mathrm{S}}$ 和姿态单位矢量 $\boldsymbol{u}$。“嫦娥”卫星的精密轨道由统一 S 波段（USB）测距测速和甚长基线干涉（VLBI）测量数据联合确定[56]，经过轨道重叠分析，得到的轨道径向误差约为 30 m（3σ），沿迹方向误

差为 50 ~ 100 m。轨道径向误差是计算月面高程最主要的误差源。由于采用 200 km 高极轨道，与 100 km 以下月球探测卫星相比（如日本的“月亮女神（Kaguya）”、美国的“月船（LRO）”等），“嫦娥”1 号卫星受月球引力场高阶项影响较小，卫星飞行状态较稳定，更有利于卫星轨道的精密确定和在轨高精度激光观测。

“嫦娥”1 号卫星是一个三轴稳定卫星，采用星敏感器进行在轨姿态测量控制，轨道坐标系下 3 个欧拉角（滚动角、俯仰角、偏航角）的大小和变化率均为小量。通过实测数据分析，偏航角和滚动角的稳定度均优于 0.003°/s（3σ），俯仰角的稳定度优于 0.008°/s（3σ），由姿态控制带来的高程误差小于 1 m（3σ）。

2. 激光高度计数据预处理

激光高度计在其内置的单片机产生的控制时序的控制下同步工作。系统的总同步脉冲周期为 1 s，每秒提供一个距离数据。在总同步脉冲的触发下，电路箱内的电路给出一个激光触发脉冲给激光器控制电路，它控制激光器电源开始储能，经过约 200 μs 之后，激光控制器控制激光输出，与此同时，一个激光发射启动信号送到距离测量电路作为测距的启动信号，让距离测量电路开始计数。在激光准备发射时，激光回波探测电路就开始了偏压调整等准备性工作。在激光出射之后，雪崩管偏压、放大器增益进入正常状态，等待激光回波的到来。当激光回波被探测器探测到并处理输出一个激光回波脉冲时，这一激光回波脉冲就让距离测量电路停止计数。此时，距离测量电路中各计数器将所测距离锁存起来，然后逐个读入单片机予以存储。与此同时，单片机还将存储时间信息，作为数据处理时给测距结果定位的依据。在此之后的一定时间内（必须在下一个测距周期到来之前），数据管理系统将所存储的距离和时间信息读出。

激光高度计中的测量结果是月表目标到卫星的距离，它是通过测量激光回波脉冲相对于发射激光脉冲之间的时间延迟来测量。激光回波脉冲与激光光斑（脚印）内目标的特性有很大关系，得到的回波脉冲是光斑内的能量积分，光斑内目标起伏较大时，脉冲波形会发生畸变（或裂变），测量得到的距离是第一个过门限的子脉冲对应的目标距离，也就是光斑内到卫星最近的目标距离。如果激光脚印对应的是一个斜坡，则得到的距离一般是斜坡上部的距离，不过此时要求上部的回波能量足够大而超过门限值。如果在规定时间内无有效值返回，数据管理系统将以默认值 400 km（远大于轨道高度）记录，表明超过仪器的最大探测能力值，为无效值。

星上激光高度计数据以源包形式下传到地面测站，为了得到有效的测距值，需进行一系列数据预处理，如信道处理、优选解压、光谱复原、光谱辐射校正、几何粗校正和光度校正等处理，分别生成 0、1 和 2 级标准数据产品。图 5.3 所示为激光高度计 LAM 数据预处理流程框图。

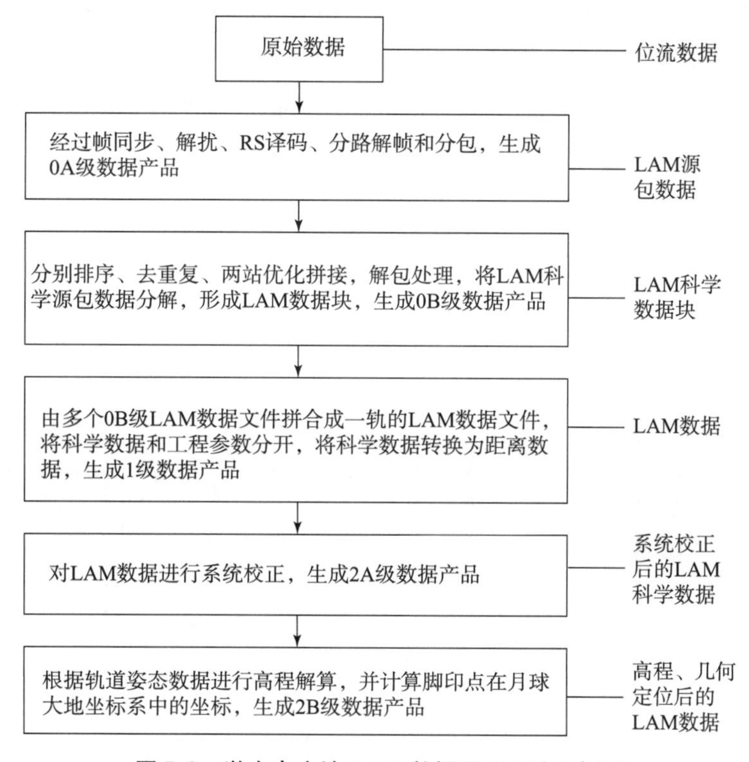

图 5.3　激光高度计 LAM 数据预处理流程框图

激光高度计数据首先经过 0A 级处理，从星上下传的原始数据中分类出激光高度计源数据包；0B 级处理，将不同接收站接收到的源数据包进行优化拼接，得到质量较好的源数据包；再经过 1 级处理，主要是进行物理量转换，给每个测距数据添加时间码等辅助信息，为后续数据处理做准备，1 级数据处理结果是最原始的激光高度计测距数据，没有任何剔除；2A 级数据处理对测距数据进行系统校正，并剔除超过仪器探测范围的无效测距值；最后是 2B 级数据处理，进行几何定位，利用卫星轨道和姿态等数据为 2A 级产品中的每个测距数据添加月表定位信息，并解算月表高程值，2B 级数据处理不进行无效数据剔除。星上数据传输下来以 CCSDS 格式存储的激光测高源数据包文件经过 0 级和 1 级数据预处理后，得到最原始的激光高度计测距科学数据序列，包含星上激光高度计所有信息。图 5.4 所示为星上编号为 0384 的 0B 级测距数据情况，这是由源数据包得到的测距值，时间跨度基本上为 1 天，卫星绕月正常运转约 12 圈。据图 5.4 可知，原始数据整体上包含大量地形起伏的变化信息，但也存在一些大的异常跳变和噪声，这种大的跳变值基本上是常数。结合仪器性质可知，这些大的跳变是由仪器本身的特性造成的，均为无效数据，因此进行数据预处理前要对数据的有效性进行判断。

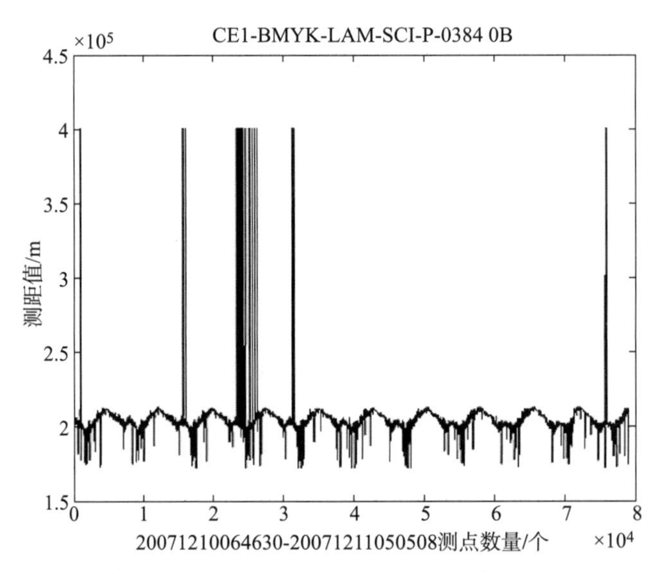

图 5.4　编号 0384 激光测高数据经数据分包后 0B 级数据情况（中科院上海技术物理所）

数据的有效性可以通过两种方式来判断：一是根据工程参数数据文件以及配置文件中对无效数据的判断范围对相应的科学数据进行有效性判断，并进行标识；二是结合信道仪器记录的数据质量因子来判断。凡是测量距离小于最小可测距离值或大于仪器的最大探测能力值的数据均为无效数据，并且对质量因子较差的值均予以剔除。

在进行无效数据剔除之后，需要根据激光测高计定标情况，对测距值进行系统误差修正和测距偏差修正。首先进行由星上晶振引起的系统误差修正，修正因

子为 c，其大小为 0.964 5，是综合了地面测量结果得到的常系数值。在同一条件下，激光高度计多次测量同一目标时会有测距偏差，通过地面定标得到的“嫦娥”1 号激光高度计的系统偏差修正系数为 $s = 15.0$ m。具体修正公式如式（5.3）和式（5.4）所示，其中 H 表示 1 级数据产品的距离值，HH_1 表示系统误差修正后的值；HH_2 表示系统测距偏差修正后的距离值；图 5.5 表示无效数据剔除、系统误差和测距偏差修正前后的测距值比较。经过校正后的测距值整体上比原始测距值小，测距值整体上呈现出月面地形特征，但还是存在很多噪声和伪高程信息。虽然剔除了仪器参数规定的无效数据，但相比月面正常地形起伏（根据“Clementine”结果，月面的高程起伏在 ±8 km 左右）和“嫦娥”激光高度计正常工作轨道（200 ±25）km 来说，有些测高值过于偏大（大于 250 km）或过于偏小（小于 170 km）。除了系统带来的误差外，测距值还受到轨道、姿态和月球本身地形的影响，因此测距数据是否有效，还需要结合卫星轨道、姿态以及月球实际地形对激光高度计的影响进行综合判断。

$$HH_1 = H \cdot c \tag{5.3}$$

$$HH_2 = HH_1 - s \tag{5.4}$$

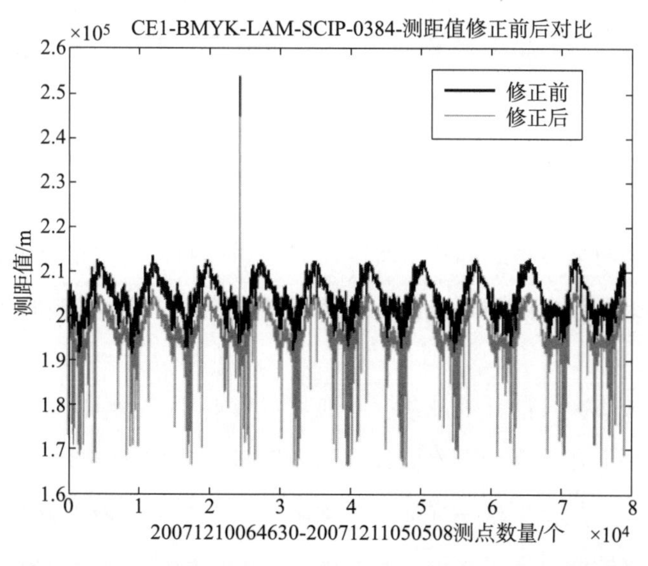

图 5.5　编号 0348 无效数据剔除、系统误差和测距偏差修正前后测距值比较

3. 月面高程解算

为了获得月球全球地形数据序列，需要结合“嫦娥”1号卫星的精密轨道和姿态时间数据序列，根据图5.2所示的高程解算原理进行求解。其中星下点的位置信息由精密轨道和卫星姿态来提供，解算中选择半径为1 738 km的正球体表面作为月面高程基准面。

激光高度计测距点基本以1 s为间隔，而实测的精密轨道星历和姿态数据序列时间间隔均远大于1 s，因此首先需要对精密星历和姿态数据进行内插，将其匹配到测高数据时间点上，从而确定测高时刻卫星相对月心的位置 $\boldsymbol{R}_S$ 和卫星的 z 轴方向 $\boldsymbol{u}$。在给定弧段内，卫星精密星历具有较好的连续性，本章采用轨道内插中常用的分段埃尔米特（Hermite）插值法对精密轨道星历进行内插，可保证有效精度。卫星3个欧拉角（滚动角、俯仰角、偏航角）及其对应的四元素有其特殊的变化特性，本章是利用求定两两四元素旋转速度的方法对四元素进行内插，利用四元素得到对应时间点上的姿态转换矩阵，进而得到卫星 z 轴在惯性空间的方向，从而确定激光高度计当前时间激光束的发射方向 $\boldsymbol{u}$。利用式（5.1）可求出星下点在月球惯性系下的位置 $\boldsymbol{R}_G$（卫星精密星历和姿态数据均在月球惯性系下给定），要得到星下点的高程，需要将 $\boldsymbol{R}_G$ 从月球惯性系转换到月固坐标系，从而得到星下点在月固坐标系下的经度、纬度和月心距离。激光高度计获取的最终探测数据在地面应用系统数据预处理中，依据轨道情况依次进行编号，其中第一轨被编号为0242轨道号。图5.6所示为第0249轨对应时间点上经过系统校正后的测距值与卫星参考于平均半径1 738 km的径向高度值。在一个轨道周期内，测距值与卫星径向高度值之间符合程度较好，均有明显的轨道周期性，地形剖面线左边为南极，右边为北极，根据历史月球资料判断，反映的地形起伏趋势正确。

为了更好地描述月面地形起伏，一般将星下点的月心距离归算到某个等效的物理参考面，如大地水准面，在月球上也可以选择一个月球水准面（Selenoid），虽然这个参考面不能像地球一样通过平均海平面来定义，但可以给出这样一个参考水准面条件，即同月面最逼近，与月球地形表面最符合的重力等位面。月球实际形状和重力场的特点决定了月球水准面总体上呈球形，选择平均半径为1 738 km的正球体作为月球水准面，月面高程即星下点到该水准面的垂直距离。

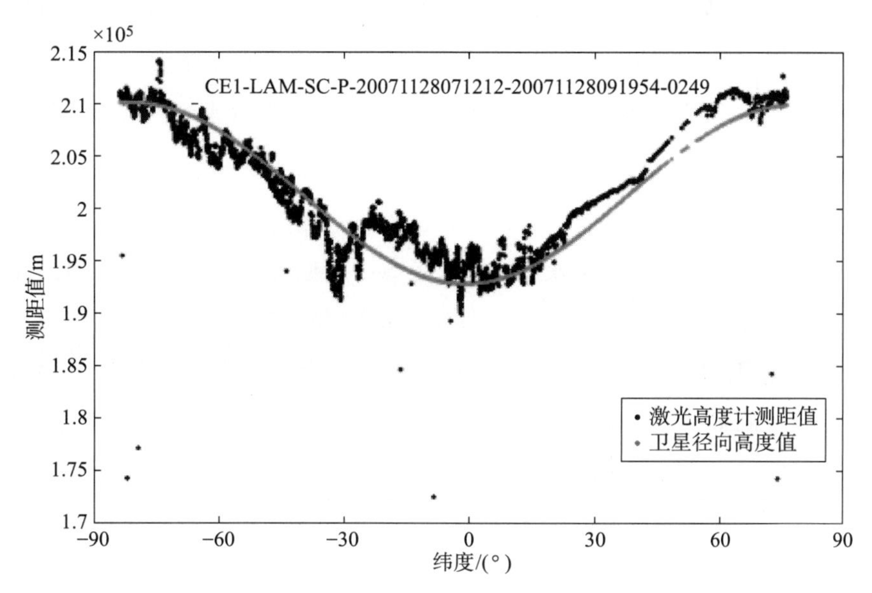

图 5.6　第 0249 轨激光高度计测距值与卫星参考于平均半径 1 738 km 的径向高度值比较（卫星自南半球向北半球飞行）

将得到的月心距离值换算到月球水准面上，得到相对于水准面的值定义为月面高程值。图 5.7 所示为利用“嫦娥”号上的激光高度计实测数据得到的第 0249 轨的月面高程情况。从图中可以看出，由 0249 轨得到的月面高程值基本上

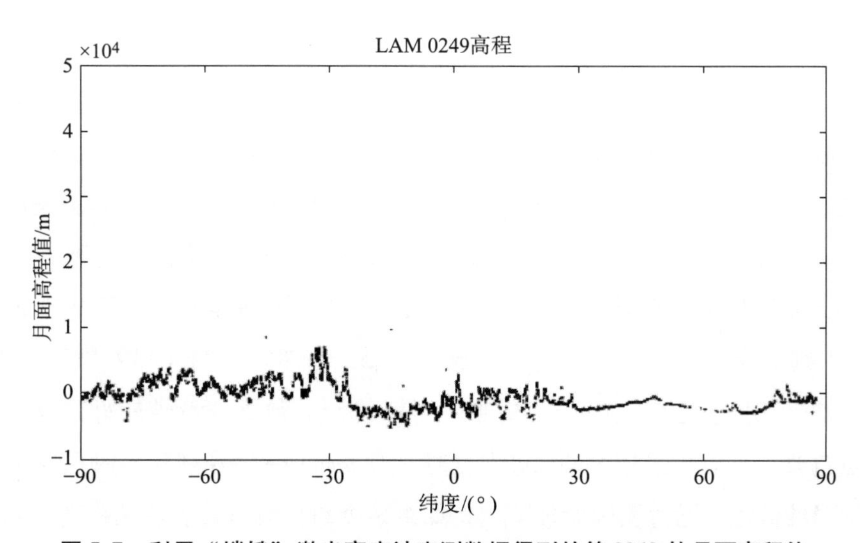

图 5.7　利用“嫦娥”激光高度计实测数据得到的第 0249 轨月面高程值

在 ±1 km 范围，地形剖面变化与实际情况相当，南半球多坑，地形变化较复杂，北半球多月海，地形变化较缓慢。图中有些高程点的弥散度较大，但是否是无效数据或伪高程，需要结合现有月面地形模型和实际测量情况做进一步的数据分析。

4. 月面高程滤波

星上激光高度计平均 1 s 触发一组激光脉冲，通过星上计算机控制激光回波脉冲与发射脉冲之间的时间延迟以及激光回波脉冲的能量来综合确定测距值及其有效性。激光回波脉冲与激光光斑内的月面地形特性具有较大关系，光斑内地形起伏较大时，脉冲波形会发生畸变（或裂变），得到的测距值就有可能是伪高程。对测距值进行过无效数据剔除、系统误差和测距偏差修正、轨道和姿态校正后，如果认为月面反照率的影响为小量，那么图 5.7 中较大的弥散点就有可能是由仪器与地形的特殊关系所导致。

“嫦娥”1 号卫星以 1.6 km/s 的速度在 200 km 高月球圆极轨上飞行，沿迹方向相邻两激光测距点对应的卫星星下点水平距离约为 1.4 km。1994 年，“Clementine”号上的激光测距给出月球地形的动态距离范围是 16 km，最深的区域低于平均参考球面（半径 1 738 km）8.2 km，在南极艾特肯盆地（180°E，56°S）；最高的地形区域高于平均参考球面 8 km，在月球背面科罗廖夫环形山（205°E，5°N）以北的高地。“Clementine”号激光测高的径向误差为 130 m[57]，因此由“Clementine”号给出的月球参考于平均半径 1 738 km 的高程范围在 ±9 km 以内。“Clementine”号激光测距得到的 16 km 月球地形动态距离，比早期“阿波罗”号激光测量、地基雷达和边缘测量要大 30%，这个差异主要是由于“Clementine”号有更好的覆盖和更全的月球背面地形信息。由于“Clementine”号激光测量覆盖了月表大部分区域，在有观测的地方，后继月球探测器的激光测高结果与“Clementine”号相差不会太大。因此，给出 30% 的不确定度，高程绝对值超过 11 km 即判定为伪高程。对于连续的观测弧段，相邻两点的高程差异不会太大，应该在某个置信值之内，由于“嫦娥”号激光测高数据连续性较好，弥散度较大的点比较少，无须采用 Smith 等在处理“Clementine”号高程值时用到的随机游走地形滤波法。通过实际验证证明，如果某个高程值与其前后的距离差均大于 4 km，就认为该点是无效的。对所有轨的高程序列进行 11 km 范围内和沿迹高程差判断，并对相应的伪高程进行剔除，效果较好。图 5.8 显示了第 0249 轨经过数据平滑后的月面高程情况，伪高程得到了有效剔除，高程数据序列较干净，反映地形信息清晰。

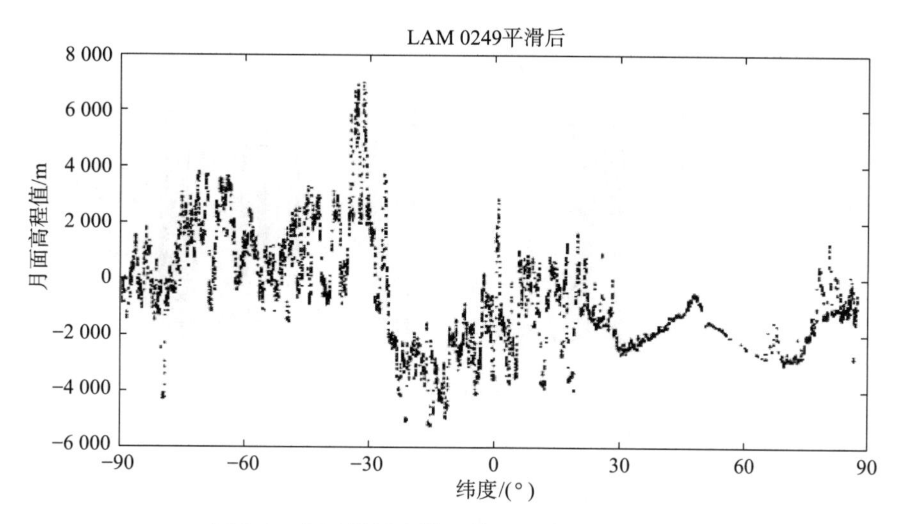

图 5.8　经过数据平滑后第 0249 轨月面高程值

“嫦娥”1 号第一个正飞工作段是 2007 年 11 月 20 日至 2008 年 1 月 26 日。在经过为期一周的卫星健康检查后，激光高度计于北京时间 2007 年 11 月 28 日凌晨正式开机，并开始成功获取观测数据。虽然激光高度计的工作模式为除月食期间外全天候连续工作，但由于频繁的星上大容量存储器异常断电，会导致激光高度计部分的科学探测数据丢失。此外，在“嫦娥”1 号卫星进行轨道维持期间，激光高度计也无法正常获取数据。有些弧段由于没有相应的跟踪数据，卫星轨道弧段不完整，因此实际处理中将不考虑无轨道信息的测高数据。在 0243 ~ 0878 轨这 636 轨中，因轨道控制和大容量存储器异常断电损失了将近 170 轨数据。有些弧段轨道信息未知，因此有 7 轨测高数据未处理，最后共有 455 轨有效数据参与计算。据图 5.6 可知，“嫦娥”号激光高度计获得的星下点距离值连续性较好，地形特征明显，伪高程值较少。图 5.9 所示为利用月面高程数据平滑方法对高程序列进行处理后 0243 ~ 0878 轨的数据剔除情况，除 0245 轨外，其他轨剔除的点数均少于 30 个。正常情况下，单轨测距记录数均大于 7 000 点，因此高程数据平滑中对数据的剔除较少，一般远小于 1%，基本上保留了原始有用的观测量信息。

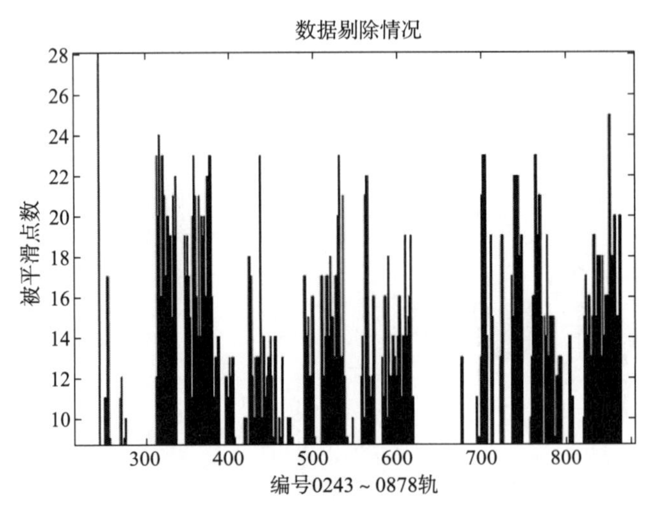

图 5.9　沿轨迹数据平滑方法对月面高程序列进行处理后 0243～0878 轨的数据剔除情况

对所有 455 轨测高数据 500 多万个测高点进行无效值和伪高程剔除后，共得到约 321 万个有效高程点，组成了“嫦娥”1 号月球全球高程序列。著名的莫斯科海位于月球背面（149°E，20°N），Konopliv 等已经证明该撞击坑具有典型的质量瘤特征，且拥有正的呈圆形的自由空间重力异常。图 5.10 所示为连续 4 轨经过莫斯科海撞击坑的高程序列图，横轴为纬度，纵轴为参考 1 738 km 的月面高程值。轨道编号从 0253～0256，第一幅剖面图沿经度 152°E，跨越北纬 15°～36°；后 3 幅分别沿经度 151°E、150°E 和 149°E，均跨越北纬 15°～41°；图 5.10 中自东往西、由南到北清晰地反映出莫斯科海撞击坑的内部剖面及其边缘细部结构形态。

由于“Clementine”号有效数据点比较少，加上大椭圆轨道，很少有某一轨能完全沿同一经度进行高程测量。图 5.11 显示了“嫦娥”1 号第 0256 轨和“Clementine”号第 246 轨分别沿 149°E 经过莫斯科海撞击坑的地形剖面图。“Clementine”号激光测高实测数据未经过姿态改正，两者存在一定的点位误差，无法做到完全比对。据图 5.10 可以看出“嫦娥”1 号获得的地形剖面与“Clementine”号的实测高程值得到的地形剖面线总体趋势相同，“嫦娥”1 号地形边缘细节较清晰，数据量较丰富，在撞击坑部分具有较好的一致性，但还存在

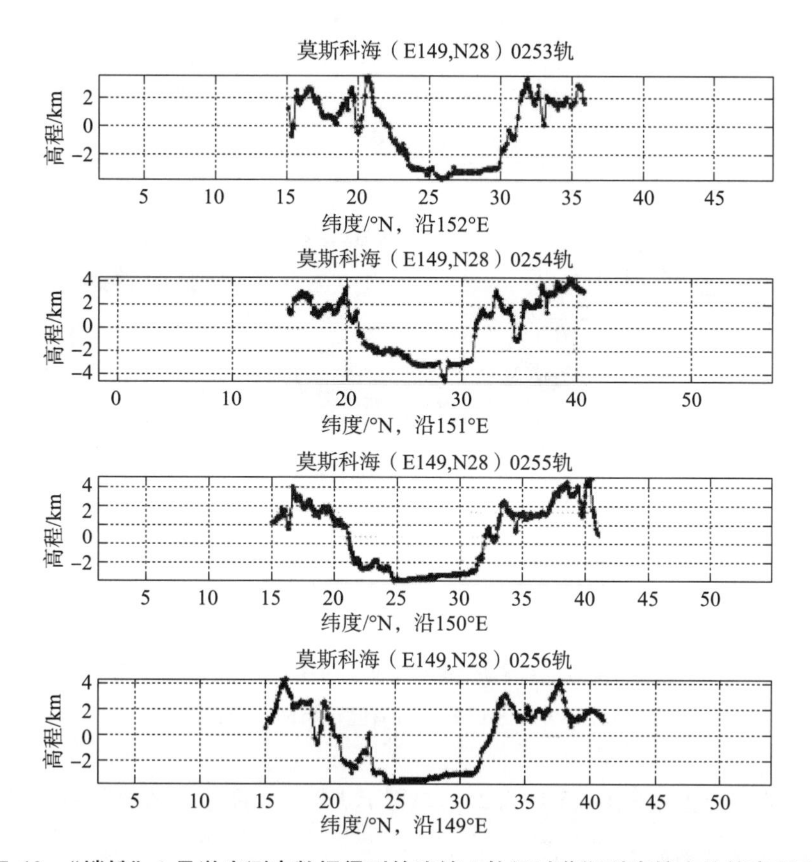

图5.10　“嫦娥”1号激光测高数据得到的连续4轨经过莫斯科海撞击坑的高程序列

一定的点位差异。

5.2.3　月球高程模型建立

利用2007年11月27日至2008年1月22日第一次正飞阶段约两个月的有效激光测距值，结合精密轨道和姿态数据得到的约321万个有效月面高程点，组成了月球全球高程序列。由于这些经度、纬度和高程序列均是离散的数据点，没有规则性和系统性，不便于用户灵活使用，因此，在尽可能包含所有原始地形信息的情况下，一般选择采用规则格网和球谐函数展开的方法来表达月面地形[58]。

1. 格网和球谐函数地形模型

本节根据实际测高数据采样间隔（沿赤道区域分辨率为7～8 km，越往两极数据空间分辨率越高），利用最小曲率格网法[59]将平滑处理后得到的300多万个

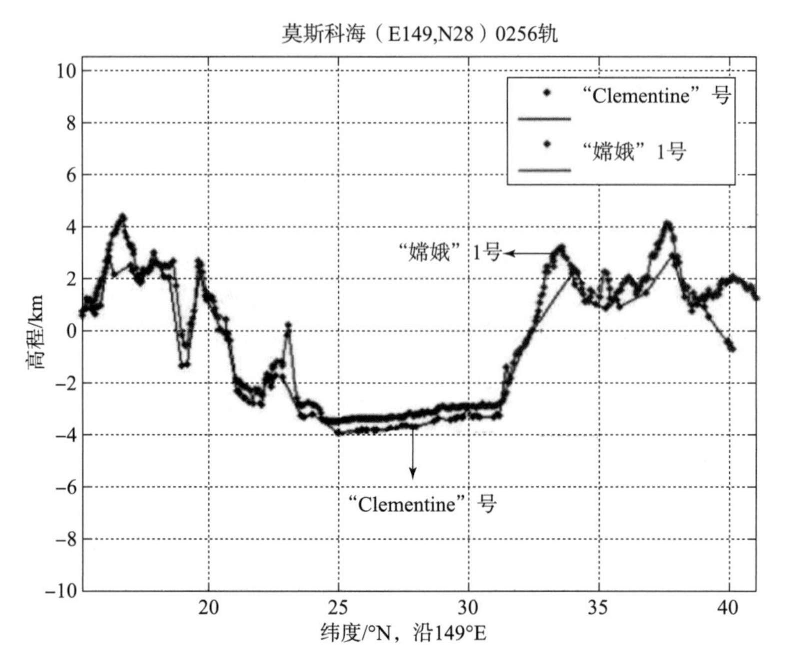

图 5.11 "嫦娥"1 号第 0256 轨和"Clementine"号第 246 轨分别沿 149°E 经过莫斯科海撞击坑的地形剖面图

月面高程数据点汇集成0.25°×0.25°全球均匀格网。月球全球地形高度 H 可按以下公式进行球谐函数展开，即

$$H(\lambda,\varphi) = \left[\sum_{l=1}^{N}\sum_{m=0}^{l}\bar{P}_{lm}(\sin\varphi)(\bar{C}_{lm}\cos m\lambda + \bar{S}_{lm}\sin m\lambda)\right] \tag{5.5}$$

式中，φ 和 λ 分别为月心坐标系中高程点的经度和纬度；$\bar{P}_{lm}$ 为 l 阶 m 次规则化联合 Legendre 函数；$\bar{C}_{lm}$ 和 $\bar{S}_{lm}$ 分别为规则化的球谐函数系数[60]（m），该系数提供了月球全球地形分布信息。

考虑到"嫦娥"1 号激光高度计数据分辨率和月面地形实际情况，取最大阶次为 $l=360$，利用式（5.5）将 0.25°×0.25°全球格网数据进行球谐函数展开，得到基于"嫦娥"1 号激光高度计的 360×360 阶次月球全球球谐函数展开地形模型 CLTM－s01（Chang'E－1 Lunar Topography Model s01）。

图 5.12 所示为由 CLTM－s01 模型得到的全月面地形图。其中高程值均参考于月球平均半径 1 738 km。左上图为北半球，纬度为 55°N～90°N，右上图为南半球，纬度为 55°S～90°S，为立体照相等方位角投影；下图为月球 60°S～60°N

等圆柱投影，中央投影经度为180°E。本模型首次直接利用激光高度计测距值得到月球两极地形图，从图中可以清楚地分辨出月球各种类型的地形和地貌特征，如月球正面广阔的月海、月球背面大大小小且密密麻麻的撞击坑等。图中深蓝色部分为著名的南极艾特肯盆地，是目前确认的太阳系中最大最深的撞击盆地，红色部分为月球上的高地，占据了月球背面大部分面积。根据CLTM－s01模型，确认月球上最深位于南极艾特肯盆地（211.375°E，61.375°S）区域，深度达9.23 km；最高位于SPA北部高地区域，位于科罗廖夫环形山（157°W，4.5°S）以北（201.375°E，5.375°N）地区，高出平均参考球面约9.84 km，均大于“Clementine”号激光高度计给出的±8 km高程变化值。

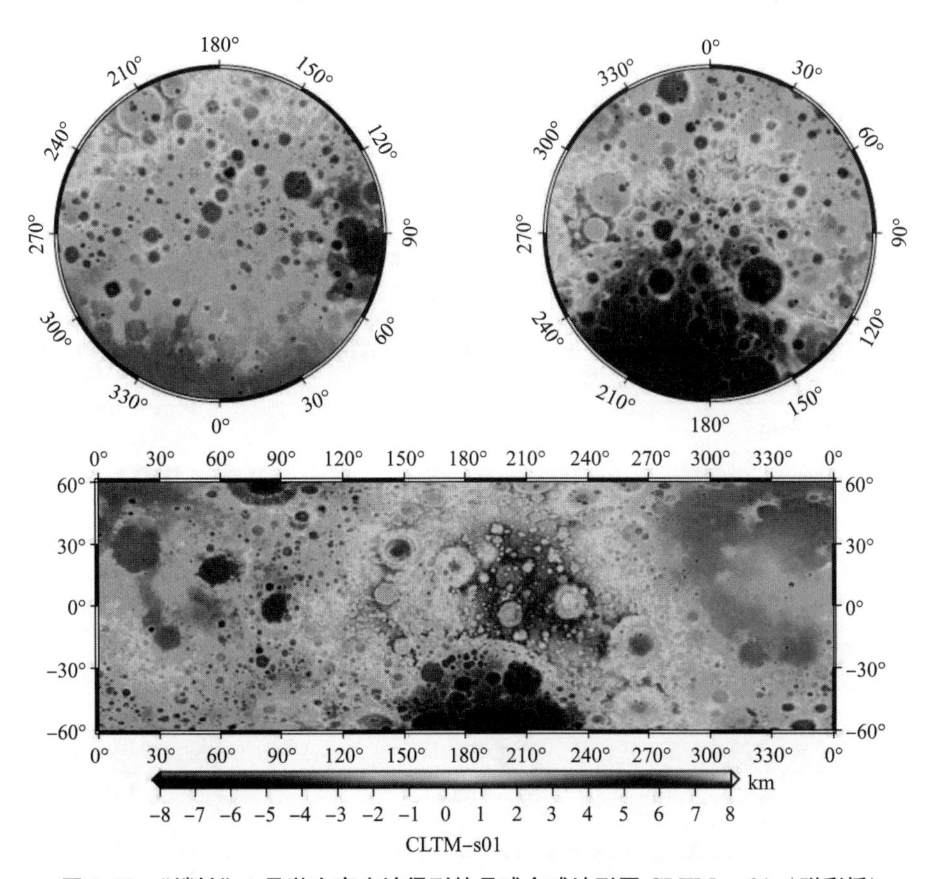

图5.12 “嫦娥”1号激光高度计得到的月球全球地形图CLTM－s01（附彩插）

月球表面非常重要的特征就是其正面和背面地形的巨大差异性。图5.13所示为每隔0.5 km对全月球、月球正面和月球背面高程值的统计图。据图5.13可知，月面总体上以 −6～+4 km 尺度的地形结构居多，全月球和正面高程统计曲线中的突起主要是由月面上大面积平坦的月海造成，这些月海几乎全部分布在月球正面，可以用来定义月球的等位面。而月球背面地形起伏较大，多高山和盆地，且月球上地势最高和最低区域均发生在背面。这种月球的正面和背面巨大的地形构造差异，体现了月球地形明显的二分性。

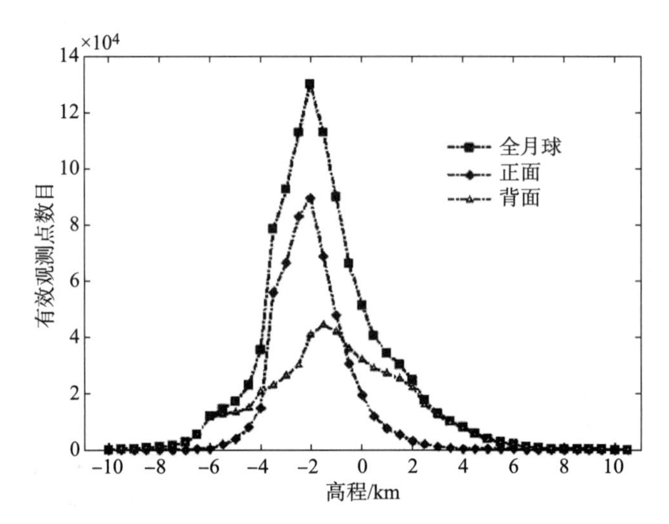

图 5.13 利用 CLTM－s01 模型以 0.5 km 为间隔对全月球、月球正面和背面高程值的统计

2. 误差分析

表 5.3 列举了 CLTM－s01 月面高程计算中主要的误差源及其影响值，除了激光高度计、飞行器轨道和姿态的影响外，还考虑到激光束在临界倾斜状态 15°左右由月面光斑点大小带来的高程误差为 5 m，假设各个误差分量彼此独立，得到的总高程误差小于 31 m。

表 5.3 计算月表高程的主要误差源

误差源	近似值/m	注释
激光高度计	<5	测量值/3σ
径向轨道	<30	计算值/3σ
卫星指向/姿态	<1	观测值/3σ
光斑点	<5	估计值/3σ
总计	<～31	

3. 地形模型对比

基于“嫦娥”1号卫星激光测高观测的全月球地形模型 CLTM - s01，无论在数据覆盖、高程测量精度还是空间分辨率上，均较以往全月球模型具有较大改进。测量精度由“Clementine”号 LIDAR 的 130 m 提高到 31 m，空间分辨率从沿纬度方向约 20 km 和沿经度方向 60 km 分别提高到约 1.4 km 和 7.5 km，CLTM - s01 模型能有效地分辨出月球的各类地形特征，如撞击坑及其边缘结构、月面高地等。

1）高程数据覆盖

图 5.14 所示为“嫦娥”1 号和“Clementine”号激光测高星下点覆盖图，图中白色条痕区域表示无数据覆盖或数据覆盖密度较稀疏。“Clementine”号激光测高仅有 72 548 个有效点，不到“嫦娥”1 号激光测高数据的 2%，数据空间分辨率较低，且缺少极区 ±75°以上区域的有效观测数据。在月球背面，“Clementine”号还存在很大的数据空白区，正面也缺失部分数据。因此，“Clementine”号的激光测高数据得到的全月球地形模型不完善。从图 5.14 中可以看出，“嫦娥”1 号激光测高数据全球覆盖较好，大部分区域有多次覆盖，极少部分区域数据覆盖稍稀疏，但均能相当清晰地反映出月面地形情况。

2）月球基本形状参数

球谐函数模型的低阶项与月球的基本形状参数相关联。0 阶项代表了月球的平均半径，1 阶项提供了月球的形状中心（Center Of Figure，COF）和质量中心（Center Of Mass，COM）的偏差，2 阶项显示出月球的形状扁率。结合 CLTM - s01 球谐函数和格网模型，得到月球平均半径为（1 737 013 ±2）m，比早期 GLTM2 模型给出的月球平均半径（1 737 103 ±15）m 略小。利用格网模型进行旋转椭球拟合得到的月球平均赤道半径为（1 737 646 ±4）m，极半径为（1 735 843 ±4）m，由此得到的月球形状扁率 $1/f$ 为 1/963.752 6。而由 GLTM2 得到的月球平均赤道半径为（1 738 139 ±65）m，极半径为（1 735 972 ±200）m，月球形状扁率 $1/f$ 为 1/802.094 6，均比 CLTM - s01 稍大；但 CLTM - s01 受到月球两极激光测高的约束更强，数据可信度更高。通过计算得到的月球形状中心和质量中心沿月球旋转轴方向以北有 0.237 km 的偏差，沿月固坐标系的 x 和 y 方向分别有 -1.777 km 和 -0.730 km 的偏差，该偏差主要沿地月连线方向，与 GLTM2 模型得到的沿 x、y 和 z 方向的（-1.74，-0.75，0.27）km 结果相当。

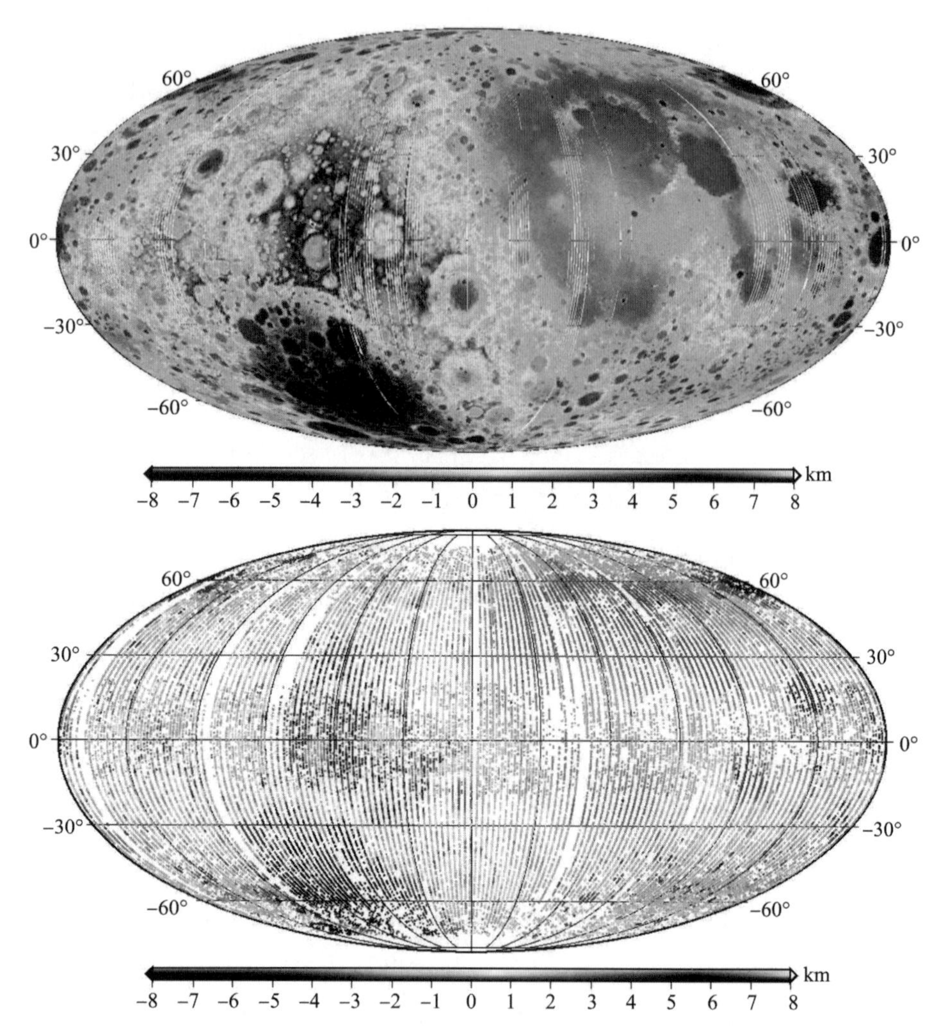

图 5.14 "嫦娥" 1 号（上）和 "Clementine" 号（下）激光测高数据星下点覆盖图
（选用摩尔魏特投影，中央经度为 270°E，图左边为月球背面，右边为月球正面）

表 5.4 列举了由上述两种模型得到的月球基本形状参数。

表 5.4 全月球不同地形模型基本参数比较

参数	CLTM - s01	GLTM2
平均半径/m	1 737 013 ±2	1 737 103 ±15
平均赤道半径/m	1 737 646 ±4	1 738 139 ±65
极半径/m	1 735 843 ±4	1 735 972 ±200
形状扁率 $1/f$	1/963.752 6	1/802.094 6
COF/COM 偏差/km	（-1.777，-0.730，0.237）	（-1.74，-0.75，0.27）

3）月球极区地形

ULCN2005（The Unified Lunar Control Network 2005）[61-62]是 USGS 最新得到的统一月球控制网模型。该模型利用了所有历史照相数据，如地基照相、“阿波罗”号、“水手”10 号、“伽利略”号和“Clementine”号立体照相等，根据这些照相数据得到了 272 937 个月面控制点，Wieczorek 将其进行球谐函数展开到 359 阶次，得到 ULCN359 模型。

图 5.15 显示了不同月球模型 CLTM-s01、ULCN2005 和 GLTM2 在 ±65°以上极区地形分布情况。GLTM2（右）在 ±75°以上基本没有数据覆盖，利用数学内插得到的地形结果较差，无法有效分辨出地形特征。ULCN2005（中）利用照相数据基本给出了 ±65°以上极区地形，但相比 CLTM-s01 模型（左），数据分辨率也较差，特别是在南极中心区域基本没有数据覆盖。基于“嫦娥”1 号卫星激光测高得到的月面高程模型 CLTM-s01 在极区有较好的数据覆盖，能较清晰地分辨出月球上各种中小尺度的地形结构。

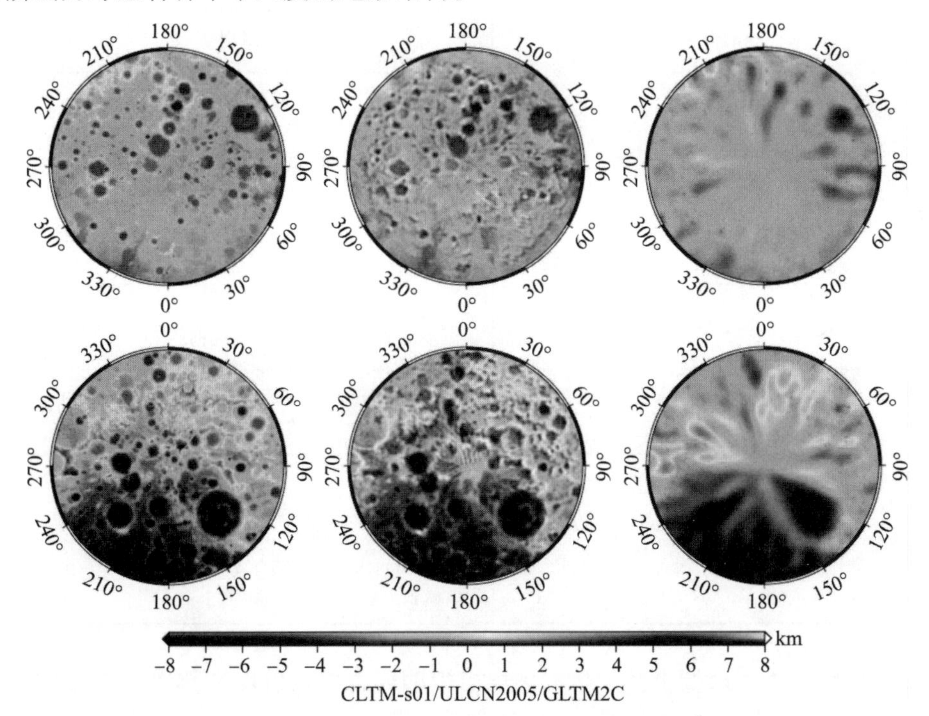

图 5.15　不同月球模型极区 ±65°以上地形图（从左向右依次为 CLTM-s01、ULCN2005 和 GLTM2 模型，均基于立体照相等方位角投影）

4）全月球高程模型对比

表5.5对“嫦娥”1号的CLTM－s01模型和GLTM2模型、“Clementine”号早期月球地形模型[63]以及ULCN2005和USGS2002[64]高程序列的数据情况进行了统计分析。从表中可以看出，CLTM－s01模型激光测高观测量更多（超过300万个有效点），空间分辨率更高（约7 km），全月球月表高程精度更高（径向误差小于31 m）。

表5.5 全月球不同地形模型统计比较

参数	Bills & Ferrari	GLTM2	USGS2002	ULCN2005	CLTM－s01（本模型）
观测值个数	5 631 Apollo 激光测距；12 342 在轨照相；31 地基跟踪；3 311 边缘剖面测量	72 548 Clementine 激光测距	72 548 Clementine 激光测距；1 724 872 Clementine 63°以上南极照相点；1 437 368 64°以上北极照相点	Clementine 激光测距；早期地基、阿波罗、水手10、伽利略、Clementine 照相	3 214 489 嫦娥激光测距
总观测数	21 999	72 548	3 234 788	272 931；43 866幅照片	3 214 489
格网空间分辨率	5°，约150 km	2°，约60 km	无	无	0.25°，约7 km
球谐函数阶数	12×12	72×72	无	无	360×360
高程径向精度	约1 km	约130 m	测高约130 m，照相约180 m	约130 m，照相约500 m	约31 m
激光高度计测量值覆盖	Apollo 26°S～26°N	79°S～81°N	Clementine 79°S～81°N	Clementine 79°S～81°N	90°S～90°N
沿迹方向分辨率	30～43 km	>20 km	>20 km 内插到1 km	约6.8 km，内插到1 km	>1.4 km
垂直于轨迹方向分辨率	不明确	约60 km	约60 km，内插到1 km	约6.8 km，内插到1 km	约7 km

通过比较不同模型不同阶次的球谐系数的能量谱，可以反映出不同地形模型对不同尺度地形的响应情况。图5.16所示为CLTM－s01与MoonUSGS359、ULCN359和GLTM2c的球谐系数能量谱对比。其中，MoonUSGS359和ULCN359

分别是利用 USGS2002 和 ULCN2005 得到的 359 阶次球谐函数展开模型，GLTM2c 是利用“Clementine”号激光测高序列得到的 90 阶次模型。据图 5.16 可知，CLTM - s01 的地形功率谱能量均高于其他 3 个模型，其中 GLTM2c 仅使用“Clementine”的测高数据，虽然与 CLTM - s01 能量谱符合较好，但在 70 阶次后两者发生分离，主要是因为 GLTM2c 缺少月球两极的高程信息。MoonUSGS359 采用了“Clementine”的测高和极区照相外推数据，ULCN359 利用了历史上所有地基和在轨的照相数据，两者从 25 阶次开始，功率谱能量均比 CLTM - s01 低，可能是由于缺少月球极区的高程数据，且利用平面照相数据反演高程存在很大的地形信息失真问题。

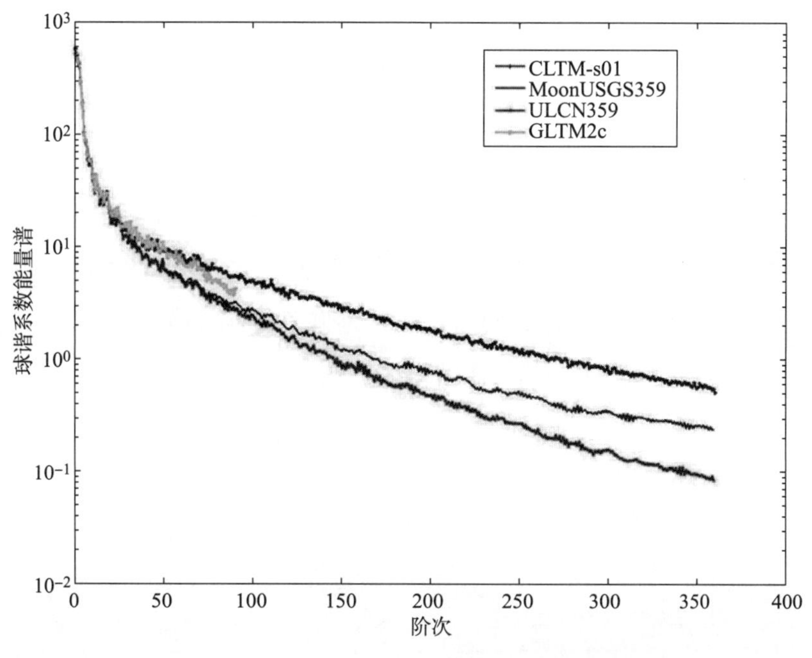

图 5.16　CLTM - s01 与月球不同地形模型能量谱比较

5.2.4　地形模型改进

CLTM - s01 模型的建立仅采用了“嫦娥”1 号第一次正飞阶段约 300 万个高程点。随着“嫦娥”1 号任务的执行，已采集到更多的激光测距值。截至“嫦娥”1 号任务结束，大约获取了将近 912 万个探测数据，李春来、蔡占川[65]等分别利用这些数据点建立了月面高程模型，给出高程测量精度为60 m、平面定位精度为445 m，整个模型的空间分辨率约3 km，较CLTM - s01模型在数据覆盖上有较大提高。与“嫦娥”1号同时期运行的日本“Kaguya”飞行器上搭载的激光高度计也对月面进行了高精度的高程测量，并公布了月球高程模型STM359_ grid - 02[66]。下面通过对不同地形模型进行比对，寻找在激光高度计数据处理和地形模型建立中可能存在的误差和影响源，并进一步探讨对“嫦娥”1号地形模型进行改进的方案。

1. 模型存在的问题

首先对CLTM - s01和STM359_ grid - 02（简称STM359）两个格网模型进行高程比对，结果如图5.17所示。两模型在大部分区域上具有一致性，在月海区域平均高程差约130 m，很明显在某些区域高程呈现一定的条带性差异，最大差值超过500 m。为了解释这种差异的来源，本节同时比对了CLTM - s01和ULCN2005的地形差异（图5.18），从图中可以看出，CLTM - s01与早期模型在地势比较平坦的区域，如正面月海区域的差异较小，大约120 m。另外，将球谐函数模型进行了比对，表5.6给出了不同模型的平均半径以及COF/COM偏差比较。可以看出CLTM - s01和STM359的平均半径有约140 m的差异，前者与ULCN2005模型一致，后者与GLTM2c模型一致，目前还不能直接判断在月海区域这种百米左右的差异是由哪个模型导致。美国NASA月球探测卫星LRO搭载

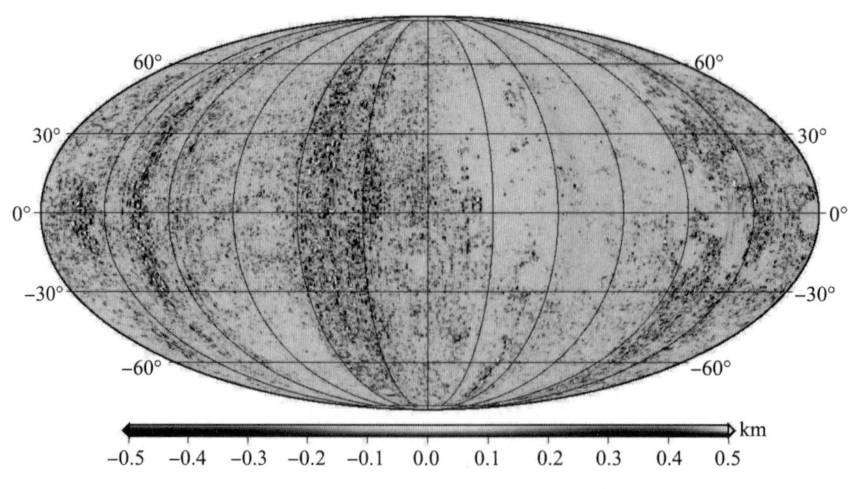

图5.17 CLTM - s01与STM359地形模型的高程格网比对

了高频率的激光高度计LOLA，自2009年升空以来一直在对月球进行全月表的激光探测，本章利用最新发表的LOLA720模型，比较了不同模型的差异。从图5.19中可以看出，STM359和LOLA720模型在月海区域的差异较小，平均值差约2 m，因此这种系统性的约140 m高程差异主要由“嫦娥”1号本身引起。

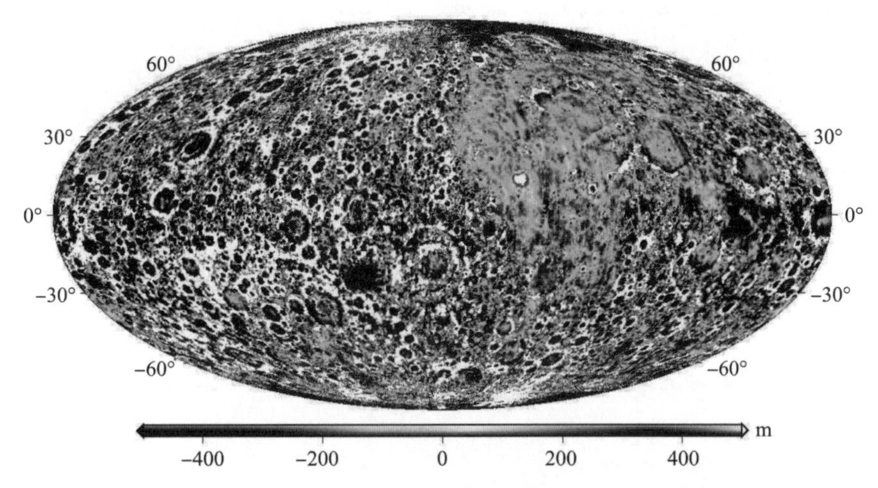

图5.18　CLTM－s01与ULCN2005地形模型的高程格网比对

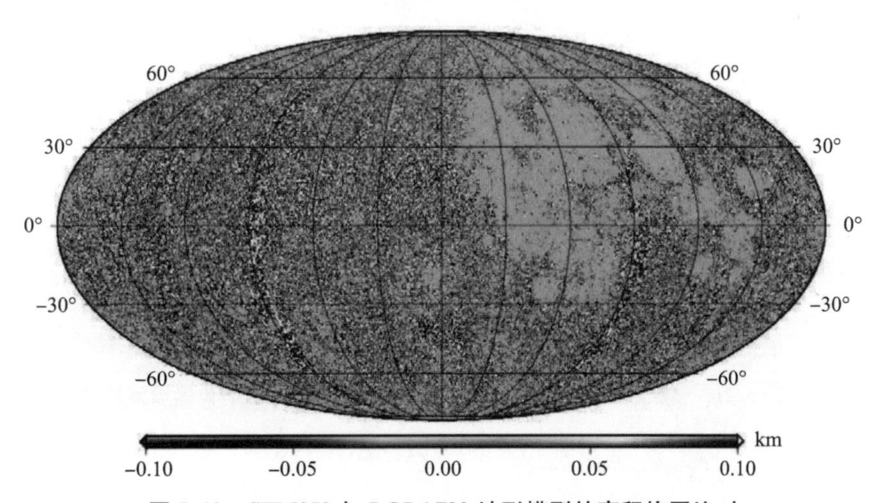

图5.19　STM359与LOLA720地形模型的高程格网比对

表 5.6 不同地形模型得到的月球形状参数

模型	平均半径/km	形心/质心偏差/km	形心/质心偏差（经度）	形心/质心偏差（纬度）
CLTM - s01	1 737.01	1.94	202.3	7.0
STM359	1 737.15	1.93	202.4	7.1
ULCN2005	1 737.03	1.87	203.2	7.9
GLTM2c	1 737.13	1.93	202.5	7.0

在图 5.17 中，一些撞击盆地，如正中心的东海盆地边缘，存在正负交替的地形差异，这种差异在火星激光高度计 MOLA 探测中也有发现。主要是由于激光高度计搭载的计时器随时间存在漂移的问题。“嫦娥”1 号激光高度计在实际测量过程中，采用了两级星 - 地时间同步，第一级是地面与卫星平台的晶体振荡器同步，第二级是探测器载荷内置的晶体振荡器与探测器平台的晶体振荡器同步。如图 5.20 所示，由于晶体振荡器随时间存在漂移以及特定时间同步策略，导致测量数据中存在显著的时间漂移和跳动现象，因此需要采用合适的方法对这种时间漂移进行标校。

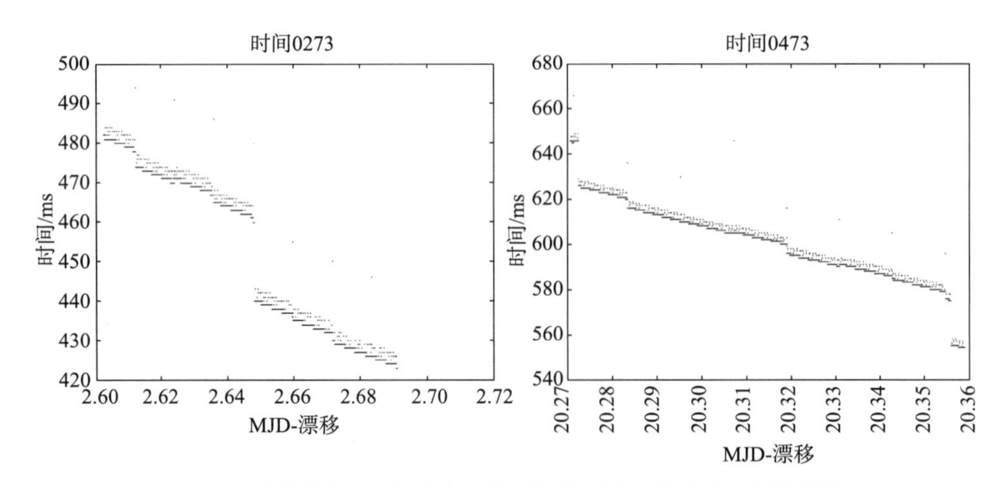

图 5.20 “嫦娥”1 号激光高度计时间比对出现的跳动和晶振漂移

2. 模型改进方案

“嫦娥”1 号用于定轨的重力场模型是早期精度最高的 LP150Q 模型，但是该模型缺少背面的重力场信息，轨道在背面的不确定度较大。“嫦娥”1 号在运行过程中，进行了多次轨道调整，图5.17中地形高程沿轨迹差异主要来自轨道问题。日本“Kaguya”号利用四程Doppler方法得到了预期的SGM系列重力场模型[67-68]，它的轨道控制特别是对背面结果有较大改进。在地形模型SGM359中，轨道带来的误差远小于“嫦娥”1号的定轨误差[69]。另外，LOLA也采用了日本重力场模型进行精密定轨，轨道径向误差小于1 m。因此，可以采用新的SGM全球重力场模型，或者结合“嫦娥”1号跟踪数据的最新CEGM02模型来对“嫦娥”1号轨道进行重新精密处理，以修正由于采用不同的重力场模型带来的轨道差异。在利用“Kaguya”模型对“嫦娥”1号进行重新精密定轨计算后发现，径向高程精度可达1.5 m，条带误差有一定的改进。

关于由于时钟比对和晶振漂移等带来的问题，可以采用线性拟合方法对时标进行修正，结果表明这部分结果对高程影响仅为0.7~1.2 m[70]。由此可见，“嫦娥”1号所测地形和“Kaguya”号所测地形以及LRO地形的这种约140 m的差异更主要来自仪器参数标校。在激光高度计数据预处理中，首先要对测距值进行晶振引起的系统误差修正，是通过测距值乘以修正因子0.964 5得到的，而相对于“嫦娥”1号200 km轨道高度，如果修正因子的确定精度偏差为±0.000 7，便可以带来约140 m的修正误差。如果将该140 m的差异作为常数值，改正到所得到的激光高度计高程结果中，以上差异基本可以消除。

5.2.5 CCD照相数据融合处理

2009年，总装备部李学军团队得到了全月表的CCD立体照相结果，并在此基础上得到全月球的数字正射影像图（Digital Orthophoto Map，DOM）和数字地形图（DEM）。利用立体照相方法得到的是相对高程，结合激光高度计的结果可以进行绝对定标。

1. CCD照相数据融合处理方案

根据“嫦娥”1号的实际情况，可以有以下3种可能的CCD/DEM和激光高度计LAM/DOM融合方案。

（1）直接利用CLTM-s01模型对CCD/DEM模型进行全球校准。但是由于全球DEM是经多轨融合而成，其本身误差较大，不可能通过地形模型的整体校准完全解决。由于时间不一致，CLTM-s01与DEM之间存在水平偏差，导致相关点的高程不准，对水平精度和 DOM 没有改善。

（2）结合原始激光高程数据和 CCD 影像相关的每一轨高程曲线，对每一轨的 DEM 进行校准，然后实现相邻 DEM/DOM 融合。该方法对一轨星下点的处理比较可信，但不能消除水平偏移和融合产生的误差。

（3）结合原始激光高程数据和 CCD 影像相关的每一轨高程曲线，解算与其相关的 3 个姿态角，计算较精确的 DEM/DOM，最后实现相邻 DEM/DOM 融合。该方法可以大幅度提高精度，但工作难度较大。

本节考虑采取第三种方案来实现 DEM 和 DOM 的融合处理。首先对 CLTM－s01 模型与 CCD/DEM 测量中相关的单轨高程进行比对，如图 5.21 所示。蓝色是激光高度计得到的经过莫斯科海的 0243 轨高程数据，根据激光高度计星下点时间和位置信息，提取 CCD/DEM 结果。总体上，CCD/DEM 比激光高度计高程值低，相差约 0.9 km，如果将前者整体加上 0.9 km，两高程曲线可以较好地吻合。

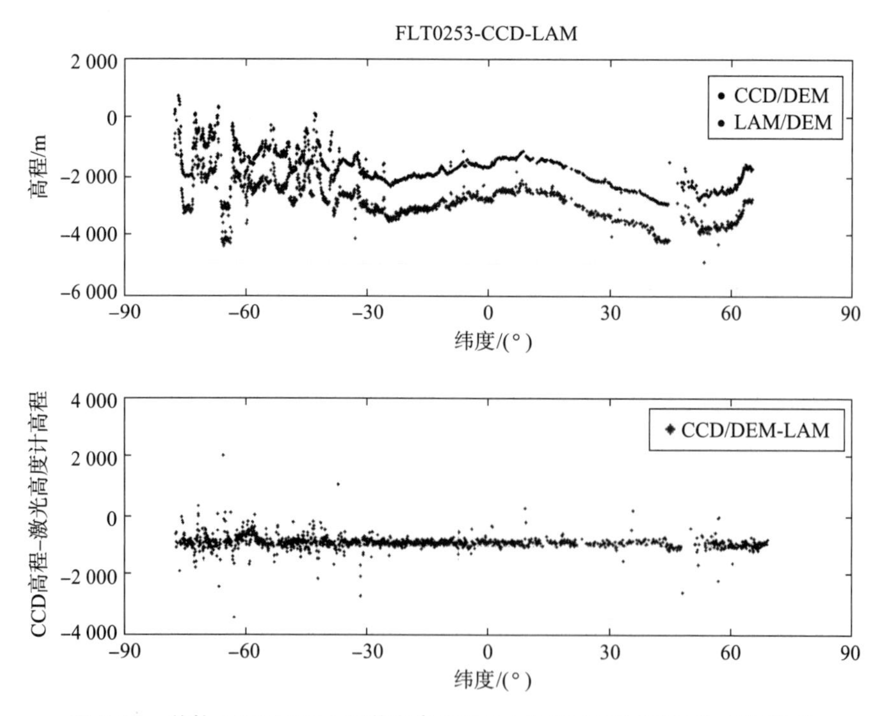

图 5.21　单轨 CCD/DEM 和激光高度计 LAM/DEM 高程比对（附彩插）

对于这可能的 0.9 km 高程差异，首先认为是对应的星下点不一致所造成。

如图5.22所示，单轨的CCD和激光测高DEM星下点位置比较，两者在整体上符合较好，但是相比于激光测高DEM，CCD星下点的位置离散度较大。在某些情况下，存在近1°的差异，见图中局部放大图。

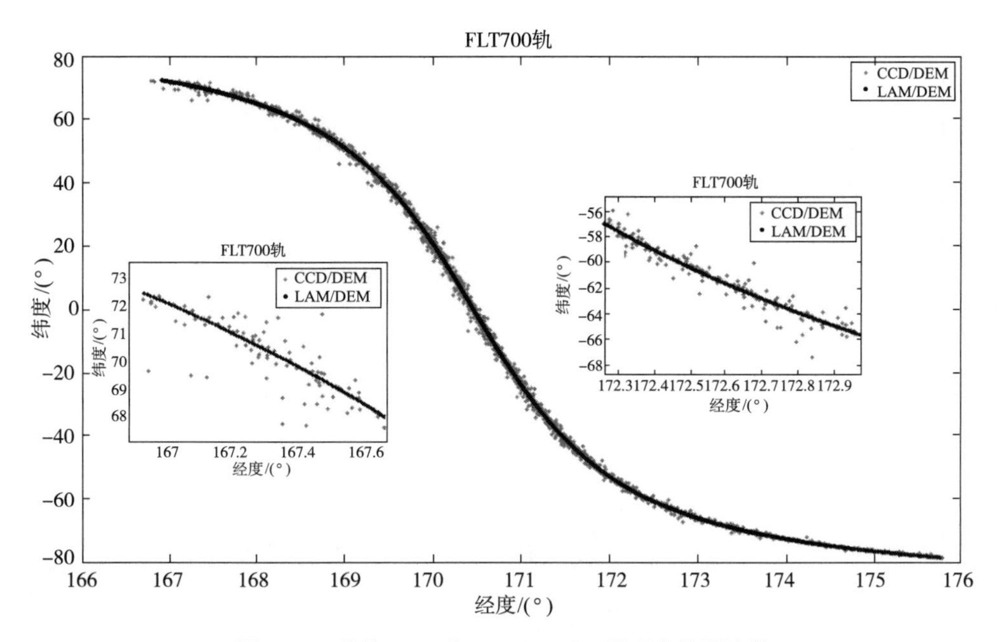

图5.22　单轨CCD和LAM/DEM星下点位置比较

2. 方案论证和实施

针对以上情况，虽然星下点的轨道位置差异具有一定的离散性，但两者也具有一致性，而且该系统性的0.9 km高程差异，应该不完全是由于轨道所引起。本节可以采用单轨的星下点比对方法。通过不同视角照片，结合星下点的高程数据，可以计算对应时刻的位置参数，特别是俯仰角，利用得到的俯仰角值可以反算照相点的空间坐标，绘制新的理论高程曲线。

选取t_0、t_1、t_2、t_3 4个不同时刻的照片，对应的照片分别为N_0（正视）、B_1（后视）、N_2（正视）、F_3（前视）。假设t_0、t_1、t_2、t_3间的时间变化是极小量，可以认为俯仰角是常数。正视条件下俯仰角β的初始值为0，变化值为$\Delta\beta$，如图5.23所示。

从t_0到t_1，取t_0正视N_0，β的变化为$\Delta\beta_0$；取t_1时刻后视B_1，β的变化为$\Delta\beta_1$。已知ON_0和OB_1（卫星星历）以及三线阵照相机的安装角O。经过计算推导可以得到俯仰角β的表达式为

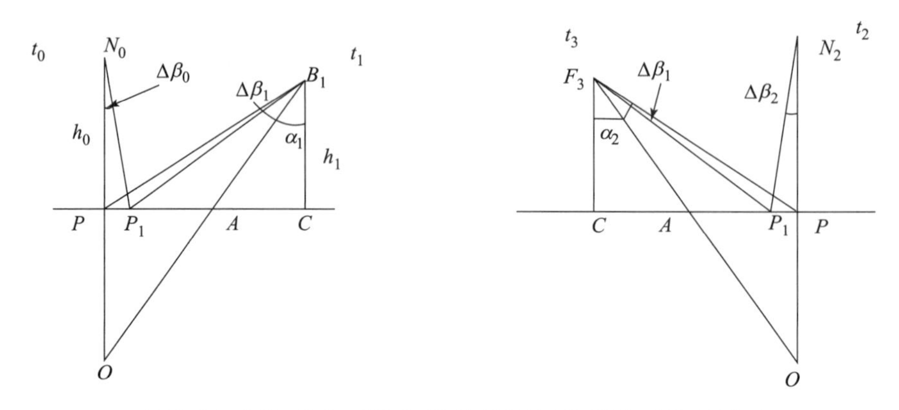

图 5.23　利用 CCD 照相和激光高度计高程进行俯仰角修正

$$h_0\beta_0 = h_1(\beta_1 - \angle PB_1O + \theta)(1 + \tan^2\alpha_1) \tag{5.6}$$

式中，

$$\begin{aligned}\alpha_1 &= \angle PB_1O + \angle OB_1C = \angle PB_1O + \angle B_1OP \\ &= \arccos\frac{B_1P \cdot B_1O}{|B_1P||B_1O|} + \arccos\frac{ON_0 \cdot OB_1}{|ON_0||OB_1|}\end{aligned} \tag{5.7}$$

$$h_1 = |PB_1| \cdot \cos\alpha_1 \tag{5.8}$$

当从 t_2 到 t_3，有

$$h_1\beta_2 = h_0(\beta_3 - \angle PF_3O + \theta)(1 + \tan^2\alpha_2) \tag{5.9}$$

且式（5.6）和式（5.9）满足 $\beta_0 = \beta_3$ 和 $\beta_1 = \beta_2$，由此即可解算出 β_0 和 β_1 的值。

5.2.6 “嫦娥”1 号地形模型处理软件

本小节将详细讨论“嫦娥”1 号激光高度计的数据处理，并利用该数据得到全月球的格网和球谐函数模型，在数据覆盖和精度上均较以往模型具有较大改进。图 5.24 给出了本章自主开发的“嫦娥”1 号激光高度计处理软件的流程框图。

计算过程中，通过与国际上不同地形模型进行比对，发现“嫦娥”1 号地形模型中存在的问题，并进行详细分析，提出改进方案。最后讨论利用激光高度计模型对 CCD 照相数据进行融合处理的实施方案，为“嫦娥”1 号和未来探测任务提供了一定的科学依据。

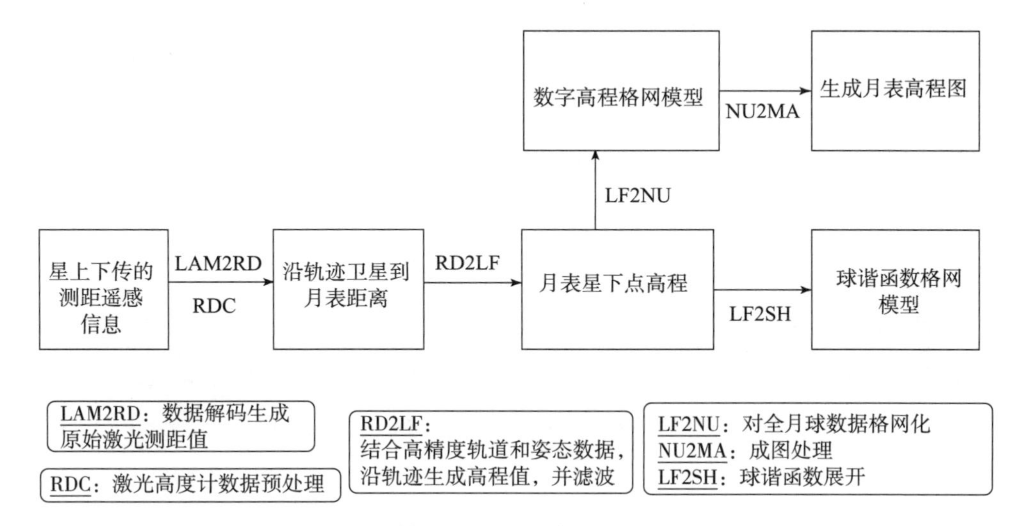

图 5.24　“嫦娥”1 号激光高度计数据处理流程

5.3　基于“嫦娥”1 号地形模型的月面撞击特征

5.3.1　研究背景

从全月球地形图中可以看出，月球正面和背面的地形具有十分明显的二分性。正面多月海，地势平坦，背面多高地和撞击坑，地形起伏较大，靠近南极还有太阳系最大的撞击盆地 SPA。早期诸多研究表明，月球不仅在形状上具有这种明显的二分性，而且在物质成分和月壳厚度的分布上也均具有明显不均匀性。月球表面是由不同类型、不同形成年龄、不同形成方式的各种岩石物质构成。正面月海多玄武岩，蕴藏丰富的钛铁矿；风暴洋区域多克里普岩（KREEP），富含元素 K（钾）、REE（稀土元素）、P（磷）和 Th（钍）。月球背面多高地斜长岩，具有较高的 Ca（钙）和 Al（铝）含量；南极艾特肯盆地为特殊的高纬度物质异常区，地势较低、地壳较薄，无月海玄武岩覆盖，相对于非典型的非月海玄武岩区域，具有较高的氧化亚铁（FeO）丰度。Jolliff 将月球分为 3 种不同的地体，分别是风暴洋 KREEP 地体、高地斜长岩地体以及 SPA 地体，显示出月球表面物质成分分布的差异性[71]。月壳模型结果显示，月球正面月海地区月壳薄，背面高地地区月壳厚。据估算，背面月壳比正面要厚近10 km[72-73]，这可能是造成月球质量中心（COM）与形状中心（COF）在朝地球方向上有约2.0 km偏差的主要原因之一[74-75]。月球正面和背面化学成分的差异，可能是由于原始岩浆海的结晶化不对称造成。月壳结构的长波分析显示，全月球二分性可能是由于月球正面和背面的熔融程度差异、不对称撞击[76]或大尺度内部对流引起[77]。月球的这种二分性特征是了解月球内部结构、起源和演化问题的主要因素。

绕月卫星的探测数据，尤其是照相、地形和重力的结果，使人类对整个月球表面二分特征的研究成为可能[78]。月球上最为明显的地形特征就是随机分布在其表面大大小小、密密麻麻的圆形凹坑，即撞击坑。月球上存在着撞击坑、月球古代火山口及构造盆地3种不同成因的环形构造，但从遥感影像上难以区分和鉴别，只能统称为撞击坑。一般将直径大于300 km，具有多环中央结构和中央峰的撞击坑统称为撞击盆地[79-80]。在整个月球历史发展过程中，这些撞击盆地和撞击坑的分布和特征对了解月球的演化历史具有十分重要的作用。月球的地质构造与地体类型都是根据月球地形和地貌的遥感影像反演得到的。由于遥感影像的多解性，月球地质构造的解释存在较多不确定因素，而全月球激光测高的结果可以帮助我们对月球上多环盆地和撞击坑的分布和组成做进一步确认。

Spudis[81]利用“Clementine”号上的激光高度计LIDAR得到的首张全月球地形图，对月球上一定尺度的大型撞击坑进行了研究，列举了21个直径为326～2 600 km的撞击盆地，并进一步评估了月壳长波地形特征的现状和组成，最有意义的发现就是描述了一些古老的、完全消退的撞击盆地，如门德尔－赖德堡（Mendel－Rydberg）、穆塔斯－弗拉格（Mutus－Vlacq）和罗蒙诺索夫－弗列明（Lomonosov－Fleming）盆地等。Margot等[82]利用地基雷达干涉测量数据得到极区±87.5°以上地形图（空间分辨率为150 m）。Cook等[83]利用“Clementine”的极区立体照相数据（UV－VIS），以极区±60°的“Clementine”测高数据为准，重建得到月球两极60°以上区域数字高程模型（空间分辨率为1 km）。基于该模型，Cook提出了一些早期未发现的前酒海时期的撞击盆地，如贝利－牛顿（Bailly－Newton）、施罗丁格尔－塞曼（Schrodinger－Zeeman）和西尔威斯特－南森（Sylvester－Nansen）等。由于缺乏绝对的高程信息，利用上述方法得到的地形模型都存在一定程度的偏差。地基雷达干涉测量与“Clementine”的激光测高在撞击坑第谷（Typho）有近3 km的位置误差，与立体照相的结果也有千米级以上的位置偏差，这些偏差必然对确认撞击坑的大小和深度造成一定的影响，需要高精度地形结果的进一步确认。

基于“嫦娥”1号CLTM－s01模型，本节进一步内插得到的0.062 5°×0.062 5°全月球地形格网图，通过与ULCN2005模型和“Clementine”的照相结果进行详细比对，并结合最新的月球重力场信息，揭示了月球表面一些新的中小尺度的地貌特征，包括位于月球背面的类撞击盆地——斯特恩费尔－路易斯（Sternfeld－Lewis）、撞击盆地——菲兹杰拉德－杰克逊（Fitzgerald－Jackson）、撞击坑——吴刚（Wugang）和正面风暴洋内由火山遗迹形成的高地——玉兔（Yutu）。同时基于该模型，对“Clementine”的任务后所提议的但还未证实的11个撞击盆地进行了证认，进一步完善了目前月球撞击盆地的统计结果。

5.3.2　新揭示的月球地形特征

国际天文联合会（IAU）在美国地质调查局（USGS）网站上公布了迄今为止所有的月球地名、位置、年代等信息，并将月球地貌按自然形态分为月海、撞击坑、山脉、峭壁、月谷、月溪、月湖、月湾、月沼和月面辐射纹等18个主要地貌类型。所有经IAU授权的月球地形名称均显示在行星名称术语表（Gazetteer of Planetary Nomenclature）提供的月球地图集中的1∶10 000 000地形图上。到目前为止，IAU在线数据库已经公布了8 962个经审核的月球名称，连同不连续的废弃名称总数超过9 000个，其中有1 521个命名的是撞击坑。

将CLTM－s01模型展开得到0.062 5°×0.062 5°地形格网图，结合行星术语表1∶10 000 000地形图，本章对直径大于50 km的圆形撞击特征进行了比较分析，揭示了4个以往测高和照相无法显示的地形特征，如表5.7所示。图5.25表示CLTM－s01全月球地形图，图中黑色实圆圈显示了4个新揭示的地形特征，分别以N1～N4为代号，其中N1（20°S，232°E）、N2（25°N，191°E）和N3（13°N，189°E）均位于月球背面高地区域，N4（14°N，308°E）位于月球正面月海区域。图5.26分别比较了CLTM－s01和ULCN2005模型在月球背面3个特征区域的地形情况。图5.27分别显示了月球正面N4区域的地形和重力异常分布情况。

表 5.7 “嫦娥”1 号激光高度计揭示的月球地形新特征

地形（代号）	地形名称	纬度	经度	直径/km	类别	年龄
N1	Sternfeld – Lewis（斯特恩费尔 – 路易斯）	20°S	232°E	840	类撞击盆地	pN
N2	Fitzgerald – Jackson（菲兹杰拉德 – 杰克逊）	25°N	191°E	470	撞击盆地	pN
N3	Wugang（吴刚）	13°N	189°E	190	撞击坑	pN
N4	Yutu（玉兔）	14°N	308°E	300	火山遗迹高地	LI

注：月球地质演化过程被 3 个主要事件（酒海、雨海和东方海盆地的形成）划分为 4 个主要阶段，即前酒海纪、酒海纪、前雨海纪、后雨海纪至哥白尼纪。表中 pN 表示月球地质年龄中的前酒海纪；LI 表示前雨海纪。

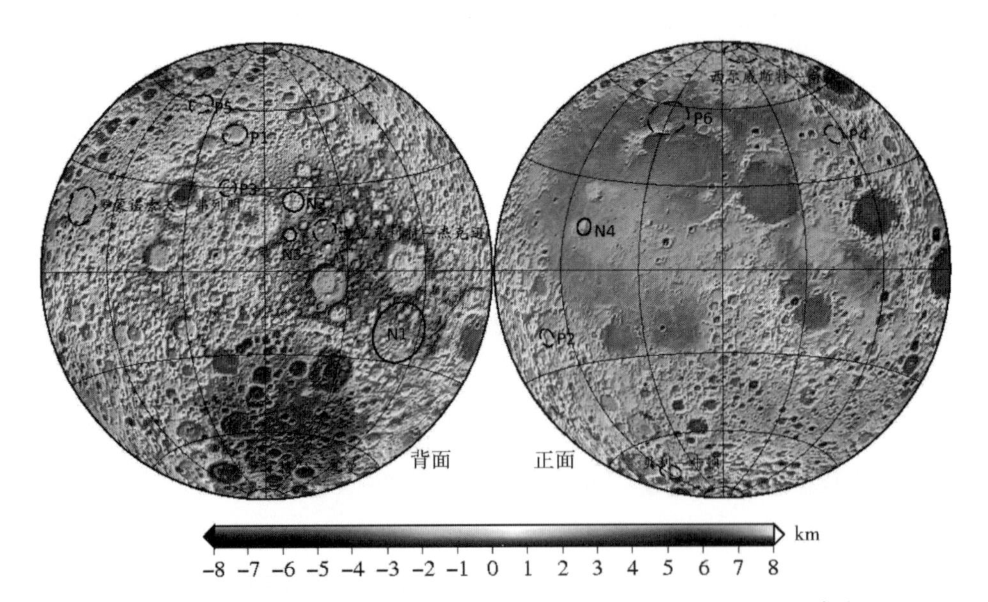

图 5.25 “嫦娥”1 号 CLTM – s01 模型得到的 0.062 5°×0.062 5°月球地形图

（“嫦娥”1 号激光测高数据新揭示的月球地形特征 N1 ~ N4 以黑色实线圆圈表示，

左边是月球背面，中央经度为 180°E，右边是月球正面，中央经度为 0°E，

均为兰伯特方位角等距离投影）

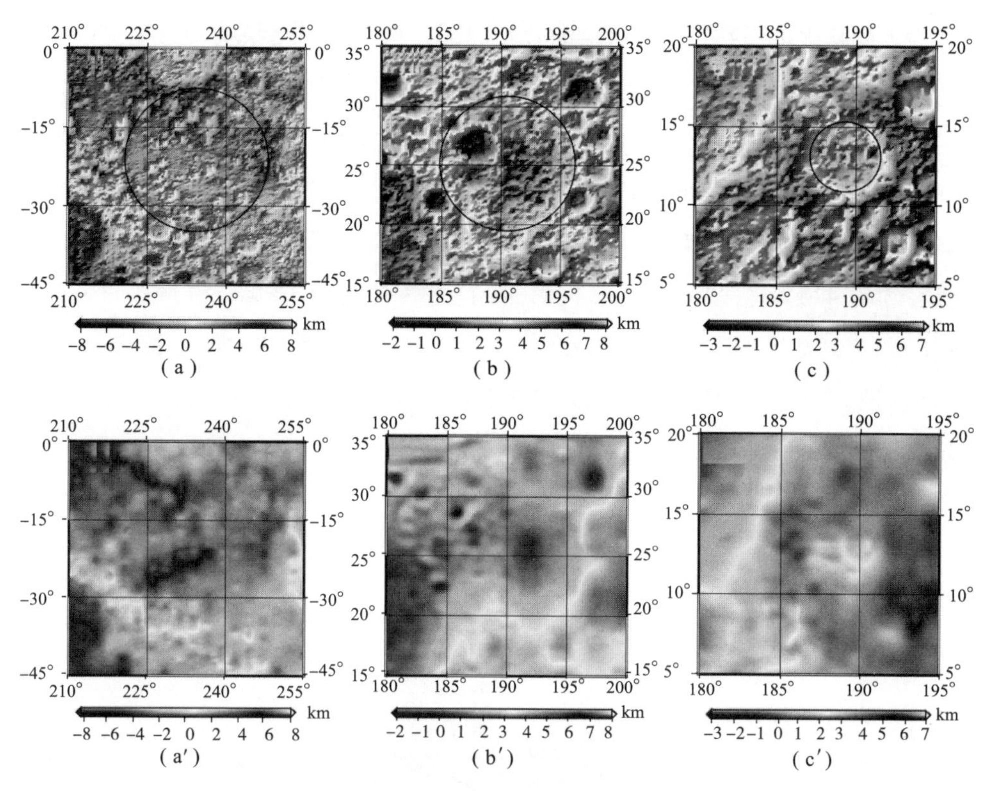

图5.26 “嫦娥”1号CLTM－s01模型揭示的月球背面新特征区域（上）与ULCN2005模型（下）比较

（a）、（a′）N1（20°S，232°E）；（b）、（b′）N2（25°N，191°E）；（c）、（c′）N3（13°N，189°E）

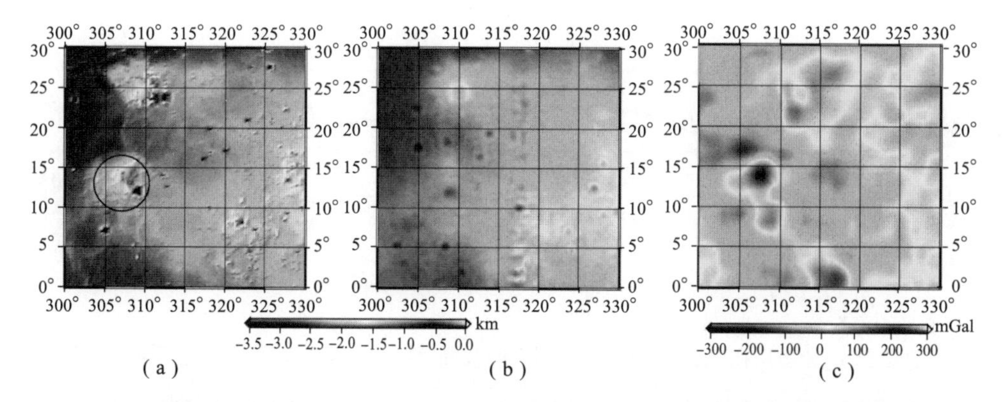

图5.27 “嫦娥”1号CLTM－s01模型揭示的月球正面新特征N4区域地形和重力图

（a）CLTM－s01地形；（b）ULCN2005地形；（c）LP150Q重力异常

为了确认地形新特征 N1 ~ N4 的分布范围，图 5.28 分别显示了 N1 ~ N4 沿各自中心点纬度方向的地形剖面曲线，横坐标表示经度变化，已换算成月表距离，纵坐标表示高程。图 5.28（a）为 N1 区域，纬度为 20°S，经度为（212° ~252°E），剖面显示环状直径约为 840 km，但是圆环状结构不够明显；图 5.28（b）为 N2 区域，纬度为 25°N，经度为（171° ~211°E），剖面显示较明显的凹陷特征，外环直径约为 470 km；图 5.28（c）为 N3 区域，纬度为 13°N，经度为（179° ~199°E），表现出明显的撞击坑特征，剖面显示直径约为 190 km；图 5.28（d）为 N4 区域，纬度为 14°N，经度为（298° ~318°E），表现为高地式的隆起，剖面显示直径约为 300 km。

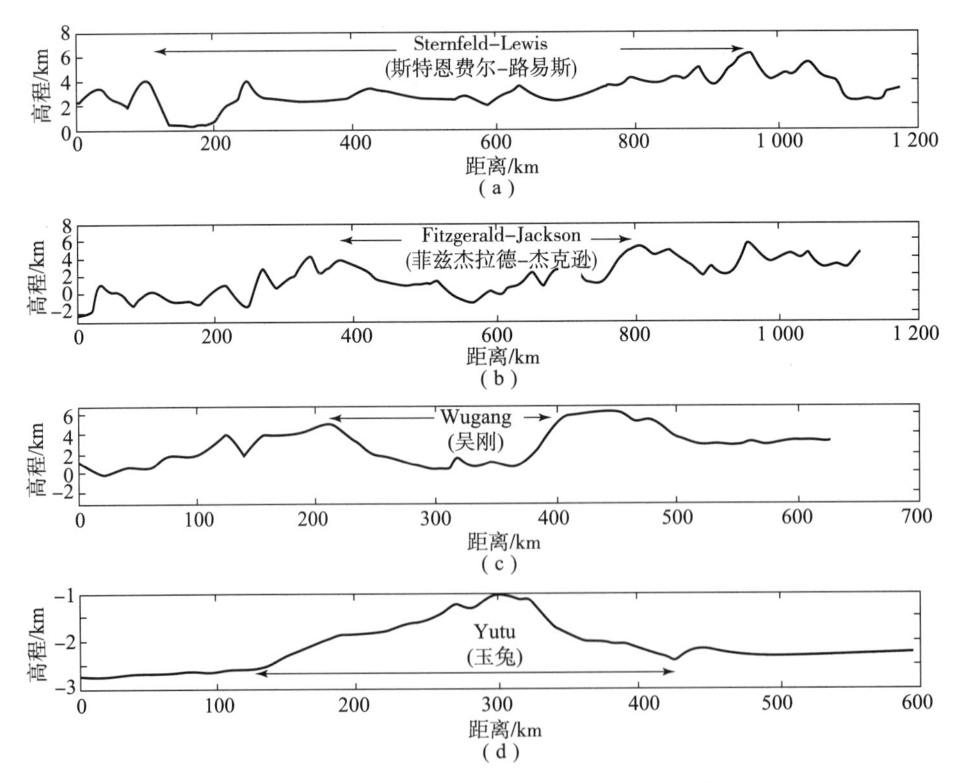

图 5.28 N1 ~ N4 沿各自中心纬度的地形剖面曲线

初步认定，N1 和 N2 具有一定的撞击盆地特征，N3 为撞击坑，N4 为月面上的高地。根据 IAU 月球任务组（Lunar Tarsk Group，LTG）对撞击盆地的命名规则，结合历史依据，将 N1 暂命名为 Sternfeld – Lewis（斯特恩费尔 – 路易斯），

N2 命名为 Fitzgerald - Jackson（菲兹杰拉德 - 杰克逊）。结合中国古代有关嫦娥的传说，将撞击坑 N3 暂命名为 Wugang（吴刚），正面的高地 N4 暂命名为 Yutu（玉兔）。下面分别对 N1 ~ N4 区域的地形地貌情况逐个进行分析，并对其地质年龄进行确认。

1. 撞击盆地（N1 斯特恩费尔 - 路易斯）

2002 年，Cook 利用“Clementine”约 700 000 幅 UV - VIS（1 km/像素）照相数据得到了全月球数字地形图（DTM），并指出在东海（Orientale）西部（22° ~ 27°S，223° ~ 238°E）区域，存在一个不寻常的地形上的高地块，高程为 5 ~ 8 km，该特征表现出类似于盆地的结构，但无法确定其是否为撞击盆地。

从图 5.26（a）和图 5.26（a′）所示的 N1 区域（0° ~ 45°S，210° ~ 255°E）的 CLTM - s01 和 ULCN2005 地形对比中发现，ULCN2005 地形图上东海西边，中心点位于（25°S，230°E），跨越经度 225° ~ 238°E、纬度 30° ~ 20°S，有一个高程为 6 ~ 8 km 的地形凸起，但在更为清晰的 CLTM - s01 地形图上，该区域并无明显的地形隆起，高程变化比较平坦，为 1 ~ 5 km。在以往的月球重力场模型中并无任何与该地形有关的重力异常变化，而且最新的重力场模型 SGM90d 也并未显示该区域有任何重力异常特征。据此可以证明，该区域的地形突起不存在，而由“Clementine”的激光高度计显示的这个高程凸起，可能是由于原始的测量误差或者高程计算中的不确定性造成。

结合该地形隆起区域周边地形特征，图 5.29 显示了该区域的立体三维地形图，在撞击盆地东海以西、赫兹斯朋（Hertzspung）以南，以（20°S，232°E）为中心、直径约为 900 km 区域，可能存在潜在的撞击盆地。该盆地处于高地斜长岩地体（FHT）范围中，盆地的北部区域被附近的赫兹斯朋的边缘所挤压，东部被东海的喷出物所覆盖，整个盆地自东北向西南倾斜，地势由高到低。虽然该撞击盆地具有一定的环状边缘特征，但由于该区域被一系列撞击坑所环绕，所谓的边缘隆起特征可能是由这些撞击挤压所造成。因此，只能判定该区域可能仅仅是月球背面普通的高地，只是由于撞击挤压形成了类似撞击盆地的边缘特征；或者是因为该盆地地质年龄较老，且退化现象比较明显。根据 IAU 的命名方法，本章利用该区域东西相对的两撞击坑对其命名为 Sternfeld - Lewis（斯特恩费尔 - 路易斯）。从撞击坑边缘的层叠情况判断，该区域的地质年龄比周边撞击坑（如赫兹斯朋）

要老，应该处于月球地质演化中的前酒海纪。

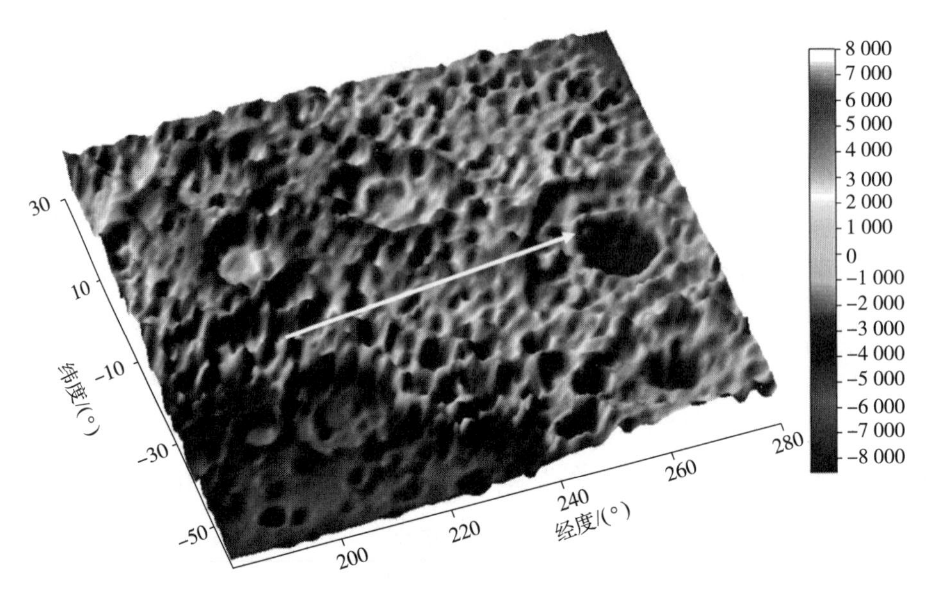

图 5.29　斯特恩费尔 – 路易斯区域的三维地形图

2. 撞击盆地（N2 菲兹杰拉德 – 杰克逊）和撞击坑（N3 吴刚）

Frey[84]将似圆形凹陷（QCDs）分析技术应用于火星 MOLA 激光高度计的探测数据，发现了火星上存在大量明显的隐藏型撞击坑。为了进一步证实在月球上是否存在此类型潜在撞击盆地，Frey 将该方法运用到全月球地形格网模型 ULCN2005，并对月球上所有直径大于 300 km 的似圆形结构进行搜索。该搜索结果认为，在月球背面邻近 Freundlich – Sharonov（弗罗因德利希 – 沙罗诺夫）和 Korolev（科罗廖夫）区域存在一些具有环形凹陷结构的似撞击盆地特征。“Clementine”的激光测高在该区域沿经度方向存在近 10°（约 300 km）的覆盖空隙，无法直接利用早期激光测高结果对该区域地形特征进行辨认。利用 CLTM – s01 地形结果，可以对该区域是否存在撞击盆地和撞击坑等地形特征做出明确判断。

通过与 ULCN2005 地形比较发现，在月球背面（15° ~ 35°N，180° ~ 200°E）和（5° ~ 20°N，180° ~ 195°E）区域，CLTM – s01 地形上显示出撞击凹陷特征，分别如图 5.26（b）和图 5.26（c）所示。图 5.30 显示了该区域附近的三维地形图，从图中可以较为容易地分辨出撞击盆地和撞击坑。图 5.26（b）中显示的撞击盆地，中心点位于（25°N，191°E），直径大约为470 km，深度为 -1 ~4 km，该撞击盆地东北边缘被一系列撞击坑所挤压，无法确认原始盆地的边缘特征，但仍然可以确定其具有撞击盆地的凹陷结构，只是存在一定的退化现象。该撞击盆地内及周围最明显的撞击坑为Fitzgerald（菲兹杰拉德）和Jackson（杰克逊），沿用Cook的方法，本章将该盆地的名称定为Fitzgerald - Jackson（菲兹杰拉德 - 杰克逊）。从相对结构上看，该撞击盆地的地质年龄老于Freundlich - Sharonov，处于前酒海纪。

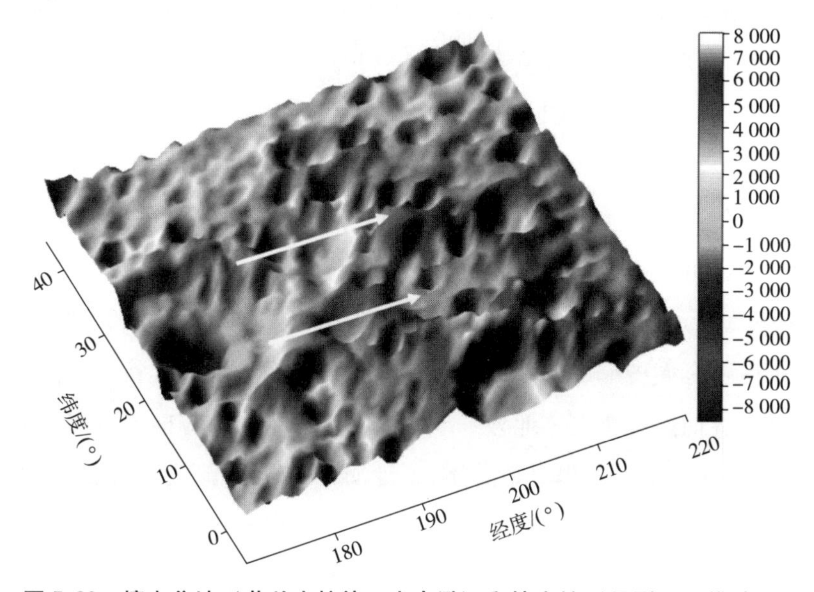

图5.30　撞击盆地（菲兹杰拉德 - 杰克逊）和撞击坑（吴刚）三维地形图

图5.26（c）所示的CLTM - s01地形图显示出Fitzgerald - Jackson撞击盆地以南，Dirichlet - Jackson（迪里克利特 - 杰克逊）以西，中心点位于（13°N，189°E）处，存在直径约为190 km和深度约为4 km的撞击坑，本章提议命名该撞击坑为Wugang（吴刚）。图5.26（c′）显示了ULCN2005在该区域的地形情况，其中并无明显的撞击坑特征。利用图5.28（c）CLTM - s01格网在该区域的剖面图可以明显看出，该区域具有撞击坑结构，且有一个小型的中央峰。从地质结构上分析，该撞击坑年龄与Freundlich - Sharonov相近，也应该处于前酒海纪。

3. 盾形火山（N4玉兔）

从CLTM - s01与ULCN2005地形比较图中可以看出，除月球两极和N1区域内明显的地形差异外，在正面风暴洋内，中心点位于（14°N，308°E）处有一个高程约2 km的地形异常。

在图5.27（a）和图5.27（b）所示的风暴洋（0°~30°N，300°~330°E）区域地形比较图中，CLTM-s01显示出两个明显的高地特征，高地1中心点位于（25°N，310°E），跨越直径范围约为250 km，高出月海约3 km，从ULCN2005地形图中也可以辨认出来。通过对比行星术语表上的1∶10 000 000地形图，发现照相结果中也可以清晰辨认出该区域的高地特征。该区域包括辐射状撞击坑Aristarchus（阿里斯塔克）、Herodotus（赫罗多特）和Schroteri（施罗特里）月谷等地貌特征。高地2中心点位于（14°N，308°E），跨越直径范围约为300 km，高出周边月海2~3 km。在ULCN2005地形图上，该区域仅微有地形起伏，表现为非常平缓的月海特征。然而图5.27（c）所示的月球LP150Q重力场模型显示出该区域具有明显的正重力异常，高出月海约300 mGal。图5.31显示了该地区的三维地形图，可以将上面两个高地特征更明显地区分开。美国月球与行星科学院（Lunar and Planetary Institute，LPI）月球地图集提供的1∶10 000 000月球图显示，高地1区域有撞击形成的月面辐射纹、山脉、撞击坑、月谷、月溪等多种复杂的地貌特征，而高地2整体地势平滑，其中被命名的仅有撞击坑Marius（马里乌斯）及Rima Marius（马里乌斯月溪），地质结构较为单一。像高地2这样具有明显地形隆起和正重力异常的地形特征为何在以往高分辨率的月球地形图上没有任何迹象显示呢？这样的高地到底是何物质呢？

月海代表了月球上的火山岩石区域，与月海紧密相连的黑色穹隆和高地通常被认为是火山的遗迹。例如，雨海中叶状的悬崖/陡坡被认为是川流。由“阿波罗”11号带回的Tranquillitatis（静海）的结晶岩石成分显示，该区域含有火成岩结构，其成分与陆地的玄武岩类似，只是富含一些难熔的元素，特别是钛（Ti）和锆（Zr），但缺少碱和挥发性成分。不同月海的一致性显示，它们的起源和成分都是相似的，并且这种所有岩石近似的玄武岩成分也得到了遥感结果支持。这些累计的证据显示，月海是玄武岩成分的火山物质的填充。

基于以上推理，本章认为高地1和高地2均有可能是火山的遗迹，且高地2具有明显的环状地形凸起，类似于古老的月球火山口，地质年龄应该在前雨海纪

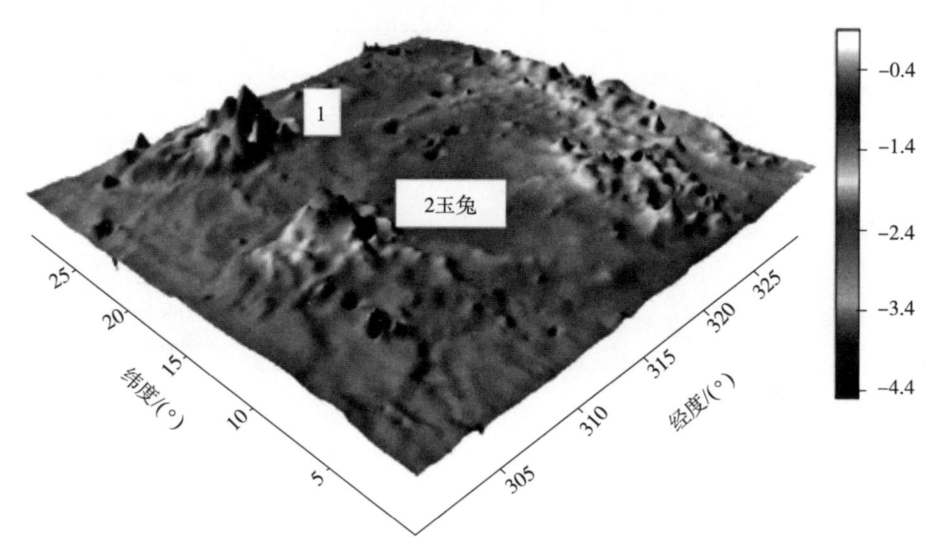

图 5.31　盾形火山－玉兔区域的三维地形图

(LI)，暂将该区域取名为玉兔。该区域的地形地貌较目前的认识要复杂得多，还有待于利用高分辨率的照相结果做进一步的确认。

5.3.3　新证认的撞击盆地特征

IAU 在月球术语表中并没有对撞击坑和撞击盆地进行区分。Wood 根据历史资料对以往确认和提议的撞击盆地进行总结，列举出 57 个撞击盆地，并依据盆地的确定性将其划分为 4 个等级，等级 1 具有明显的多环结构，中央凹陷，四周有喷出物堆积；等级 2 缺少等级 1 的明显盆地特征，但仍然可以相对确定；等级 3 相对于等级 2 更老，且盆地特征不太明显；等级 4 为被提议的盆地，仅具有凹陷特征，该类型最终可能被升级或者从列表中剔除。

表 5.8 列举了由 Wood 给出的 11 个位于等级 4 的撞击盆地信息，其中 5 个有明确的名称，6 个无名称（P1 ~ P6）。在图 5.25 所示的 CLTM－s01 高精度地形图中，以黑色虚线圆圈显示的为等级 4 的撞击盆地。其中 6 个在月球背面，5 个在月球正面。本章分别对具有争议性的等级 4 撞击盆地的地形特征进行分析，并对其盆地等级进行重新划分。

表 5.8 已被提议的撞击盆地及其重新证认情况

盆地（英文名）	盆地（中文名）	纬度	经度	直径/km	年龄	发现者	证认等级
Bailly – Newtom	J. S. 贝利 – 牛顿	–73	–57	330	pN	Cook 2000	3
Dirichlet – Jackson	迪里克利特 – 杰克逊	14	–158	470	pN	Cook 2000	1
Lomonosov – Fleming	罗蒙诺索夫 – 弗列明	19	105	620	pN	Wilhelms &ElBaz 1977	3
Schrodinger – Zeeman	施罗丁格尔 – 塞曼	–81	–165	250	pN	Cook 2000	2
Sylvester – Nansen	西尔威斯特 – 南森	83	45	500	pN	Cook 2000	2
P1		50	165	450		Spudis 1995	4
P2 (Cruger – Sirsalis)	克鲁格尔 – 雪萨利斯	–20 (–16)	–70 (–65)	300 (400)	I – pN	Spudis 1994	1
P3		30	165	330		Spudis 1995	4
P4		45	55	350		Spudis 1995	4
P5		60	130	400		Spudis 1995	4
P6		55	–30	700		Spudis 1995	4

1. 已命名撞击盆地的证认

（1）Bailly – Newton（贝利 – 牛顿）在 CLTM – s01 地形图上显示出明显的南部和西部外边缘，相对覆盖关系上发现，该区域混合了不同时期的物质，盆地外形很难精确修正。古老的 SPA（南极艾特肯盆地）边缘不仅将盆地的边缘截断，而且横过了该盆地的底部。在 Cook 论证的基础上，本章将其确认为撞击盆地，但由于盆地特征不太完整，将其划分为等级 3 盆地。

（2）Dirichlet – Jackson（迪里克利特 – 杰克逊）处于图 5.25 所示月球背面高地区域，从图 5.32 中可看出具有非常清晰的边缘结构，相比 Korolev 和 Hertzsprung 撞击盆地，其受到更多的二次撞击。Kaguya 最新的重力场模型 SGM90d 显示，该区域重力异常呈环状特征，盆地中央有一个重力异常高峰，被盆地内负重力异常环绕，盆地边缘为正重力异常环绕。该重力异常结构与“嫦娥”1 号给出的地形具有较好的一致性，无明显的质量瘤特征。本章认为

Dirichlet - Jackson 具有明显的撞击盆地特征，将其归为等级 1 盆地。

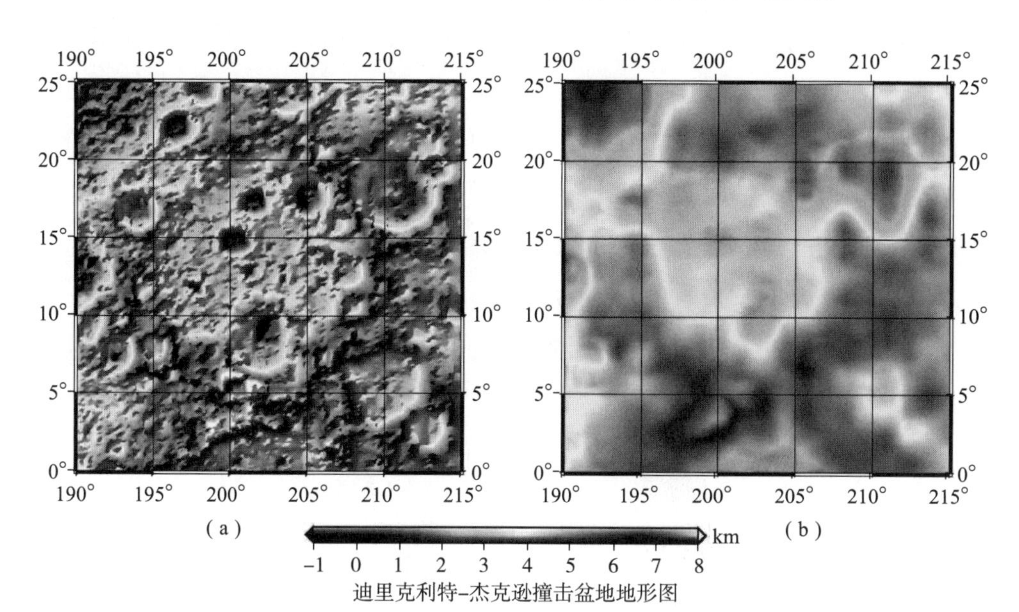

图 5.32　迪里克利特 - 杰克逊撞击盆地地形图

（a）CLTM - s01 模型；（b）ULCN2005 模型

（3）Lomonosov - Fleming（罗蒙诺索夫 - 弗列明）区域地形比较平坦，在 CLTM - s01 地形图中表现出一定程度的凹陷，边缘与内部均被大大小小的撞击坑所覆盖，具有一定的环形结构。Giguere 等利用“Clementine”的 UV - VIS 数字图片模型（DIM）得到该区域 1 km 和 100 m 分辨率图片，确认该区域有黑色晕状的撞击坑，并进一步证实该盆地是一个大型的潜在月海[85]。由于该区域的盆地特征有一定退化，且边缘特征不明显，本章将 Lomonosov - Fleming 划分为等级 3 盆地。

（4）Schrodinger - Zeeman（施罗丁格尔 - 塞曼）具有一定的双环结构特征，从 CLTM - s01 地形图中可以看出，该盆地内环完整而明显，外环有些残缺，该盆地地形特征与重力异常的结果具有明显的相关特性[86]。虽然该区域边缘盆地特征高度退化，但仍然可以分辨其盆地构型，本章将其划分为等级 2 盆地。

（5）Sylvester - Nansen（西尔威斯特 - 南森）靠近北极，处于月球正面。CLTM - s01 极区地形图显示，该区域边缘和内部结构广泛退化，中央有年轻的撞击坑和沉积物覆盖，重力异常图显示该地区中央处有一个负重力异常，根据上述特征，本章将该盆地划分为等级 2 盆地。

2. 未命名撞击盆地的证认

表5.8中编号为P1～P6的盆地特征均由Spudis根据“Clementine”的激光高度计的地形结果而提议，但并未赋名。Cook利用“Clementine”的照相结果证认的中心点位于（15°S，66°W），直径为400 km，名为Cruger－Sirsalis（克鲁格尔－雪萨利斯）的撞击盆地，其地形特征与表5.8中P2相近。Hikida利用多面体模型反演的方法得到的月壳厚度模型，修正Cruger－Sirsalis的位置为（16°S，65°W）。Wieczorek[87]给出了Cruger－Sirsalis盆地的地质年龄为雨海－前酒海期。“嫦娥”1号地形显示该区域存在明显的盆地凹陷特征，本章认为表5.8中的P2即为Cruger－Sirsalis撞击盆地，并将其划分为等级1盆地。

图5.33分别显示了CLTM－s01模型在P1～P6区域的地形情况。根据Spudis

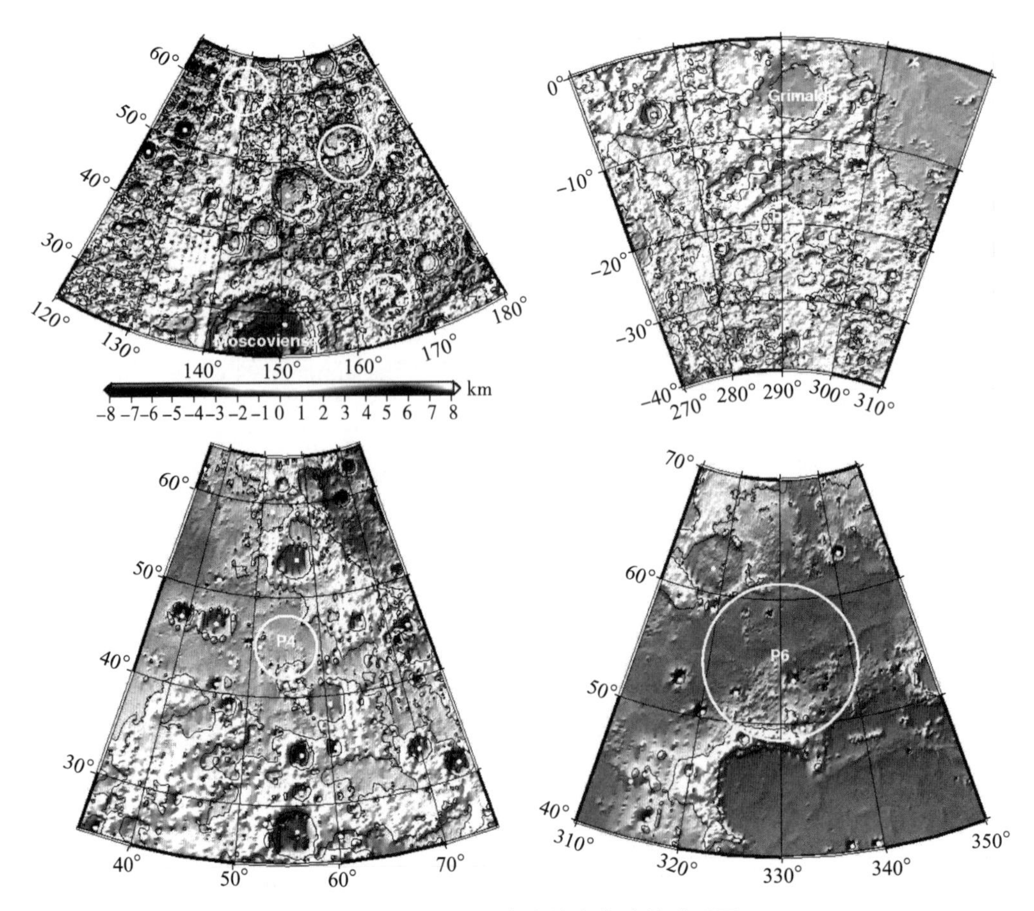

图5.33　提议的未命名撞击盆地的地形图

对P1、P3~P6特征的描述，本章无法利用“嫦娥”1号的CLTM-s01地形结果对这些特征的盆地特性进行明确辨认。虽然P1区域几乎与撞击坑D'Alemebert（达朗贝尔）（50.8°N，163.9°E，直径255 km）重合，但在P1显示的450 km范围内，并无明显撞击盆地特征。因此，本章认为除P2外其他被提议的撞击盆地特征仍为等级4，或者可以从撞击盆地列表中排除。

月球表面的地形和地质的二分性直接或间接地被大约50个撞击盆地所控制。这些盆地的特征由照相和在轨卫星的观测结果不同程度确定[88]。月球上大的撞击盆地的表象对理解月球早期热和磁化状态非常重要，同时对研究月球近期大的撞击以及太阳系中撞击坑的标准年龄也具有重要意义。早期的激光测高和照相结果为了解月球上撞击盆地的分布、组成和特征提供了非常重要的依据，但由于数据空间分辨率的限制，对这些撞击盆地形成的解释还很贫乏，而且用这些数据只能对月球表面大中型尺度的撞击坑进行研究。

本节利用“嫦娥”1号的CLTM-s01模型，结合月球重力场分布情况，提议并确认了月球背面类撞击盆地Sternfeld-Lewis（斯特恩费尔-路易斯）、撞击盆地Fitzgerald-Jackson（菲兹杰拉德-杰克逊）、撞击坑Wugang（吴刚）和正面的高地Yutu（玉兔）；还对以往被提议的一些大尺度撞击盆地的地形特征进行了分析和证认，并根据盆地特征划分了不同的盆地等级。

月球的二分性是了解月球的内部结构、起源和演化问题的主要因素。小尺度的地形特征和高精度的重力数据对解释月球的二分性提供了重要依据。“嫦娥”1号高分辨率地形图虽然对研究小尺度的月球地形特征提供了一定的地形信息，但对解释这些地形特征的地质构造和地体类型还存在一定的限制。早期的月球地质构造和地体类型都是根据月球地形和地貌的遥感影像反演得到，由于遥感影像的多解性，也就带来了月球地质构造解释的不确定性。因此，结合高精度的遥感影像结果（如“嫦娥”1号影像结果）对这些提议的撞击盆地和特殊的地形特征的分布和组成做进一步的分析显得非常重要。

5.4 重力和地形对月壳结构研究

5.4.1 研究背景

月球与地月系的起源和演化是月球科学研究的主要目标之一。有关月球与地月系的起源，有众多假说，如捕获说、共振潮汐分裂说、双星说、大碰撞分裂说等。目前通过对来自“阿波罗”号和“Luna”号的月球采样，以及地球上发现的月球陨石分析，科学界普遍认为月球是原始地球在45亿年前遭遇到一个火星大小的目标体的撞击，而从地球分离并逐步增生出来的[89]。由于在这次撞击中需要释放大量的能量，月球上相当大一部分的区域可能是处于初步熔融状态。这种“岩浆海”似的分离结晶最有可能形成一个漂浮的斜长岩月壳，并且大量的热能元素将进入壳和幔最后形成的结晶岩浆中。在接下来的5亿年中，月球遭受了大量彗星和小行星的撞击，并在表面形成了百公里尺度的撞击盆地。在这期间，月球内部慢慢被分解的放射性元素加热，并形成了月表的玄武岩浆流。月球地质活动在35亿年慢慢趋于停止，尽管在1亿年前还有少量的岩浆持续喷发和小型的撞击作用，但并没有重大事件发生。

月球的大多数地质演化可以追溯到地球早期形成。月球提供了一个学习并影响地球和其他行星演化进程的独特场所。月球是唯一已知的由早期行星分化而形成原始月壳的类地星体。它具有一些太阳系最大的撞击结构，由于缺乏月球大气，这些结构还保留了较为原始的状态。但是，为了更细微地描述月球的起源和演化，以及更好地解释隐藏在月球岩石中的秘密，需要对月表以下的情况进行了解和分析。月壳的平均厚度是多少？这个厚度随表面的变化如何？月幔是否也存在分层？月球上是否有哪个部分还存在原始的熔融状态？月球内部的温度是多少？月球是否具有一个铁核？如果是这样，它的大小和成分如何？月核是否能激发双极的磁场？所有这些问题都值得去研究[90]。

尽管相比于地球来说可用于月球物理研究的数据还较少，但是在月球表面和轨道上进行的高质量试验和测量对研究月球的物理特性提供了大量数据。迄今为止，人类获得的探究月球内部深处的资料主要包括月球的重力数据、磁测数据以及布设在月球表面的月震台站网所获得的地震记录，其中分布最广、资料最丰富的要属月球重力数据。月球重力资料是探测月球内部物理特征的重要手段，可用于探测月球深部结构及圈层形态特征。从物理角度来说，月球重力场变化是月球表面起伏和月球内部物质密度变化的共同响应。

自 2007 年以来，日本“Kaguya”探测器利用特有的四程多普勒观测获得了系列高精度月球重力场模型，如 SGM100i[91]，同时“嫦娥”1 号、“Kaguya”和“LRO”探测器均获取了高精度的月面高程数据。对全月球重力和地形数据进行联合分析，可以加深对月壳内部结构的理解。

5.4.2　月球的地形和重力

1. 重力和地形的关系

1）导纳和相关

通常情况下，以球谐函数形式对行星体的地形和重力进行表示。在球谐坐标系中，行星体的引力位 U 可以表示为

$$U(r,\theta,\phi) = \sum_{l=0}^{\infty}\sum_{m=-l}^{l} U_{lm}(r)Y_{lm}(\theta,\phi) \tag{5.10}$$

引力加速度 $g = \nabla U$ 可以表示为

$$g(r,\theta,\phi) = \sum_{l=0}^{\infty}\sum_{m=-l}^{l} g_{lm}(r)Y_{lm}(\theta,\phi) \tag{5.11}$$

可将球谐域的地形简单地表示为

$$h(\theta,\varphi) = \sum_{l=0}^{\infty}\sum_{m=-l}^{l} h_{lm}Y_{lm}(\theta,\varphi) \tag{5.12}$$

式中，l 和 m 分别为球谐函数的阶和次；g_{lm} 和 h_{lm} 分别为重力和地形的球谐函数系数。

频率域重力和地形的导纳 Z（l）和相关 γ（l）可以分别表示为[92]

$$Z(l) = \frac{S_{hg}(l)}{S_{hh}(l)} \tag{5.13}$$

$$\gamma(l) = \frac{S_{hg}(l)}{\sqrt{S_{hh}(l)S_{gg}(l)}} \tag{5.14}$$

式中，$S_{hg}(l)$ 为重力和地形的交叉功率谱；$S_{hh}(l)$ 和 $S_{gg}(l)$ 分别为地形和重力

的自相关谱。

2）重力的地形表达

式（5.10）中半径为 D 的行星体的引力位球谐系数为

$$U_{lm}(r) = \begin{cases} \dfrac{GM}{r}\left(\dfrac{D}{r}\right)^{l} C_{lm}, & r > D \\ \dfrac{GM}{r}\left(\dfrac{r}{D}\right)^{l+1} C_{lm}, & r < D \end{cases} \tag{5.15}$$

通过将参考半径为 D 的地面起伏 $h(\theta,\ \varphi)$ 进行 n 阶展开，可以得到球面上的引力位系数与地形的关系，即

$$C_{lm} = \frac{4\pi D^3}{M(2l+1)} \sum_{n=1}^{l+3} \frac{(\rho h^n)_{lm}}{D^n n!} \frac{\prod_{j=1}^{n}(l+4-j)}{l+3} \tag{5.16}$$

当密度为常数，并且仅考虑地形的一阶效应时，可得到重力的地形一阶表达式为

$$C_{lm} = \frac{4\pi D^3 (\rho h)_{lm}}{M(2l+1)} \tag{5.17}$$

如果在球界面上表面密度正好是 ρh，那么可以利用式（5.17）求出精确的重力异常，由此可见重力与地形和密度的变化紧密相关。

2. 月球的重力和地形

图 5.34 分别显示了公布的最新月球地形和重力场结果。其中，地形模型来自“LRO”上搭载的激光高度计 LOLA 的 720 阶次球谐函数模型，径向高程精度可达约 10 m[93]；重力场数据来自日本“Kaguya”的 100 阶次重力场模型 SGM100i。

月球在演化过程中，在外部因素（如撞击事件）和内部因素（月球内部岩浆溢出）的共同作用下，对初始月球的表面地形起到了一定的改造作用，从而形成现有地形：表面覆盖有诸多的大型撞击结构，正面地势较为平坦，背面多高地，地势较高，与之形成鲜明对比的是背面的大型撞击盆地——南极艾特肯盆地。月表地形数据中包含月球演化的信息，现有月表地形为研究月球的内部结构提供了有用的线索：一方面帮助我们了解初始月球分异时的情况；另一方面还可以使我们对月球的演化过程进行探索。人类已经通过多种方式对月球的地形进行探测，如卫星激光测高、立体照相、雷达干涉等。目前高精度全月球地形模型主

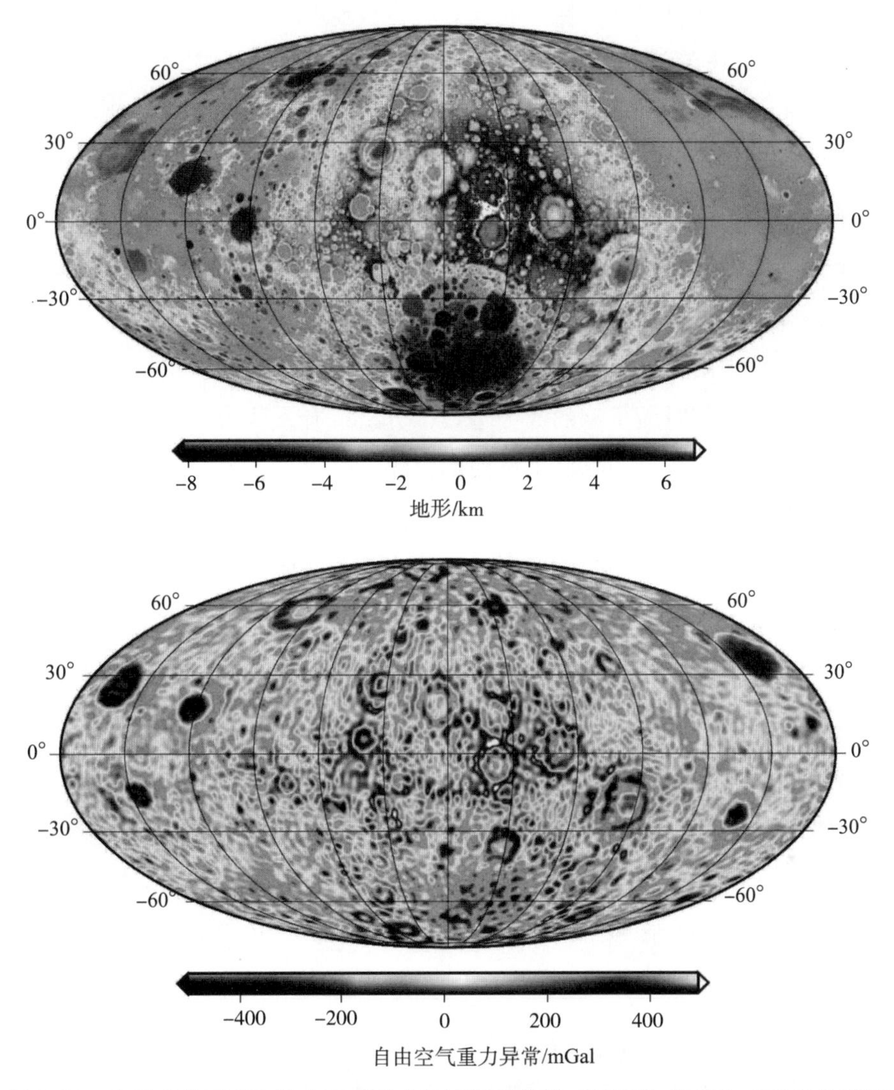

图5.34　全月球的地形和重力图（其中地形图是利用“LRO”的720×720阶次球谐函数模型得到的0.0625°格网结果，重力异常图利用日本“Kaguya”最新发布的SGM100i模型展开成0.25°格网得到；中心经度为180°E，采用Mollweide投影）

要来自中国“嫦娥”1号、日本“Kaguya”以及图5.34显示的美国“LRO”给出的50 m×1.25 km沿轨道的高分辨率模型。

月球重力场是内部质量分布和结构的反映，是确定月球物理形状的基础之一。它包含了丰富的月球演化历史信息，同时也对绕月飞行器的精密定轨起了非常重要的作用。月球重力场主要是通过绕月飞行器的轨道摄动观测来确定的。由于月球自转和公转的周期相同，目前只有月球正面朝向地球。早期的 Lunar Orbiter、Apollo、Clementine 和 Lunar Prospector 任务得到的重力场模型均只局限于月球正面。直到 2007 年，日本“Kaguya”利用四程多普勒方法首次获得了月球背面的观测结果，得到了月球背面的重力场模型。最新发布的模型有 SGM100h 和 SGM100i，均为 100 阶次的重力场模型，结合了以往几乎所有的观测数据。从图 5.34 所示的重力模型中可以明显看出，正面大的质量富集区域——质量瘤，这些异常区域首先由 Muller 和 Sjogren 在 1968 年利用 Lunar Orbiter 的多普勒数据发现，有许多学者都对质量瘤的成因进行了分析，有人认为是由于表面聚集的高密度玄武岩造成，有的认为是撞击造成的月幔上隆形成，大多数的人支持是由表面玄武岩富集和盆地下幔柱的均衡作用共同造成。Melosh[94]认为，这些上隆是由于撞击发生在一个低黏弹性的区域后幔的快速回弹造成。月球背面较为明显的是与地形上大型撞击坑对应的环状重力异常分布。Namiki 利用重力和地形数据剖面关系，对这些撞击盆地进行了分类，并解释了这些撞击盆地可能的补偿均衡结构。

根据式（5.13）和式（5.14）可计算出重力和地形的频谱关系。图 5.35 给出了重力场模型（SGM100i）和地形模型（LOLA720）的导纳和相关系数曲线。从图中可以看出，在 10 ~ 11 阶处重力和地形呈现负相关，这主要是由于月球的几个大的质量瘤引起。在 40 ~ 70 阶处（小地形尺度），地形和重力具有较高相关

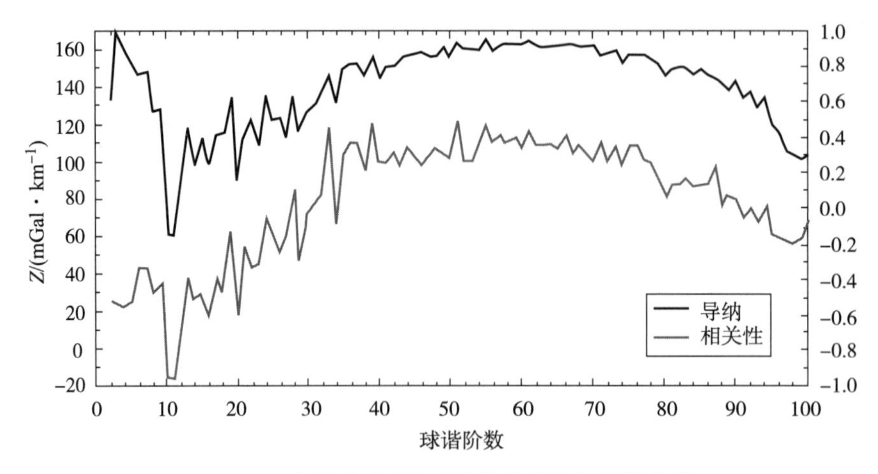

图 5.35 全月球地形和重力的导纳和相关性曲线

性，导纳值也比较平坦，符合高阶相关特性。在 70 阶后，相关度和导纳均迅速下降，这是由于重力场在 70 阶后的不确定性所造成。在 9 ~ 40 阶处（大地形尺度），重力和地形的相关度较低，然而在更低阶上，两者又具有相当高的相关性，在第 3 阶上几乎趋于完全相关。产生该现象的原因有很多，如月球经历过撞击事件、岩浆喷发、月幔对流和月球自身热演化等均会对月球的地形和重力产生影响，而且低阶重力场更多的是反映月球内部情况。为了更好地理解月球的地形演化历史，需要了解适用月球的均衡补偿机制。

5.4.3　月壳模型及其存在的问题

月球采样和遥感数据显示，大多数的月球原始月壳均由斜长岩组成。“阿波罗”号采样结果显示，在月球高地和月海区域，岩石的属性具有相当大的差异。月海区域的岩石样品多呈黑色，且属于某一类玄武岩。高地样品富含铝和钙，颜色较白，为辉长岩或具有 75% ~ 95% 斜长石含量的斜长岩。“阿波罗”15 号和“阿波罗”16 号的 X 射线测量了月表的铝/硅和镁/硅的含量比，并显示所有的高地均富斜长岩，尽管当时的测量仅局限在赤道 ±30°范围内。

根据早期的观测结果，已开展了一定的对月壳内部结构的研究。月壳厚度及其随位置变化是两个用来描述月球演化最主要的参数。例如，月壳的平均厚度是月球早期分化最直接的产物，它取决于几个因素，如岩浆海的深度以及结晶的斜长岩可能漂浮的有效性。来自月球表面“阿波罗”12、14、15、16 号观测站的地震数据给出了评估这些量的最直接证据。这些研究显示，在“阿波罗”区域的月壳厚度大约为 60 km。但是，后来两个团队独立的研究分别给出了较小的月壳平均厚度，分别是 30 km 和 38 km[95]。

“阿波罗”月震数据中最大的问题是该月震网仅覆盖了月球正面中心区域的少部分面积，无法做到全月球覆盖。幸运的是，结合月球的地形和重力场数据，并基于合理的月壳和月幔的密度假设，可以对“阿波罗”区域外的月壳厚度进行估计。将地形和玄武岩引起的引力效应在观测的重力场扣除后的信号可以用来得到壳幔界面的起伏情况，从而得到月球的全月壳厚度图。利用月球重力和地形数据，研究者们给出了月球的平均月壳厚度为 40 ~ 45 km[96]，较月震模型给出的结果大。Ishihara[97] 利用 Wieczorek 提出的月壳单层模型法，给出了月球的平均月壳厚度为 53 km。

图 5.36 显示了利用 Wieczorek[98]方法得到的全月表月壳厚度图，使用了最新的全月球重力（SGM100i）和地形数据（LOLA720）。从图中可以看出，高地区域的月壳厚度较厚，月海和大型撞击盆地底部月壳较薄，模型给出的月壳平均厚度为 45 km，其中在撞击盆地莫斯科海，月壳厚度趋于 0，高地区域月壳较厚，最大厚度为 93 km。

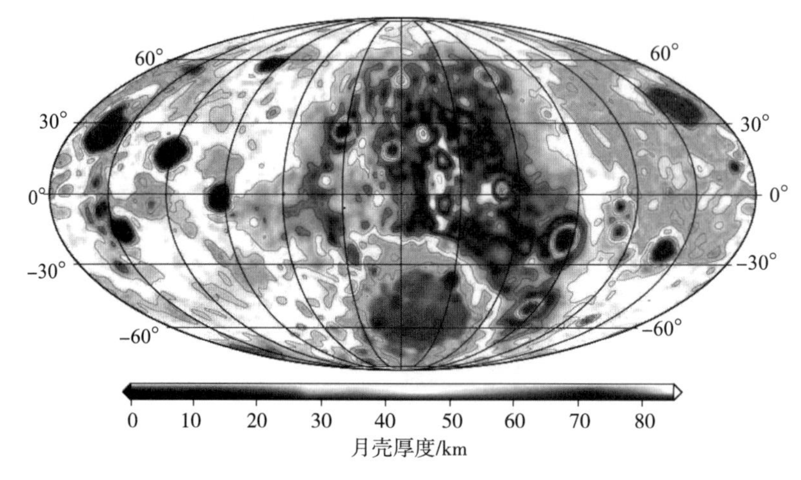

图 5.36 月壳厚度图

作为月球物理参数之一的月壳厚度模型，对描述月面撞击过程和月球样品的来源提供了重要依据，但是还存在一些无法解释的问题。如月壳模型认为月球背面的月壳比正面要厚，但是这可能会受到模型中假定的均一月壳和月幔密度的影响。在早期的月球物理模型分析中，月壳密度总是被设定成固定值。例如，在月壳厚度模型中，Neumann 设定月壳密度为 2 800 kg/m^3，对应于非月海样品的最小密度；Hikida 和 Wieczore 也采用了 2 800 kg/m^3 的月壳密度，对应于撞击坑中央峰的密度估计结果，在本书的计算模型中也采用了同样的月壳密度，其中月幔密度与以往取值一致，为 3 360 kg/m^3。

另外，尽管南极盆地是月球上最大的撞击结构，但是月壳模型显示该撞击并没有挖掘到月幔，而是有一个很薄的壳。月球物质探测发现，该地区的物质可以代表潜在的暴露在表面的深层壳物质[99]，或者也有可能是分异的撞击熔融体。因此，对于该地区而言，月球物理假设可能并不适用，该撞击可能已经挖掘到了月幔部分。

然而，作为一个复杂参数，一些观测还显示月壳的成分既有横向还有纵向的变化。“Clementine”和“Lunar Prospector”任务的遥感数据对月壳的结构和物质分布提供了新论证。基于撞击溅射物的频谱数据研究，多数学者认为下月壳在逐渐镁铁化，而且比上月壳密度要大[100-101]。Wieczorek 和 Zuber（2001）利用全月球分布的撞击坑中央峰的频谱分析数据对月壳密度分层进行了分析，认为上月壳密度为 2 820 ~ 2 890 kg/m^3，下月壳密度为 2 900 ~ 3 100 kg/m^3。至今还没有得到确切的上月幔样本，但是来自月球自由振荡、月球质量以及转动惯量的分析表明，月幔的大致密度为 3 300 kg/m^3。Warren 的研究还显示，由于受到大型的陨石撞击，月壳表面非常稀松，月震模型也显示月壳密度随深度逐渐变大，这可能是岩石静压造成的孔隙度紧缩所致[102]。Lawrence 利用 γ 射线谱仪的结果得到了全月球的铁含量，显示非月海区域铁的含量可以从斜长岩高地地体的 4.2wt% 变化到风暴洋克里普地体的 9.0 wt%，这同时也体现出月表密度的横向变化[103]。

Solomon[104]结合“阿波罗”γ 射线和 X 射线的数据，利用岩石模型估算了月球表面非月海区域的密度约为 3 000 kg/m^3，并且显示在不同区域月壳的密度和相应的高程具有一定相关性。因此，他认为月壳可能满足 Pratt 的均衡机制。利用“阿波罗”探测到的铁和钛的元素丰度，Haines 和 Metzger[105]得到高地月壳的平均密度为 2 933 kg/m^3，并提出月球高地满足 Airy 的均衡假设。Wieczorek 和 Phillips 构建了铁含量和表面密度的经验公式，并利用“Clementine”的近全球分布的铁含量得到了大部分月球高地的密度分布。月球正面和背面高地的平均密度分别为 2 885 kg/m^{3}和 2 856 kg/m^3。

遥感分析的结果显示月壳表面物质成分存在横向和纵向变化性，这对以往的月壳模型提出了新挑战。如果月表物质成分代表了一定的月壳成分，那么这种密度的横向和纵向变化需要考虑到月壳厚度的解算中。另外，月壳的月震数据显示其结构存在一定的孔隙度，这也会对纵向的月壳密度产生影响。但是，遥感数据还无法深入月壳内部进行探测。

重力和地形数据提供了探测月球特别是月壳内部结构最有效的研究手段。重力对地形起伏和密度结构较为敏感，通过结合重力和地形的方式，可以对月壳密度结构进行分析，进而完善月壳模型的重要参数来确定。

5.4.4 月球岩石圈均衡模型

在频率域，重力和地形的关系可以表示为

$$g_{lm} = Q_{lm}h_{lm} + I_{lm} \tag{5.18}$$

式中，Q_{lm}为线性转换方程；I_{lm}为未被模型描述的部分重力场信息，可能由重力场中的噪声引起。假设I_{lm}与地形无关，可以直接得到式（5.13）和式（5.14）中的重力和地形的频谱信息$S_{hh}(l)$、$S_{gg}(l)$和$S_{hg}(l)$以及它们的比值关系导纳$Z(l)$和相关$\gamma(l)$，均为球谐阶数l的函数。如果可以构建一个合适的重力和地形关系模型Q_{lm}，并利用这个关系模型得到模拟的频谱信息，与实际观测进行拟合，便可求得与模型相关的地球物理参数。例如，假设行星体的岩石圈是漂浮着一个薄的弹性球壳，如果将地形看作表面的载荷，可以得到重力和地形的线性转换模型Q_{lm}。经过简单的关系换算得到导纳和相关的表达式为

$$Z(l) = f(\rho_{\mathrm{c}}, \rho_{\mathrm{m}}, \nu, E, T_{\mathrm{e}}, T_{\mathrm{c}}, z, g, R) \tag{5.19}$$

$$\gamma(l) = 1 \text{ 或 } -1 \tag{5.20}$$

式中，ρ_{c}为导纳壳密度；ρ_{m}为幔密度；ν为泊松比；E为杨氏模量；T_{e}为弹性厚度；T_{c}为月壳厚度；z为载荷埋藏深度；g为行星体重力加速度；R为行星半径。

根据月球的实际情况，在利用导纳和相关进行分析的过程中，需要考虑如果建立适合月球的特定重力和地形的线性响应关系模型，并进一步求解其中的地球物理参数，是值得考虑的关键问题。这种重力和地形的线性响应关系对应通常提到的均衡问题，目前存在以下3种较为常用的模型，即Airy、Pratt和弹性薄壳模型，为了探讨这些模型是否适用于月球的情况，本节首先对均衡进行了回顾，然后依据月壳的实际情况，推导适合月球的球谐域薄弹性球壳载荷模型。在该模型基础上，通过与实测数据进行比对，求解模型中重要的物理参数。

1. 均衡补偿和岩石圈弯曲

1）均衡补偿

均衡早期是在地质学中用来描述地球的岩石圈与软流圈的静力平衡状态。它是基于轻的壳漂浮在较密集的幔上的假设，是描述壳体状态和运动的一种理论。例如，一个动力学板块漂浮在某一个高度，而这个高度主要取决于动力板块的厚度和密度。这个概念可以帮助解释地球表面不同高度的地形存在形式。当某一区

域的岩石圈达到均衡状态，可以说它是一种均衡平衡态。通常认为地球是一个动力学系统，可以对各种不同的载荷进行响应。均衡在帮助理解地球表面上的动力学现象，如造山运动、盆地形成沉积、大陆断裂以及新的海洋盆地形成上起到了非常重要的作用。当前存在以下几种模型，即 Airy（1855）、Pratt（1855）和弹性模型[106-107]，Wahr[108]在他的专著 *Geodesy and Gravity* 以及 Watts[109]在他的专著 *Isostasy and Flexure of the Lithosphere* 中都对这些模型开展了详细描述。

（1）Airy - Heiskanen 模型。

1854 年，Airy 提出该模型，Heiskanen 在此基础上提出了实用的计算公式。该模型要求均衡补偿是单一的，壳像浮冰在水上一样漂浮在幔上（图 5.37），壳的密度 ρ_c 在任何深度都一样，幔的密度为 ρ_m。根据静力平衡，在补偿面上任何一点的静压都相同，有

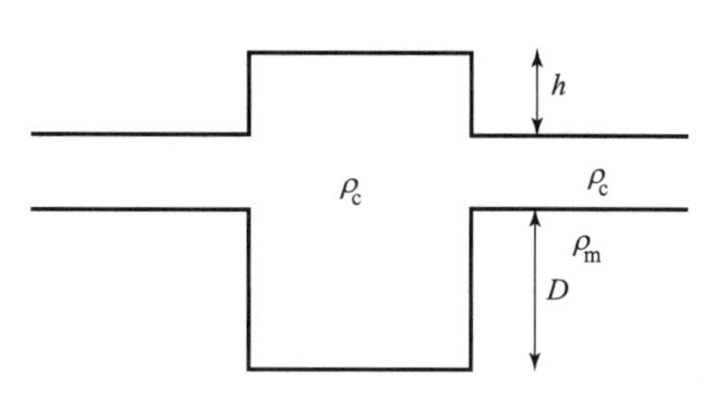

图 5.37　Airy - Heiskanen 均衡模型示意图

$$D = h\left(\frac{\rho_c}{\rho_m - \rho_c}\right) \tag{5.21}$$

式中，h 为地形高度；D 为补偿深度。一般情况下，壳的厚度比 h 和 D 都大。如果假设一个典型的壳密度为 2 000 ~ 3 000 kg/m^3，壳和幔的密度差为 400 ~ 700 kg/m^3，可以推算补偿深度 D 是 h 的 3 ~ 8 倍。如果 Airy - Heiskanen 模型是有效的，那么地形和重力异常之间的关系应该比较小。

（2）Pratt - Hayford 模型。

1855 年，该模型由 Pratt 提出，也要求均衡补偿是单一的，且所有补偿深度都相同，并认为补偿效应是通过密度变化来调节的。基于该理论，高的山脉必然由较低密度的壳来支撑，而不是一个较厚的壳。如图 5.38 所示，地形高度为 h，无地形区

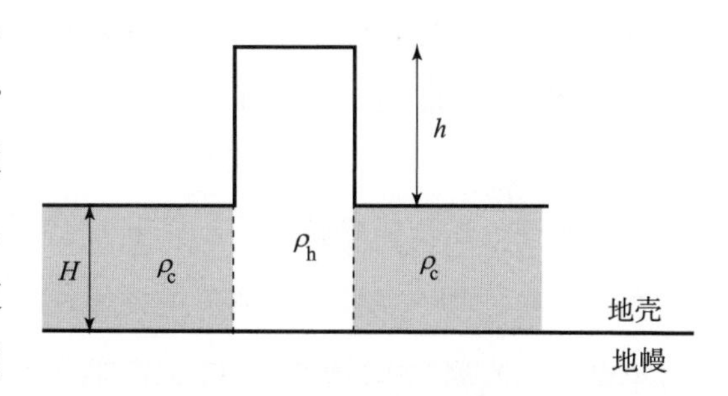

图 5.38　Pratt - Hayford 均衡模型示意图

域壳的厚度为 H，ρ_c表示标准壳密度，ρ_h表示地形补偿的壳密度，因此满足

$$\rho_h = \left(\frac{H}{H+h}\right)\rho_c \tag{5.22}$$

假设下面壳的厚度足够大，那么有效地形高 h 并不会对均衡结果产生任何影响，因此无论 h 如何变化，都不会有对应的重力异常的空间变化。当然，下面的壳并非是一个无限大的板块，地形和重力会有一定的相关性，同时该方法可用来找出壳幔边界的深度。

（3）弹性均衡模型。

Airy 和 Pratt 的两个模型哪个更合理呢？如果地形是由球壳或上地幔的热膨胀或热对流造成的，那么 Pratt 模型比较有效。如果地形被看作是加载在星体上的载荷，那么 Airy 模型比较有效。在地球上，通过建立观测的地形和重力的关系，研究者们使用了两个模型来对壳的厚度进行估计。对于两个模型，他们发现在山地区域壳的厚度大约为 50 km，在海洋区域大约为 10 km。这些结果与地壳厚度的地震观测结果一致。壳幔边界（Moho 面）是一个化学边界，因此代表一个物质属性的不连续性。地震结果显示，Moho 面的深度显示在高山区域壳的厚度一般比较大，因此在这些区域更趋向于 Airy 补偿模型。虽然，Airy 和 Pratt 模型可以用来解释某些特定的地质特征，但是该模型在解释短波长地形和重力的相关性上存在较大缺陷。比如，无论地质特征的尺寸大小，两个模型认为补偿都是存在于局部，而且这个补偿是通过单纯增加壳的厚度或者改变月壳的密度来实现的。但是大部分学者认为，壳和幔具有一定强度，而且足以支撑表面载荷。1889 年，Gilbert 在他的“地壳强度”一文中提出，地壳表面的特征可以用刚性（Rigidity）和均衡（Isostasy）来描述。之后科学家发展了 Gilbert 的学说，并应用了岩石圈和软流圈等概念，建立了区域弹性均衡模型。

区域弹性均衡模型认为，地形是加载在壳上的载荷，这个载荷会使壳或岩石圈发生弯曲（图 5.39），类似于弹性板块浮在弱的无黏性的基底上。如果这个载荷足够大，它将使硬的壳发生弯曲而进入基底中，形成低密度的根部，就像 Airy 模型一样。但是，由壳的硬度来支撑载荷，这个根基相对于 Airy 模型来说会更宽些。

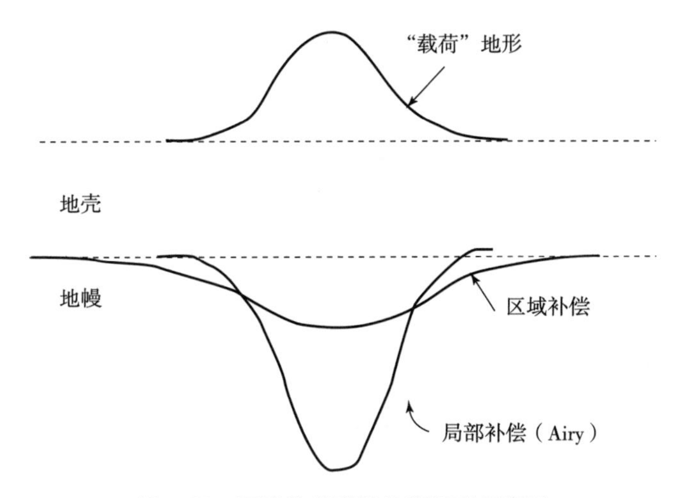

图 5.39　区域补偿弹性均衡模型示意图

2）岩石圈弯曲

弹性均衡模型中，将地形看作是加载在壳上的载荷，并引起了岩石圈的弯曲，这种弯曲变形会在某些物理场中表现出来，如重力场。因此，可建立一个载荷与弯曲模型，并进一步探讨这种弯曲与外部重力场的关系。根据图 5.39，首先想到的是将壳或岩石圈看作一个平板，分析薄板在受到应力作用时的弯曲情况。

假设有一个原始厚度为 H 的水平板。该平板是均一的（具有统一的厚度和物质属性）。假设在平板的上表面和下表面分别施加载荷应力（图 5.40）$Q_1(x)$ 和 $Q_2(x)$，可以认为 $Q_1(x)$ 是由于表面的地形施加，而 $Q_2(x)$ 是来自软流层的向上浮力造成。假设平板较薄，而且变形较小。令 $w(x)$ 为上表面的变形距离，当变形向下时为正，即

$$D\partial_x^4 w = Q_1 - Q_2 \tag{5.23}$$

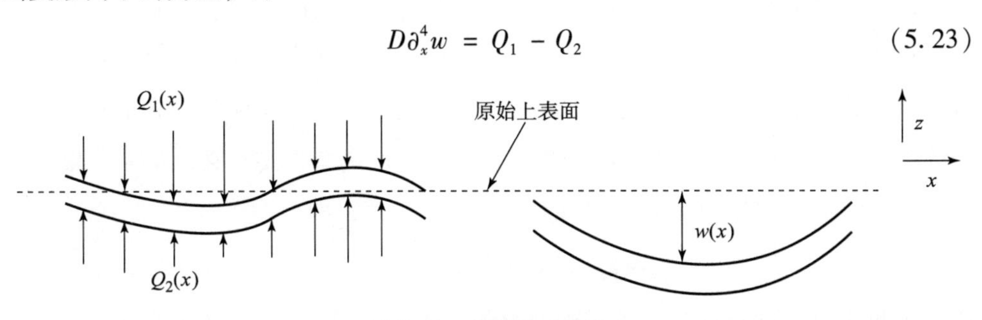

图 5.40　平板应力弯曲

式中，D 为弹性刚度，满足 $D = \frac{ET_e^3}{12(1-\nu^2)}$，$E$ 为杨氏模量，ν 为泊松比，T_e为弹性厚度。如果给定 Q_1和 Q_2，可以利用式（5.23）来求解弯曲度 w。

如果假设岩石圈是一个薄的平板，漂浮在流动的软流圈上。假设壳/幔边界在岩石圈的内部，且厚度为 T_c（图5.41）。壳的密度为 ρ_c，软流层的密度为 ρ_m。在岩石圈上附加一个载荷（密度与壳相同），高度为 h，岩石圈表面和壳/幔边界等均有一个向下的位移 w。上表面载荷带来的压力为 $Q_1 = \rho_c gh(x)$，下岩石圈的压力为 $Q_2 = \rho_m gw(x)$。将其代入式（5.23），并将地形和弯曲在频率域进行求解，

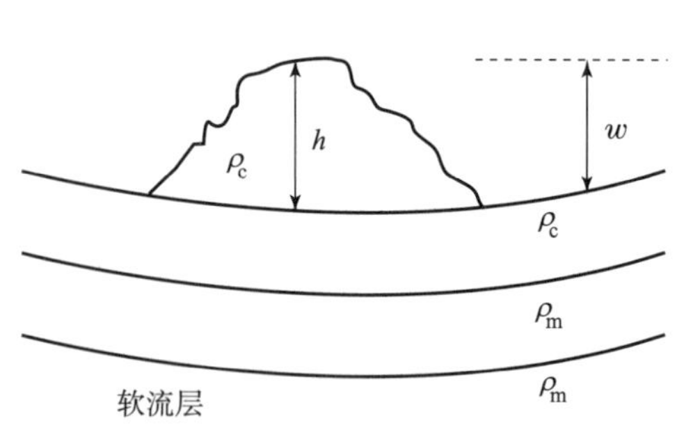

图 5.41　岩石圈表面载荷弯曲模型

$$w_0 = \left[\frac{g\rho_c}{Dk^4 + (\rho_m - \rho_c)}\right]h_0 \tag{5.24}$$

式中，w_0和 h_0分别为弯曲和高程在频率域的振幅。

2. 空间域重力地形均衡响应关系

19 世纪 70 年代，频谱分析技术的出现使得均衡学家可以更好地研究地球表面特征的均衡补偿程度。这种技术是以建立重力和地形的某种关系来实现的。通过研究在某个地质特征上观测到的重力和地形，并将其与预测的局部或区域的均衡模型进行比较，可以在更高分辨率上确定补偿机制。

在某种程度上，岩石圈就像一个大的均衡过滤器，可以使与弯曲有关的小功率，长波长的变形通过。实际情况下很难直接观测到地表的弯曲，但是有一个参数对载荷的大小及其弯曲程度都十分敏感，那就是自由空间异常，这是一个可测量的参数，同时它对估计岩石圈的长期热机制属性具有重要意义。早期傅里叶分析技术，Parker[110]给出了波数域重力和地形的关系，即

$$\Delta \boldsymbol{g}_P(k) = \mathrm{e}^{-kp} 2\pi G\rho \boldsymbol{H}(x) \tag{5.25}$$

并引入两者的线性关系式（导纳）：$\boldsymbol{Z}(k) = \Delta\boldsymbol{g}(k)/\boldsymbol{H}(k)$，由此得到以下不同均衡模型的重力和地形的均衡响应公式。

（1）Airy 模型：$\boldsymbol{Z}(k)_{\text{Airy}}=2\pi G\rho_{\text{c}}(1-\text{e}^{-kt})\text{e}^{-kd}$，式中 t 为壳的平均厚度。

（2）Pratt 模型：$\boldsymbol{Z}(k)_{\text{Pratt}}=2\pi G\rho_{\text{o}}[1-\text{e}^{-kD_{\text{c}}})\text{e}^{-kd}$，式中，$\rho_{\text{o}}$为一个平底柱体的标准密度；$D_{\text{c}}$为补偿深度。

（3）弹性板块弯曲模型：$\boldsymbol{Z}(k)_{\text{flex 1}}=2\pi G\rho_{\text{c}}\text{e}^{-kd}[1-\Phi_{\text{e}}'(k)\text{e}^{-kt}]$，有 $\Phi_{\text{e}}'(k)=\left[\dfrac{Dk^4}{(\rho_{\text{m}}-\rho_{\text{c}})g}+1\right]^{-1}$，该模型适用于表面载荷和壳的密度相一致的单层壳结构。但是在多数地质应用中，这个假设可能不满足，如火山载荷的平均密度可能与承载的壳密度不一致，另外利用地震 P 波得到的壳通常具有多层结构，这可能由密度分层造成。

（4）弹性板块弯曲模型（多层壳）：这里定义一种更通用的模型。假设表面地形载荷的密度为 ρ_l，ρ_{infill}、ρ_2、ρ_3、ρ_{m}分别是填充、第二层、第三层和幔的密度。t_2和 t_3分别是第二层和第三层的厚度（图 5.42），如果各层的弯曲程度一致，则有

$$Z(k)_{\text{flex2}}=2\pi G\rho_l\text{e}^{-kd}\left[1-\Phi_{\text{e}}(k)\,\frac{(\rho_2-\rho_{\text{infill}})+(\rho_3-\rho_2)\text{e}^{-kt_2}+(\rho_{\text{m}}-\rho_3)\text{e}^{-k(t_2+t_3)}}{\rho_{\text{m}}-\rho_{\text{infill}}}\right]$$

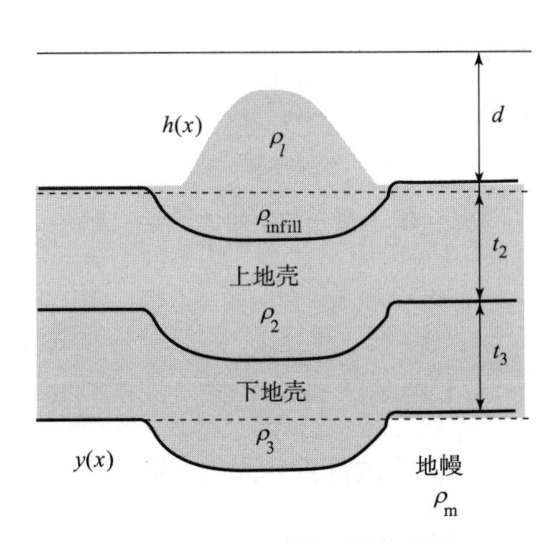

图 5.42　多层壳弹性板块模型

（5）弹性板块弯曲模型（表面和内部载荷叠加）。以上模型都仅考虑到加载在壳上的以地形形式表示的表面载荷；但并不是所有载荷都在表面上，有一些埋藏的载荷存在于半地表。在许多地质结构中都存在这种埋藏载荷。在压缩地质环

境中，大型壳块的逆冲会造成大尺度的岩石弯曲。在拉伸的环境中，对岩石圈会造成加热和冷却作用，这可能会造成其凹陷和上隆。通常情况下，表面载荷没有考虑到内部埋藏载荷的影响。尽管埋藏载荷并不一定与地形相关，但是它们都会在重力场中显现出来，特别是在造山带。因此，本章必须建立一个考虑表面和内部载荷组合的导纳模型（图 5.43）。没有一种简单的方法可组合这种表面和内部的载荷。尽管单个的导纳是实数，当表面载荷和内部载荷的方向不一致时，组合导纳可能是复数。Forsyth 考虑到了两种载荷的方向不一致性，推导了一种适用于布格导纳的组合方式，即

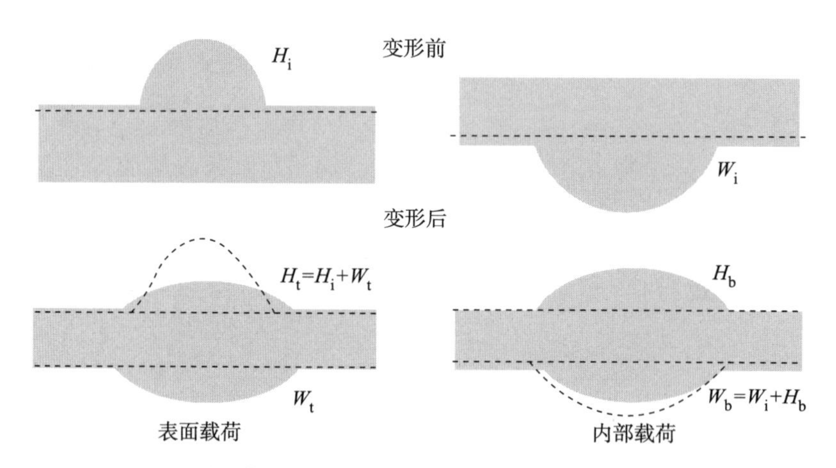

图 5.43 弹性薄板块对表面载荷和内部载荷的均衡响应原理图

（其中 $\boldsymbol{H}_{\mathrm{i}}$ 为变形前原始的地形高度）

$$\boldsymbol{Z}(k)_{\text{surface+buried}} = -2\pi G \mathrm{e}^{-kZ_t}\left[\frac{\dfrac{\boldsymbol{H}_{\mathrm{b}}^2}{\boldsymbol{\Phi}_{\mathrm{e}}'''(k)} + \boldsymbol{H}_{\mathrm{t}}^2 \boldsymbol{\Phi}_{\mathrm{e}}(k)}{\boldsymbol{H}_{\mathrm{b}}^2 + \boldsymbol{H}_{\mathrm{t}}^2}\right] \tag{5.26}$$

式中，$\boldsymbol{\Phi}_{\mathrm{e}}'''(k)$ 和 $\boldsymbol{\Phi}_{\mathrm{e}}(k)$ 分别对应内部载荷和表面载荷的弹性响应函数，即

$$\boldsymbol{\Phi}_{\mathrm{e}}'''(k) = \left[\frac{Dk^4}{\rho_{\mathrm{m}} g} + 1\right]^{-1} \tag{5.27}$$

$$\boldsymbol{\Phi}_{\mathrm{e}}(k) = \left[\frac{Dk^4}{(\rho_{\mathrm{m}} - \rho_{\mathrm{c}})g} + 1\right]^{-1} \tag{5.28}$$

式中，壳的厚度为 $\boldsymbol{Z}_{\mathrm{t}}$，且埋藏的载荷深度 $\boldsymbol{Z}_{\mathrm{L}} = \boldsymbol{Z}_{\mathrm{t}}$。$\boldsymbol{H}_{\mathrm{t}}$ 和 $\boldsymbol{H}_{\mathrm{b}}$ 分别为表面和内部载荷对地形的贡献，两者都与观测到的地形有关，且有 $\boldsymbol{H} = \boldsymbol{H}_{\mathrm{t}} + \boldsymbol{H}_{\mathrm{b}}$，为了确定两

者与观测地形的关系，Forsyth 提出了载荷比 f_l，定义为初始附加的内部载荷与表面载荷的质量比，即

$$f_l = \frac{|\boldsymbol{H}_\mathrm{b}|(\rho_\mathrm{m} - \rho_\mathrm{c})}{\boldsymbol{\Phi}_\mathrm{e}\rho_\mathrm{c}\boldsymbol{H}_\mathrm{t}} \tag{5.29}$$

如果事先能确定是哪种重力导纳模型，就可以用这个模型来计算由地形及其补偿造成的重力异常。这个过程可以分为3步：首先，利用某个特定的均衡模型（Airy、Pratt 和弹性弯曲模型）来计算 $\boldsymbol{Z}(k)$；然后，将其乘以傅里叶转换后的地形 $\boldsymbol{H}(k)$；最后，对两者的点积结果做傅里叶逆转换，求出空间域的重力异常 $\Delta g(x)$。通过比对计算与观测到的实际重力异常，势必可以对构建$\boldsymbol{Z}(k)$ 的均衡变化参数进行估计，如岩石圈的弹性厚度、壳幔密度等。

3. 球谐域薄弹性球壳载荷模型

前面章节对均衡的解释都是基于地球的主要特征结构和演化。由于地球位于太阳系，因此可以假设太阳系其他天体也可能具有类似的均衡响应。目前广泛认为行星体都具有一个薄的壳，并且在地质时间尺度上表现为弹性特性，支撑这个壳（弹性岩石圈）的是可以流动的幔。由于在多数情况下，给出的行星体的重力和地形等信息是用球谐系数来表达的，以往的傅里叶变换方法对行星体的研究具有一定的不适用性。下面需要推导一个更普遍的基于球谐域的岩石圈弹性弯曲模型。作用在薄弹性球壳上的载荷 p 与其产生的弯曲 w 之间的关系为[111-112]

$$D\,\nabla^6 w + 4D\,\nabla^4 w + ET_\mathrm{e}R^2\,\nabla^2 w + 2ET_\mathrm{e}R^2 w = R^4(\nabla^2 + 1 - \nu)p \tag{5.30}$$

式中，D 为弹性刚度，且有 $D = \dfrac{ET_\mathrm{e}^3}{12(1-\nu^2)}$，其中 E 为杨氏模量，ν 为泊松比，T_e为弹性厚度；R 为壳的平均半径；∇^2为球坐标系的 Laplacian 算子。p 为作用在壳上的局部正向应力（指向内为正）；w 为在压力作用下的弯曲（向下为正），这个弯曲基于位置 θ 和 ϕ。式（5.30）要求岩石圈的厚度一定，并且相对于行星的半径来说较小。如果岩石圈的弹性厚度比行星半径的1/10还要小，那么由这种薄壳近似引起的误差可以忽略。如果式（5.30）中的载荷及其对应的弯曲可以表达成球谐形式 q_{lm} 和 w_{lm}，就可以将这个6阶微分方程表达成线性形式，且有 $w_{lm} = \xi_l q_{lm}$。

作用在岩石圈上的单位压力 p 可以表示为作用在岩石圈的向下的单位引力 q_a

与流体幔对岩石底部向上的超静压差 q_{h}，即

$$p(\theta,\phi) = q_{\mathrm{a}}(\theta,\phi) - q_{\mathrm{h}}(\theta,\phi) \tag{5.31}$$

Turcotte 利用质量块近似方法计算了 p，即

$$p = g[\rho_{\mathrm{c}}h - \rho_{\mathrm{m}}h_{\mathrm{g}} - (\rho_{\mathrm{m}} - \rho_{\mathrm{c}})w] \tag{5.32}$$

式中，g 为表面的平均加速度；h 为参考于平均球半径的实际地形高度，加载在壳上的真实载荷为 $h+w$；h_{g} 为大地水准面的向上弯曲，当载荷的波长远远小于星球的半径时，可以忽略星球的曲率和大地水准面变形 h_{g} 的影响[113]。依据推导方法得到精确的载荷和弯曲的计算模型。

引入无量纲参量，即

$$\tau = \frac{ET_{\mathrm{e}}}{R^2 g\Delta\rho} \tag{5.33}$$

且有 $\sigma = \dfrac{D}{R^4 g\Delta\rho} = \dfrac{\tau}{12(1-\nu^2)}\left(\dfrac{T_{\mathrm{e}}}{R}\right)^2$，$\tau$ 为用来衡量球壳刚度的量，σ 为可以衡量球壳的抗弯曲能力。利用关系式 $\nabla^2 Y_l^m = -l(l+1)Y_l^m$，式（5.30）可在频率域表示为

$$\sigma[l^3(l+1)^3 - 4l^2(l+1)^2] + \tau[l(l+1)-2]w_{lm} = [l(l+1)-(1-\nu)]p_{lm} \tag{5.34}$$

按照式（5.32），经过球谐函数转换，可得

$$w_{lm}^{\mathrm{s}} = \frac{\rho_{\mathrm{c}}}{\rho_{\mathrm{m}} - \rho_{\mathrm{c}}}C_l^{\mathrm{s}}h_{lm}^{\mathrm{s}} \tag{5.35}$$

进一步可得在表面载荷作用下重力位和地形的转换关系式[114]为

$$Z_l^{\mathrm{s}}(l) = \frac{3g_0\rho_{\mathrm{c}}}{\bar{\rho}(2l+1)}\left[1 - \bar{C}_l^{\mathrm{s}}\left(\frac{R-T_{\mathrm{c}}}{R}\right)^{l+2}\right] \tag{5.36}$$

图 5.44 显示了表面载荷模型的情况，其中 $T_{\mathrm{c}}=50$ km、$\rho_{\mathrm{c}}=2\ 900\ \mathrm{kg/m^3}$、$\rho_{\mathrm{m}}=3\ 360\ \mathrm{kg/m^3}$、$E=10^{11}$ Pa、$\nu=0.25$。上图显示了不同弹性厚度对应的表面地形的补偿程度，$T_{\mathrm{e}}=0$ km 对应于 Airy 均衡。对于长波载荷（对应小的球谐函数阶数 l）和小弹性厚度，整个表面地形处于完全补偿状态。当阶数和弹性厚度都增加时，补偿程度随之降低，重力导纳也趋于常数值，这可以解释为岩石圈基本处于完全刚性状态，没有弯曲产生，而且此时的重力场是非补偿表面地形的结果。

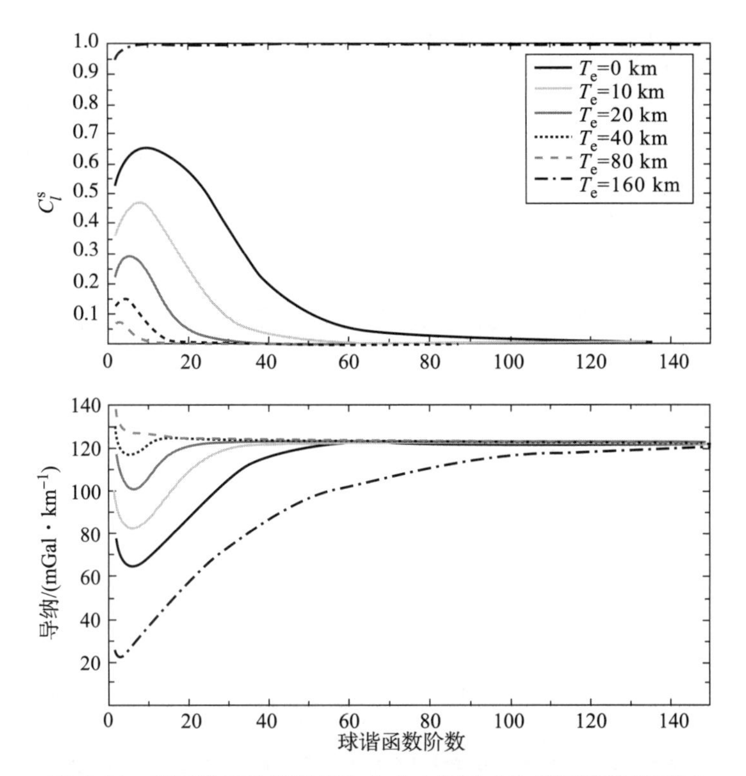

图 5.44　表面地形均衡补偿和自由空间重力和地形转换关系图

利用类似的方法，可以讨论内部载荷的情况。假设所有岩石圈界面内的弯曲 w^z都一致，而且由内部载荷引起的表面起伏 h^z与 w^z相等。通过对壳层状态进行分析，建立弹性弯曲与表面载荷的关系式，即

$$w_{lm}^z = C_l^z \frac{\sigma_{lm}}{\rho_{lm}} \tag{5.37}$$

进一步得到由内部载荷引起的引力位与地形的转换关系，即

$$Z_l^z(l) = \frac{3g_0\rho_c}{\bar{\rho}(2l+1)}\left[\left(\frac{R-z}{R}\right)^{l+2} - C_l^z\frac{\rho_c}{\rho_m} - C_l^z\frac{\Delta\rho}{\rho_m}\left(\frac{R-T_c}{R}\right)^{l+2}\right] \tag{5.38}$$

图 5.45 显示了内部载荷模型的情况，模型参数与图 5.44 相同。内部载荷补偿情况与表面载荷相同。在长波长和低弹性厚度时，补偿的程度更趋于一致。相比表面载荷来说，内部载荷的重力导纳既有正也有负；当弹性厚度较大补偿较小时，内部正的载荷处的导纳为正，但是弹性厚度较小；表面弯曲较明显时，内部正的载荷对应的导纳在长波长上为负值。

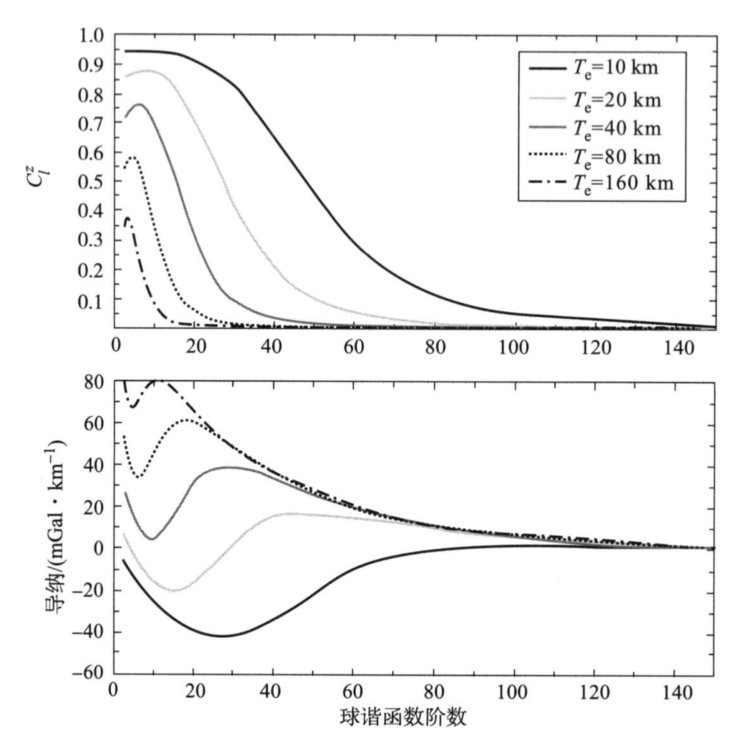

图 5.45 内部地形均衡补偿及自由空间重力和地形转换关系

对表面和内部载荷组合的形式，可用式（5.29），引入了载荷比f_l来描述内部载荷与外部载荷的比值，从而建立两者的弹性响应公式。引入另一个“载荷参数”L，有

$$L = \frac{\text{subsurface load}}{|\text{surface load}| + |\text{subsurface load}|} \tag{5.39}$$

很明显L可以从0变化到1。当施加的表面载荷与内部载荷相等时，$L = 0.5$。经过推导可以得到内部和外部载荷相结合的重力转换方程为

$$Q_l^{\mathrm{m}} = \frac{Q_l^{\mathrm{s}} + Q_l^z\left(1 + \dfrac{\rho_{\mathrm{c}}}{\Delta\rho}\bar{C}_l^{\mathrm{s}}\right) f_l}{1 - C_l^z \dfrac{\rho_{\mathrm{c}}}{\rho_{\mathrm{m}}}\left(1 + \dfrac{\rho_{\mathrm{c}}}{\Delta\rho}\bar{C}_l^{\mathrm{s}}\right) f_l} \tag{5.40}$$

“载荷比”和“载荷参数”的关系为$f_l = L_l / (1 - |L_l|)$。

图 5.46 显示了组合后的导纳情况，模型参数与图 5.44 相同，弹性厚度变化为 0 km、20 km、100 km，载荷参数变化为 −0.2、0、0.2，其中 0 代表只有表面

载荷的情况。可以看出，组合后的导纳较单个导纳有一定变化，任何附加的内部载荷，都会在长波长影响线性响应方程，当内部载荷与外部载荷同相位时，使导纳值减小；反之，则增大。

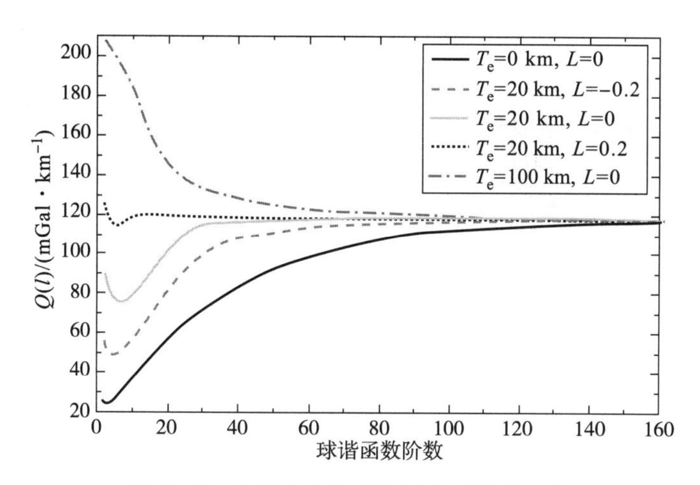

图 5.46　表面和内部载荷组合后的导纳值

由于线性转换方程 $Q(l)$ 是一系列地球物理参数的函数，结合实际地形，可以利用该模型求解理论的重力场。在该情况下，模型求解出来的导纳 $Z(l)$ 与 $Q(l)$ 是等价的。观测与模型合理地结合起来，势必可以对这些参数，如壳和幔的密度、月壳厚度和岩石圈的弹性厚度、表面和内部载荷的质量比等求解，为进一步解释行星体的地质演化等结构提供了有效的方法。

5.4.5　月球岩石圈均衡状态研究

月球是最靠近地球的自然天体，但是对于其内部结构和早期演化，人类还知之甚少。有证据表明，月球是一个低密度，富含斜长岩，并且壳漂浮在一个密度大且富含硅酸盐的幔上。来自自然和主动撞击的 S 波月震数据表明，像地球一样，月球也具有一个局部熔融的核。但是月球上缺少大气，因此没有证据表明其表面的侵蚀、沉积和质量传输。对于月球来说，在地质历史的时间尺度上，月球岩石圈在重力作用下朝着内部应力最小状态的方向演化，并逐步趋于均衡的稳定状态。地形可以看作是作用在岩石圈上的一种载荷。在该载荷的长期作用下，岩石圈会对该种载荷做出相应的均衡响应，正如在地球局部范围内地壳会进行 Airy

和 Pratt 均衡补偿一样。

早期对月球岩石圈的研究主要是针对月球质量瘤区域岩石圈的弹性响应进行的，主要分为两个方向，即构造和重力。构造思想将同心地堑的位置与玄武岩压载后的最大延展弯曲应力连接起来[115-117]，利用这种方法估计得到的弹性厚度为 25 ~ 75 km。由于受到观测数据的限制，重力估计法在估计载荷的幅度上具有较大的不确定度。早期给出的弹性厚度为 0 ~ 125 km。所有这些结果都存在一定的不确定性，如表面和内部载荷是不相关的，或者幔的上隆仅是盆地挖掘的弹性弯曲响应。在 Crosby 和 McKenize 前还没有针对月球高地的弹性厚度的研究结果，尽管有些小的较老的撞击坑表现出异常的非补偿特征，暗示岩石圈至少在撞击坑的形成时间尺度上具有一定的弯曲刚度。Crosby 和 McKenize 利用“Lunar Prospector”重力视线加速度数据和“Clementine”的激光高度计地形数据对月球正面的南北高地进行了分析。他们认为，在月球正面高地形成时期，岩石圈的弹性厚度可以从北部 3 ~ 10 km 变化到南部的 7 ~ 18 km。相比于弹性壳模型来说，弹性平板模型与南部的导纳符合更好。由于当时“Clementine”的地形数据在南北高纬度上存在较大的数据缺陷，使得结果的可靠性大大降低。如果假定月球的表面地形是由某个特定的机制来支撑，如 Airy、Pratt 或岩石圈弹性模型，通过建立这些模型，可以得到重力和地形的关系，将其与实测值进行比对，可以求出与这些模型相关的一些地球物理参数，如弹性厚度、月壳密度、月幔密度等。在接下来的章节中，将利用推导的频率域薄弹性球壳模型来研究月球上某些特定区域的岩石圈属性。Jolliff 依据月球表面元素分布，将月球划分为 3 个不同地体，分别是风暴洋克里谱地体（KREEP）、斜长岩高地地体（FHT）和南极 SPA 地体（图 5.47），在使用该模型时，需要考虑对不同区域的适用性。

1. 区域化频谱分析

月球的地质单元随不同区域具有较明显的不同，与这个地区相关的地球物理参数也会随之不同。在计算地形和重力的导纳和相关函数有关的功率谱时，很有必要将这些参量的观测和模型值进行区域化。采用 Wieczorek 和 Simons 的方法，对重力 g 和地形 f 都施加一个局部窗函数 h，并将这些结果在球谐函数域展开，得到分别区域的球谐函数 Γ_{lm} 和 Φ_{lm}。局部的重力和地形的交叉功率谱可以表示为

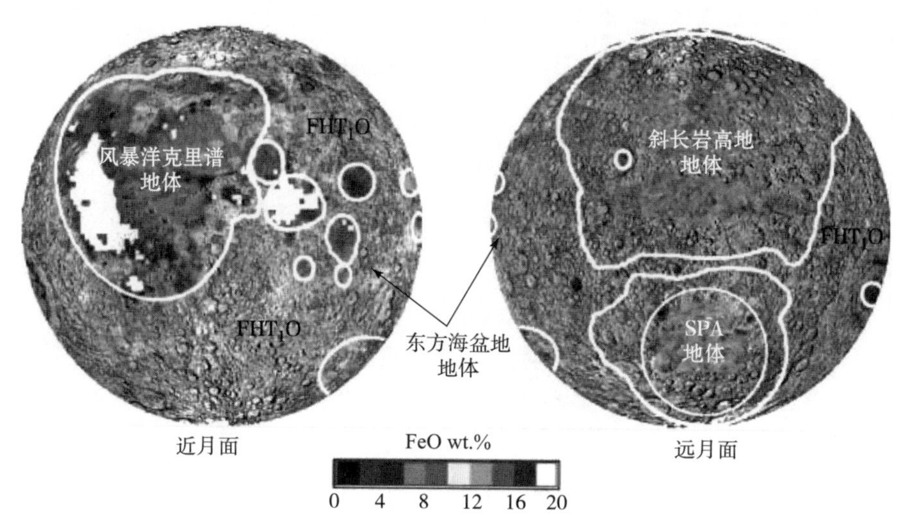

图5.47　月球表面FeO的分布图及其划分的3个地体单元

$$S_{\Phi\Gamma}(l)=\sum_{m=-l}^{l}\Phi_{lm}\Gamma_{lm} \tag{5.41}$$

由此可以得到局部的导纳和相关为

$$Z(l)=\frac{S_{\Phi\Gamma}(l)}{S_{\Phi\Phi}(l)} \tag{5.42}$$

$$\gamma(l)=\frac{S_{\Phi\Gamma}(l)}{\sqrt{S_{\Phi\Phi}(l)S_{\Gamma\Gamma}(l)}} \tag{5.43}$$

这里相关函数可以从 -1 变化到1。经过区域化的谱与未区域化的全月球谱有所不同，且满足关系式

$$\langle S_{\Phi\Gamma}(l)\rangle=\sum_{j=0}^{L}S_{hh}(j)\sum_{i=|l-j|}^{l+j}S_{fg}(i)(C_{j0i0}^{l0})^{2} \tag{5.44}$$

式中，$\langle\cdots\rangle$ 表示求解期望值；L 为球谐函数 h 的带宽。该关系式表明，l 阶的局部谱估计值对全球 $l\pm L$ 阶的能量谱 S_{fg} 比较敏感。因此，在设计局部窗时尽量选择较小的带宽。

基于重力和地形的线性公式（5.18），假设未模型化的噪声与地形无关，那么该噪声不会影响重力和地形的交叉功率谱，但会影响重力的功率谱，即

$$S_{gg}(l)=S_{gg}^{Q}(l)+S_{II}(l) \tag{5.45}$$

式中，未模型化的信号 $S_{II}(l)$ 会使重力场的能量谱 S_{gg}（l）变高，使得相关函数

的值变低。如果重力和地形严格线性相关，且没有观测和模型噪声，那么得到的相关函数值应该为 1。在这种假设下，得到了导纳的方差估计值为

$$\sigma^2(l)=\frac{S_{\Gamma\Gamma}(l)}{S_{\Phi\Phi}(l)}\frac{1-\gamma^2(l)}{2l} \tag{5.46}$$

2. 最优模型估计和不确定度分析

模型中参数的最优解估计是采用开平方估计的方法[118]，即

$$\frac{\chi^2}{v}(\rho_c,T_e,L)=\frac{1}{v}\sum_{l=l_{\min}}^{l_{\max}}\left(\frac{Z_l^{\text{obs}}-Z_l^{\text{cal}}(\rho_c,T_e,L)}{\sigma_l^{\text{obs}}}\right) \tag{5.47}$$

式中，v 为自由度。

为了确定不同参数的不确定度，利用蒙特卡罗计算法，引入重力场的观测噪声，重新对导纳的中误差进行了估算，有

$$\bar{\sigma}_{\text{mc}}(l)=\sqrt{\frac{\sum_{i=1}^{N}\left[Z_l^{\text{bestfit}}-Z_l^{\text{mc}}(i)\right]^2}{N}} \tag{5.48}$$

利用该结果重新对开平方的概率量进行了统计计算，并以 1 倍和 3 倍中误差作为最优解的不确定度范围值。与以往的方法不同，这种多步不确定度估算法首次考虑到观测对模型本身造成的影响，更加具有理论和实际意义。

3. 分析区域选择

本节对多个全月球地形和重力场模型进行了分析计算，而主要结果是基于 LOLA720 球谐函数地形模型（径向高程精度可达约 10 m）和日本“Kaguya”的 100 阶次重力场模型 SGM100i。对于正面区域，由于“Lunar Prospector”拓展任务的重力场分辨率比 SGM 系列重力场高，本节也对它进行了分析。月球上的导纳和相关值随区域的变化而变化。图 5.48 和图 5.49 分别给出了典型的质量瘤区域和撞击盆地的导纳和相关。无论是质量瘤区域还是撞击盆地区域，其对应的导纳和相关都十分复杂，解释起来较为困难。通过比较，本节得到的同时考虑表面和内部载荷情况的模型较适用于地形和重力较为均一的高地和 SPA 区域，这样的区域导纳值在高阶上比较平坦，而且具有较高的地形和重力的相关度。本节对全月球约 100 个具有此类特征的区域进行了分析，图 5.50 显示了月球的地形和重

力，以及最终选择的 30 个分析区域。大多数区域都聚集在正面南部和背面高地，还包括部分南极盆地区域。

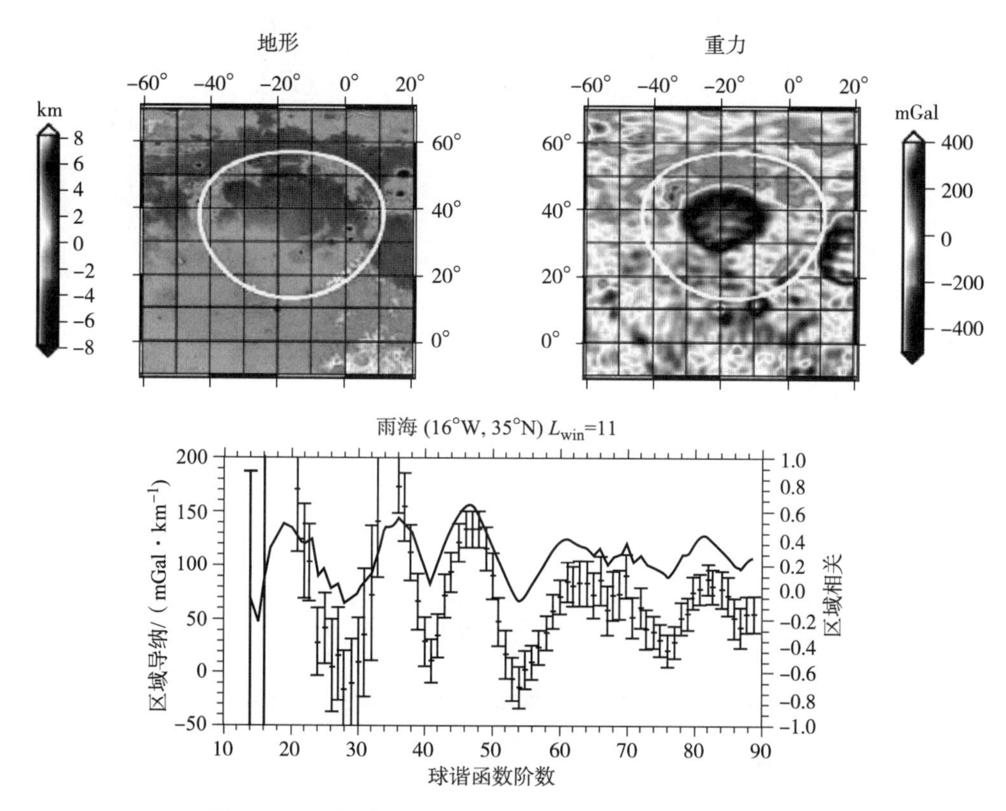

图 5.48　雨海质量瘤区域地形和重力以及导纳和相关的值

（上图白色圆圈表示选择的区域；下图黑色点为导纳值，黑色线为相关值）

4. 参数设定

首先利用表面和内部载荷模型来建立理论的重力场模型，表 5.9 列举了模型所需的部分参数。设置月壳密度、弹性厚度和载荷比为变量，固定其他参数的值。月壳厚度由改进的月壳厚度模型进行估算[119]。幔的密度是基于撞击坑中央峰和月表矿物分布的解算，设定为 3 360 kg/m^3[120]。通过在一定范围内变化壳密度、弹性厚度和载荷比，并与实际观测值进行比对，可对这些参数进行一定的限制。

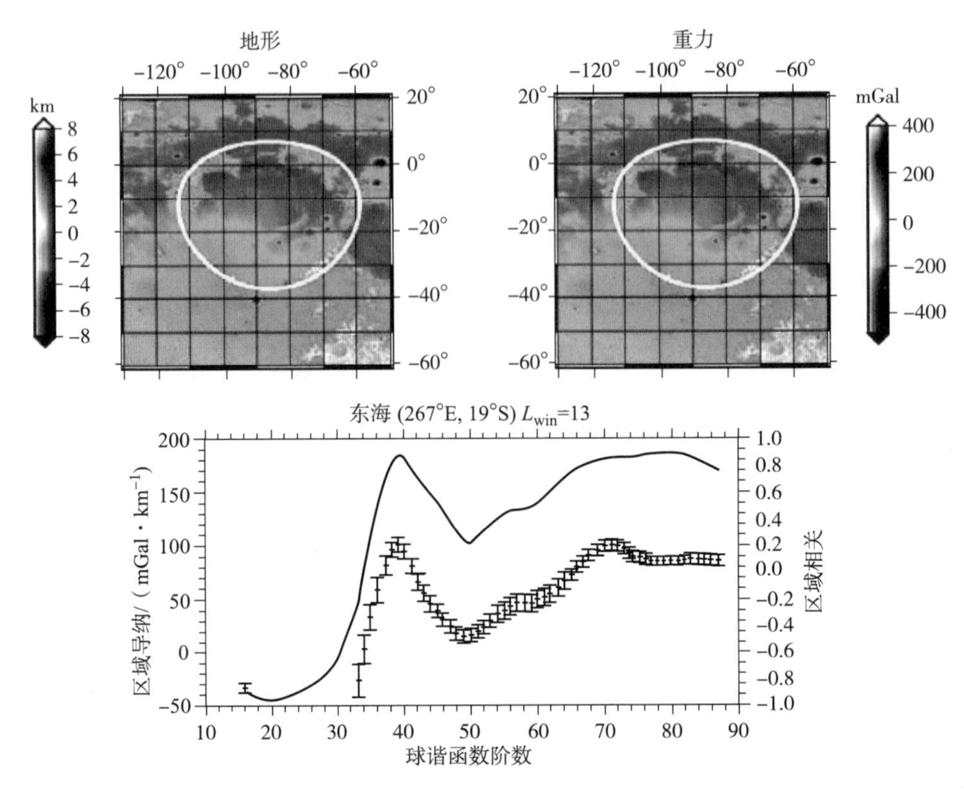

图 5.49　撞击盆地东海区域地形和重力以及导纳和相关值

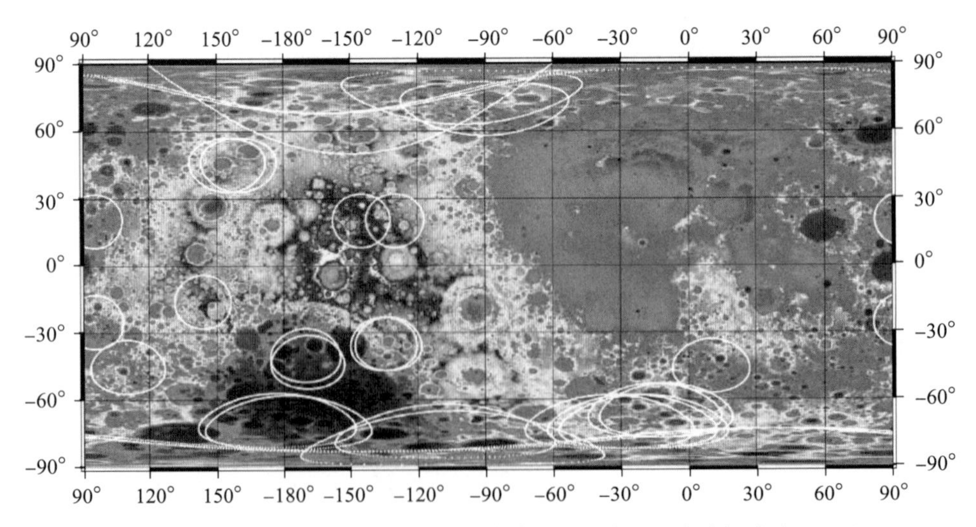

图 5.50　选取月球上 30 个分析区域的地形和重力图（中央经度为 90°W，右边为月球正面，左边为月球背面。图中的白色圈代表所选区域的大小）

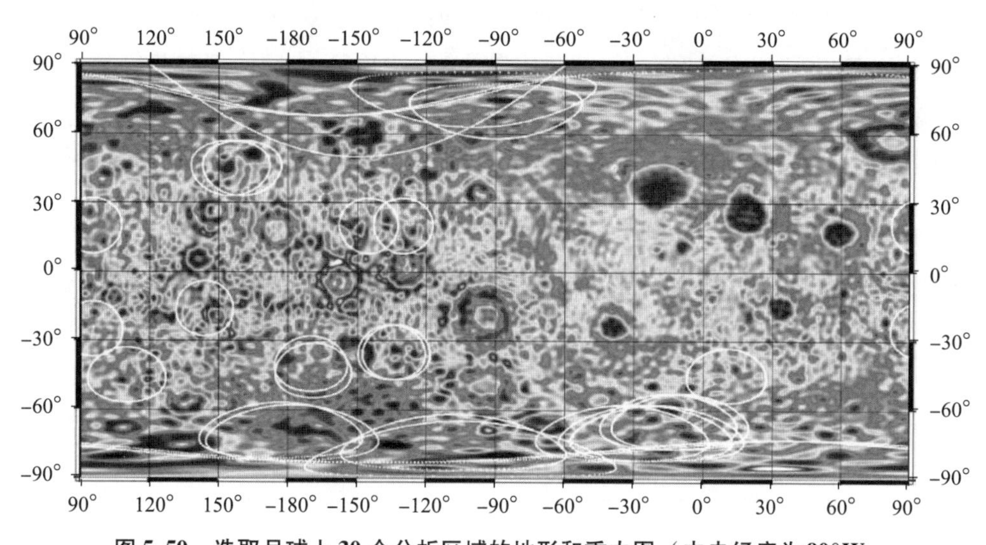

图 5.50　选取月球上 30 个分析区域的地形和重力图（中央经度为 90°W，右边为月球正面，左边为月球背面。图中的白色圈代表所选区域的大小）（续）

表 5.9　薄壳载荷模型中所需的模型参数

参数	符号	值	增量	单位
月壳密度	ρ_c	2 500 ~ 3 300	10	kg/m^3
幔密度	ρ_m	3 360	—	kg/m^3
弹性厚度	T_e	0 ~ 150	1	km
载荷比	L	−0.5 ~ 0.5	0.01	—
杨氏模量	E	10^{11}	—	Pa
泊松比	υ	0.25	—	—

5. 结果分析

在实际计算中，首先将月壳密度、月壳厚度、弹性厚度、载荷比等都设定为自由变量。计算发现，月壳厚度参数并不受其他参数的影响，因此将其设定为利用相应的月壳模型而计算得到的月壳厚度。图 5.51 显示了位于月球背面北部高地（210°E，70°N）的拟合结果。在拟合区间内，重力和地形的相关性高于 0.95，在 60 阶以后相关度明显下降，这是因为重力数据在背面的空间分辨率有限。图 5.52 是来自 Matsumoto 的 Kaguya 四程多普勒覆盖图，在背面部分区域，尤其是月球的两极，重力场观测的数据较为稀疏，且噪声较大。在该区域 20°的范围内，得到的最佳月壳密度估计值为 2 840 kg/m^3，67%（1σ）置信区间给出的密度变化范围为 2 750 ~ 3 000 kg/m³。最佳估计的岩石圈弹性厚度值为 11 km，可从 4 km 变化到 22 km（1σ）。载荷比最佳值为 0.04，表明内部载荷仅是总载荷的 4%，变化为 0%（无内部载荷）~ 14%。一般情况下，95%（3σ）置信区间通常无法给出有效的不确定度范围值。

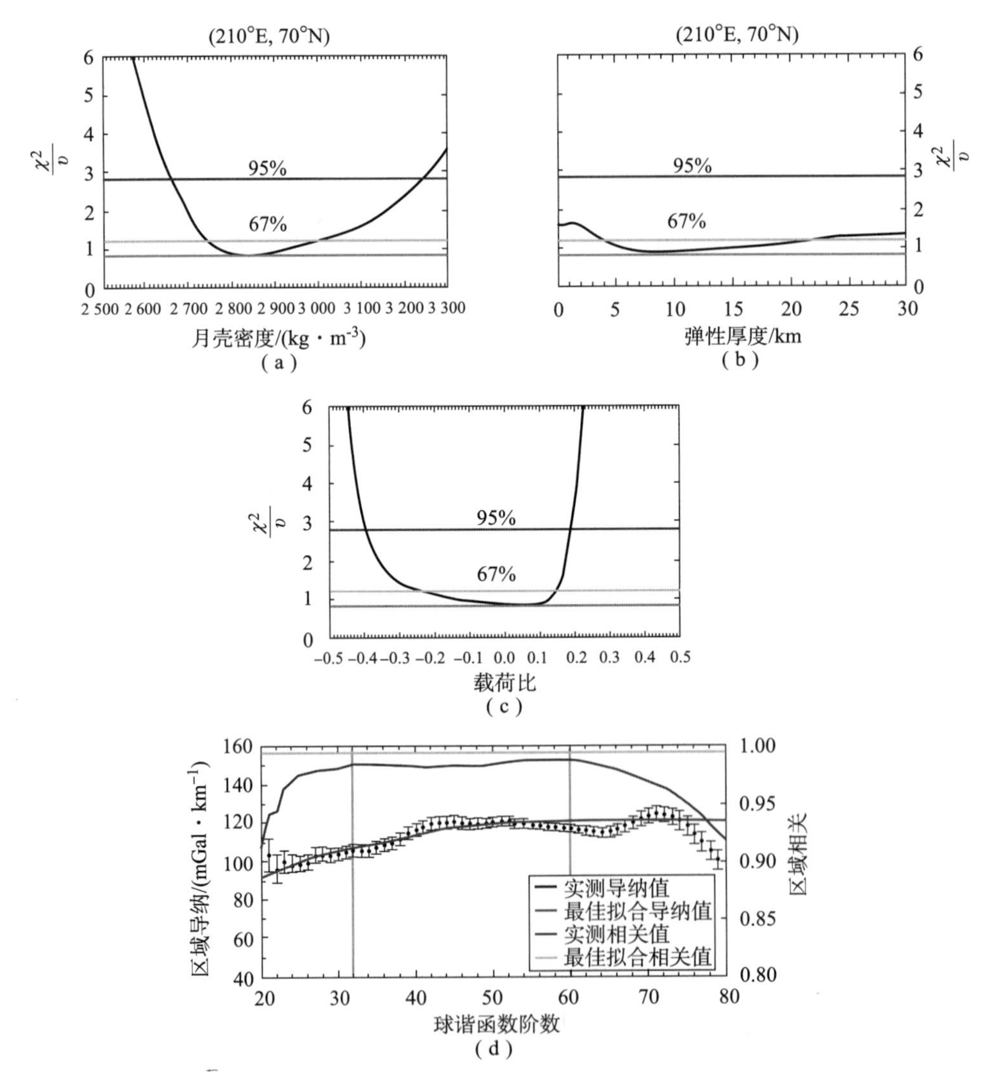

图 5.51　背面高地（210°E，70°N）区域的导纳和相关拟合结果（附彩插）

（采用表面和内部载荷模型。各参数的最佳拟合结果如图（a）月壳密度、（b）弹性厚度、（c）载荷比，其中的黑色水平线对应 67% 和 95% 概率的不确定度，（d）为实测和最佳拟合的导纳和相关，灰色竖线表示进行拟合的区域）

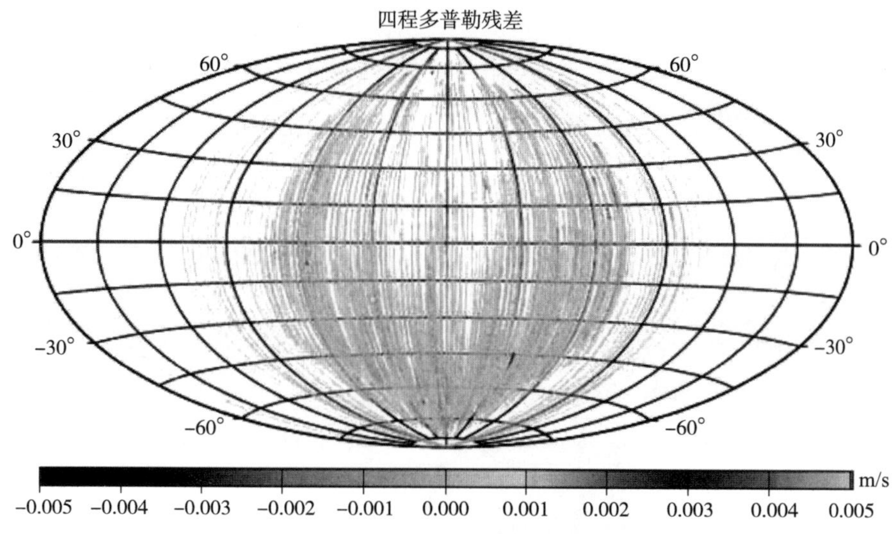

图 5.52　日本“Kaguya”卫星得到的四程多普勒数据在月球背面的覆盖图
（中心经度为 180°E。图中对应了四程多普勒数据的测量残差）

通过对近 100 个区域载荷比研究发现，相对于外部载荷，所研究区域的内部载荷比值都相对较小。由于各参数的变化均会影响到其他参数的不确定度区间，自由参数越多，得到的各参数的不确定度越大。对于既有外部载荷又有内部载荷的情况，本章仅能对 10 个局域的月壳密度等参数进行估计。为了获得更多的可约束性结果，鉴于前期结果中载荷比的最佳拟合值较小的区域，在接下来的计算中将仅考虑表面载荷的情况，即设定载荷比 $L=0$，仅有月壳密度和弹性厚度两个变量。在这种情况下，获取了大约 30 个有效区域的密度结果，在这些区域中模型与观测的导纳和相关度符合度较好，且对月壳密度和弹性厚度等均具有一定的约束。

图 5. 53 表示月球正面高地区域的拟合结果。该区域位于丰富海的西南角。相比图 5. 51 背面高地来说，正面高地的地形和重力在高阶上具有较高的相关度，这表明在月球正面，重力场的信号较背面强，这主要是因为在 SGM 模型中包括多次月球任务中轨道跟踪数据，而这些数据仅限于对月球正面的观测。对于月球正面区域，本章对阶次 42 ~ 70 进行了拟合，在该区间重力和地形的相关度达到了 0. 95。对于该区域最佳拟合的月壳密度为 2 670 kg/m^3，但仍可从 2 610 kg/m^3

变化到 2 760 kg/m^3（1σ）。该区域内弹性厚度大于 8 km 均可满足模型的要求。

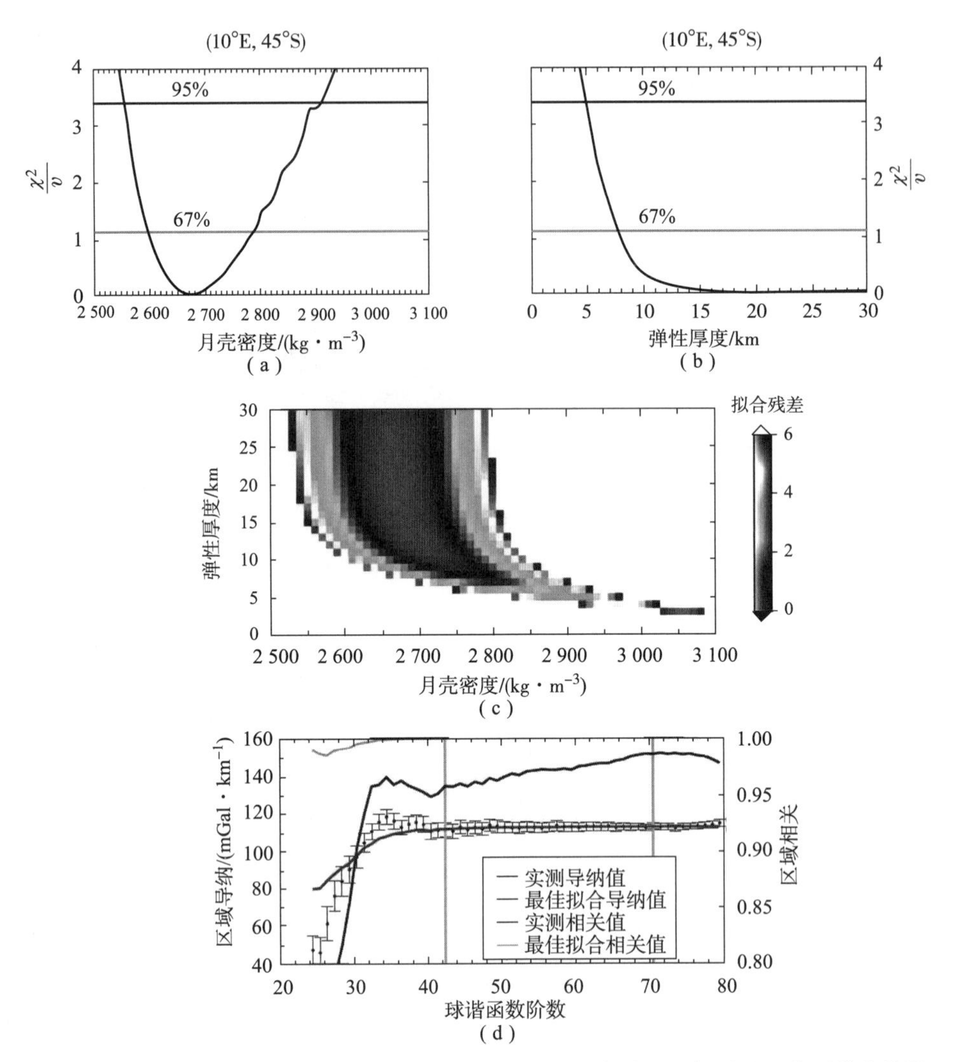

图 5.53 正面高地（10°E，45°S）区域的导纳和相关拟合结果（仅采用了表面载荷模型。（a）和（b）分别显示了对月壳密度和弹性厚度的最佳拟合和约束情况；（c）为两者的最佳拟合残差图，可以看出拟合结果对月壳密度的约束大于对弹性厚度的约束；（d）为实测和最佳拟合的导纳和相关结果）

表 5.10 列举了由表面和内部载荷模型得到的最优估计的月壳密度、弹性厚度和载荷比结果。表 5.11 列举了仅由表面载荷得到的月壳密度和弹性厚度结果。对于同一个地区，两者得到的最优解基本一致，只是仅用表面载荷模型可对月壳密度

进行更紧的约束。经统计，30 个区域的平均最优月壳密度为（2 700 ± 100）kg/m^3，尽管受到测量噪声或未模型化误差的影响，估算得到的月壳密度可从 2 590 kg/m^3 变化到 3 010 kg/m^3，显示出月球表面物质分布具有横向差异性。结果发现，任何大于 0 km 的弹性厚度值均可满足模型的要求。其原因可能是因为本章主要分析的是重力与地形高度相关的部分，而这部分重力信息一般反映的是未补偿或未完全补偿的地形信息，或者说弹性月壳具有足够的硬度来支撑地形部分的载荷。通常对于未完全补偿的这部分重力可以直接用地形和对应的密度来表示。

表 5.10　基于表面和内部载荷薄壳模型的月壳密度、弹性厚度和载荷比结果

序号	区域	θ_0/(°)	ρ_c/（$kg \cdot m^{-3}$）	T_e/km	载荷比	模型范围
1	(230°E，20°S)	12	$2\ 720^{+250}_{-180}$	≥0(19)	$0.16^{+0.15}_{-0.39}$	35～47
2	(195°E，80°S)	12	$2\ 960^{+310}_{-280}$	≥0(26)	$0.15^{+0.11}_{-0.30}$	38～54
3	(200°E，80°S)	12	$3\ 010^{+170}_{-260}$	≥0(19)	$0.12^{+0.21}_{-0.27}$	38～54
4	(45°E，-85°S)	12	$2\ 640^{+400}_{-120}$	≥0(5)	$0.18^{+0.05}_{-0.60}$	40～70
5	(110°E，-45°S)	12	$2\ 850^{+350}_{-150}$	≥0(9)	$0.07^{+0.24}_{-0.52}$	40～70
6	(144°E，-16°S)	12	$2\ 660^{+410}_{-100}$	≥0(9)	$0.13^{+0.10}_{-0.53}$	38～54
7	(210°E，70°S)	20	$2\ 840^{+160}_{-90}$	11^{+11}_{-7}	$0.04^{+0.10}_{-0.06}$	32～60
8	(215°E，20°S)	12	$2\ 690^{+120}_{-130}$	≥0(30)	$-0.15^{+0.38}_{-0.23}$	45～60
9	(225°E，-35°S)	12	$2\ 700^{+360}_{-170}$	≥0(30)	$0.10^{+0.19}_{-0.33}$	32～60

表 5.11　基于表面载荷薄壳模型的月壳密度和弹性厚度结果

序号	区域	θ_0/(°)	ρ_c/（$kg \cdot m^{-3}$）	T_e/km	模型范围
1	(10°E，-45°S)	12	$2\ 670^{+90}_{-60}$	≥8(20)	42～70
2	(30°E，-85°S)	12	$2\ 600^{+70}_{-50}$	≥12(21)	40～70
3	(35°E，-85°S)	12	$2\ 630^{+60}_{-60}$	≥10(16)	40～70
4	(45°E，-85°S)	12	$2\ 690^{+90}_{-60}$	≥6(12)	40～70
5	(95°E，20°S)	12	$2\ 690^{+90}_{-50}$	≥9(60)	57～70
6	(95°E，-25°S)	12	$2\ 610^{+80}_{-60}$	≥10(16)	42～60
7	(110°E，-45°S)	12	$2\ 820^{+70}_{-50}$	8^{+2}_{-2}	40～70
8	(144°E，-16°S)	12	$2\ 700^{+150}_{-90}$	≥8(14)	38～54
9	(155°E，45°S)	12	$2\ 590^{+90}_{-80}$	≥15(22)	30～44
10	(160°E，45°S)	12	$2\ 650^{+130}_{-90}$	≥11(18)	30～42
11	(177°E，-69°S)	12	$2\ 630^{+140}_{-70}$	≥9(150)	47～69
12	(182°E，-70°S)	12	$2\ 720^{+180}_{-100}$	≥7(15)	47～70

续表

序号	区域	θ_0/(°)	ρ_c/（kg·m^{-3}）	T_e/km	模型范围
13	(190°E，-40°S)	12	$2\,630^{+110}_{-60}$	≥17(83)	34~56
14	(191°E，-43°S)	12	$2\,730^{+180}_{-110}$	≥11(20)	40~56
15	(210°E，70°S)	20	$2\,860^{+40}_{-50}$	11^{+3}_{-2}	32~60
16	(215°E，20°S)	12	$2\,660^{+60}_{-40}$	≥8(15)	45~60
17	(225°E，-35°S)	12	$2\,760^{+40}_{-40}$	≥23(150)	32~60
18	(227°E，-35°S)	15	$2\,650^{+60}_{-40}$	≥13(150)	40~60
19	(252°E，-74°S)	12	$2\,620^{+290}_{-70}$	≥0(18)	47~57
20	(255°E，-77°S)	12	$2\,630^{+290}_{-90}$	≥0(13)	49~60
21	(260°E，75°S)	12	$2\,670^{+130}_{-40}$	≥7(22)	42~58
22	(270°E，70°S)	12	$2\,870^{+210}_{-180}$	7^{+9}_{-6}	40~60
23	(325°E，-70°S)	12	$2\,670^{+110}_{-70}$	≥12(35)	40~60
24	(335°E，-70°S)	12	$2\,720^{+160}_{-90}$	≥7(18)	40~60
25	(340°E，-70°S)	12	$2\,750^{+240}_{-120}$	≥4(13)	44~60
26	(345°E，-65°S)	12	$2\,710^{+100}_{-60}$	≥10(19)	40~60
27	(350°E，-65°S)	12	$2\,700^{+220}_{-110}$	≥5(13)	44~56

Solomon 提出月壳高地区域可能满足 Pratt 均衡模型，即地形高处对应的密度较小。图 5.54 给出了最佳密度与该区域平均高程的关系。它在总体上不能确定高程与月壳密度之间是否存在特定的线性特征。其中，高程较低区域对应于 SPA 盆地及其周边区域的分析结果，高程与密度之间似乎存在某种线性关系，由于密度的不确定度较大，故无法对其做进一步解释。

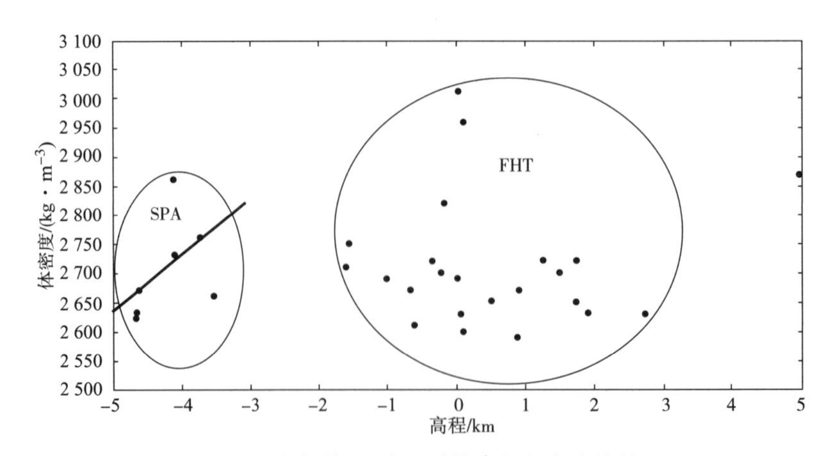

图 5.54　求解的 30 个区域的高程和密度的关系

6. 不同重力场模型结果比对

为了验证月壳密度结果的可靠性和有效性，本章综合利用了现有不同月球重力场模型，比较了不同模型的导纳和相关值以及这些不同对区域性月壳密度、弹性厚度和载荷比结果的影响。除了本章用到的最新 SGM100i 模型外，还比较了目前较高精度的月球重力场 LP 系列、SGM100 系列和 CEGM02 模型。以 LP150Q 为例，该模型是一个 150 阶次的球谐函数模型，包含“Lunar Prospector”拓展任务阶段约 30 km 的观测数据。最新研究表明，LP 的观测数据在月球正面可达 200 阶次[121-122]，对应月表空间分辨率为 0.45°（赤道区域分辨率约为 14 km）。这应该是目前月球局部重力场中的最高精度。SGM100g、SGM100h、SGM100i 系列模型均来自日本“Kaguya”探测器（100 km 轨道高度），并融合了历史上可用的探测器跟踪数据，其中 SGM100g 和 SGM100h 模型采用四程多普勒观测数据，两者仅在观测时间覆盖上有所差异，后者时间较长。SGM100i 模型在上述模型基础上，添加了甚长基线干涉测量 VLBI 的观测结果。CEGM02 模型也是 100 阶次的球谐函数模型，建立在 SGM100g 模型的基础上，融合了“嫦娥”1 号（200 km 轨道高度）所有观测弧段的跟踪结果。

图 5.55 显示了不同模型的功率谱比较情况。从图中可以看出，SGM 系列模型和 CEGM2 模型结果一致性较好，在 30 阶以后能量均高于 LP150Q 模型。由于缺乏背面的直接观测数据，LP 模型误差较大，在约 80 阶后超过了实际信号量。CEGM02 模型引入的“嫦娥”1 号高轨观测结果，对重力场的低阶进行了较好的约束，对 20 阶以前的误差有所改进。

总体上讲，SGM 系列和 CEGM02 模型相对于以往模型具有较大改进。图 5.56 显示了 SGM100h 和 SGM100i 两重力模型与 LOLA 地形数据得到的导纳和相关值，两者符合度较好，只是在高阶上有细微差异，且 SGM100i 模型与地形的相关性在 70 阶以后有所改进。

虽然 LP150Q 模型的功率谱在高阶上能量较低，但由于 LP 拓展任务跟踪数据在正面具有较高的分辨率，该模型达到 150 阶，在使用局域化方法时具有一定优势。下面针对月球正面的高地区域来比较不同模型对结果的影响。图 5.57 和

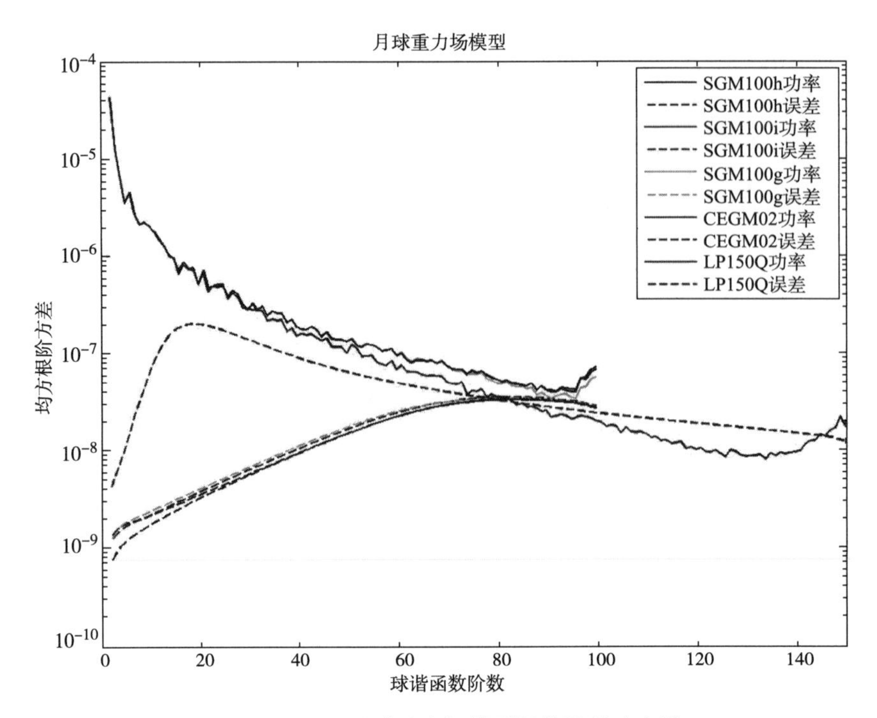

图 5.55　不同月球重力场模型及其误差功率谱

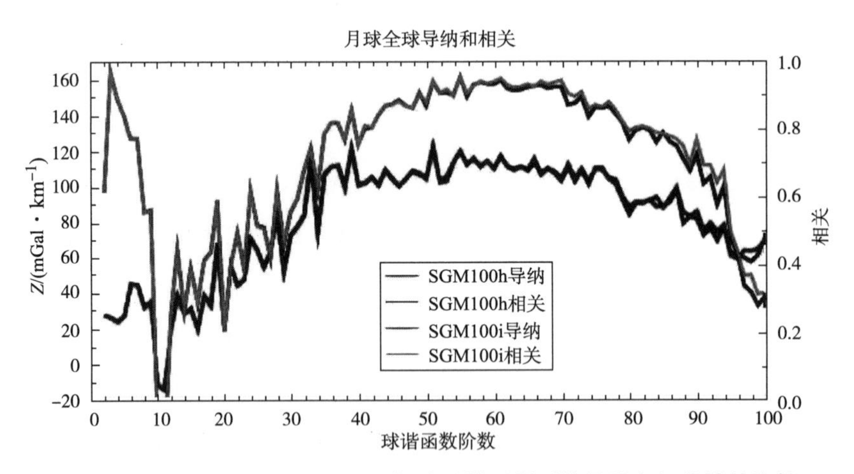

图 5.56　SGM100h 和 SGM100i 与地形模型得到的导纳和相关性的比较

图 5.58 分别给出了正面典型区域的 SGM100i 和 LP150Q 模型得到的导纳和相关比较。从图中可以看出，LP150Q 模型在正面与地形具有较高的相关性，但导纳

的高阶结果并没有明显改变，在（10°E，45°S）区域得到的最佳拟合月壳密度为2 670^{+30}_{-110} kg/m^3，与SGM100i模型给出的2 670^{+90}_{-60} kg/m^{3}结果相一致。而在（340°E，70°S）区域得到的最佳拟合月壳密度为2 710^{+160}_{-130} kg/m^3，与SGM100i模型给出的2750^{+240}_{-120} kg/m^{3}结果相一致。

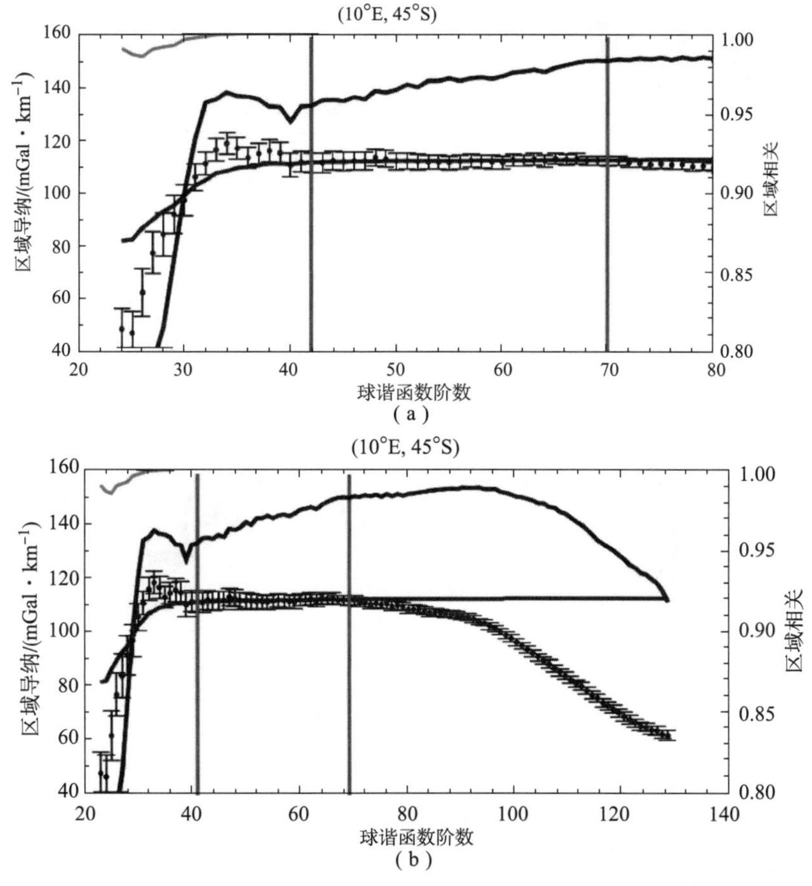

图5.57　导纳和相关性对比（10°E，45°S）

（a）SGM100i；（b）LP150Q

7. 不同最优模型估计和不确定度方法比较

在进行模型估计过程中，如何选取最优解以及确定这一最优解的合理不确定度是较为关键的步骤。本章最大亮点之一就是首次尝试将观测的实际噪声，合理地匹配到最优解不确定度的解算中。同时，本章还采用了不同的最优解和不确定

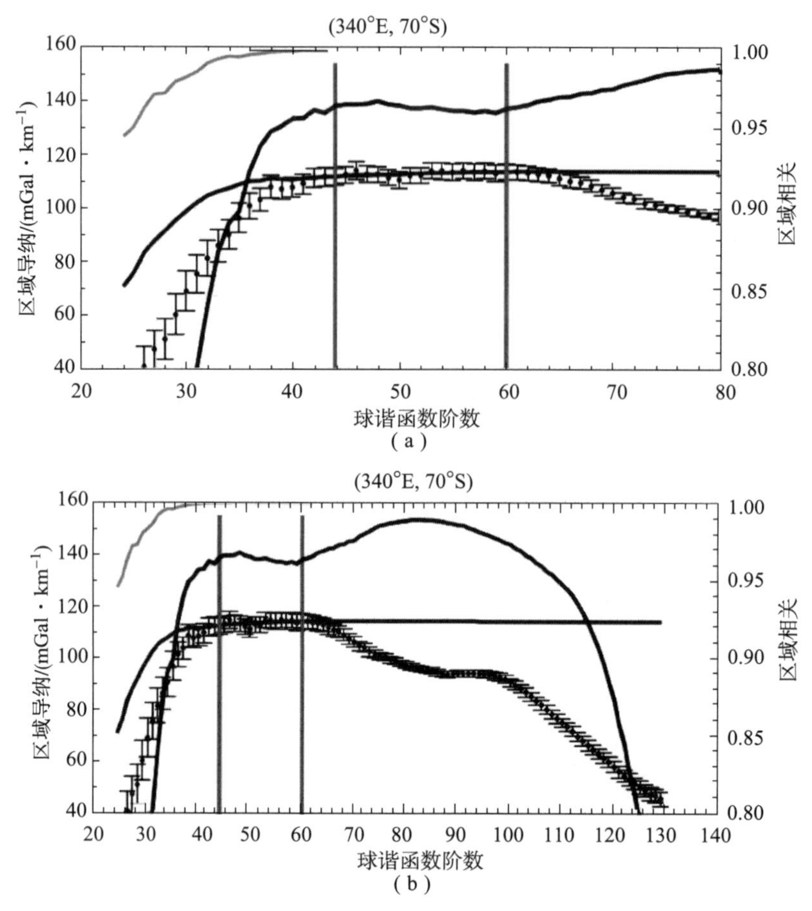

图 5.58 导纳和相关性对比（340°E，70°S）

（a）SGM100i；（b）LP150Q

度估算方法来进一步解释结果的合理性。

1）归一化开平方法

在开平方法确定最优估计值的方法中，不确定度估计采用 $1\sigma = \sqrt{2/\nu}$ 作为域值[123]，以背面高地（210°E，70°N）为例，得到的不确定度范围与多步不确定度法结果一致，为 $2\ 840^{+130}_{-70}$ kg/m^3（图 5.59），通常情况下要求 σ 约为 1，在该情况下 $\sigma = 0.86$，较符合该估算方法的要求。

2）经典 RMS 法

采用经典 RMS 估计法，计算观测值与模型值的 RMS，利用观测的导纳平均

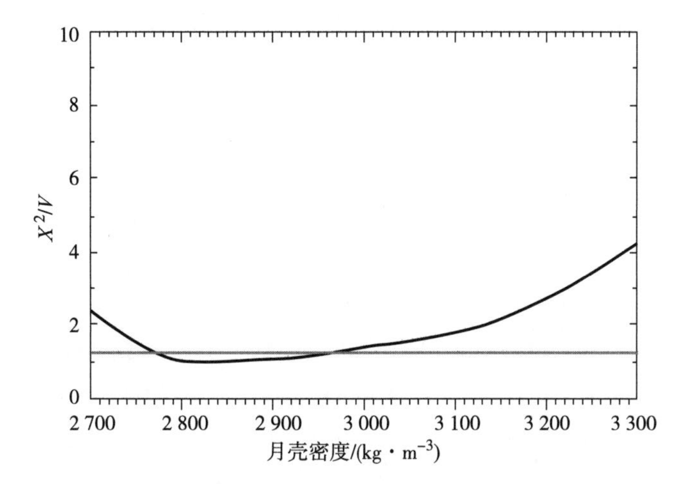

图 5.59　利用开平方法估算月壳密度最佳模型值（其中灰色线代表 1σ）

误差 1σ_{RMS}为不确定度的限制值。图 5.60 给出了利用该方法得到的最佳估计值为 $2\,870^{+160}_{-100}$ kg/m^3，结果与前者一致。

$$\sigma_{\mathrm{RMS}}(\rho_c, T_e, f_l) = \sqrt{\frac{\sum_{l_{\min}}^{l_{\max}} \left(Z_l^{\mathrm{obs}} - Z_l^{\mathrm{cal}}(\rho_c, T_e, f_l)\right)^2}{N}} \tag{5.49}$$

$$\bar{\sigma} = \sqrt{\frac{\sum_{l_{\min}}^{l_{\max}} \sigma_l^2}{N}} \tag{5.50}$$

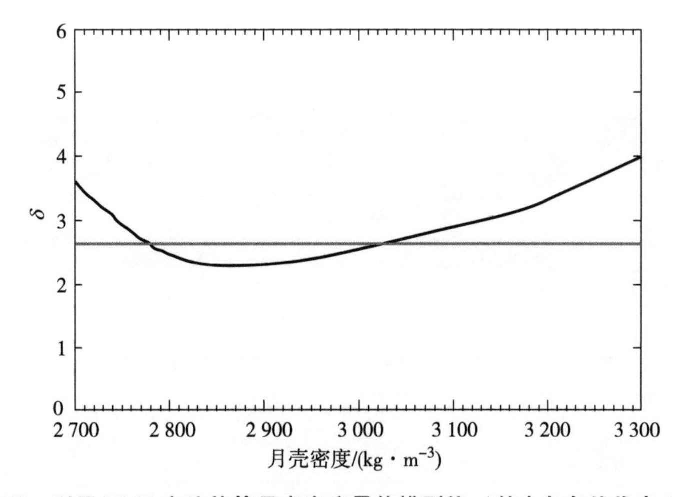

图 5.60　利用 RMS 方法估算月壳密度最佳模型值（其中灰色线代表 1σ_{RMS}）

3）1 倍中误差法

在开平方和 RMS 估计法的基础上，可以用 Wieczorek 中的 $1\sigma_l^{abs}$ 法直接对密度的不确定度进行估计，由于该方法要求在所估算的有效球谐函数阶数内，所有模型值都落在观测值的 $1\sigma_l^{abs}$ 观测区间内，因此并不是所有区域都能满足该条件。

本章采用了最新月球重力场和地形模型，利用了薄弹性球壳载荷模型，对月球正面和背面高地以及 SPA 盆地的月壳密度、弹性厚度和载荷比等参数进行了分析。结果表明，在这些区域中，相对于表面载荷来说，内部载荷所占比例较小；图 5.61 显示了最佳月壳密度结果分布，其中不同颜色代表不同密度大小，圆圈大小代表了估计区域范围。从图中可以看出，除了月球背面北部高地外，月球高地和 SPA 区域的密度结果具有一致性，由于北部高地区域重力场的观测覆盖较为稀疏，密度结果的不确定度较大。整个模型对弹性厚度 T_e 的约束较小，弹性厚度大于 0 km 的值基本上均可以满足要求（在计算中所采用弹性厚度的上限值为 150 km）。月壳厚度参数对模型较不敏感，利用月壳模型计算出来的高地区域的平均月壳厚度约为 50 km，SPA 区域月壳厚度较薄，约为高地区域的一半，该地区月壳厚度与计算得到的月壳密度没有必然相关性（图 5.62）。

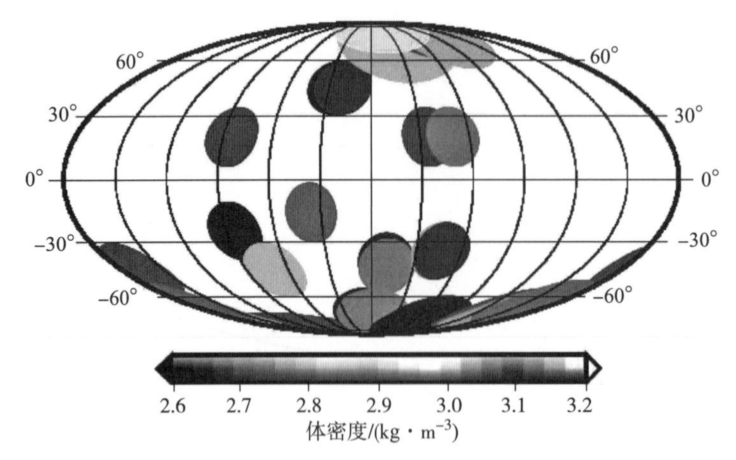

图 5.61 利用地形和重力数据得到的月球表面高地和 SPA 区域的横向密度分布图（中央经度为 180°E）

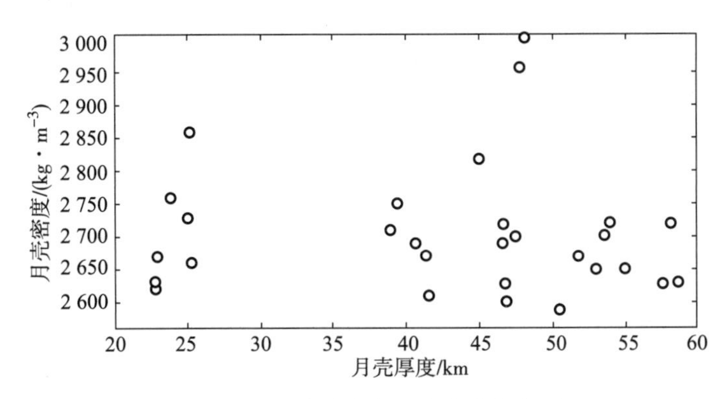

图 5.62 月壳厚度与月壳密度的关系

5.4.6 月壳横向密度分析和上月壳孔隙度估计

从前面的分析中可以看出，利用月球的重力和地形关系得到的月壳密度在月表随位置的分布具有一定的横向变化性。由于月表的元素分布可以直接给出月表密度的分布，因此本节将讨论利用最新的月表元素分布来计算月表的密度分布。

1. 标准矿物学定律

岩石化学计算方法主要分为两类：一类是数值特征法；另一类是标准矿物法。C 标准矿物法是当今最广泛应用的岩石化学计算法之一，它根据岩石的化学分析结果来计算岩石中的矿物组成。1931 年，它由美国 3 位岩石学家 Cross、Iddings 和 Pirrson 以及地球化学家 Washington 共同设计。为纪念他们的贡献而以他们的姓组合，取名为 CIPW 法。

CIPW 法是把岩石化学成分中各主要氧化物按其化学性质结合成标准矿物，以此来对岩石进行正确命名。用于 CIPW 标准矿物计算的矿物及其分子式参见表 5.12。标准矿物是一种理想矿物，与实际矿物在种类、数量上均有差别，但可以作为统一的对比标准。计算步骤如下。

表 5.12 用于 CIPW 标准矿物计算的标准矿物分子式、分子量

类型	标准矿物		分子式	分子量
斜长石	Q	石英	SiO_2	60
	Or	正长石	$K_2O \cdot Al_2O_3 \cdot 6SiO_2$	556

续表

类型	标准矿物		分子式	分子量
斜长石	Ab	钠长石	$Na_2 \cdot Al_2O_3 \cdot 6SiO_2$	522
	An	钙长石	$CaO \cdot Al_2O_3 \cdot 2SiO_2$	278
	Lc	白榴石	$K_2O \cdot Al_2O_3 \cdot 4SiO_2$	436
	Ne	霞石	$Na_2O \cdot Al_2O_3 \cdot 2SiO_2$	284
	C	刚玉	Al_2O_3	102
	Ac	锥辉石	$Na_2O \cdot Fe_2O_3 \cdot 4SiO_2$	462
单斜辉石	Wo	硅灰石	$CaO \cdot SiO_2$	116
	En	顽火辉石	$MgO \cdot SiO_2$	100
	Fs	正铁辉石	$FeO \cdot SiO_2$	132
斜方辉石	En	顽火辉石	$MgO \cdot SiO_2$	100
	Fs	正铁辉石	$FeO \cdot SiO_2$	132
橄榄石	Fo	镁橄榄石	$2MgO \cdot SiO_2$	140
	Fa	铁橄榄石	$2FeO \cdot SiO_2$	204
	Mt	磁铁矿	$FeO \cdot Fe_2O_3$	232
	He	赤铁矿	Fe_2O_3	160
	Il	钛铁矿	$FeO \cdot TiO_2$	152
	Ap	磷灰石	$3CaO \cdot P_2O_5. 0.33CaF_2$	310

（1）将各氧化物质量分数换算成分子数。

（2）将微量组分组合成副矿物（如磷灰石、钛铁矿等）。

（3）将主要组分结合成标准矿物，首先判别岩石化学类型，按照不同类型选择公式。

①正常类型：$CaO + K_2O + Na_2O > Al_2O_3 > K_2O + Na_2O$［均为分子数，CaO 为经过步骤（2）后剩余的 CaO 分子数］。

②铝过饱和类型：$Al_2O_3 > K_2O + Na_2O + CaO$。

③碱过饱和类型：$K_2O + Na_2O > Al_2O_3$。

2. 月球岩石

与地球类似，月球也主要由岩石组成。月球岩石提供了月球丰富的历史信息。月球岩石主要来自早期美国“阿波罗”和苏联“Luna”的采样，还有月球表面受到自然撞击而溅落到地球上的月球陨石。通常将月球上的岩石分为 4 组：

①玄武火山岩，包括岩浆流和火山碎屑岩石；②来自月球高地的基岩（来自月球高地的原始成分，没有混合撞击物质）；③复成角砾陨石，形成于撞击作用（对月表物质的重新混合和碾压）或老的月球岩石的撞击熔融；④月壤，是一层覆盖月球表面的微小非固态角砺（小于 1 cm）。通常所说的岩石是指前 3 类。另外，根据岩石的来源地点，还可将其划分为月海岩石和高地岩石。月海岩石由高钛、低钛或超低钛的玄武岩构成。高地岩石保存了最原始状态的火成岩信息，主要分为铁斜长岩套、镁岩套和强碱岩套。其中铁斜长岩套主要由斜长岩（富含 90% 以上的钙的斜长石）和少量斜长辉长岩（含 70% ~80% 钙斜长石和少量辉石）组成，是月球高地中最为普遍的岩石体，该类岩石的年龄在 45 亿年左右。镁岩套主要由 dunites（大于 90% 的橄榄石）、troctolites（橄榄石斜长石）、辉长岩（斜长石辉石）以及镁/铁比率相对较高的镁矿物组成。这些岩石代表了后期侵入高地月壳的岩石，年龄在 41 亿 ~43 亿年。强碱岩套具有高的碱含量，包括钠斜长石、苏长辉石和苏长辉长石以及富含铁的镁岩套。图 5. 63 显示了一组不同的月球岩石样品。

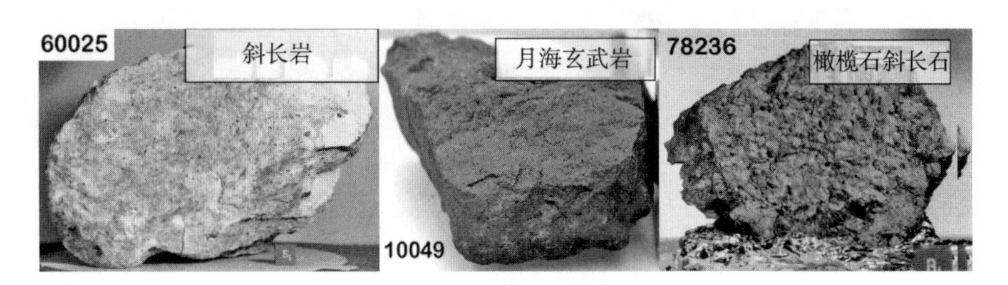

图 5. 63　月球岩石样品

3. 月球表面岩石密度及其分布

月球岩石由矿物组成，矿物提供了了解月球岩石的重要信息。矿物成分和原子结构反映了岩石形成时的物理和化学条件。结合实验室对地球上矿物的分析，科学家们可以对月球岩石的关键参数进行分析。如果知道形成月球表面主要元素的表面物质丰度，利用前面提到的 CIPW 方法就可以对月球物质的成分和密度进行估计。

假设主导月球高地物质的主要成分由钙长石、顽火辉石、铁辉石、铁橄榄石、镁橄榄石和钛铁矿组成，Haines 和 Metzger 使用比例为 3∶1 的辉石与橄榄石计算了高地区域的密度变化，给出了月球高地的平均密度为 2 933 kg/m^3。FeO 和 TiO_2是月球主要岩石中最重要的成分[124-125]。1997 年，Wieczorek 和 Phllips 基于标准矿物学定律，得到了月球岩石成分和密度的关系式为 $\rho = (2\ 784 \pm 12) + (28.1 \pm 2.2)$ Fe（wt%），利用“Clementine”的近全月球的铁元素分布图，给出了月球高地区域上月壳密度约为 2 870 kg/m^3。基于前面工作，利用“Lunar Prospector”的全月表元素分布结果，可以对月球表面的密度进行估计。通过统计最小二乘分析，本节给出了岩石密度与 FeO 和 TiO_2 之间存在以下线性关系：$\rho = 27.3FeO + 11.0TiO_2 + 2\ 773$。如图 5.64 所示，纵轴为月球岩石密度，横轴为利用关系式给出的密度，两者结果一致。

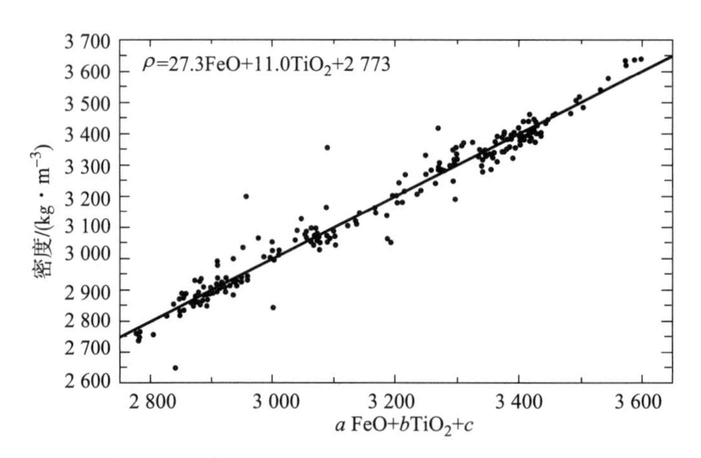

图 5.64　无孔隙月球岩石密度与 FeO 和 TiO_2的关系

“Lunar Prospector”利用搭载的 γ 射线谱仪得到了近全月球 FeO 和 TiO_2的丰度图[126]，图 5.65 显示了 2°×2°的元素分布结果，图中对称经度为 0°，在月海区域，FeO 和 TiO_2 含量均较其他区域高，TiO_2主要集中在月海地区，高地区域有一定的 FeO 分布，平均含量在 5%。SPA 区域的 FeO 含量较高地区域略高。将 FeO 和 TiO_2的结果代入图 5.64 所示的公式中，可以得到全月表的物质密度分布图。研究结果如图 5.66 所示，其中红色区域代表密度较高的月海地区，紫色区域代表密度稍低的月球高地地区，整个月表的密度可以从高地区域的 2 861 kg/m^{3}变化到 3 508 kg/m^3，背面 SPA 区域的密度比周边高地区域高，为 3 000～3 100 kg/m^3。相比于月海和 SPA 区域，高地地区的密度比较均一，平均密度约为 2 900 kg/m^3，但是在局部区域仍有一定的差异性。

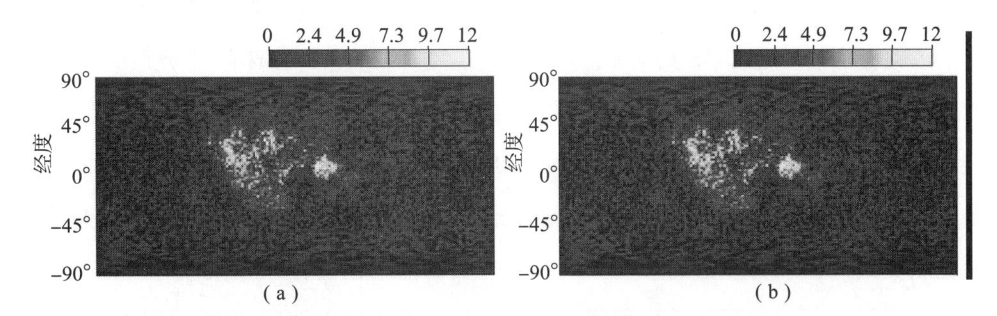

图 5.65　“Lunar Prospector” γ 射线数据得到的全月球 FeO 和 TiO_2 的丰度图

（对称经度为 0°，中心区域为月海，丰度单位是质量分数（wt. %））

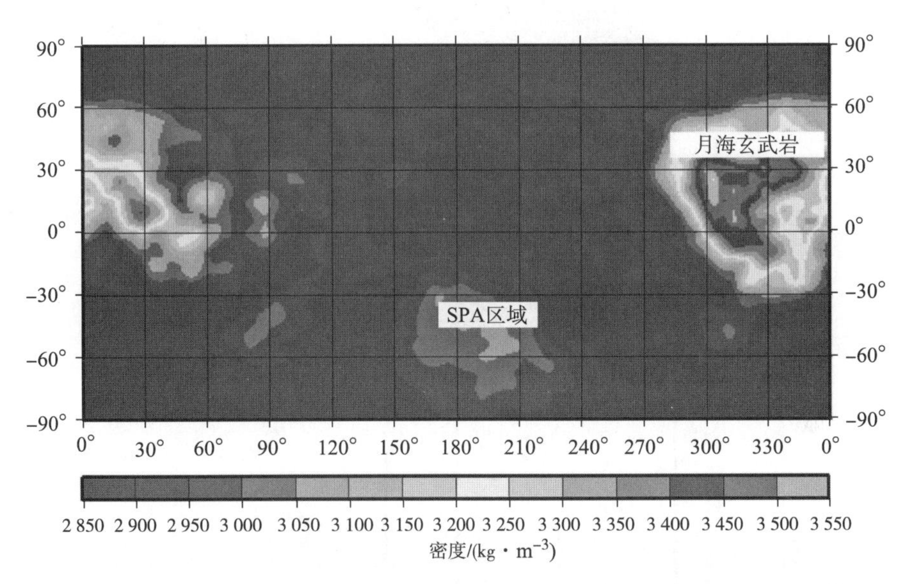

图 5.66　利用“Lunar Prospector”的 γ 射线谱仪的全月球 FeO 和 TiO_2 的

丰度数据得到的全月表密度分布（对称经度为 180°）

4. 上月壳孔隙度分析

在漫长的月球地质历史时期中，月球表面经历了无数次的大型陨石撞击，从而使表面乃至月表以下数千米深度的地壳破碎。*Lunar Source Book* 一书中，根据月震波传播速度与物质之间的关系，并考虑到大尺度撞击对月球地壳表层的影响，给出了一个理想的月壳上表面的结构分布，如图 5.67 所示。月球表层是由岩石碎屑、粉末、角砾以及撞击熔融等玻璃物质组成的结构松散的月壤层，一般厚度为几米到十几米。月壤层以下是一层由大尺度喷出物所构成的角砾层，这一层的厚度延伸到月表以下约 2 km 处。第三层是构造受到破坏的月壳层，大约延伸至月球表面以下 10 km 处，这一层中的物质由于近月表的运动可能会发生移动，在该层下面可能分布着较大尺度的岩石。10 ~ 25 km 处是一层构造遭到破坏的月壳层，25 km 以下是未受到破坏的月壳层。这是一个高度理想的示意图，实际月表不同地点受到大型陨石撞击的影响不同，每一层的情况也会存在较大差异。但是，该模型说明了一点，月壳在某种程度上存在分层，由于撞击作用，上月壳原始岩石块存在分裂，相比未被破坏的月壳层，上月壳层结构较为松散，存在一定孔隙。

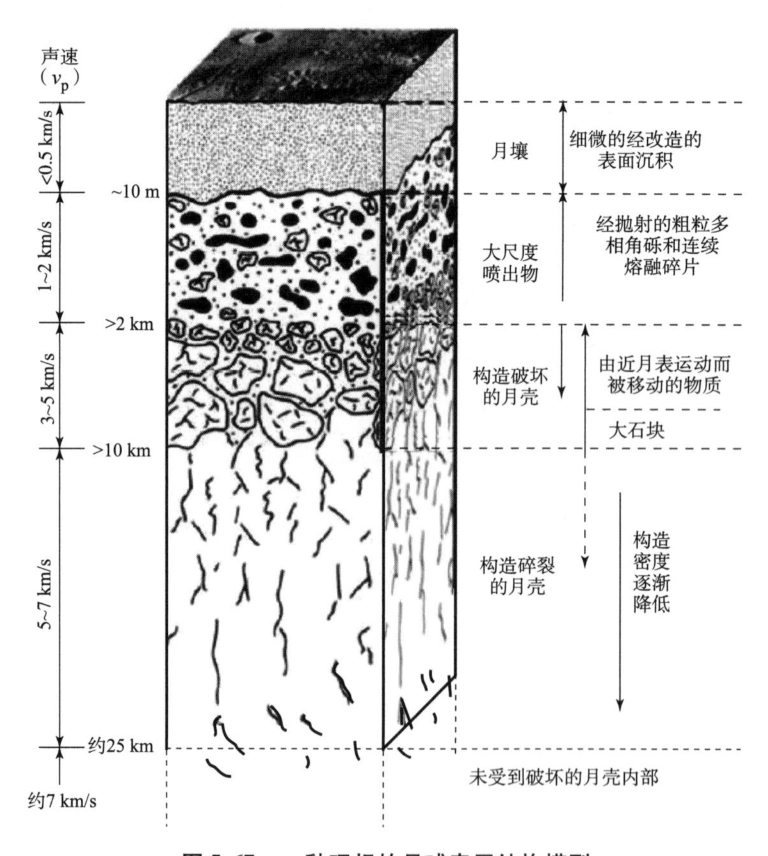

图 5.67　一种理想的月球表层结构模型

利用月表的岩石元素丰度得到的密度是纯粹的岩石密度，不受孔隙度的影响。而利用地形和重力得到的月壳密度结果，在某种程度上体现了月壳的整体信息。如果月壳上部存在孔隙度，那么这些信息也会体现在重力分析结果中，导致计算的月壳密度比组成月壳的岩石密度低。图5.68显示了30个区域的无孔隙岩石密度结果，这些区域值均比利用重力和地形得到的密度值高150～200 kg/m^3（图5.69）。

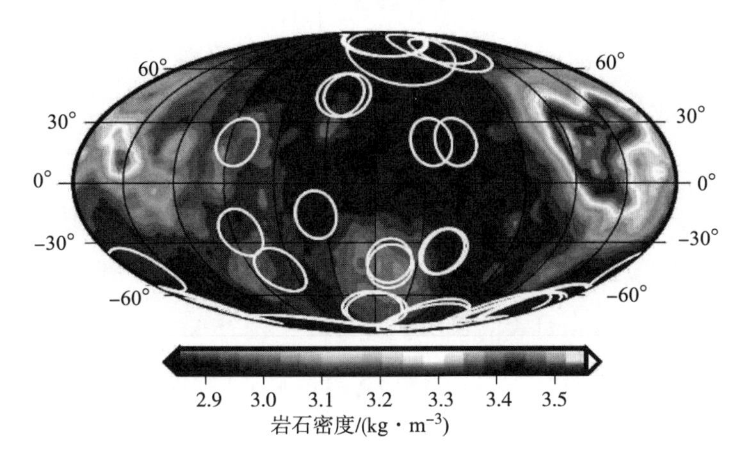

图5.68　所分析区域的无孔隙密度图

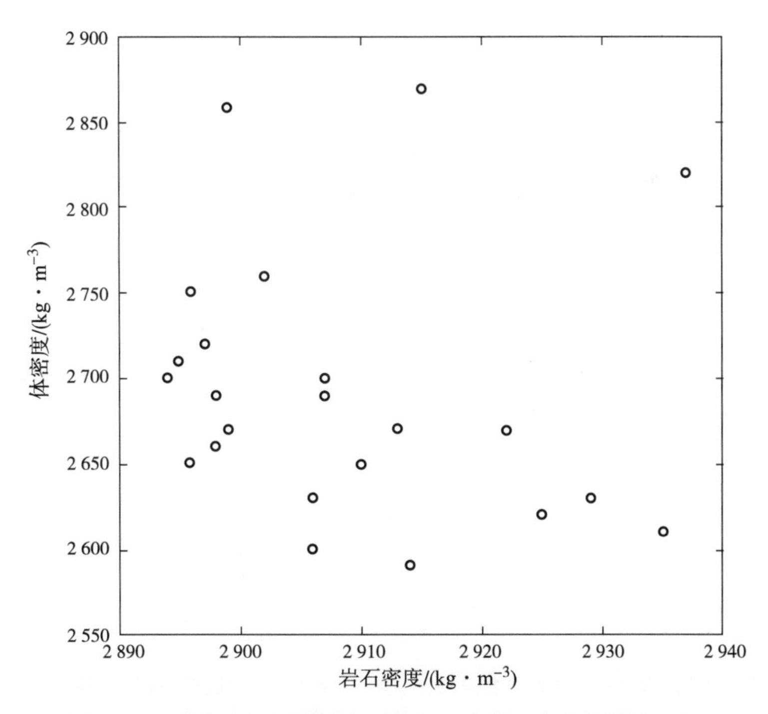

图5.69　月表分析区域的岩石密度（来自元素分析结果）和体密度（来自地形和重力结果）比较

利用岩石的无孔隙密度以及来自地形和重力分析得到的体密度，可以用来计算相应的孔隙度，计算公式为

$$\text{Porosity} = \left(1 - \frac{\rho_{\text{bulk}}}{\rho_{\text{rock}}}\right) \times 100\% \tag{5.51}$$

图 5.70 显示了孔隙度结果，在 30 个分析区域孔隙度的平均值为 7.4% ± 3.4%，由于受到体密度的不确定度影响，孔隙度的不确定范围较大，可以从 0% 变化到 14%。Solomon 和 Toksöz[127] 发现月球表面的人工撞击地震波随震度的增加而迅速减小，特别是在上月壳 10 km 范围内。他们假设上月壳必定存在明显的孔隙，并给出了孔隙度 p 随深度 z 的变化关系 $p = 0.31e^{(-z/3.9)}$，如图 5.71 所示。随着深度增加，孔隙度由月表的 31% 迅速下降，在 25 km 深度处基本为 0。月球上部 10 km 的平均孔隙度约为 12.7%，25 km 内的孔隙度平均为 6.7%，这基本与本章得到的孔隙度结果一致。利用重力和地形以及月表元素分布法得到的孔隙度结果，与月震观测的结果一致。

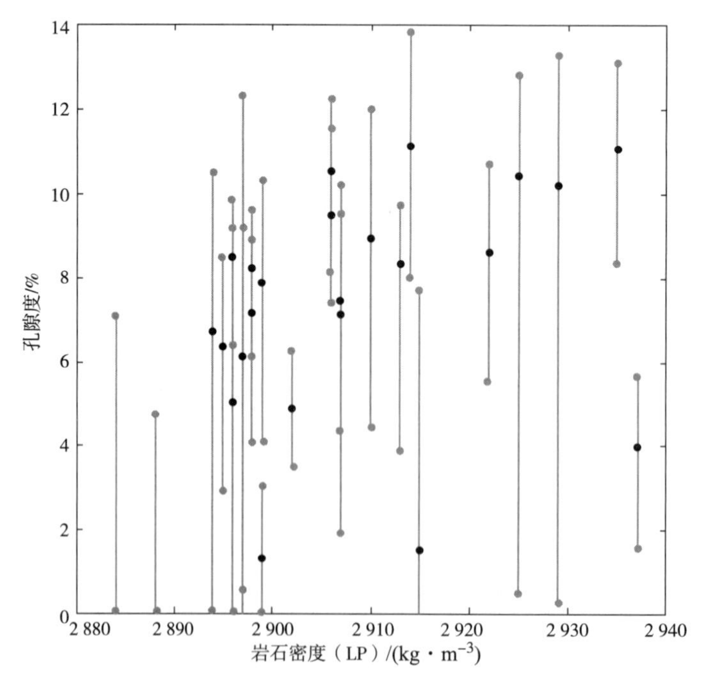

图 5.70 利用岩石密度和体密度得到的孔隙度结果（其中黑色点代表从最佳拟合体密度得到的孔隙度，灰色点对应于从体密度的不确定度得到的孔隙度的不确定度）

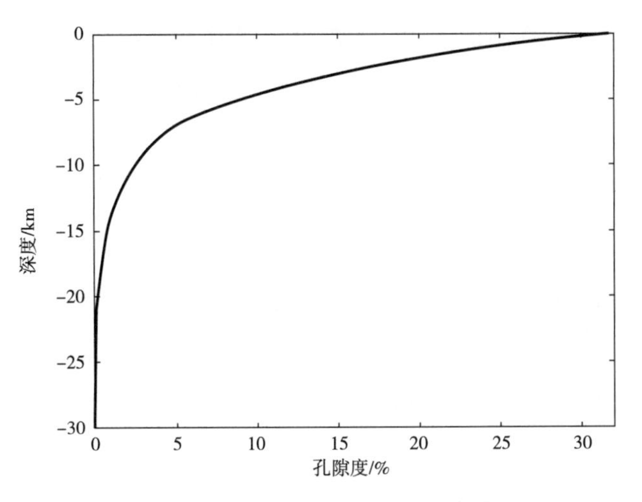

图 5.71　孔隙度随深度的变化曲线

月球样品和陨石本身也具有一定的孔隙，对这些岩石的测量可直接给出它们的孔隙度信息。Warren 测量了月球陨石角砾，得到了这些陨石角砾的平均孔隙度为 7.5% ±3.2%。2008 年，Consolmagno[128]对陨石的孔隙度进行了总的概括，显示普通球粒陨石的平均孔隙度为 7.4% ±5.3%，H 和 LL 类的球粒陨石比 L 类的孔隙度大，而 L 类的平均孔隙度为 4.4% ±5.1%。该研究通过模型显示，孔隙度并不会随着岩石的岩相级和岩石受到的不同冲击状态而有较大变化（图 5.72），因此利用陨石得到的孔隙度结果具有一定的代表性，该结论与本节研究结果相似。

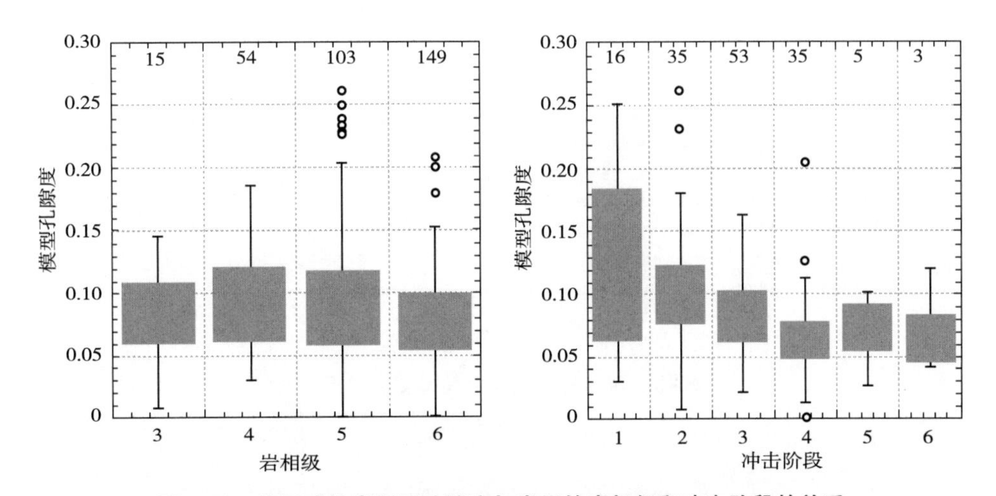

图 5.72　普通球粒类陨石孔隙度与岩石的岩相级和冲击阶段的关系

如图 5. 73 所示，在高地区域，孔隙度似乎与高程存在正相关性，即高程越高孔隙度越大。或者说孔隙度随着高程的降低而减少，与月壳的理想模型一致。如果高地区域无孔隙密度在一定深度上是均一的，且在这个总的深度上，孔隙度随深度的增加而减小，那么密度就会随深度而越低。这似乎在某种程度上可以解释 Solomon[129] 提出的高程和密度满足 Pratt 模型的假设。另外，本节还检测了月壳厚度与孔隙度的关系，从图 5. 74 中无法确认两者之间是否存在某种关系，但值得注意的是，本章的月壳厚度计算模型仅考虑了单层月壳结构且月壳具有均一密度，这些假设必然会对月壳模型的计算结果产生一定影响。

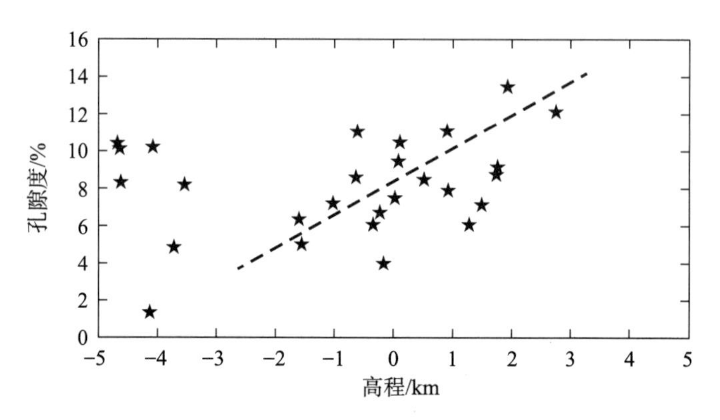

图 5. 73　孔隙度与高程的关系

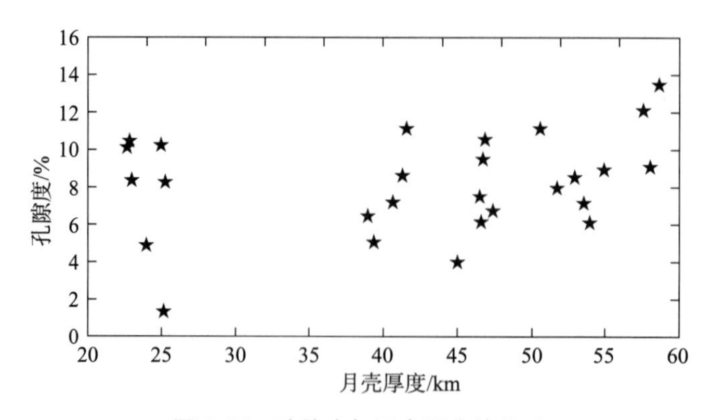

图 5. 74　孔隙度与月壳厚度的关系

5.4.7　月壳径向密度分析

许多证据都表明，月壳在径向结构上是分块的，或者说在成分上是分层的：①在“阿波罗”12 号和“阿波罗”14 号站点下约 20 km 深处存在一个地震的不连续面[130]，这表明在这两个局部点下月壳存在物质结构分层；②大型撞击盆地的喷出物通常比周边的高地要富含更多的镁铁质；③一些复杂撞击坑的中央峰具有较高的苏长岩成分；④SPA 区域的苏长岩成分可以代表较深的月壳物质；⑤月球重力和地形的关系研究表明月球的内部密度也存在某种分层。前面研究结果表明，月球的上月壳从上至下可能存在一定的孔隙度，显示出不同深度上月壳可能的分块结构。下面讨论月壳中密度随深度的变化与重力和地形关系的响应情况。

1. 月壳径向密度变化

月震数据提供了研究行星内部结构、成分和属性的最直接证据。早期许多学者利用月震数据，结合月球转动惯量以及天平动等信息对月球内部密度结构进行分析[131-132]。Toksöz 利用主动撞击的月震数据研究了月球 100 km 深度的内部结构，显示在 Fra Mauro（风暴洋区域）的月壳厚度为 65 km，且具有一个厚度约为 25 km 的上月壳，如图 5.75 所示。通过实验室对月球和地球岩石的成分、压力与地震波速的关系，对月壳的成分和密度进行了研究。他认为上月壳多是角砾和破碎的石块，主要由玄武岩组成，成分较为单一，最上层约 10 km 月震速度的极速下降是由于在压力作用下岩石内部孔隙度降低而造成。但是，如果是一层薄的玄武岩覆盖在一层钙长石的基底上也可以满足月震结果。25 ~ 65 km 的下层月壳似乎是由坚固岩层组成，压力的增加对速度并不造成影响，该层可能是由苏长岩、辉长岩或者钙长辉长岩组成。

后期研究结果显示，月壳的全球厚度小于“阿波罗”站点获得的 65 km，平均厚度为 40 ~ 45 km。图 5.76 显示了最新月球内部结构和密度模型，其中 v_p 和 v_s 分别是纵波和横波的速度，在月壳约 40 km 范围内，模型密度从 2 600 kg/m^3 增加到 2 844 kg/m^3。

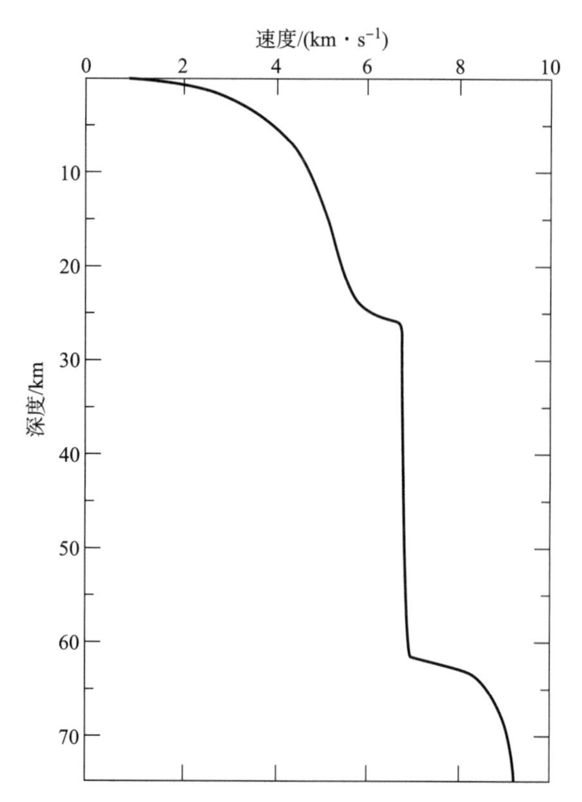

图 5.75 风暴洋 Fra Mauro 区域月震纵波随深度的变化

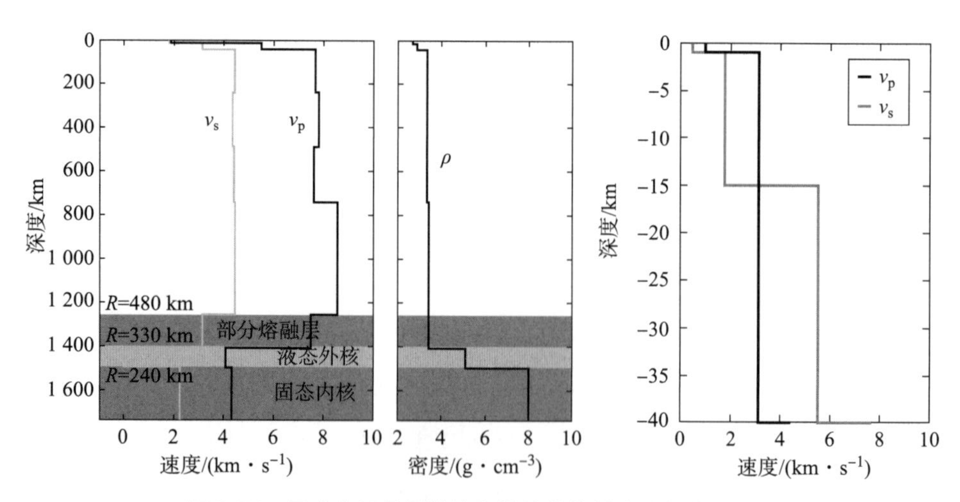

图 5.76 月球内部月震横波和纵波的传播速度与密度模型

月震波速模型分辨率较差，不确定度较大，图 5.76 显示的阶梯状深度上，很难对月壳密度进行较好约束。Hikida 和 Mizutani 利用月震纵波和横波的观测以

及“阿波罗”岩石样品测量，给出了理想的月球高地区域径向密度随深度变化的模型，即

$$\rho(z) = 0.000\,318\,61z^3 - 0.115\,21z^2 + 13.665z + 2\,369.8\ \mathrm{kg/m^3} \quad (5.52)$$

该模型基于以下几个假设：由于陨石撞击，近月表物质松散，密度较小。随着深度增加，受到岩性压力作用，松散度逐渐降低，密度增加。图5.77显示了几种不同的月壳密度随深度变化的曲线，其中绿色曲线为Hikida的密度模型，密度从表面的2 369.8 kg/m^{3}较为平缓地变化到50 km深的2 805.0 kg/m^3；红色曲线为常密度模型，显示月壳具有均一的密度；蓝色曲线代表了较为极端的情况，从表面的近似月壤密度1 500 kg/m^{3}线性变化到50 km深的2 805.0 kg/m^3。另外，品红和青色分别表示上月壳孔隙度随深度呈非线性和线性变化的情况，有$\rho(z) = 2\,845.2\ (1-0.1z^{-0.5})$ kg/m^{3}和$\rho(z) = 2\,810.6\ (0.002z+0.898)$ kg/m^3。依据*Lunar Source Book*中月壤密度随深度变化的关系式，还可以推导两个月壳中密度随深度的变化关系，分别为$\rho(z) = 2\,253.0z^{0.056}$和$\rho(z) = 3\,066(z+12.2)/(z+18)$，如图中黄色和黑色的曲线所示，密度结果在2 400～2 800 kg/m^{3}范围内变化。

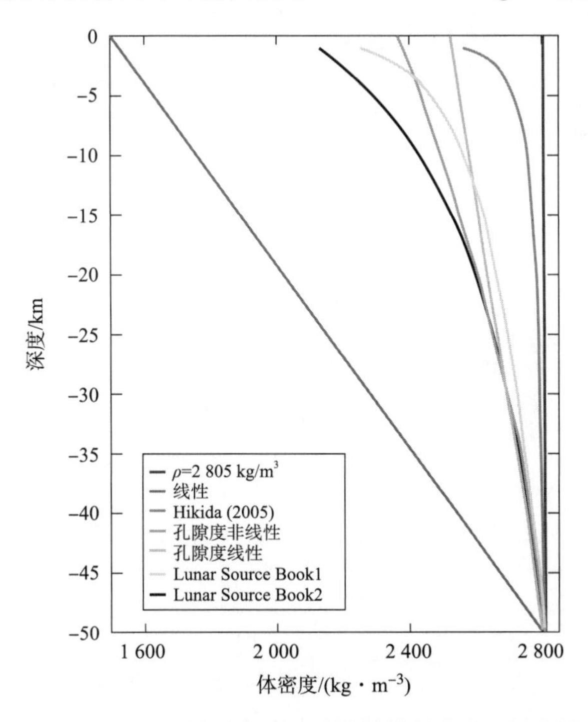

图5.77　几种不同密度随深度变化的模型曲线（附彩插）

2. 利用导纳进行月壳径向密度反演

对图 5.77 给出的月壳密度随深度变化情况，利用高阶的地形展开法（n_{max} = 10）计算了综合的重力场结果，得到月球正面（10°E，45°S）12°区域内的导纳曲线，如图 5.78 所示。从图中可以看出，导纳值随不同密度曲线发生变化，相对于其他密度模型来说，常密度模型不同深度的平均密度较其他模型大，所得到的导纳能量谱也高。由此可见，导纳对密度随深度的变化具有一定的敏感度。下面尝试利用导纳对月壳的分层密度进行反演。

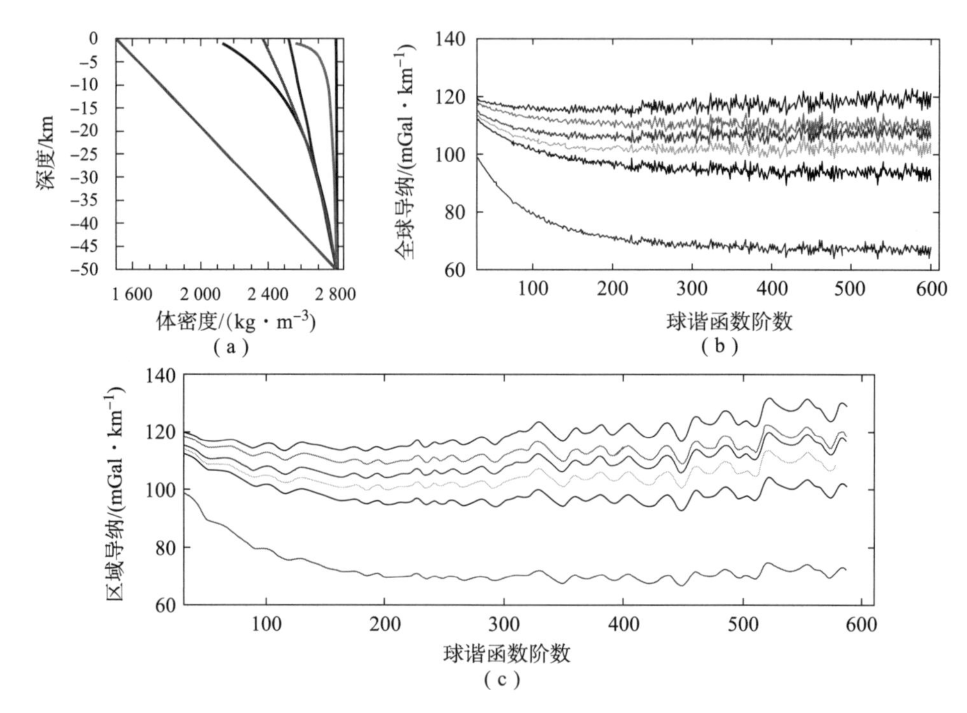

图 5.78 利用高阶地形法得到月球正面 12°区域的导纳曲线

（a）不同模型的密度随深度变化；（b）全球导纳随径向密度的变化；

（c）区域导纳随径向密度的变化

如果仅考虑地形的一阶效应和常密度，由此可得到密度与模型的导纳关系式，即

$$\rho(l) = \frac{(2l+1)}{4\pi G(l+1)} Z(l) \tag{5.53}$$

图 5.79 分别显示了 3 个具有代表性的密度模型，通过导纳反演得到密度曲

线随阶次的变化。从图中可以看出，单层模型密度随阶次的变化曲线与导纳曲线相似，其中常数模型得到各阶的密度结果较一致，只是在高阶上受到高阶地形噪声的影响而微向上抬升。

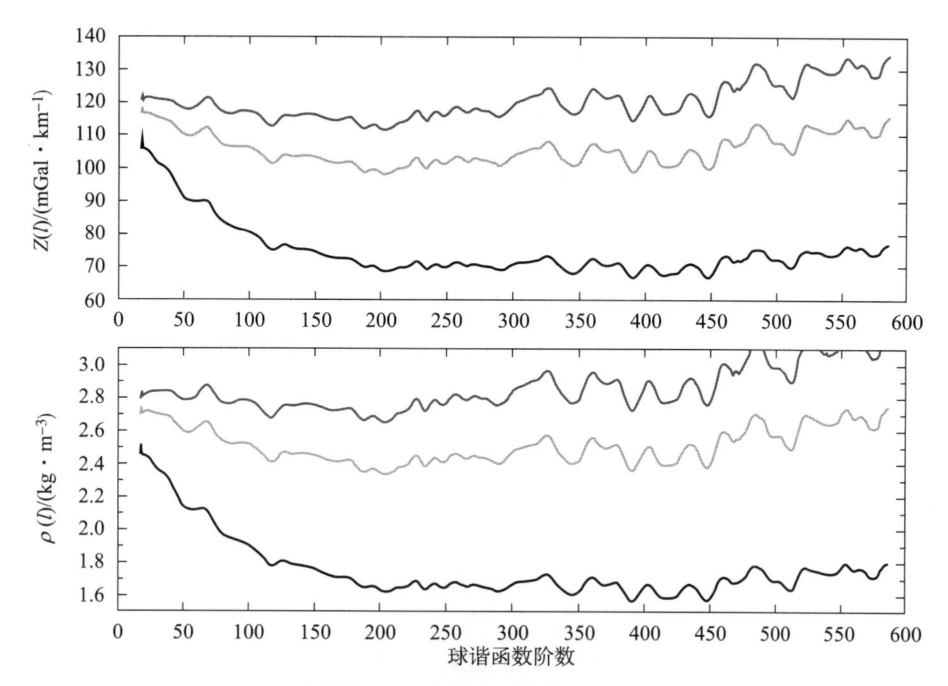

图5.79　模拟的导纳和单层密度随阶次变化的结果（附彩插）

（红色曲线对应常密度模型，蓝色曲线对应线性密度模型，

绿色曲线对应 Hikida（2005）的密度模型）

如果将月壳分成 N 层，可以得到密度与深度的关系为

$$
\begin{aligned}
\rho(l) &= \sum_{i=0}^{N-1}\left(\frac{R-z_i}{R}\right)^{l+2}\Delta\rho(z_i) \\
&= \sum_{i=0}^{N-2}\rho_i\left[\left(\frac{R-z_i}{R}\right)^{l+2}-\left(\frac{R-z_{i+1}}{R}\right)^{l+2}\right]+\rho_{N-1}\left(\frac{R-z_{N-1}}{R}\right)^{l+2}
\end{aligned}
\tag{5.54}
$$

式中，z_i为不同层的深度；ρ_i为不同层的密度；l 为阶次。结合式（5.53）和式（5.54），可以对密度随深度的变化进行反演。由于采用了线性模型，且反演结果敏感于对每层深度的假设，以及对不同球谐函数阶次的选择，因此反演结果具有

一定的不确定性和不唯一性。本节对月壳进行不同分层，并截取不同的球谐阶次，可以对不同深度的密度进行反演。

图 5.80 至图 5.82 分别为利用 3 个典型的密度模型进行反演的结果举例。由于密度模型可以影响到 50 km 的平均月壳深度，图中显示的最大密度反演深度取为 50 km。选取不同的球谐函数阶数进行反演和比较，在约 300 阶后，由于受到地形高阶噪声的影响，反演结果不确定性增大。通过多次尝试，本节选取了 24 ~ 360 阶次为密度反演的合理阶次，且阶次前后移动 25 ~ 50 阶结果均不会有太大影响。本节将月球分为 1 ~ 5 层，分出来的每层的变化厚度 d*z* 从 5 km 变化到 30 km。除了常数密度模型外，线性和 Hikida 模型中密度在月球上部 50 km 范围内均有变化。单层或双层在变化厚度 d*z* 较小情况下，反演结果较差。

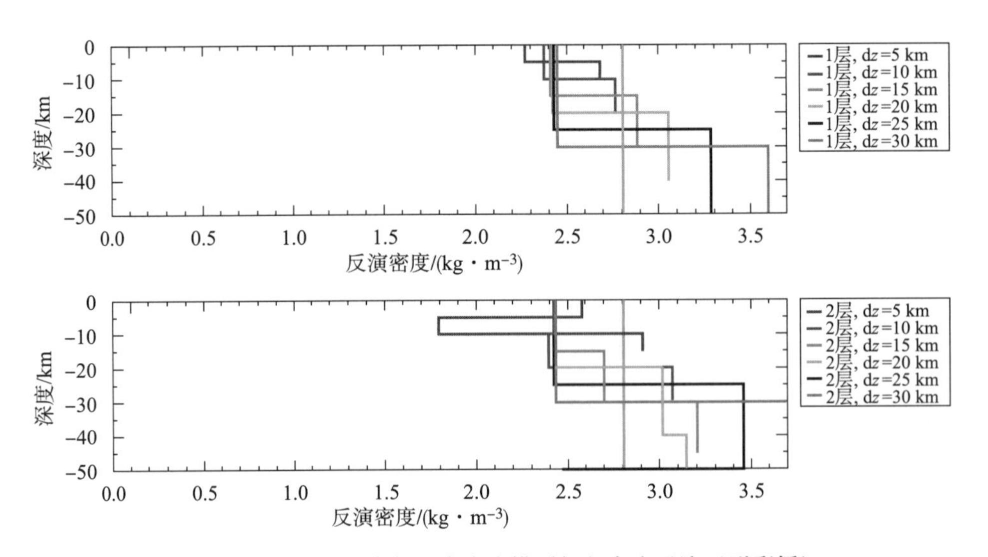

图 5.80 导纳法对常数月壳密度模型径向密度反演（附彩插）

（其中灰色实线代表实际的密度随深度变化曲线，不同颜色折线为不同分层的密度反演结果）

对于常密度模型，当将月球分成 3 ~ 5 层时，在深度 20 ~ 40 km，d*z* = 20 km 得到的反演密度与实际密度模型符合较好。当将月球分成 4 ~ 5 层时，在深度 15 ~ 30 km，d*z* = 15 km 得到的结果较好。对于线性密度模型，当将月球分成 1 ~ 4 层时，均有较好的反演结果，对于 1 层（即将月球分为两层），d*z* = 25 km、30 km，反演结果较好，均满足线性变化密度模型，可以假设当 d*z* = 40 km、50 km 时也可满足要求；对于 2 层（即将月球分为 3 层），d*z* = 15 km、20 km 时

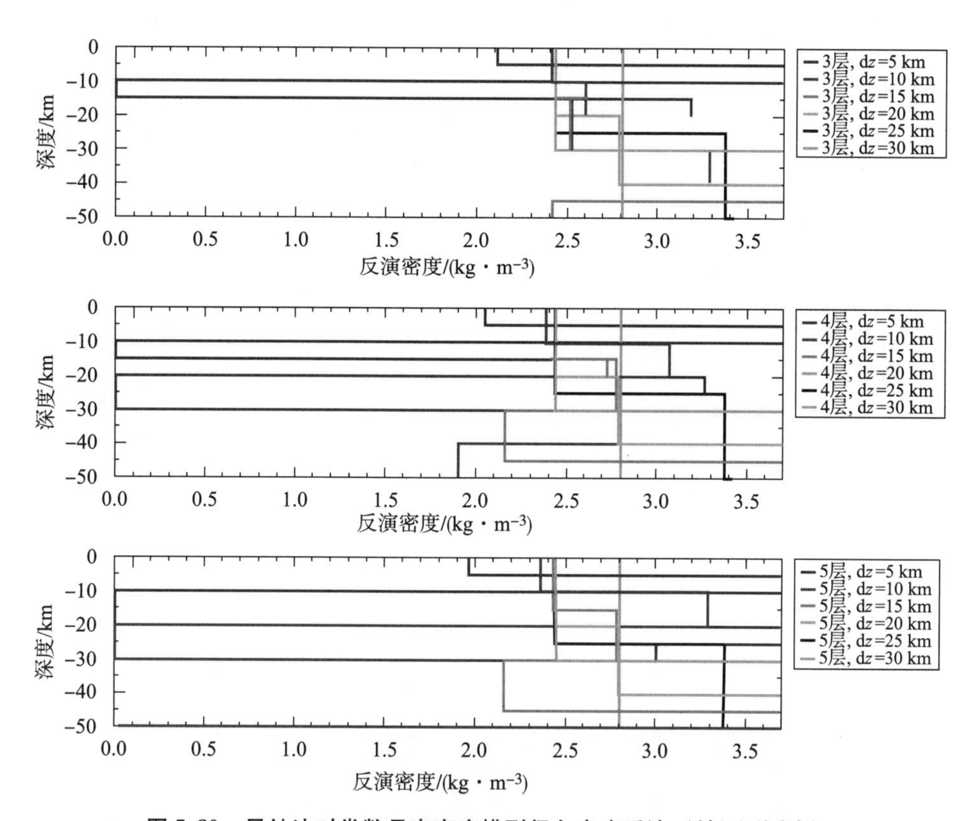

图5.80　导纳法对常数月壳密度模型径向密度反演（续）(附彩插)

（其中灰色实线代表实际的密度随深度变化曲线，不同颜色折线为不同分层的密度反演结果）

反演结果较好；对于3～4层，dz＝10 km、15 km均得到了较为理想的反演结果，特别是dz＝15 km时，对整个月壳50 km内的线性密度变化有较好反演。对于Hikida的密度模型，在月壳50 km范围，尤其是25～50 km内密度的变化较小。反演结果与线性密度模型结果类似，只是对于2层，dz＝10 km、15 km对模型整体结果符合较好。而对于3～5层，dz＝10 km、15 km时在深度上均具有较好的反演结果。

通过以上分析，本章提出的线性反演模型可对具有一定密度变化的壳层分层结构进行反演分析。需要注意的是，在不同深度上导纳对不同密度差的响应也有所不同，如图5.83和图5.84所示。当单层模型密度差为600 kg/m³时，导纳在高阶上对20～25 km内的密度变化十分敏感，但是对更深深度上的密度差较不敏感。当单层模型密度差为200 kg/m³时，导纳对密度随深度变化的情况类似，只

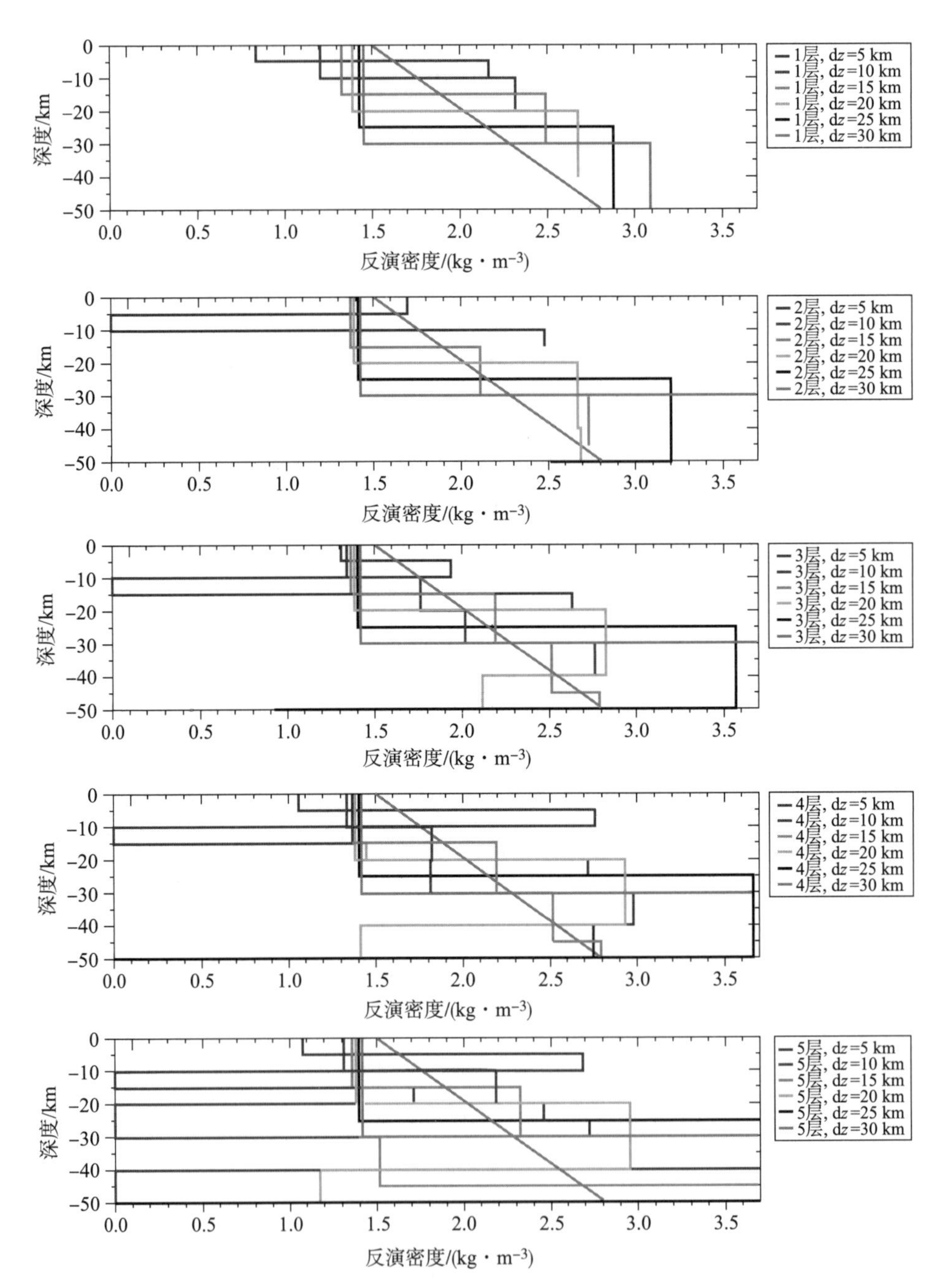

图 5.81 导纳法对月壳线性密度模型进行径向密度反演（附彩插）

（其中灰色实线代表实际的密度随深度变化曲线，不同颜色折线为不同分层的密度反演结果）

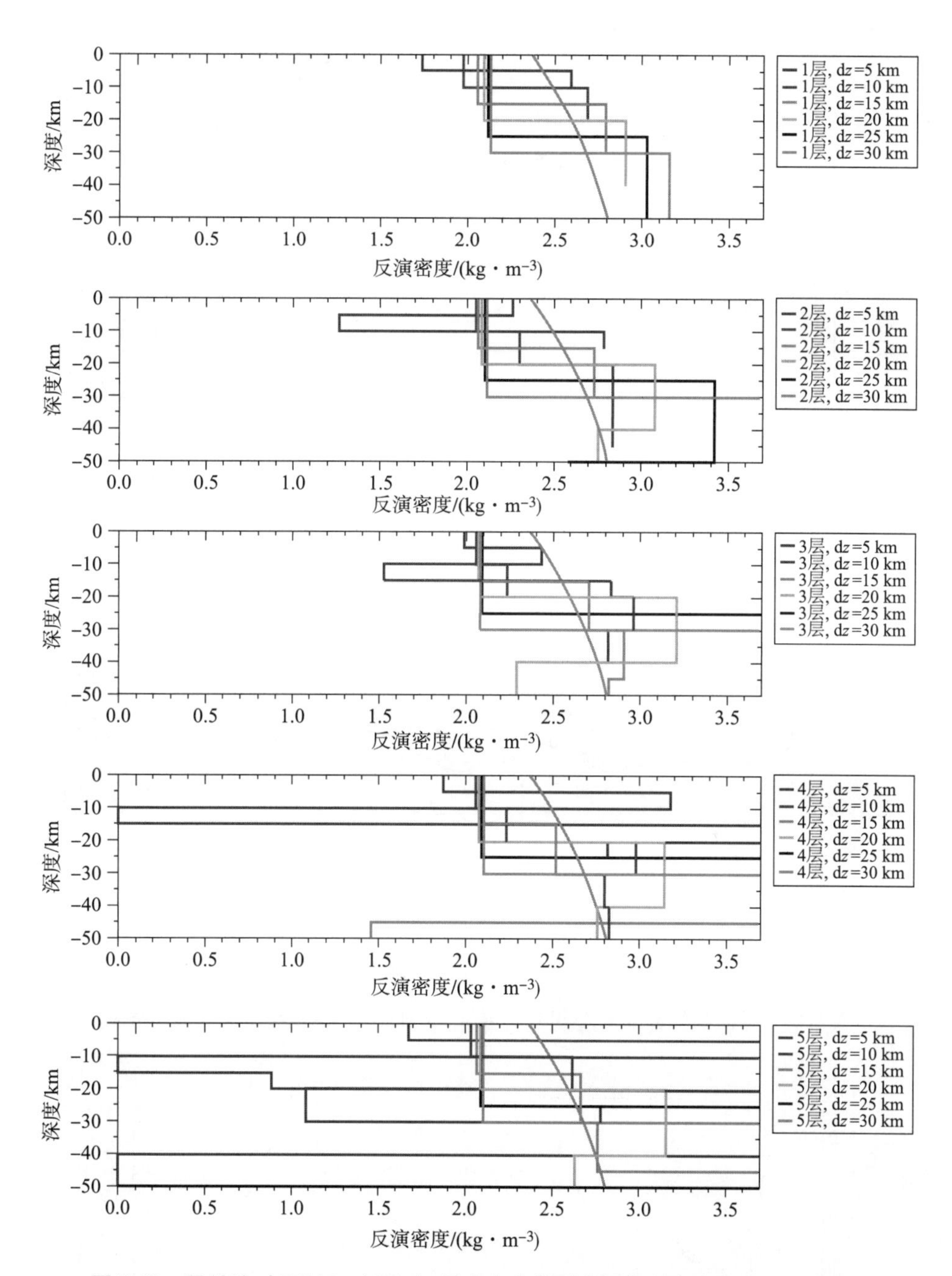

图 5.82　导纳法对 Hikida（2005）月壳密度模型进行径向密度反演（附彩插）

（其中灰色实线代表实际的密度随深度变化曲线，不同颜色折线为不同分层的密度反演结果）

是敏感度降低。以上结果都是基于综合考虑的结果，对于实际区域化的导纳来说(图5.85)，实测的导纳及密度的变化较大，情况更加复杂。同时受到重力和地形的观测噪声影响，并不能得到较好应用。如果重力场模型精度较高、噪声较小，该方法适用于对上月壳的径向密度进行估计。

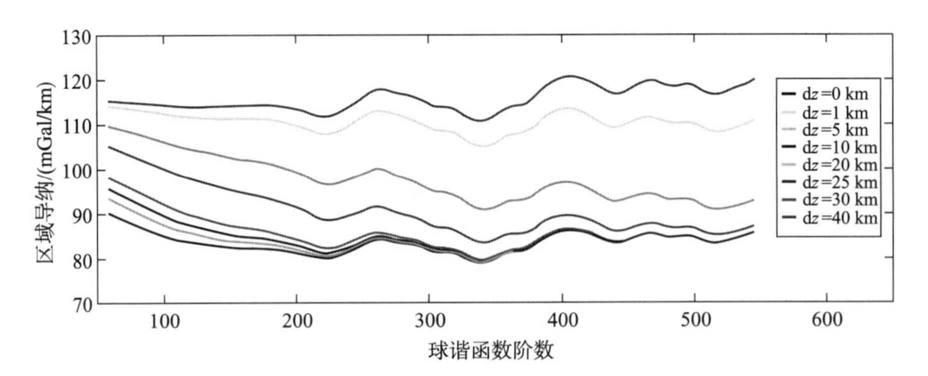

图5.83　单层模型密度差为600 kg/m³时导纳对不同深度密度差的敏感程度

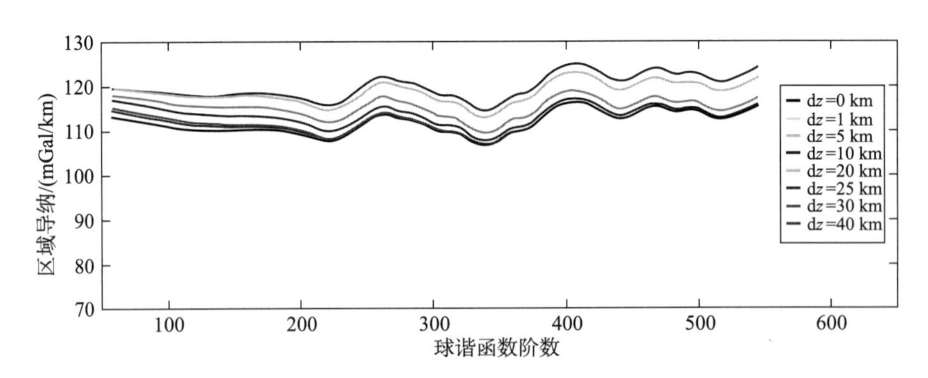

图5.84　单层模型密度差为200 kg/m³时导纳对不同深度密度差的敏感程度

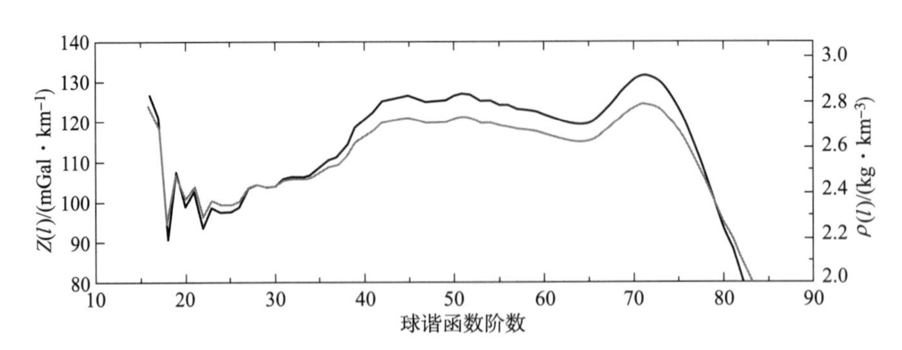

图5.85　实测的导纳及密度随阶次变化曲线

高精度的月球地形和重力场数据有助于对月球内部结构做进一步的解析。以地形作为载荷，加载在薄的月壳上，可以分析由此产生的重力效应，建立重力和地形的关系，结合实际观测，可以对月球内部特别是月壳部分的物理特性进行分析。本章从重力和地形的关系出发，探讨了目前常用的均衡模型，推导了球谐域薄弹性球壳载荷模型，是月球表面高地等区域最佳的均衡模型。在该模型的基础上，对全月球进行了导纳和相关分析，并对与模型相关的月壳厚度、弹性厚度和载荷情况进行了解析。获得了 30 个有效区域的最佳月壳密度估计值，结果显示月球表面的密度为 2 500 ~ 3 300 kg/m^3，平均值为（2 700 ± 100）kg/m^3。相对于表面载荷，内部载荷的比重较小，导纳模型对弹性厚度 T_e 较不敏感。利用重力和地形得到的密度值低于平均的月壳岩石密度。通过分析岩石密度与其成分的关系，得到了全月表的岩石密度分布图。基于岩石密度以及利用重力和地形得到的体密度值，求解得到上月壳的孔隙度平均最佳拟合结果为 7.4% ±3.4%，由于受到重力和地形体密度的不确定度影响，孔隙度结果可从 0% 变化到 14%，该结果与陨石孔隙度的结果一致。采用正演导纳算法，发现密度随深度的变化会影响到导纳的结果，而且这种影响主要在上月壳约 20 km 深度。最后推导了理论可行的线性导纳和密度的关系，并尝试利用该模型对径向密度进行反演。

基于本章模型对月壳密度、弹性厚度、孔隙度及载荷情况的分析结构都一定程度地受到重力场模型的约束。NASA 发射的 GRAIL 卫星，将对全月球进行致密的重力场测量，该任务得到的高精度测量结果，必将对月壳的横向和纵向密度结果进行更好的约束，这些结果将对月球内部结构有一个更清晰的认识。

5.5　本章小结

本章研究主要分为两个方面，一方面从实际应用角度出发，对“嫦娥”1 号激光高度计数据进行处理并建立了可靠的全月球地形高程模型，获取月球形状参数，为后续科学研究提供科学数据依据；另一方面从科学研究角度出发，利用“嫦娥”1 号地形和最新全月球重力场结果，对月球的起源和演化问题进行探讨。对月表主要撞击盆地等地形特征进行分析和证认，揭示月球独特的二分性结构，提议了 4 个新地形特征区域，并进一步证明了月球正面可能存在的盾形火山结构，为月球演化提供新证据。进一步建立频率域地形和重力的线性关系，推导了适合月球的球谐域薄弹性球壳均衡响应模型，考虑到表面和内部载荷并存情况，利用区域频谱算法，对全月球不同区域进行重力和地形关系分析，得到上月壳密度、弹性厚度和附加载荷比等月球物理参数，探讨了上月壳的横向和纵向密度变化情况，并推导了一种新的利用重力和地形反演纵向密度变化的方法。本章主要由“嫦娥”1 号月球地形模型建立和改进、利用全月球地形模型揭示和证认月面撞击盆地等的地质特征，以及结合最新地形和重力数据对月球岩石圈均衡状态和月壳密度结构分析等 3 个部分组成。

（1）在“嫦娥”1 号月球地形模型建立和改进部分，给出了激光高度计数据处理的原理和研究方案，分析了激光高度计测高、轨道、姿态等数据，提出一种有效的空间域沿轨迹高程滤波方法，分别建立了 0. 25°全球地形格网和 360 阶次球谐函数地形模型 CLTM - s01，模型径向高程误差约为 31 m，沿赤道区域空间分辨率为 7 ~ 8 km，在精度和分辨率上都较以前模型有所改进，并首次获得了月球极区的地形图。利用该模型得到的月球平均半径为（1 737 013 ± 2）m，月球赤道半径为（1 737 646 ± 4）m，月球的极半径为（1 735 843 ± 4）m，月球的形状扁率为 1/937. 752 6。月球的形状和质量中心在月固坐标系下的偏差为（ - 1. 777， - 0. 730，0. 237）km，结果与已有模型相当。与日本的“Kaguya”和美国的“LRO”最新全月球高分辨率地形模型进行比对，对 CLTM - s01 模型轨道和仪器等误差进行修正，得到改进的 CLTM - s02 模型。最后比对了“嫦娥”1 号 CCD 照相和地形高程结果，提出了合理的数字高程模型修正和融合处理方案，为建立全月面地形控制点提供依据。

（2）在利用“嫦娥”1 号地形揭示和证认月球地形特征部分，分析了月表的二分性以及大型撞击对月球演化的重要意义，对早期提议的约 57 个撞击盆地进行了地形特征证认，并重新划分了确定等级。结合最新“Kaguya”全月球重力数据，提议出月表 4 个新的地形特征，分别是位于月球背面的类撞击盆地 Sternfeld - Lewis（斯特恩费尔 - 路易斯）、撞击盆地 Fitzgerald - Jackson（菲兹杰拉德 - 杰克逊）、撞击坑 Wugang（吴刚）和正面的遁形火山 Yutu（玉兔）。由于早期的撞击盆地等地质构造和地体类型多是基于月球地形和地貌的遥感影像反演得到，具有一定的不确定性，利用“嫦娥”1 号精确地形结果对这些地形进行重新证认，对了解月球的二分性进而揭示月球的演化具有重要意义。

（3）在对月球的岩石圈均衡特性和月壳密度结构分析中，推导了空间域经典的三大均衡模型，即 Airy、Pratt 和弹性薄板模型，以及基于不同均衡模型下表面地形和重力的线性响应函数。研究表明，月球岩石圈的均衡较地球上的 Airy 和 Pratt 均衡复杂，由于月球扁率较小且重力和地形数据通常以球谐函数形式表示，推导了球谐域的薄弹性球壳模型，并同时考虑表面载荷以及岩石圈存在内部载荷的情况，建立了重力和地形的导纳模型。进而对月球高地和南极艾特肯盆地（SPA）等 30 个重力和地形相关度较高的区域采用了较以往更合理的球谐域局部频谱分析技术，利用模型和观测的导纳值对月壳密度、弹性厚度和载荷情况等月球物理参数进行统计分析，提出了较以往更合理的多步蒙特卡罗最优模型和不确定度分析法，给出了所有参数的 67% 置信区间的不确定度。比较了不同重力场模型以及不同最优模型和不确定度分析法对最优结果的影响。结果表明，所使用的 SGM100i 模型与现有的 Kaguya 系列和“嫦娥”1 号重力场模型 CEGM02 结果相当，正面结果与“Lunar Prospector”的 LP150Q 模型结果一致，蒙特卡罗最优模型和不确定度分析法较一般的规格化开平方法、标准误差法、1 倍中误差法等在模型结果分析上有所改进，但对重力场模型的误差较敏感。所分析区域的内部载荷一般较表面载荷小，忽略内部载荷对最佳拟合结果的影响不大，但可以对月壳密度和弹性厚度等参数提供更好的不确定度约束。模型对弹性厚度 T_e 的约束较小，基本上 $T_e \geqslant 0$ km 均可以满足要求，模型对月壳密度有较好约束，随月表不同区域具有一定的横向变化，为 2 590 ~ 3 010 kg/m^3，平均值为（2 700 ± 100）kg/m^3。另外，基于已知的月球岩石成分和标准矿物学 CIPW 定律，发现月球全球岩石密度与氧化铁（FeO）和二氧化钛（TiO_2）的含量具有一定的线性关系，改进了以往仅月球高地区域月球岩石密度和 FeO 的线性关系模型。利用最新的“Lunar Prospector”γ 射线谱仪的 FeO 和 TiO_2 全月球含量结果，得到了全月表岩石密度分布图。所分析区域的岩石密度为 2 884 ~ 3 038 kg/m^3，结果普遍比利用重力和地形导纳模型估计的结果小。如果假定在上月壳几千米范围内岩石成分均一，那么可以认为这种密度差异来自月壳中岩石角砾间的孔隙度所造成。利用岩石密度和导纳模型的体密度结果，得到了上月壳的孔隙度平均值为 7.4% ± 3.4%，变化区间为 0% ~14% 。结果与月球陨石角砾以及太阳系中普通球粒陨石的平均孔隙度结果一致。进一步探讨了月壳径向密度变化对导纳模型的影响，发现导纳对约 20 km 内月壳密度的径向变化较为敏感，基于导纳和径向密度的线性关系，推导了一种理论的利用导纳模型反演上月壳径向密度分布的方法。月球弹性均衡以及月壳横向和纵向密度的研究，为进一步改善月壳厚度模型和月壳演化理论打下基础。以上研究结果较大程度受到现有重力场模型的制约，美国 NASA 的 GRAIL 重力卫星可以得到更高精度的月球重力场结果，并对这些结果有更好的约束。

基于国际月球探测科学前沿，研究我国“嫦娥”1 号的激光高度计数据处理方法，建立月球地形模型，利用“嫦娥”1 号的科学数据对月球基本科学问题的探讨是本章研究工作的全面总结，期望能为未来月球及深空探测等提供理论依据和指导。

参考文献

[1] 欧阳自远．比较行星地质学［J］．地球科学进展，1994，9（2）：75 –77.

[2] 欧阳自远．月球科学概论［M］．北京：中国宇航出版社，2005.

[3] Bowker D E，Hughes J K. Lunar Orbiter Photographic Atlas of the Moon，NASA SP – 206［S］. NASA Scientific and Technical Information Office，Washington，DC，1971.

[4] Zuber M T，Smith D E，Lemoine F G，et al. The shape and internal structure of the Moon from the Clementine Mission［J］. Science，1994，266（5192）：1839 – 1843.

[5] Smith D E，Zuber M T，Neumann G A，et al. Topography of the Moon from the Clementine Lidar［J］. Journal of Geophysical Research，1997，102（E1）：1591 – 1611.

[6] 平劲松．“嫦娥”绕月探测器对月球内部结构观测研究的可能贡献——“嫦娥”测月学研究的展望［C］．北京：中国宇航学会深空探测技术专业委员会第二届学术会议论文集，2005.

[7] Margot J L，Campbell D B，Jurgens R F，et al. The topography of Tycho Crater

[J]. Journal of Geophysical Research Planets, 1999, 104 (E5): 11875 - 11882.

[8] Araki H, Tazawa S, Noda H, et al. Lunar global shape and polar topography derived from Kaguya - LALT laser altimetry [J]. Science, 2009, 323 (5916): 897 - 900.

[9] 平劲松，黄倩，鄢建国，等. 基于“嫦娥”1号卫星激光测高观测的月球地形模型 CLTM - s01 [J]. 中国科学：G辑，2008，38 (11)：1601 - 1612.

[10] 李春来，任鑫，刘建军，等. “嫦娥”1号激光测距数据及全月球 DEM 模型 [J]. 中国科学：地球科学，2010，40 (3)：281 - 293.

[11] Chapin D A. Gravity measurements on the Moon [J]. The Leading Edge, 2000, 19 (1): 88 - 91.

[12] 徐亚，郝天珧. 月球重力场研究及其应用进展 [J]. 地球化学，2010，39 (1)：25 - 31.

[13] Lorell J, Sjogren W L. Lunar gravity: preliminary estimates from Lunar Orbiter [J]. Science, 1968, 159 (3815): 625 - 627.

[14] Liu A S, Laing P A. Lunar gravity analysis from long - term effects [J]. Science, 1971, 173 (4001): 1017 - 1020.

[15] Muller P M, Sjogren W L. Mascon: lunar mass concentrations [J]. Science, 1968, 161 (3842): 680 - 684.

[16] Bills B G, Ferrari A J. A harmonic analysis of lunar gravity [J]. Journal of Geophysical Research: Solid Earth, 1980, 85 (B2): 1013 - 1025.

[17] 鄢建国，李斐，平劲松，等. 月球重力场模型发展现状及展望 [J]. 测绘信息与工程，2010，35 (1)：44 - 46.

[18] Lemoine F G R, Smith D E, Zuber M T, et al. A 70th degree lunar gravity model (GLGM - 2) from Clementine and other tracking data [J]. Journal of Geophysical Research: Planets, 1997, 102 (E7): 16339 - 16359.

[19] Konopliv A S, Binder A B, Hood L L, et al. Improved gravity field of the Moon from Lunar Prospector [J]. Science, 1998, 281 (5382): 1476 - 1480.

[20] Konopliv A S, Asmar S W, Yuan D N. Recent gravity models as a result of the

Lunar Prospector mission [J]. Icarus, 2001, 150 (1): 1 – 18.

[21] Namiki N, Iwata T, Matsumoto K, et al. Farside gravity field of the Moon from four – way doppler measurements of SELENE (Kaguya) [J]. Science, 2009, 323 (5916): 900 – 905.

[22] Matsumoto K, Goossens S, Ishihara Y, et al. An improved lunar gravity field model from SELENE and historical tracking data: Revealing the farside gravity features [J]. Journal of Geophysical Research: Planets, 2010, 115 (E6): E06007.

[23] Goossens S, Matsumoto K, Liu Q, et al. Lunar gravity field determination using SELENE same – beam differential VLBI tracking data [J]. Journal of Geodesy, 2011, 85 (4): 205 – 228.

[24] Lognonné P, Johnson C L. Planetary Seismology [M]. Treatise on Geophysics, 2007.

[25] Neumann G A, Zuber M T, Smith D E, et al. The lunar crust: global structure and signature of major basins [J]. Journal of Geophysical Research: Planets, 1996, 101 (E7): 16841 – 16843.

[26] Wieczorek M A, Phillips R J. Potential anomalies on a sphere: applications to the thickness of the lunar crust [J]. Journal of Geophysical Research: Planets, 1998, 103 (E1): 1715 – 1724.

[27] Hikida H, Wieczorek M A. Crustal thickness of the Moon: new constraints from gravity inversions using polyhedral shape models [J]. Icarus, 2007, 192 (1): 150 – 166.

[28] Wieczorek M A. Gravity and topography of the terrestrial planets [J]. Treatise on Geophysics, 2007, 10 (4): 165 – 206.

[29] Hikida H, Mizutani H. Mass and moment of inertia constraints on the lunar crustal thickness: relations between crustal density, mantle density, and the reference radius of the crust – mantle boundary [J]. Earth, Planets and Space, 2005, 57 (11): 1121 – 1126.

[30] Wieczorek M A, Phillips R J. The structure and compensation of the lunar

highland crust [J]. Journal of Geophysical Research: Planets, 1997, 102 (E5): 10933 - 10943.

[31] Khan A, Mosegaard K, Rasmussen K L. A new seismic velocity model for the Moon from a Monte Carlo inversion of the Apollo lunar seismic data [J]. Geophysical Research Letters, 2000, 27 (11): 1591 - 1594.

[32] Khan A, Mosegaard K. An inquiry into the lunar interior: a nonlinear inversion of the Apollo lunar seismic data [J]. Journal of Geophysical Research: Planets, 2002, 107 (E6): 5036.

[33] Lognonné P, Gagnepain - Beyneix J, Chenet H. A new seismic model of the Moon: implications for structure, thermal evolution and formation of the Moon [J]. Earth and Planetary Science Letters, 2003, 211 (1 - 2): 27 - 44.

[34] Reindler L, Arkani - Hamed J. The strength of the lunar lithosphere [J]. Icarus, 2003, 162 (2): 233 - 241.

[35] Arkani - Hamed J. The lunar mascons revisited [J]. Journal of Geophysical Research: Planets, 1998, 103 (E2): 3709 - 3739.

[36] Crosby A, McKenzie D. Measurements of the elastic thickness under ancient lunar terrain [J]. Icarus, 2005, 173 (1): 100 - 107.

[37] Sugano T, Heki K. Isostasy of the Moon from high - resolution gravity and topography data: Implication for its thermal history [J]. Geophysical Research Letters, 2004, 31 (24), L24703.

[38] Crosby A, McKenzie D. Measurements of the elastic thickness under ancient lunar terrain [J]. Icarus, 2005, 173 (1): 100 - 107.

[39] Wiezorek M A, Simons F J. Localized spectral analysis on the sphere [J]. Geophysical Journal International, 2005, 162 (3): 655 - 675.

[40] Wiezorek M A, Simons F J. Minimum - variance multitaper spectral estimation on the sphere [J]. Journal of Fourier Analysis and Applications, 2007, 13 (6): 665 - 692.

[41] Forsyth D W. Subsurface loading and estimates of the flexural rigidity of continental lithosphere [J]. Journal of Geophysical Research, 1985, 90 (B14): 12623 -

12632.

[42] Bechtel T D, Forsyth D W, Swain C J. Mechanisms of isostatic compensation in the vicinity of the East African Rift, Kenya [J]. Geophysical Journal International, 1987, 90 (2): 445 -465.

[43] Bechtel T D, Forsyth D W, Sharpton V L, et al. Variations in effective elastic thickness of the North American lithosphere [J]. Nature, 1990, 343 (6259): 636 -638.

[44] Zuber M T, Bechtel T D, Forsyth D W. Effective elastic thicknesses of the lithosphere and mechanisms of isostatic compensation in Australia [J]. Journal of Geophysical Research: Solid Earth, 1989, 94 (B7): 9353 -9367.

[45] Phllips R J. Estimating lithospheric properties at Atla Regio, Venus [J]. Icarus, 1994, 112 (1): 147 -170.

[46] Pérez -Gussinyé M, Lowry A R, Watts A B, et al. On the recovery of effective elastic thickness using spectral methods: Examples from synthetic data and from the Fennoscandian Shield [J]. Journal of Geophysical Research: Solid Earth, 2004, 109 (B10): 409.

[47] Smith D E, Zuber M T, Solomon S C, et al. The global topography of Mars and implications for surface evolution [J]. Science, 1999, 284 (5419): 1495 -1503.

[48] 黄勇. “嫦娥” 1 号探月飞行器的轨道计算研究 [D]. 上海：中国科学院研究生院（上海天文台），2006.

[49] 鄢建国，李斐，平劲松，等. 利用LP多普勒数据解算月球重力场模型的分析 [J]. 测绘学报，2009，38（1）：6 -11.

[50] 鄢建国，平劲松，Matsumoto K，等. “嫦娥” 1 号绕月卫星对月球重力场模型的优化 [J]. 中国科学：物理学 力学 天文学，2011，41（7）：870 -878.

[51] Spudis P D, Gillis J J, Reisse R A. Ancient multiring basins on the Moon revealed by clementine laser altimetry [J]. Science, 1994, 266 (5192): 1848 -1851.

[52] Cook A C, Spudis P D, Robinson M S, et al. Lunar topography and basins mapped using a clementine stereo digital elevation model [C]. 33rd Annual Lunar and Planetary Science Conference, Houston, USA, March 11 – 15, 2002, No. 1281.

[53] Aoshima C, Namiki N. Structures beneath lunar basins: estimates of Moho and elastic thickness from local analysis of gravity and topography [C]. 32nd Lunar and Planetary Science Conference, Houston, USA, March 12 – 16, 2001, No. 1561.

[54] 欧阳自远．我国月球探测的总体科学目标与发展战略 [J]. 地球科学进展，2004，19 (3)：351 –358.

[55] 张翼飞，杨辉．激光高度计技术及其应用 [J]. 中国航天，2007，12：19 –23.

[56] 陈明，唐歌实，曹建峰，等．“嫦娥”1号绕月探测卫星精密定轨实现 [J]. 武汉大学学报（信息科学版），2011，36 (2)：212 –217.

[57] Smith D E, Zuber M T, Neumann G A, et al. Topography of the Moon from the Clementine lidar [J]. Journal of Geophysical Research: Planets, 1997, 102 (E1): 1591 –1611.

[58] 李志林，朱庆．数字高程模型 [M]. 2版．武汉：武汉大学出版社，2007.

[59] Smith W H F, Wessel P. Gridding with continuous curvature splines in tension [J]. Geophysics, 1990, 55 (3): 293 –305.

[60] Kaula W M. Theory of Satellite Geodesy [M]. New York: Dover Publicationa, 2000.

[61] Archinal B A, Rosiek M R, Kirk R L, et al. The Unified Lunar Control Network 2005 [M]. US Geological Survey, 2006.

[62] Archinal B A, Rosiek M R, Kirk R L, et al. Report on the final completion of the unified lunar control network 2005 and lunar topographic model [R]. Astrogeology Science Center, 2007.

[63] Bills B G, Ferrari A J. A harmonic analysis of lunar topography [J]. Icarus, 1977, 31 (2): 244 –259.

[64] Rosiek M R, Kirk R, Howington - Kraus E. Color - coded topography and shaded relief maps of the lunar hemispheres [C]. 33rd Annual Lunar and Planetary Science Conference, Houston, USA, March, 2002, No. 1792.

[65] 蔡占川，郑才目，唐泽圣，等. 基于“嫦娥”1号卫星激光测高数据的月球DEM及高程分布特征模型[J]. 中国科学：技术科学，2010，40（11）：1300－1311.

[66] Araki H, Tazawa S, Noda H, et al. Lunar global shape and polar topography derived from Kaguya - LALT laser altimetry [J]. Science, 2009, 323 (5916): 897 -900.

[67] Namiki N, Iwata T, Matsumoto K, et al. Farside gravity field of the Moon from four - way Doppler measurements of SELENE (Kaguya) [J]. Science, 2009, 323 (5916): 900 -905.

[68] Matsumoto K, Goossens S, Ishihara Y, et al. An improved lunar gravity field model from SELENE and historical tracking data: revealing the farside gravity features [J]. Journal of Geophysical Research: Planets, 2010, 115 (E6): E06007.

[69] Araki H, Tazawa S, Noda H, et al. Lunar figure and topography derived from the observation by Laser Altimeter (LALT) on the Japanese Lunar Explorer KAGUYA [J]. Journal of the Geodetic Society of Japan, 2009, 55 (2): 281 - 290.

[70] 平劲松，苏晓莉，刘俊泽，等. 对“嫦娥”1号激光高度计数据的外部标定[J]. 中国科学，2013，43（11）：1438－1447.

[71] Jolliff B L, Gillis J J, Haskin L A, et al. Major lunar crustal terranes: surface expressions and crust - mantle origins [J]. Journal of Geophysical Research: Planets, 2000, 105 (E2): 4197 -4216.

[72] Neumann G A, Zuber M T, Smith D E, et al. The lunar crust: global structure and signature of major basins [J]. Journal of Geophysical Research: Planets, 1996, 101 (E7): 16841 -16863.

[73] Potts L V, Frese R R B V. Comprehensive mass modeling of the Moon from

spectrally correlated free - air and terrain gravity data [J]. Journal of Geophysical Research: Planets, 2003, 108 (E4): 5024.

[74] Kaula W M, Schubert G, Lingenfelter R E, et al. Apollo laser altimetry and inferences as to lunar structure [C]. 5th Proc. Lunar Science Conference, Houston, USA, March 18 - 22, 1974: 3049 - 3058.

[75] Bills B G, Ferrari A J. A lunar density model consistent with topographic, gravitational, librational, and seismic data [J]. Journal of Geophysical Research: Soild Earth and Planets, 1977, 82 (8): 1306 - 1314.

[76] Wood C A. Moon: central peak heights and crater origins [J]. Icarus, 1973, 20 (4): 503 - 506.

[77] Lingenfelter R E, Schubert G. Evidence for convection in planetary interiors from first - order topography [J]. Moon, 1973, 7 (1 - 2): 172 - 180.

[78] Stuart - Alexander D E, Howard K A. Lunar maria and circular basins: a review [J]. Icarus, 1970, 12 (3): 440 - 456.

[79] Hartmann W K, Wood C A. Moon: origin and evolution of multi - ring basins [J]. Moon, 1971, 3 (1): 3 - 78.

[80] Wilhelms D E. The geologic history of the Moon [R]. USGS Publications Warehouse, 1987.

[81] Spudis P D. Clementine laser altimetry and multi - ring basins on the Moon [J]. Lunar and Planetary Science Conference, 1995, 26: 1337 - 1338.

[82] Margot J L, Campbell D B, Jurgens R F, et al. Topography of the lunar poles from radar interferometry: a survey of cold trap locations [J]. Science, 1999, 284 (5420): 1658 - 1660.

[83] Cook A C, Watters T R, Robinson M S, et al. Lunar polar topography derived from Clementine stereoimages [J]. Journal of Geophysical Research: Planets, 2000, 105 (E5): 12023 - 12033.

[84] Frey H V. Previously unrecognized large lunar impact basins revealed by topographic data [C]. Lunar and Planetary Science Conference, Houston, USA, March 9, 2008.

[85] Giguere T A. Cryptomare in the Lomonosov – Gleming region of the Moon [C]. 33rd Annual Lunar and Planetary Science Conference, Houston, USA, March 11 – 15, 2002.

[86] Konopliv A S, Binder A B, Hood L L, et al. Improved gravity field of the Moon from Lunar Prospector [J]. Science, 1998, 281 (5382): 1476 – 1480.

[87] Wieczorek M A, Feuvre M L. Did a large impact reorient the Moon? [J]. Icarus, 2009, 200 (2): 358 – 366.

[88] Norman M D. Lunar Basins and Breccias [C]. Early Solar System Impact Bombardment, 2008.

[89] Canup R M. Simulations of a late lunar – forming impact [J]. Icarus, 2003, 168 (2): 433 – 456.

[90] Wieczorek M A. The interior structure of the Moon: what does geophysics have to say? [J]. Elements, 2009, 5 (1): 35 – 40.

[91] Goossens S, Matsumoto K, Liu Q, et al. Lunar gravity field determination using SELENE same – beam differential VLBI tracking data [J]. Journal of Geodesy, 2011, 85 (4): 205 – 228.

[92] Dorman L M, Lewis B T R. Experimental isostasy: theory of the determination of the Earth's isostatic response to a concentrated load [J]. Journal of Geophysical Research, 1970, 75 (17): 3357 – 3365.

[93] Smith D E, Zuber M T, Neumann G A, et al. Initial observations from the Lunar Orbiter Laser Altimeter (LOLA) [J]. Geophysical Research Letters, 2010, 37 (18): L18204.

[94] Melosh H J. Impact Cratering: a Geologic Process [M]. New York: Oxford University Press, 1989.

[95] Khan A, Mosegaard K. An enquiry into the lunar interior: a non – linear inversion of the Apollo Lunar Seismic data [J]. Journal of Geophysical Research: Planets, 2002, 107 (E6): 5036.

[96] Chenet H, Lognonne P, Wieczorek M, et al. Lateral variations of lunar crustalthickness from the Apollo seismic data set [J]. Earth and Planetary Science Letters,

2006, 243 (1 -2): 1 -14.

[97] Ishihara Y, Goossens S, Matsumoto K, et al. Crustal thickness of the Moon: implications for farside basin structures [J]. Geophysical Research Letters, 2009, 36 (19): L19202.

[98] Wieczorek M A. Gravity and topography of the terrestrial planets [J]. Treatise on Geophysics, 2007, 10 (4): 165 -206.

[99] Pieters C M, Head J W, Gaddis L, et al. Rock types of South Pole - Aitken basin and extent of basaltic volcanism [J]. Journal of Geophysical Research: Planets, 2001, 106 (E11): 28001 -28022.

[100] Bussey D B J, Spudis P D. Compositional studies of the Orientale, Humorum, Nectaris, and Crisium lunar basins [J]. Journal of Geophysical Research: Planets, 2000, 105 (E2): 4235.

[101] Lucey P G, Taylor G J, Hawke B R, et al. FeO and TiO_2 concentrations in the South Pole - Aitken basin: implications for mantle composition and basin formation [J]. Journal of Geophysical Research: Atmospheres, 1998, 103 (E2): 3701 -3708.

[102] Warren, Paul H. Porosities of lunar meteorites: strength, porosity, and petrologic screening during the meteorite delivery process [J]. Journal of Geophysical Research: Planets, 2001, 106 (E5): 10101 -10111.

[103] Lawrence D J. Iron abundances on the lunar surface as measured by the Lunar Prospector gamma - ray and neutron spectrometers [J]. Journal of Geophysical Research: Planets, 2002, 107 (E12): 5130.

[104] Solomon S C. The nature of isostasy on the moon: how big a Pratt - fall for Airy models [C]. 9th Lunar and Planetary Science Conference, Houston, March 13 -17, 1978, 3499 -3511.

[105] Haines F L, Metzger A F. Lunar highland crustal models based on iron concentrations - Isostasy and center - of - mass displacement [C]. 11th Lunar and Planetary Science Conference, Houston, USA, March 17 - 21, 1980, 11: 689 -718.

[106] Joseph B. The strength of the Earth's crust [J]. Journal of Geology, 1914, 22 (6): 537 -555.

[107] Gunn R. A quantitative evaluation of the influence of the lithosphere on the anomalies of gravity [J]. Pergamon, 1943, 236 (1): 47 -66.

[108] Wahr J. Geodesy and Gravity [M]. Colorado: Samizdat Press, 1996.

[109] Watts A B. Isostasy and flexure of the lithosphere [M]. Cambridge: Cambridge University Press, 2001.

[110] Parker R L, Huestis S P. The inversion of magnetic anomalies in the presence of topography [J]. Journal of Geophysical Research: Atmospheres, 1974, 79 (11): 1587 -1593.

[111] Turcotte D L, Willemann R J, Haxby W F, et al. Role of membrane stresses in the support of planetary topography [J]. Journal of Geophysical Research: Solid Earth, 1981, 86 (B5): 3951 -3959.

[112] Belleguic V, Lognonné P, Wieczorek M. Constraints on the Martian lithosphere from gravity and topography data [J]. Journal of Geophysical Research: Planets, 2005, 110 (E11): E11005.

[113] Brotchie J F, Silvester R. On crustal flexure [J]. Journal of Geophysical Research, 1969, 74 (22): 5240 -5252.

[114] Feuvre M L, Wieczorek M A. Nonuniform cratering of the Moon and a revised crater chronology of the inner Solar System [J]. Icarus, 2011, 214 (1): 1 -20.

[115] Comer R P. Thick plate flexure [J]. Geophysical Journal International, 1983, 72 (1): 101 -113.

[116] Solomon S C, Head J W. Vertical movement in mare basins: relation to mare emplacement, basin tectonics, and lunar thermal history [J]. Journal of Geophysical Research: Solid Earth, 1979, 84 (B4): 1667 -1682.

[117] Solomon S C, Head J W. Lunar Mascon Basins: lava filling, tectonics, and evolution of the lithosphere [J]. Reviews of Geophysics, 1980, 18 (1): 107 -141.

[118] Press W H, Teukolsky S A, Vetterling W T, et al. Numerical recipes in FORTRAN (2nd ed.): the art of scientific computing [M]. Cambridge: Cambridge University Press, 1992.

[119] Wieczorek M A, The Constitution and structure of the lunar interior [J]. Reviews in Mineralogy and Geochemistry, 2006, 60 (1): 221 –364.

[120] Wieczorek M A, Zuber M T. The composition and origin of the lunar crust: constraints from central peaks and crustal thickness modeling [J]. Geophysical Research Letters, 2001, 28 (21): 4023 –4026.

[121] Mazarico E, Lemoine F G, Han S C, et al. GLGM –3: a degree –150 lunar gravity model from the historical tracking data of NASA Moon orbiters [J]. Journal of Geophysical Research: Planets, 2010, 115 (E5): E05001.

[122] Han S C, Mazarico E, Rowland D D, et al. New analysis of Lunar Prospector radio tracking data improves the nearside gravity filed with a higher resolution to degree and order 200 [C]. 42nd Lunar and Planetary Science Conference, Woodlands, USA, March 7 –11, 2011: 2404.

[123] Belleguic V, Wieczorek M, Lognonné P. Modeling of surface and subsurface loads for the major Martian volcanoes: implications for dynamic mantle processes on the planet [C]. AGU Fall Meeting, Geophysical Research Abstracts, 2005.

[124] Lucey P G, Taylor G J, Hawke B R, et al. Iron and titanium concentrations in south pole –aitken basin: implications for lunar mantle composition and basin formation [C]. Lunar and Planetary Science, 1996, 27: 783.

[125] Lucey P G, Blewett D T, Jolliff B L. Lunar iron and titanium abundance algorithms based on final processing of Clementine UV – Visible images [J]. The Journal of Geophysical Research Planets, 2000, 105 (E8): 20297 – 20305.

[126] Prettyman T H, Hagerty J J, Elphic R C, et al. Elemental composition of the lunar surface: analysis of gamma ray spectroscopy data from Lunar Prospector [J]. Journal of Geophysical Research Planets, 2006, 111 (E12): E12007.

[127] Solomon S C, Toksöz M N. Internal constitution and evolution of the Moon [J]. Physics of the Earth and Planetary Interiors, 1973, 7 (1): 15 -38.

[128] Consolmagno G J, Britt D T, Macke R J. The significance of meteorite density and porosity [J]. Chemie der Erde - Geochemistry, 2008, 68 (1): 1 -29.

[129] Solomon S. C. The nature of isostasy on the Moon: how big a Pratt - fall for Airy models [C]. 9th Lunar and Planetary Science Conference, Houston, USA, March 13 -17, 1978: 3499 -3511.

[130] Toksöz M N, Dainty A M, Solomon S C, et al. Structure of the Moon [J]. Reviews of Geophysics and Space Physics, 1974, 12 (4): 539 -567.

[131] Hikida H, Mizutani H. Mass and moment of inertia constraints on the lunar crustal thickness: relations between crustal density, mantle density, and the reference radius of the crust - mantle boundary [J]. Earth Planets and Space, 2005, 57 (11): 1121 -1126.

[132] Weber R C, Lin P Y, Garnero E J, et al. Seismic detection of the lunar core [J]. Science, 2011, 331 (6015): 309 -312.

第 6 章 我国将来月球卫星重力梯度计划实施

本章首先通过对比 SST－HL/LL－Doppler－VLBI 和 SST－HL/SGG－Doppler－VLBI 跟踪观测模式的优缺点，建议我国将来首期月球卫星重力测量计划采用 SST－HL/SGG－Doppler－VLBI 较优；其次，通过对比静电悬浮、超导和量子卫星重力梯度仪的优缺点，建议我国将来首期月球卫星重力梯度计划采用静电悬浮重力梯度仪；最后，建议我国将来首颗月球重力梯度卫星的轨道高度（50～100 km）选择在已有月球探测卫星的测量盲区，轨道倾角（90°±3°）设计为有利于月球卫星观测数据全月球覆盖的近极轨模式。

6.1 研究概述

月球重力场的精密测量是国际探月计划的重要组成部分，它决定着月球探测器的轨道优化设计和载人登月飞船月面理想着陆点的合适选取。探月卫星在月球重力场作用下绕月球做近圆极轨运动，若精密定轨则必须知道精确的月球重力场参数；反之，精确测定卫星轨道摄动，利用摄动跟踪观测数据又可以提高月球重力场参数的精度，两者相辅相成[1-15]。国际探月计划和载人登月的成功实施对我国既存在机遇又不乏挑战。我国应尽快汲取国外长期积累的成功经验，积极推动我国第二期和第三期“嫦娥”探月工程以及载人登月的成功实施，并带动相关领域的快速发展，进而达到提升科学技术和推动国民经济发展的目标。由于目前月球重力场信息均是通过月球探测器的轨道摄动跟踪数据获得，因此仅能感测月球重力场的长波信号，而且探测精度相对较低。目前获得全球、规则、密集、全波段、高精度和高空间分辨率的月球重力场数据必须满足 3 个基本准则：①连续高精度跟踪月球卫星的三维空间分量（位置和速度）；②精密测量作用于月球卫星的非保守力（如轨道高度和姿态控制力、月球辐射压、太阳光压、宇宙射线和粒子压等）和精确模型化作用于月球卫星的保守力（如日地引力、月球固体潮汐力等）；③尽可能降低月球卫星的轨道高度（50 ~ 200 km）。因此，尽快成功发射专用月球重力卫星，进而建立高精度、高空间分辨率和全波段的月球重力场模型迫在眉睫。基于此目的，本章首先阐述了基于国际探月观测数据建立的月球重力场模型的发展历程；其次从月球重力卫星观测模式的可行性论证、卫星重力梯度仪的优化选取、月球重力梯度卫星轨道参数的优化设计等 3 个方面提出了我国将来月球卫星重力梯度计划（SGG）的实施建议。本章的研究不仅对我国“嫦娥”探月工程以及载人登月的成功实施具有重要借鉴价值，同时对国际未来月球、火星和太阳系其他行星的卫星重力探测具有广泛的参考意义。

6.2 我国将来月球卫星重力梯度计划实施

6.2.1 月球重力卫星观测模式的可行性论证

1. SST - HL/LL - Doppler - VLBI 观测模式

SST - HL/LL - Doppler - VLBI（Satellite - to - Satellite Tracking in High - Low/Low - Low mode associated with Doppler and Very Long Baseline Interferometry）观测系统由地面 Doppler - VLBI 系统、相互跟踪的低轨月球重力双星、联系 Doppler - VLBI 和低轨双星的中继高轨卫星群组成。测量原理如下：利用中继高轨卫星群对低轨月球重力双星精密跟踪定位，同时将观测信号传回地面 Doppler - VLBI 测控站，低轨双星在同一轨道平面内前后相互跟踪编队飞行，利用星间测距仪高精度测量星间距离（共轨双星轨道摄动差），进而反演月球重力场。优点如下：①既包含两组卫星跟踪卫星高低（SST - HL）观测模式，同时以差分原理测定两个低轨月球重力卫星之间的相互运动，因此得到的月球重力场的精度比单独 SST - HL 跟踪观测模式至少高一个数量级；②可借鉴地球重力卫星 GRACE 整体系统的成功经验[16-19]。缺点如下：①目前随着 K 波段/激光干涉星间测量系统

（星间速度精度 $10^{-6} \sim 10^{-9}$ m/s）和星载加速度计（非保守力精度 10^{-13} m/s^2）研制精度的不断提高，星间速度和非保守力的感测精度可满足月球重力场反演的需求，但由于 Doppler - VLBI 定轨精度（dm 级）的限制，因此基于 SST - HL/LL - Doppler - VLBI 跟踪观测模式无法实质性提高月球重力场精度；②仅敏感于月球重力场的中长波信号，对中短波信号趋于滤波；③由于双星需要精确相互跟踪，因此对卫星轨道高度和姿态的测控要求较高。综上所述，SST - HL/LL - Doppler - VLBI 跟踪观测模式在精度和空间分辨率上不会对现有月球重力场模型有较大贡献。

2. SST - HL/SGG - Doppler - VLBI 观测模式

SST - HL/SGG - Doppler - VLBI（Satellite - to - Satellite Tracking in High - Low/Satellite Gravity Gradiometry mode associated with Doppler and Very Long Baseline Interferometry）观测系统由地面 Doppler - VLBI 系统、低轨月球重力梯度卫星、联系 Doppler - VLBI 和低轨月球重力梯度卫星的中继高轨卫星群（类似于地球 GPS 卫星系统）组成（图 6.1）。测量原理如下：利用中继高轨卫星群对低轨月球重力梯度卫星精密跟踪定位，同时将观测信号传回地面 Doppler - VLBI 测控站，通过星载重力梯度仪直接测定月球卫星轨道高度处引力位的 2 阶微分，基于非保守力补偿系统屏蔽月球重力梯度卫星受到的非保守力，利用姿态和轨道控制系统测量月球重力梯度卫星和载荷的空间三维姿态，最后联合上述月球重力梯度卫星观测值高精度和高空间分辨率反演月球重力场。

SST - HL/SGG - Doppler - VLBI 是一项探测月球重力场特性特征、精细结构和演变过程的新技术和新领域。目前已逐渐发展成为专门研究月球重力梯度测量的理论、方法、载荷和应用的新兴科学，而且星载重力梯度仪可直接测定引力位的 2 阶导数，进而有效抑制月球重力场中高频信号的衰减效应，因此 SST - HL/SGG - Doppler - VLBI 观测模式有望成为我国将来优选的具有发展潜力的月球卫星重力测量模式之一。观测模式的优点如下[20]。

（1）高精度和高空间分辨率解算中高频月球重力场。基于传统月球探测器轨道摄动技术一般只能反演月球重力场的低频分量，而 SGG 张量可直接感测引力位的 2 阶梯度，进而获得较高阶次月球重力场精细结构的信息。因此，卫星重力梯度测量是精化中短波月球重力场的有效途径之一。

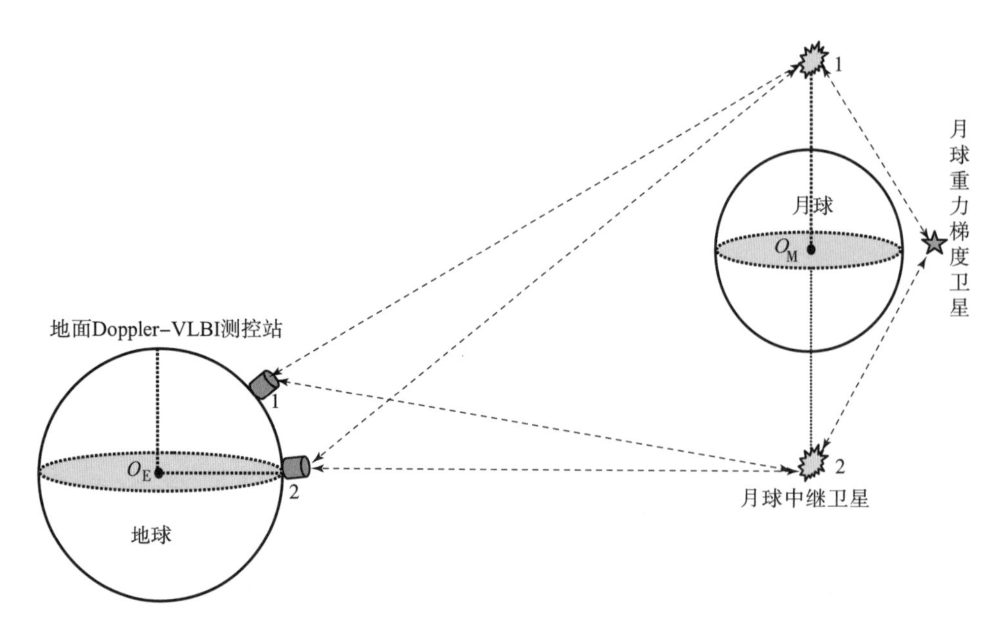

图 6.1 我国将来 SST - HL/SGG - Doppler - VLBI 月球卫星重力梯度计划的测量原理

（2）对月球卫星定轨精度要求较低。基于卫星轨道摄动分析的传统卫星重力测量技术主要取决于卫星定轨精度的高低，而 SST - HL/SGG - Doppler - VLBI 对定轨精度的要求相对较低，主要是因为加速度计阵列本身可测定卫星的运动姿态，而且重力梯度数据的后处理可进一步改善卫星定轨的精度。

（3）仪器灵敏度和稳定度较高。静电悬浮技术和低温超导技术的成功应用，使重力梯度仪在灵敏度和稳定性方面有了较大提高，特别是低温超导重力梯度仪具有零漂低、尺度因子稳定和灵敏度高的特性，测量精度可达 $10^{-4} \sim 10^{-6}$ E（$1\ \text{E} = 10^{-9}\text{s}^{-2}$）。

（4）感测重力梯度张量的所有分量。由于不同的卫星重力梯度张量反映不同的月球重力场信息，因此在月球物理解释中采用重力梯度张量比用重力标量将得到更丰富的月壳深部构造信息。

（5）非保守力对重力梯度观测信号的影响较小。由于重力梯度观测信号是通过每对加速度计的输出量差求得，只要每对加速度计的性能指标尽可能一致，则非保守力对每对加速度计的影响就基本相同，因此差分后的重力梯度观测信号可基本上消除非保守力的影响。

（6）不受惯性加速度的影响。从重力梯度测量中有效分离出月球引力梯度张量不仅在理论上是严格的，而且在实际操作中也是可行的。因此，利用 SST – HL/SGG – Doppler – VLBI 可有效解决引力加速度与惯性加速度的分离问题。

（7）直接测定月球引力场的内部结构。据广义相对论可知，当有引力场存在时，四维时空是弯曲的黎曼空间。黎曼曲率张量刻画了空间的几何结构，主要分量与引力位的 2 阶导数成正比，因此测定月球引力位的 2 阶导数实际等价于测定四维时空的几何结构。因此，SST – HL/SGG – Doppler – VLBI 可有效揭示月球引力场的物理性质和几何性质之间的相互关系。

（8）月球重力场测定速度快、代价低和效益高。月球重力梯度卫星在近圆、近极轨和低轨道上连续飞行可获得全球覆盖和规则分布的重力梯度数据，数据的密度和分布取决于月球卫星飞行时间、数据采样间隔、轨道参数等。不仅可高精度探测远月面处的月球重力场信号，而且可借鉴地球重力梯度卫星 GOCE[21] 整体系统的成功经验。

综上所述，我国将来首期月球卫星重力测量计划采用具有中国特色的 SST – HL/SGG – Doppler – VLBI 观测模式较优。

6.2.2　卫星重力梯度仪的优化选取

重力梯度测量技术的创新和突破极大地推动了重力梯度仪的迅速发展。随着电子技术、计算机技术、低温超导技术等的发展，重力梯度仪在灵敏度和稳定性方面均有显著提升。自 20 世纪初以来，重力梯度仪的研究大致经历了从单轴旋转到三轴定向，从室温到超低温（小于 4.2 K），从扭力、静电悬浮到超导的发展过程，仪器灵敏度日益提高（表 6.1）。扭力测量通过测定作用于检测质量的力矩来间接获取重力梯度值；差分加速度测量通过测量两加速度计之间的加速度差来获得重力梯度观测值，可消除加速度计之间大部分公共误差的影响，因此较前者发展前景更广阔。

表 6.1 重力梯度仪研究历程[20]

研制时间	研制国家/机构	梯度仪/计划名称	科学用途和目标
20 世纪初期	匈牙利	R. Eötvös 扭秤	地球表面引力位 2 阶张量测量
20 世纪中叶	美国	相对重力仪	LaCoste 测量精度 0.5 μGal，（1 Gal = 10^{-2} m/s^2）
20 世纪 70 年代末	美国宇航局（NASA）	Gravity B 计划	获得空间分辨率 25 km 和重力异常精度 10^{-6} m/s^{2}的全球重力场
20 世纪 80 年代	法国	GRADIO 计划	星载重力梯度仪灵敏度为 10^{-2} E/Hz$^{1/2}$
20 世纪 90 年代	欧空局（ESA）	ARISTOTELES 计划	星载重力梯度仪灵敏度为 10^{-3} E/Hz$^{1/2}$
20 世纪 90 年代中期	欧空局（ESA）	GOCE 卫星重力梯度计划	星载静电悬浮重力梯度仪测量精度为 3 × 10^{-3} E/Hz$^{1/2}$
21 世纪初期	美国宇航局（NASA）	超导重力梯度测量计划（SGGM）	以空间分辨率 50 km 和重力异常精度 2 ~ 3 mGal 确定 360 阶地球重力场
21 世纪初期	美国和意大利	系留卫星系统（TSS）	星载重力梯度仪精度为 10^{-6} E/Hz$^{1/2}$，可望获得空间分辨率 25 km 和重力异常精度 1 ~ 2 mGal

卫星重力梯度仪是一种能直接探测空间重力加速度矢量梯度的传感器。由于重力梯度可以较好地反映等位面的曲率和力线的弯曲程度，因此敏感于中短波月球重力场的信号，能更好地反映重力场的精细结构。在月球卫星内的微重力环境中，由于不同位置点加速度的差异较小，因此不同属性的重力梯度仪通常由 1 ~ 3 对属性相同的加速度计按不同的排列方式组合而成，精确测定每对加速度计检验质量之间的相对位置变化，通过观测重力加速度差进而得到重力梯度张量，此为 SGG 能在微重力环境下直接测量月球重力场参数的主要原因。目前卫星重力梯度仪主要包括旋转式重力梯度仪、静电悬浮重力梯度仪、超导重力梯度仪、量子重力梯度仪等。旋转式重力梯度仪比较适合自旋稳定的小卫星，而新一代月球重力探测卫星通常为非自旋稳定的，且旋转式重力梯度仪精度相对较低，因此较少用于 SGG。将来国际 SGG 工程的发展方向以采用静电悬浮重力梯度仪、超导重力梯度仪、量子重力梯度仪等为主流。

1. 静电悬浮重力梯度仪

地球重力梯度卫星 GOCE 采用的静电悬浮重力梯度仪（图6.2）由3对静电悬浮三轴加速度计对称排列组成，每个加速度计均设计为2个高灵敏轴和1个低灵敏轴，主要测定5个独立引力梯度分量中的4个（V_{xx}、V_{yy}、V_{zz}和V_{xz}）。重力梯度仪的质心与卫星体质心相距10 cm，长132 cm，直径85 cm，重137 kg，基线长0.5 m，测量精度为3×10^{-3} E/Hz$^{1/2}$。测量原理是利用卫星内固定基线上的差分加速度计检验质量之间的重力加速度差值来得到三维重力梯度张量。重力梯度仪的三轴指向与卫星体坐标系严格一致，不仅测量线性加速度，同时测量角加速度、离心力加速度、科里奥利（Coriolis）加速度以及其他扰动加速度。

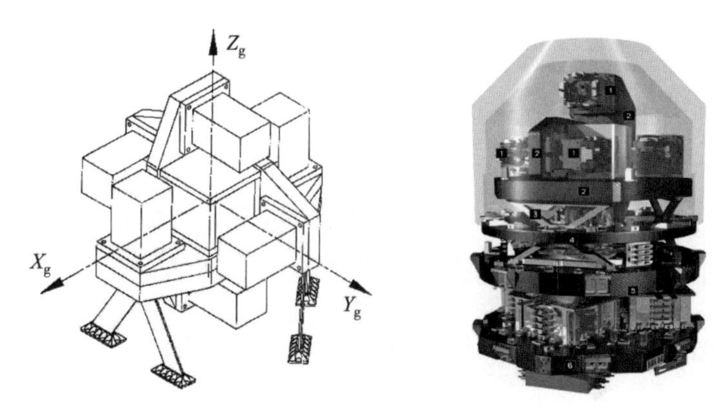

图6.2　静电悬浮重力梯度仪

2. 超导重力梯度仪

超导重力梯度仪由3对超导加速度计对称排列构成。单轴超导加速度计由弱弹簧、超导检测质量、电磁传感器和超导量子干涉仪（SQUID）组成。超导重力梯度仪与静电悬浮重力梯度仪相比，仅在加速度计测量原理上存在差异，前者用超导检测质量代替后者的电磁检测质量，用超导量子干涉仪代替电容装置来测量检测质量的位移，而重力梯度测量原理基本相同。由于超导感应检测质量的位移比静电悬浮法具有更高的灵敏度，因此超导重力梯度仪比静电悬浮重力梯度仪具有更大的发展潜力。

3. 量子重力梯度仪

量子重力梯度仪由1~3对原子干涉加速度计两两相互垂直排列组成（测量

精度为 10^{-7} E/Hz$^{1/2}$)。原子干涉加速度计是重力梯度仪的核心部件，与静电悬浮重力梯度仪和超导重力梯度仪存在本质的区别。其基本原理如下：首先利用激光将大量铯原子冷却至超低温度，在超低温状态下通常将超声速运动的原子速度降低至 1 cm/s 左右，使测量其位置和速度变得更为容易；其次，将缓慢运动的原子置于重力场中做类似自由落体的“坠落”；最后，基于原子在激光作用下会形成相互重叠干涉的不同量子态的原理，利用原子受重力场作用前后所引起的相位差精确测出重力加速度。由于量子重力梯度仪对周围环境的质量分布极为敏感，因此将有望为未来高精度和高空间分辨率月球重力场的探测带来革命性的影响。

综上所述，由于静电悬浮重力梯度仪具有结构简单、成本低、灵敏度高、抗外界干扰能力强、易于自动化数据采集等优点，同时我国已具有一定的研究基础，而且可借鉴地球重力梯度卫星 GOCE 星载静电悬浮重力梯度仪的成功经验，因此，建议我国将来首期月球卫星重力梯度计划采用静电悬浮重力梯度仪高精度和高空间分辨率感测中高频月球重力场。基于超导重力梯度仪和量子重力梯度仪可超高精度感测月球重力场，但研制困难较大，建议我国相关科研机构尽快研制，并尽早应用于后期月球卫星重力梯度计划。

6.2.3 月球卫星轨道参数的优化设计

月球卫星轨道参数（如轨道高度、轨道倾角等）的优化设计是成功实施我国将来月球卫星重力梯度测量计划的关键因素和重要保证。

1. 轨道高度

在月球卫星重力测量中，应用重力梯度卫星作为传感器进行月球重力场感测的最大弱点是卫星高度处的重力场呈指数衰减 $[R_e/(R_e+H)]^{l+1}$ 。为了克服上述缺点进而反演高精度月球重力场，目前最有效的办法是采用低轨道月球重力梯度卫星[22]。由于不同月球卫星轨道高度敏感于不同阶次的月球引力位系数，因此目前已有月球重力场探测器仅在特定轨道高度区间能发挥优越性，而在轨道空间范围之外基本无能为力。如果我国将来月球重力梯度卫星也设计在已有月球重力场探测器的轨道高度空间范围，除非反演月球重力场的精度高于它们，否则效果仅相当于其测量的简单重复，对于月球重力场精度的进一步提高没有实质性贡献。因此，我国将来月球重力梯度卫星的轨道高度应尽可能选择在它们的测量盲区，进而形成互补的态势。我国将来月球卫星重力梯度测量计划虽然采用非保守力补偿系统，但由于具有一定测量精度的非保守力补偿系统不可能将作用于月球重力梯度卫星体的非保守力完全消除，同时轨道和姿态微推进器的频繁喷气将导致卫星携带燃料的大量损耗。因此，适当降低卫星轨道高度有利于提高月球重力场的反演精度，其代价是在一定程度上牺牲了卫星的使用寿命。据误差理论可知，如果观测数据增加了 n 倍，那么月球重力场的测量精度仅提高约 $\sqrt{n}$ 倍，因此由于适当降低月球重力卫星轨道高度而导致卫星使用寿命缩短不会对月球重力场反演精度产生本质的影响。因此，我国将来月球重力梯度卫星轨道高度设计为 50 ~ 100 km 较优。

2. 轨道倾角

由于月球引力位带谐项系数反演精度决定于反演月球重力场空间分辨率和月球两极的极沟尺寸比值 $\frac{360/L_{max}}{2 \times |90° - I|}$，比值越大反演引力位带谐项系数的精度越高，因此随着轨道倾角逐渐增加，反演月球引力位带谐项系数的精度依次提高；由于月球引力位扇谐项系数反演精度决定于卫星重力观测值的空间分辨率 $D = 20\,000/L_{max}$，因此随着轨道倾角逐渐增加，反演月球引力位扇谐项系数的精度无显著变化；由于月球引力位田谐项系数的精度决定于卫星轨道在月球表面覆盖面积内观测值的密度，因此随着轨道倾角的逐渐增加，反演月球引力位田谐项系数的精度依次降低[23]。由于随着轨道倾角的逐渐增加，反演引力位系数（带谐系数、扇谐系数和田谐系数的综合贡献）的精度整体呈升高趋势，因此我国将来月球重力卫星的轨道倾角设计为 90° ± 3°较优。

6.3　本章小结

开展月球卫星重力梯度探测将填补我国在深空探测（月球及太阳系行星）方面的空白，为尽快缩短与国际先进水平的差距提供了良好的平台和机遇，有利于进一步确立我国在世界的航天大国地位。基于以上原因，本章开展了“月球重力场模型研究进展和我国将来月球卫星重力梯度计划实施”的研究。

（1）详细介绍了基于国际探月观测数据建立的月球重力场模型：8 ×4、15 ×

8、13×13、5×5、7×7、16×16－1/2/3、Lun60d、GLGM－1/2、LP75D/G、LP100K/J、LP165P、LP150Q 和 SGM90d。

（2）详细阐述了 SST－HL/LL－Doppler－VLBI 和 SST－HL/SGG－Doppler－VLBI 跟踪观测模式的测量原理，并对比分析了优、缺点，建议我国将来首期月球卫星重力测量计划采用具有中国特色的 SST－HL/SGG－Doppler－VLBI 观测模式。

（3）详细介绍了自 20 世纪初以来重力梯度仪的研究历程，对比了静电悬浮、超导和量子卫星重力梯度仪的优、缺点，建议我国将来首期月球卫星重力梯度计划采用静电悬浮重力梯度仪。

（4）详细论述了我国将来月球重力梯度卫星的轨道高度和轨道倾角的优化设计。由于不同月球卫星轨道高度敏感于不同阶次的月球引力位系数，因此建议我国将来月球重力梯度卫星的轨道高度（50～100 km）尽可能选择在已有月球卫星轨道高度的测量盲区，进而形成互补的态势；由于随着轨道倾角逐渐增加，引力位系数（带谐系数、扇谐系数和田谐系数的综合贡献）的反演精度整体呈升高趋势，而且有利于卫星轨道数据的全球覆盖，因此建议我国将来月球重力梯度卫星的轨道倾角设计为近极轨模式（90°±3°）较优。

参考文献

[1] Lorell J, Sjogren W L. Lunar gravity: preliminary estimates from lunar orbiter [J]. Science, 1968, 159 (3815): 625－627.

[2] Liu A S, Laing P A. Lunar gravity analysis from long term effects [J]. Science, 1971, 173 (4001): 1017－1020.

[3] Michael W H, Blackshear W T. Recent results on the mass, gravitational field and moments of inertia of the Moon [J]. Moon, 1972, 3 (4): 388－402.

[4] Ferrari A J. An empirically derived lunar gravity field [J]. Moon, 1972, 5 (3－4): 390－410.

[5] Akim E L, Vlasova Z P. Model of the lunar gravitational field, derived from luna 10, 12, 14, 15 and 22 tracking data [J]. DAN SSSR, 1977, 235: 38－41.

[6] Ferrari A J. Lunar gravity: a harmonic analysis [J]. Journal of Geophysical Research, 1977, 82 (20): 3065 - 3084.

[7] Bills B G, Ferrari A J. A harmonic analysis of lunar gravity [J]. Journal of Geophysical Research, 1980, 85 (B2): 1013 - 1025.

[8] Sagitov M U, Bodri B, Nazarenko V S, et al. Lunar Gravimetry [C]. Vol. 35 of International Geophysics Series. Academic Press, New York, 1986.

[9] Konopliv A S, Sjogren W L. A high resolution lunar gravity field and predicted orbit behavior [C]. In AAS/AIAA Astrodynamics Specialist conference, victoria, B. C. , Canada, August, 1993.

[10] Zuber M T, Smith D E, Lemoine F G, et al. The shape and internal structure of the Moon from the Clementine mission [J]. Science, 1994, 266 (5192): 1839 - 1843.

[11] Lemoine F G R, Smith D E, Zuber M T, et al. A 70th degree lunar gravity model (GLGM 2) from Clementine and other tracking data [J]. Journal of Geophysical Research, 1997, 102 (E7): 16339 - 16359.

[12] Konopliv A S, Binder A B, Hood L L, et al. Improved gravity field of the Moon from Lunar Prospector [J]. Science, 1998, 281 (5382): 1476 - 1480.

[13] Konopliv A S, Yuan D N. Lunar Prospector 100th degree gravity model development [C]. Lunar Planet. Sci. Conf. 30th, Abstract 1067. Lunar and Planetary Institutes, Houston, 1999.

[14] Konopliv A S, Asmar S W, Carranza E, et al. Recent gravity models as a result of the Lunar Prospector mission [J]. Icarus, 2001, 150 (1): 1 - 18.

[15] Namiki N, Iwata T, Matsumoto K, et al. Farside gravity field of the Moon from four - way Doppler measurements of SELENE (Kaguya) [J]. Science, 2009, 323 (5916): 900 - 905.

[16] Zheng W, Xu H Z, Zhong M, et al. Physical explanation on designing three axes as different resolution indexes from GRACE satellite - borne accelerometer [J]. Chinese Physics Letters, 2008, 25 (12): 4482 - 4485.

[17] Zheng W, Xu H Z, Zhong M, et al. Accurate and rapid error estimation on

global gravitational field from current GRACE and future GRACE Follow - On missions [J]. Chinese Physics B, 2009, 18 (8): 3597 - 3604.

[18] 郑伟，许厚泽，钟敏，等. 国际重力卫星研究进展和我国将来卫星重力测量计划 [J]. 测绘科学，2010，35 (1): 5 - 9.

[19] Zheng W, Xu H Z, Zhong M, et al. Efficient calibration of the non - conservative force data from the space - borne accelerometers of the twin GRACE satellites [J]. Transactions of the Japan Society for Aeronautical and Space Sciences, 2011, 54 (184): 106 - 110.

[20] 郑伟，许厚泽，钟敏，等. 国际卫星重力梯度测量计划研究进展 [J]. 测绘科学，2010，35 (2): 57 - 61.

[21] 郑伟，许厚泽，钟敏，等. 基于时空域混合法利用 Kaula 正则化精确和快速解算 GOCE 地球重力场 [J]. 地球物理学报，2011，54 (1): 14 - 21.

[22] 郑伟，许厚泽，钟敏，等. 卫 - 卫跟踪测量模式中轨道高度的优化选取 [J]. 大地测量与地球动力学，2009，29 (2): 100 - 105.

[23] Zheng W, Xu H Z, Zhong M, et al. Improving the accuracy of GRACE Earth's gravitational field using the combination of different inclinations [J]. Progress in Natural Science, 2008, 18 (5): 555 - 561.

第7章

下一代 Moon - Gradiometer 月球重力梯度卫星系统的关键载荷和轨道参数的敏感度分析

本章围绕下一代 Moon - Gradiometer 月球卫星重力梯度计划开展了探索性的需求论证。①首次建立了卫星重力梯度张量误差和卫星轨道位置误差影响下一代 Moon - Gradiometer 月球重力场精度（引力位系数、累计月球水准面和累计重力异常）的单独和联合解析误差模型；②通过重力梯度和轨道位置单独解析误差模型估计累计月球水准面精度的符合性，检验了单独和联合解析误差模型的可靠性；③以当前 GRAIL 月球重力双星计划为参考，开展了下一代 Moon - Gradiometer 月球卫星重力梯度系统的敏感度分析研究，建议搭载静电悬浮重力梯度仪和非保守力补偿系统等关键载荷，提出了关键载荷的匹配精度指标（重力梯度 $3\times10^{-12}/s^2$ 和轨道位置 60 m）和优化轨道参数（轨道高度 25 km、观测时间 28 天和采样间隔 1 s）。

7.1 研究概述

月球重力场反映月球表层及内部物质的空间分布、运动和变化，因此确定月球重力场的精细结构不仅是月球科学、宇航学、天文学、空间科学、行星科学、生命科学等的需求，同时也将为开展月体地形地貌和内部结构研究、月壤新能源和资源探测、月面宇宙环境分析（电磁、微粒子、高能等）、月球和地月系统起源和演化历史论证等提供重要和丰富的信息资源。月球卫星重力梯度反演是指通过分析月球卫星观测数据（Doppler - VLBI 轨道位置和轨道速度、卫星重力梯度仪（差模）的重力梯度、加速度计（共模）的非保守力、恒星敏感器的卫星姿态等）和月球重力场模型中引力位系数的关系，建立并求解卫星运动观测方程，进而恢复月球引力位系数，最终目的是建立高精度和高空间分辨率的月球重力场模型。月球重力场的精密测量是国际探月计划的重要组成部分，决定着月球探测器的轨道优化设计和载人登月飞船月面理想着陆点的合适选取。探月卫星在月球重力场作用下绕月球做近圆极轨运动，若精密定轨则必须知道精确的月球重力场参数；反之，精确测定卫星轨道摄动，利用摄动跟踪观测数据又可以提高月球重力场参数的精度，两者相辅相成。由于月海盆地内存在数量众多且重力异常显著的“质量瘤”（Mascon），因此月球重力场的分布极不均匀。如表 7.1 所示，传统月球重力场探测主要依靠环月飞行器的轨道摄动观测来完成，由于月球具有相同自转和公转周期的特性，因此只能直接观测月球正面的重力异常，而月球背面的重力异常必须通过拟合推估来补充确定。21 世纪是利用卫星跟踪卫星（SST）和卫星重力梯度（SGG）技术提升对“数字月球”认知能力的新纪元。月球重力卫星 GRAIL 的成功发射昭示着人类将迎来一个前所未有的月球卫星重力探测时代。

表 7.1　月球重力场模型研究历程

<table>
<tr><th>模型名称</th><th>研究
机构</th><th>建立时间
/年</th><th>最高
阶数</th><th>数据来源</th></tr>
<tr><td>8×4 模型[1]
（带谐项 8 阶×田谐项 4 阶）</td><td rowspan="2">美国
JPL[a]</td><td>1968</td><td>8</td><td rowspan="3">Lunar Orbiter 1 ~ 5</td></tr>
<tr><td>15×8 模型[2]
（带谐项 15 阶×田谐项 8 阶）</td><td>1971</td><td>15</td></tr>
<tr><td>13×13 模型[3]</td><td>美国
LRC[b]</td><td>1972</td><td>13</td></tr>
<tr><td>5×5 模型[4]</td><td>美国
JPL</td><td>1972</td><td>5</td><td>Lunar Orbiter 4
Lunar Laser Ranging</td></tr>
<tr><td>7×7 模型[5]</td><td>苏联
SAS[c]</td><td>1977</td><td>7</td><td>Luna－10、12、14、15、22</td></tr>
</table>

续表

模型名称	研究机构	建立时间/年	最高阶数	数据来源
16×16 模型－1[6]	美国 JPL	1977	16	Apollo 15、16 Lunar Orbiter 5
16×16 模型－2[7]		1980		Lunar Orbiter 1～5 Apollo 14～17
16×16 模型－3[8]		1986		
Lun60d[9]		1993	60	
Lun75a[10]		1994	75	
GLGM－1[11]	美国 GSFC(d)	1997	70	Apollo Lunar Orbiter Clementine
GLGM－2[12]				
GLGM－3[13]		2011	150	Lunar Orbiters 1～5（1966—1968），the "Apollo" 15、16 子卫星（1971—1972），"Clementine"（1994）和"Lunar Prospector"（1998—1999）
LP75D/G[14]	美国 JPL	1998	75	Lunar Prospector
LP100K/J[15]			100	
LP165P[16]		2001	165	
LP150Q[16]			150	
LPE200[17]	美国 GSFC(d)	2011	200	
SGM90d[18]	日本 JAXA(e)	2009	90	SELENE
SGM100h[19]		2010	100	
SGM100i[20]		2011	100	
SGM150j[21]		2011	150	
GL0420A[22]	美国 JPL	2013	420	GRAIL
GRGM540A[23]		2013	540	
GRGM660PRIM[23]		2013	660	
GL0660B[24]		2013	660	
GRGM900C[25]		2014	900	
GL0900D[26]		2014	900	

(a) JPL：Jet Propulsion Laboratory，NASA，U. S. A. 。

(b) LRC：Langley Research Center，NASA，U. S. A. 。

(c) SAS：Soviet Academy of Science，Soviet Union。

(d) GSFC：NASA Goddard Space Flight Center，USA。

(e) JAXA：Japan Aerospace eXploration Agency，Japan。

基于由美国宇航局（NASA）和德国航空航天局（DLR）共同研制开发，并于2002年3月17日发射升空的GRACE双星卫星跟踪卫星高低/低低测量模式（SST－HL/LL）的成功经验以及高精度和高空间分辨率地球重力场静态及时变探测，进而促进大地测量学、固体地球物理学、海洋学、水文学、冰川学、地震学、空间科学、国防建设等领域快速发展的优秀表现，如表7.2所示，美国宇航局喷气推进实验室（NASA－JPL）研制的GRAIL（Gravity Recovery And Interior Laboratory）月球重力双星已于2011年9月成功发射升空，绕月周期113 min，卫星寿命约270天。GRAIL设计为极轨（$I=90°$）、近圆（$e<0.001$）和低月球轨道（$h_m=55$ km），采用在同一轨道平面内前后相互跟踪编队飞行模式（$\rho_{12}=175\sim225$ km），并利用共轨双星轨道摄动之差以前所未有的精度和空间分辨率测量月球重力场。GRAIL基于多普勒跟踪联合甚长基线干涉测量（Doppler－VLBI）观测卫星轨道（10～100 m），通过Ka波段（32 GHz）月球重力测距系统（Lunar Gravity Ranging System，LGRS）精密测量星间速度（0.02～0.05 μm/s），利用姿态控制系统（惯性测量装置、太阳传感器和恒星跟踪器）测量卫星体和各载荷的姿态，基于暖气推进器（22个）调控卫星的轨道高度和姿态，通过S波段无线电通信系统和地面测控站保持联系以及将观测数据实时传回地面，利用太阳能极板（2个）为卫星系统和所有载荷提供充足的电源。

GRAIL月球重力探测双星采用卫星跟踪卫星低低模式（SST－LL），优点如下：①由于以差分原理测定低轨月球重力双星之间的相互运动，因此获得的月球重力场精度比传统卫星轨道摄动观测模式至少高一个数量级；②对月球中长波重力场的探测精度较高，技术要求相对较低且容易实现；③可借鉴地球重力双星GRACE整体系统的成功经验。缺点如下：①由于GRAIL采用了差分技术，在差分掉双星间共同误差的同时，也抵消掉了部分月球重力场信号，导致信噪比下降，因此GRAIL对月球重力场长波信号的敏感度较低；②由于GRAIL采用SST－LL跟踪观测模式，因此对定轨精度的要求相对较高以及对月球重力场中高频信号的敏感性较低。

基于GRAIL月球重力双星计划的不足之处，建议下一代月球卫星重力工程可采用卫星重力梯度测量原理。优点如下：①卫星重力梯度仪对月球中高频重力场的探测精度较高，月球重力场测定速度快、代价低和效益高；②由于卫星重力梯度技术主要敏感于月球引力位的 2 阶张量，因此对定轨精度的要求相对较低；③可高精度探测远月面处的月球重力场信号，而且可借鉴地球重力梯度卫星 GOCE 整体系统的成功经验。缺点如下：由于采用了卫星重力梯度技术，因此对月球重力场中长波信号的敏感度相对较低，但可通过 GRAIL 月球重力探测双星计划的高精度月球中长波重力场数据弥补其不足。

如表 7.2 所示，下一代 Moon – Gradiometer 月球重力梯度卫星预期采用近圆（轨道离心率为 0.001）、极地（轨道倾角为 90°）和低轨（20 ~ 30 km）设计，主要用于精密探测月球重力场的中短波信号。Moon – Gradiometer 采用多普勒跟踪、甚长基线干涉测量和卫星重力梯度模式（Doppler – VLBI/SGG）的结合，除基于地面深空探测网 Doppler – VLBI 技术对低轨道的 Moon – Gradiometer 进行精密跟踪定位（定轨精度为 10 ~ 100 m），同时利用定位于卫星质心处的重力梯度仪（测量精度为 10^{-11} ~ $10^{-13}/s^2$）高精度测量卫星轨道高度处月球引力位的 2 阶导数。

表 7.2　GRAIL 和 Moon – Gradiometer 月球重力卫星对比

参数		重力卫星	
		GRAIL	Moon – Gradiometer (Anticipative)
轨道指标	轨道高度/km	任务期：55	20 ~ 30
	星间距离/km	175 ~ 225	—
	轨道倾角/(°)	90	90
	轨道离心率	<0.001	<0.001
	观测时间/天	28	28
	采样间隔/s	5	1
	跟踪模式	卫星跟踪卫星低低 (SST – LL)	卫星重力梯度 (SGG)
	编队模式	双星（串行式）	单星
载荷精度	Ka 波段星间测距仪/($\mu m \cdot s^{-1}$)	0.02 ~ 0.05	—
	卫星重力梯度仪/s^{-2}	—	10^{-11} ~ 10^{-13}
	地面深空探测网（视向测距、多普勒跟踪和甚长基线干涉测量 Doppler – VLBI）	10 ~ 100 m	10 ~ 100 m

不同于前人的研究，本章首次建立了卫星重力梯度张量误差和卫星轨道位置

误差影响月球重力场精度的联合解析误差模型，并开展了下一代 Moon - Gradiometer 卫星重力梯度系统的需求分析研究。本章的研究不仅为下一代月球卫星重力梯度系统的关键载荷精度指标和轨道参数的优化设计提供了理论依据和计算支持，同时对太阳系火星、金星等行星卫星重力测量的发展方向具有一定的借鉴价值。

7.2 卫星重力梯度反演解析误差模型建立

在利用卫星重力梯度观测数据反演月球重力场的众多方法中，按月球引力位系数解算方法的差异可分为空域法、时域法、直接法、解析法等。空域法（Space - wise method）的优点是因格网点数固定从而方程维数一定，且可利用快速傅里叶（FFT）方法进行批量处理，极大地降低了计算量；缺点是在进行格网化处理中做了不同程度的近似，且不能处理色噪声。时域法（Time - wise method）的优点是可直接对卫星观测数据进行处理，不需做任何近似，求解精度较高且能有效处理色噪声；缺点是随着卫星观测数据的增多，观测方程数量剧增，极大地增加了计算量。直接法（Direct method）将卫星精密定轨和月球重力场反演合二为一，基于各种卫星观测值同时求解卫星轨道、地面深空探测网站坐标、月球自转参数、月球重力场模型以及其他动力学和非动力学参数；优点是不依赖于任何先验月球重力场模型，理论框架严密，各种月球重力场参数求解精度较高；缺点是整体解算过程较复杂，需要高性能的并行计算机支持。解析法（Analytical method）通过分析月球引力位系数精度和卫星观测数据误差的关系建立卫星观测方程误差模型，进而估计月球重力场精度；优点是卫星观测方程物理含义明确，易于误差分析，可快速求解高阶月球重力场；缺点是在建立卫星观测方程误差模型时做了不同程度的近似。由于月球卫星重力梯度测量计划整体的复杂性，因此较难建立解析观测方程以描述月球重力场反演的过程。但在下一代卫星重力计划可行性研究的月球重力场需求分析阶段，可通过解析法有效和快速论证卫星观测模式、关键载荷匹配精度指标（重力梯度仪、地面深空探测网、恒星敏感器等）、卫星轨道参数（轨道高度、轨道倾角、轨道离心率等）的合理性和最优设计，分析卫星系统各项误差源对月球重力场反演精度的影响。

7.2.1 单独解析误差模型

1. 重力梯度张量的解析误差模型

2013 年，作者等基于方差－协方差原理和利用卫星重力梯度对角张量建立了新型累积大地水准面解析误差模型，并通过下一代 GOCE Follow－On 卫星重力梯度系统的需求论证检验了其可靠性[1]。基于卫星重力梯度对角张量 $\boldsymbol{V}_{ij}=(V_{xx},V_{yy},V_{zz})$，月球引力位系数解析误差模型表示为

$$\sigma_l(C,S)_{V_{ij}}=\frac{R_m^3}{Gm\sqrt{T/\Delta t}}\sqrt{\frac{\left(\frac{R_m+h_m}{R_m}\right)^{2l+6}}{(l+1)^2(l+2)^2+\frac{2(l+1)^3(l+2)(2l+3)}{9(2l+1)}}\sigma^2(\delta\boldsymbol{V}_{ij})} \tag{7.1}$$

式中，$\delta\boldsymbol{V}_{ij}$ 为卫星重力梯度仪的测量精度；Gm 为万有引力常数 G 和月球质量 m 之积（$4.902\,800\,238\times10^{12}\ \mathrm{m^3/s^2}$）；$l$ 为月球引力位按球函数展开的阶数；L 为球函数的最大阶数；$R_m+h_m=r_m$ 为由卫星质心到月心之间的距离；R_m 为月球平均半径（1.738×10^6 m）；h_m 为卫星的平均轨道高度；T 为卫星观测时间；Δt 为卫星观测点的采样间隔。

基于卫星重力梯度对角张量 $\boldsymbol{V}_{ij}=(V_{xx},V_{yy},V_{zz})$，累积月球水准面解析误差模型表示为

$$\sigma_l(N)_{V_{ij}}=\frac{R_m^4}{Gm\sqrt{T/\Delta t}}\sqrt{\sum_{l=0}^{L}\frac{(2l+1)\left(\frac{R_m+h_m}{R_m}\right)^{2l+6}}{(l+1)^2(l+2)^2+\frac{2(l+1)^3(l+2)(2l+3)}{9(2l+1)}}\sigma^2(\delta\boldsymbol{V}_{ij})} \tag{7.2}$$

式中，L 为球函数的最大阶数。

基于卫星重力梯度对角张量 $\boldsymbol{V}_{ij}=(V_{xx},V_{yy},V_{zz})$，累积月球重力异常解析误差模型表示为

$$\sigma_l(\Delta g)_{V_{ij}}=\frac{R_m}{\sqrt{T/\Delta t}}\sqrt{\sum_{l=0}^{L}\frac{(2l+1)(l-1)^2\left(\frac{R_m+h_m}{R_m}\right)^{2l+6}}{(l+1)^2(l+2)^2+\frac{2(l+1)^3(l+2)(2l+3)}{9(2l+1)}}\sigma^2(\delta\boldsymbol{V}_{ij})} \tag{7.3}$$

2. 卫星轨道位置的解析误差模型

卫星向心加速度 $\ddot{r}_{\mathrm{m}}$ 和卫星轨道位置 r_{m} 之间的关系表示为

$$\ddot{r}_{\mathrm{m}} = \frac{Gm}{r_{\mathrm{m}}^2} \tag{7.4}$$

在式（7.4）两边同除 r_{m} 可得

$$\frac{\ddot{r}_{\mathrm{m}}}{r_{\mathrm{m}}} = \frac{Gm}{r_{\mathrm{m}}^3} \tag{7.5}$$

式中，$\boldsymbol{V}_{ij} = \dfrac{\ddot{r}_{\mathrm{m}}}{r_{\mathrm{m}}}$ 为卫星重力梯度。

基于功率谱原理，并在式（7.5）两边同时微分，可得

$$\sigma^2(\delta \boldsymbol{V}_{ij}) = \left(-\frac{3Gm}{r_{\mathrm{m}}^4}\right)^2 P^2(\delta r_{\mathrm{m}}) \tag{7.6}$$

式中，$P^2(\delta r_{\mathrm{m}}) = \dfrac{\sigma^2(\delta r_{\mathrm{m}})}{L}$ 为卫星轨道位置误差的功率谱；$\sigma^2(\delta r_{\mathrm{m}})$ 为卫星轨道位置的方差；L 为理论上可反演月球重力场的最高阶数（由于月球重力场的部分高频信号湮没于观测误差，因此实测最高阶数将低于理论值）。

基于式（7.6），卫星重力梯度张量误差 $\delta \boldsymbol{V}_{ij}$ 和轨道位置误差 δr_{m} 之间的转换关系表示为

$$\delta \boldsymbol{V}_{ij} = \frac{3Gm}{r_{\mathrm{m}}^4 \sqrt{L}} \delta r_{\mathrm{m}} \tag{7.7}$$

基于式（7.1）和式（7.7），卫星轨道位置误差 δr_{m} 影响月球引力位系数精度的解析误差模型表示为

$$\sigma_l(C,S)_{r_{\mathrm{m}}} = \frac{R_{\mathrm{m}}^3}{Gm\sqrt{T/\Delta t}} \cdot \sqrt{\frac{\left(\dfrac{R_{\mathrm{m}}+h_{\mathrm{m}}}{R_{\mathrm{m}}}\right)^{2l+6}}{(l+1)^2(l+2)^2 + \dfrac{2(l+1)^3(l+2)(2l+3)}{9(2l+1)}} \sigma^2\left[\frac{3Gm}{(R_{\mathrm{m}}+h_{\mathrm{m}})^4\sqrt{L}}\delta r_{\mathrm{m}}\right]} \tag{7.8}$$

基于式（7.2）和式（7.7），卫星轨道位置误差 $\delta \boldsymbol{r}_{\mathrm{m}}$ 影响累积月球水准面误差的解析误差模型表示为

$$\sigma_l(N)_{r_m}=\frac{R_m^4}{Gm\sqrt{T/\Delta t}}\cdot\sqrt{\sum_{l=0}^{L}\frac{(2l+1)\left(\frac{R_m+h_m}{R_m}\right)^{2l+6}}{(l+1)^2(l+2)^2+\frac{2(l+1)^3(l+2)(2l+3)}{9(2l+1)}}\sigma^2\left[\frac{3Gm}{(R_m+h_m)^4\sqrt{L}}\delta\boldsymbol{r}_m\right]} \tag{7.9}$$

基于式（7.3）和式（7.7），卫星轨道位置误差 $\delta\boldsymbol{r}_m$ 影响累积月球重力异常误差的解析误差模型表示为

$$\sigma_l(\Delta g)_{r_m}=\frac{R_m}{\sqrt{T/\Delta t}}\cdot\sqrt{\sum_{l=0}^{L}\frac{(2l+1)(l-1)^2\left(\frac{R_m+h_m}{R_m}\right)^{2l+6}}{(l+1)^2(l+2)^2+\frac{2(l+1)^3(l+2)(2l+3)}{9(2l+1)}}\sigma^2\left[\frac{3Gm}{(R_m+h_m)^4\sqrt{L}}\delta\boldsymbol{r}_m\right]} \tag{7.10}$$

7.2.2 联合解析误差模型

基于式（7.1）和式（7.8），Moon－Gradiometer卫星重力梯度张量误差和卫星轨道位置误差影响月球引力位系数精度的联合解析误差模型表示为

$$\sigma_l(C,S)_{V_{ij},r_m}=\frac{R_m^3}{Gm\sqrt{T/\Delta t}}\cdot\sqrt{\frac{\left(\frac{R_m+h_m}{R_m}\right)^{2l+6}}{(l+1)^2(l+2)^2+\frac{2(l+1)^3(l+2)(2l+3)}{9(2l+1)}}\sigma^2(\delta\eta_m)} \tag{7.11}$$

式中，$\delta\eta_m=\sqrt{\sigma^2(\delta\boldsymbol{V}_{ij})+\sigma^2\left[\frac{3Gm}{(R_m+h_m)^4\sqrt{L}}\delta\boldsymbol{r}_m\right]}$ 为Moon－Gradiometer重力梯度卫星关键载荷的总误差；$\sigma^2(\delta\boldsymbol{V}_{ij})$ 为卫星重力梯度张量方差；$\sigma^2\left(\frac{3Gm}{(R_m+h_m)^4\sqrt{L}}\delta\boldsymbol{r}_m\right)$ 为卫星轨道位置方差。

基于式（7.2）和式（7.9），Moon - Gradiometer 卫星重力梯度张量误差和卫星轨道位置误差影响累积月球水准面误差的联合解析误差模型表示为

$$\sigma_l(N)_{V_{ij},r_\mathrm{m}} = \frac{R_\mathrm{m}^4}{Gm\sqrt{T/\Delta t}} \cdot \sqrt{\sum_{l=0}^{L} \frac{(2l+1)\left(\frac{R_\mathrm{m}+h_\mathrm{m}}{R_\mathrm{m}}\right)^{2l+6}}{(l+1)^2(l+2)^2+\frac{2(l+1)^3(l+2)(2l+3)}{9(2l+1)}}\sigma^2(\delta\eta_\mathrm{m})} \tag{7.12}$$

基于式（7.3）和式（7.10），Moon - Gradiometer 卫星重力梯度张量误差和卫星轨道位置误差影响累积月球重力异常误差的联合解析误差模型表示为

$$\sigma_l(\Delta g)_{V_{ij},r_\mathrm{m}} = \frac{R_\mathrm{m}}{\sqrt{T/\Delta t}} \cdot \sqrt{\sum_{l=0}^{L} \frac{(2l+1)(l-1)^2\left(\frac{R_\mathrm{m}+h_\mathrm{m}}{R_\mathrm{m}}\right)^{2l+6}}{(l+1)^2(l+2)^2+\frac{2(l+1)^3(l+2)(2l+3)}{9(2l+1)}}\sigma^2(\delta\eta_\mathrm{m})} \tag{7.13}$$

7.3 卫星重力梯度反演解析误差模型检验

如图 7.1 所示，十字线表示基于 GRAIL Level - 1 卫星数据（2012 年 3 月 1 日至 2012 年 5 月 29 日和 2012 年 8 月 30 日至 2012 年 12 月 14 日），美国宇航局喷气推进实验室（JPL）公布的 GRAIL 月球重力场模型 GL0900D 的实测精度，在 900 阶处累积月球水准面误差为 7.941×10^{-1} m；实细线、虚粗线和实粗线分别表示单独引入 Moon - Gradiometer 卫星重力梯度仪的重力梯度张量误差（V_{ij}）、地面深空探测网的轨道位置误差（r_m）以及联合误差（$V_{ij}+r_m$）估计累积月球水准面的误差；Moon - Gradiometer 关键载荷精度指标的匹配关系和解析误差模型中的轨道参数如表 7.3 所示，累积月球水准面误差统计结果如表 7.4 所示。研究结果表明以下几点。

（1）据图 7.1 中 4 条曲线对比可知，本章建立的卫星重力梯度张量（式（7.1）至式（7.3））和卫星轨道位置（式（7.8）至式（7.10））的单独解析误

差模型，以及联合解析误差模型（式（7.11）至式（7.13））是可靠的。

（2）据图7.1中实细线和虚粗线在各阶处的符合性，可验证本章在表7.2中提出的Moon－Gradiometer各项关键载荷精度指标是匹配的。

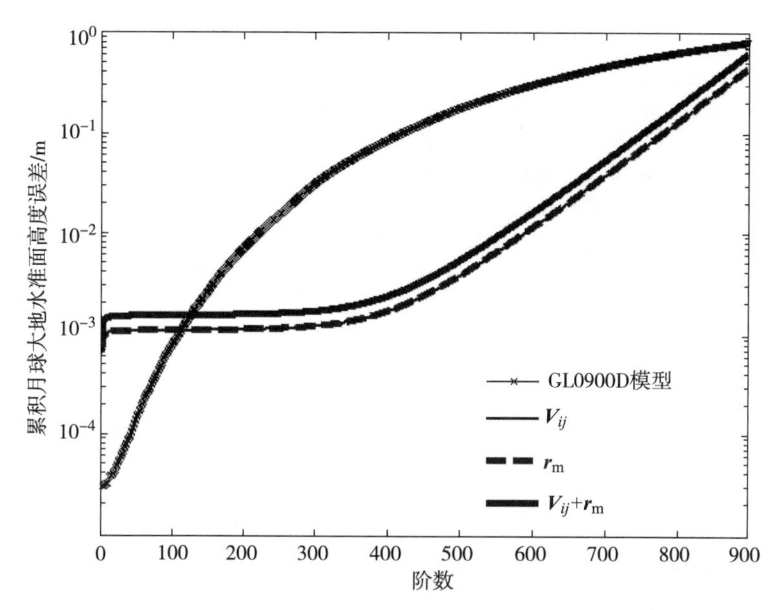

图7.1 基于Moon－Gradiometer单独（重力梯度V_{ij}和轨道位置r_m）和联合解析误差模型估计累积月球水准面误差

表7.3 Moon－Gradiometer月球卫星重力梯度解析误差模型参数

类型	参数	指标
关键载荷	卫星重力梯度精度 δV_{ij}	$3\times10^{-12}/s^2$
	卫星轨道位置精度 δr_m	60 m
轨道参数	平均轨道高度 h_m	25 km
	观测时间 T	28天
	采样间隔 Δt	1 s
	月球平均半径 R_m	1 738 km
	月球引力常数 Gm	$4.902\ 800\ 238\times10^{12}\ m^3/s^2$

表 7.4 基于单独和联合解析误差模型估计累积月球水准面误差统计

误差模型	累积月球水准面误差/m						
	50 阶	150 阶	300 阶	450 阶	600 阶	750 阶	900 阶
GL0900D	1.365×10^{-4}	2.613×10^{-3}	3.159×10^{-2}	1.252×10^{-1}	3.003×10^{-1}	5.387×10^{-1}	7.941×10^{-1}
重力梯度 $\boldsymbol{V}_{ij}$	1.067×10^{-3}	1.087×10^{-3}	1.193×10^{-3}	2.398×10^{-3}	1.136×10^{-2}	6.729×10^{-2}	4.298×10^{-1}
轨道位置 $\boldsymbol{r}_{\mathrm{m}}$	1.083×10^{-3}	1.103×10^{-3}	1.211×10^{-3}	2.434×10^{-3}	1.153×10^{-2}	6.831×10^{-2}	4.363×10^{-1}
联合模型 $\boldsymbol{V}_{ij}+\boldsymbol{r}_{\mathrm{m}}$	1.521×10^{-3}	1.549×10^{-3}	1.700×10^{-3}	3.417×10^{-3}	1.618×10^{-2}	9.589×10^{-2}	6.125×10^{-1}

7.4 Moon－Gradiometer 月球卫星重力梯度系统敏感度分析

7.4.1 关键载荷

1. 卫星重力梯度仪

月球卫星重力梯度仪是一种能直接探测月球空间重力加速度矢量梯度的传感器。由于重力梯度可以较好地反映等位面的曲率和力线的弯曲程度，因此敏感于中短波月球重力场的信号，更能反映月球重力场的精细结构。在月球卫星内的微重力环境中，由于不同位置点加速度的差异较小，因此不同属性的重力梯度仪通常由 1～3 对属性相同的加速度计按不同的排列方式组合而成，精确测定每对加速度计检验质量之间的相对位置变化，通过观测重力加速度差进而得到重力梯度张量，这是卫星重力梯度仪能在微重力环境下直接测量月球重力场参数的主要原因。目前月球卫星重力梯度仪主要包括旋转式重力梯度仪、静电悬浮重力梯度仪（GOCE 卫星）、超导重力梯度仪、冷原子干涉重力梯度仪等。下一代 Moon－Gradiometer 月球卫星重力梯度测量工程的发展方向以采用高精度和成熟的静电悬浮重力梯度仪为主流。由于静电悬浮重力梯度仪具有灵敏度高、结构简单、成本低、抗外界干扰能力强、易于自动化数据采集等优点，同时可借鉴 GOCE 星载重力梯度仪的成功经验，因此下一代 Moon－Gradiometer 月球卫星重力梯度计划搭载静电悬浮重力梯度仪较优。

2. 非保守力补偿系统

在月球卫星重力测量中，主要缺点是随着卫星轨道高度增加，月球重力场信号呈指数衰减 $[R_m/(R_m+h_m)]^{l+1}$，其中 R_m 表示月球平均半径，h_m 表示月球重力卫星轨道高度，l 表示月球引力位按球谐函数展开的阶数。为了克服上述缺点，目前最有效的方法是采用低月球轨道（LMO）重力卫星。然而，随着卫星轨道高度降低，高度和姿态控制推进器将频繁喷气来调整重力卫星。因此，不稳定的卫星平台工作环境将严重影响关键载荷的观测精度。此外，由于月球的热容和热导率较低，月球辐射压力也将逐渐增加。虽然由于月球大气稀薄，对重力卫星的大气阻力会有一定程度减小，但太阳光压和宇宙粒子对重力卫星的负面影响不容忽视。因此，如果非保守力补偿系统能够精确抵消非保守力，月球重力场反演精度可有效提高。

非保守力补偿系统由加速度计、轨道与姿态控制微推进器、实时控制与处理系统组成。基本原理如下：首先，利用加速度计获得作用于重力卫星上的非保守力；其次，将加速度计的非保守力转化为轨道和姿态控制微推进器的预期推进力和力矩；最后，利用轨道和姿态控制微推力器对非保守力进行实时补偿。优点具体如下：首先，为卫星平台提供安静的工作环境，可以进一步提高关键载荷的测量精度；其次，由于卫星轨道高度的逐渐下降，月球重力场信号的衰减被有效抑制。

7.4.2　观测精度

1. 卫星重力梯度精度

图 7.2 表示基于累积月球水准面联合解析误差模型，利用相同的月球卫星重力梯度解析误差模型参数（表 7.2）和不同的卫星重力梯度仪精度指标（10^{-11} ~ $10^{-13}/s^2$）估计下一代 Moon－Gradiometer 月球重力场精度。图中十字线表示美国 JPL 公布的 GRAIL 月球重力场模型 GL0900D 的实测精度；虚细线、实细线和虚粗线分别表示引入 Moon－Gradiometer 卫星重力梯度仪的重力梯度张量误差 $10^{-11}/s^2$、$10^{-12}/s^2$ 和 $10^{-13}/s^2$ 估计累积大地水准面误差，统计结果如表 7.5 所示。研究结果表明以下几点。

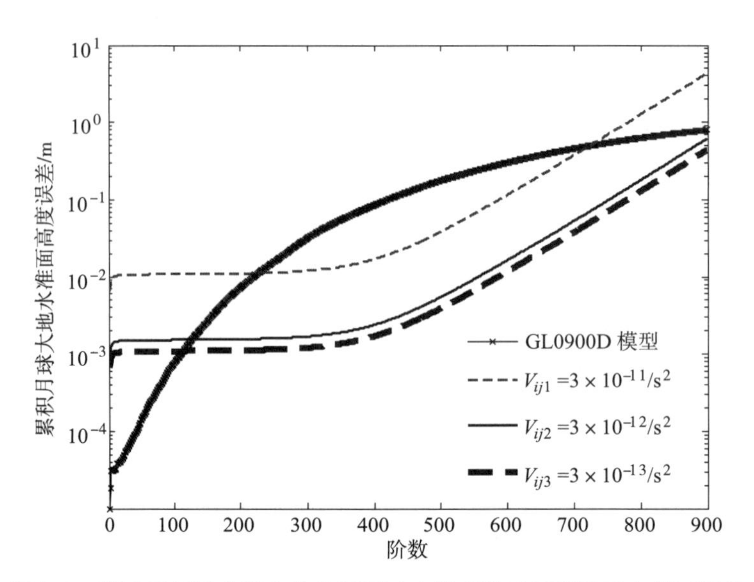

图 7.2　基于卫星重力梯度仪的不同精度指标估计累积月球水准面误差

表 7.5　利用不同卫星重力梯度精度估计月球重力场误差统计

重力梯度精度	累积月球水准面误差/m						
	50 阶	150 阶	300 阶	450 阶	600 阶	750 阶	900 阶
GL0900D	1.365×10^{-4}	2.613×10^{-3}	3.159×10^{-2}	1.252×10^{-1}	3.003×10^{-1}	5.387×10^{-1}	7.941×10^{-1}
$3\times10^{-11}/s^2$	1.073×10^{-2}	1.093×10^{-2}	1.199×10^{-2}	2.411×10^{-2}	1.141×10^{-1}	6.765×10^{-1}	4.321×10^{0}
$3\times10^{-12}/s^2$	1.521×10^{-3}	1.549×10^{-3}	1.700×10^{-3}	3.418×10^{-3}	1.618×10^{-2}	9.589×10^{-2}	6.125×10^{-1}
$3\times10^{-13}/s^2$	1.089×10^{-3}	1.109×10^{-3}	1.216×10^{-3}	2.446×10^{-3}	1.158×10^{-2}	6.863×10^{-2}	4.383×10^{-1}

（1）如果卫星重力梯度仪精度指标设计为 $10^{-11}/s^2$，在月球重力场中长波段（$L<220$）和中短波段（$710<L\leqslant900$），基于当前 GRAIL 卫星估计累积月球水准面误差小于基于下一代 Moon - Gradiometer 卫星估计累积月球水准面误差；在月球重力场中波段（$220\leqslant L\leqslant710$），利用下一代 Moon - Gradiometer 卫星估计累积月球水准面误差小于利用当前 GRAIL 卫星估计累积月球水准面误差。具体原因分析如下。

①由于下一代 Moon－Gradiometer 卫星采用卫星重力梯度测量原理，因此对月球中长波重力场的敏感性较低。当前 GRAIL 卫星采用卫星跟踪卫星低低观测模式，因此对月球中长波重力场的敏感性优于下一代 Moon－Gradiometer 卫星。综上所述，由于卫星重力梯度仪内加速度计间的基线长较短，在差分掉共同误差的同时，月球重力场信号也被大部分差分掉，导致月球中长波重力场反演的信噪比较低，因此下一代 Moon－Gradiometer 计划不利于提高月球中长波重力场精度，但可以通过当前 GRAIL 计划弥补其不足。

②由于月球重力场信号随卫星轨道高度的增加而呈指数急剧衰减 $[R_m/(R_m+h_m)]^{l+1}$，因此采用卫星跟踪卫星模式的当前 GRAIL 计划仅适合于确定月球中长波重力场，而下一代 Moon－Gradiometer 计划直接测定月球引力位的二次微分，其结果将球谐系数放大了 l^2 倍，因此可有效抑制月球引力位随轨道高度的衰减效应，进而高精度感测月球中高频重力场信号。因此，下一代 Moon－Gradiometer 卫星的主要优势为提高月球中波重力场精度。

③在月球重力场中短波段，由于卫星重力梯度仪精度指标 $10^{-11}/s^2$ 设计较低，无法与卫星轨道位置测量精度 60 m 匹配，因此较大程度损失了月球中短波重力场精度，最终导致下一代 Moon－Gradiometer 月球重力场精度低于当前 GRAIL 月球重力场精度。

（2）如果卫星重力梯度仪精度指标设计为 $10^{-12}/s^2$ 和 $10^{-13}/s^2$，在月球重力场中长波段（$L<140$），通过下一代 Moon－Gradiometer 计划估计累计月球水准面精度低于通过当前 GRAIL 计划估计累计月球水准面精度；在月球重力场中短波段（$140\leqslant L\leqslant 900$），基于下一代 Moon－Gradiometer 计划估计累计月球水准面精度高于基于当前 GRAIL 计划估计累计月球水准面精度。研究结果表明以下几点。

①随着卫星重力梯度仪测量精度逐步增加，累计月球水准面精度呈非线性升高趋势。当卫星重力梯度仪精度指标采用 $10^{-11}/s^2$ 时，在 900 阶处估计累积月球水准面误差为 4.321 m，当卫星重力梯度仪精度指标分别采用 $10^{-12}/s^2$ 和 $10^{-13}/s^2$ 时，累计月球水准面精度分别提高了 7.055 倍和 9.859 倍。

②虽然卫星重力梯度仪测量精度由 $10^{-12}/s^2$ 到 $10^{-13}/s^2$ 提高了 10 倍，但在 900 阶处累计月球水准面精度仅提高了 1.396 倍。当卫星重力梯度仪精度指标设

计为 $10^{-13}/s^2$时，由于卫星轨道位置精度 60 m 成为主要误差源，因此卫星重力梯度仪精度已无法体现自身高精度的优势，只有与卫星轨道位置精度相匹配部分才能发挥作用。

另外，卫星重力梯度仪测量精度设计较高将会较大程度增加卫星重力梯度仪研制的技术难度。因此，将下一代 Moon - Gradiometer 卫星重力梯度仪测量精度设计为 $10^{-12}/s^2$较优。

2. 卫星轨道位置精度

如图 7.3 所示，十字线表示美国 JPL 公布的 GRAIL 月球重力场模型 GL0900D 的实测精度；虚粗线、实细线和虚细线分别表示利用累积月球水准面联合解析误差模型，基于相同的月球卫星重力梯度解析误差模型参数（表 7.2）和不同的 Moon - Gradiometer 卫星轨道位置精度 20 m、60 m 和 100 m 估计累积大地水准面误差，统计结果如表 7.6 所示。研究结果表明以下几点。

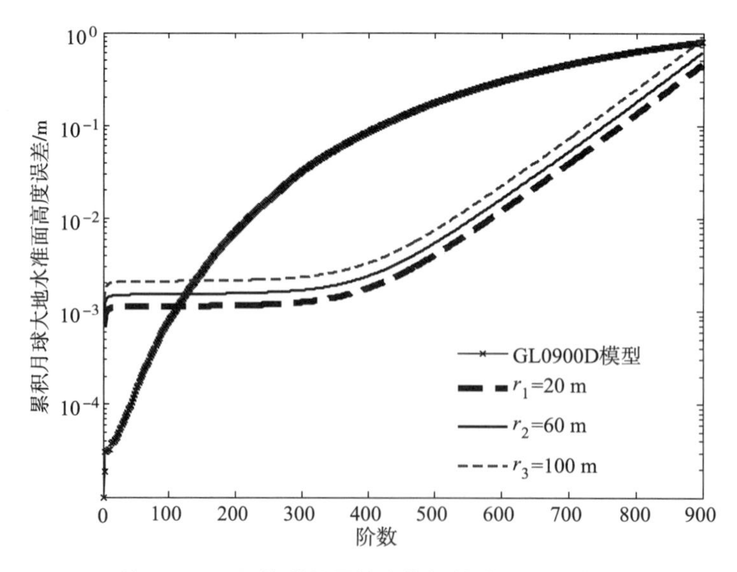

图 7.3 基于不同卫星轨道位置精度指标估计累积月球水准面误差

表 7.6　利用不同卫星轨道位置精度估计月球重力场误差统计

重力梯度精度	累积月球水准面误差/m						
	50 阶	150 阶	300 阶	450 阶	600 阶	750 阶	900 阶
GL0900D	1.365×10^{-4}	2.613×10^{-3}	3.159×10^{-2}	1.252×10^{-1}	3.003×10^{-1}	5.387×10^{-1}	7.941×10^{-1}
20 m	1.126×10^{-3}	1.148×10^{-3}	1.259×10^{-3}	2.532×10^{-3}	1.199×10^{-2}	7.105×10^{-2}	4.538×10^{-1}
60 m	1.521×10^{-3}	1.549×10^{-3}	1.700×10^{-3}	3.418×10^{-3}	1.618×10^{-2}	9.589×10^{-2}	6.125×10^{-1}
100 m	2.098×10^{-3}	2.138×10^{-3}	2.345×10^{-3}	4.713×10^{-3}	2.232×10^{-2}	1.322×10^{-1}	8.446×10^{-1}

（1）在 900 阶处，基于卫星轨道位置精度 20 m 估计累积月球水准面误差为 4.538×10^{-1} m，分别基于卫星轨道位置精度 60 m 和 100 m 估计累积月球水准面误差提高了 1.349 倍和 1.861 倍。因此，随着卫星轨道位置精度逐步降低，月球重力场反演精度呈非线性降低。

（2）由于下一代 Moon - Gradiometer 卫星采用卫星重力梯度测量原理，因此对卫星轨道位置精度的敏感性较低。如果卫星轨道位置精度设计较高（20 m），不仅对地面深空探测网的技术性能要求更严格，而且为了达到关键载荷精度指标相互匹配，需要将其他载荷的精度指标相应提高。如果卫星轨道位置精度设计较低（100 m），低精度的轨道测量将较大程度地限制月球重力场的反演精度。因此，建议将下一代 Moon - Gradiometer 卫星轨道位置精度设计为 60 m 较优。

7.4.3　轨道参数

1. 轨道高度

图 7.4 所示为利用累积月球水准面联合解析误差模型，基于相同的月球卫星重力梯度解析误差模型参数（表 7.2）和不同的卫星轨道高度（20 ~ 30 km）估计下一代 Moon - Gradiometer 月球重力场的精度。图中十字线表示美国 JPL 公布的 GRAIL 月球重力场模型 GL0900D 的实测精度；虚粗线、实细线和虚细线分别表示采用 Moon - Gradiometer 卫星轨道高度 20 km、25 km 和 30 km 估计累积月球水准面误差，统计结果如表 7.7 所示。研究结果表明，下一代重力梯度卫星

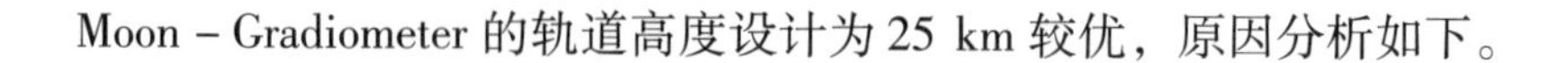

Moon - Gradiometer 的轨道高度设计为 25 km 较优，原因分析如下。

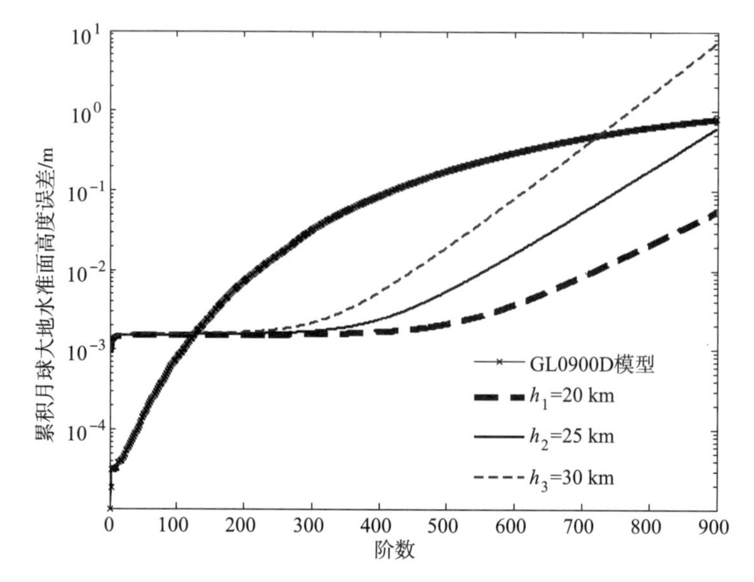

图 7.4 基于不同卫星轨道高度估计累积月球水准面误差

表 7.7 利用不同卫星轨道高度估计月球重力场误差统计

轨道高度	累积月球水准面误差/m						
	50 阶	150 阶	300 阶	450 阶	600 阶	750 阶	900 阶
GL0900D	1.365×10^{-4}	2.613×10^{-3}	3.159×10^{-2}	1.252×10^{-1}	3.003×10^{-1}	5.387×10^{-1}	7.941×10^{-1}
20 km	1.493×10^{-3}	1.511×10^{-3}	1.549×10^{-3}	1.809×10^{-3}	3.701×10^{-3}	1.308×10^{-2}	5.392×10^{-2}
25 km	1.521×10^{-3}	1.549×10^{-3}	1.700×10^{-3}	3.418×10^{-3}	1.618×10^{-2}	9.589×10^{-2}	6.125×10^{-1}
30 km	1.549×10^{-3}	1.599×10^{-3}	2.159×10^{-3}	9.806×10^{-3}	7.916×10^{-2}	7.246×10^{-1}	7.102×10^{0}

（1）据美国 JPL 公布的 GRAIL Level - 1 中卫星轨道位置实测数据可知，GRAIL 卫星的轨道高度主要分布在距月面 55 km 的空间范围。经过约 1 年的月球重力场测量，GRAIL 卫星已高精度和高空间分辨率地感测了中长波月球重力场。由于不同卫星轨道高度敏感于不同波段的月球重力场信号，因此 GRAIL 卫星仅能在特定轨道高度区间发挥其优越性，而在轨道覆盖空间范围之外基本无能为

力。如果下一代 Moon – Gradiometer 重力梯度卫星的轨道高度也同样设计在 55 km 的空间范围，除非反演月球重力场的精度高于 GRAIL 卫星；否则其效果仅相当于 GRAIL 卫星的简单重复测量，对于月球重力场精度的进一步提高没有实质性贡献。因此，下一代 Moon – Gradiometer 重力梯度卫星的轨道高度应尽可能选择在 GRAIL 的测量盲区，进而与 GRAIL 形成互补的态势。

（2）利用重力卫星作为传感器进行月球重力场测量的最大弱点是卫星轨道高度处的月球重力场呈指数衰减。随着重力卫星轨道逐步升高，月球重力场的长波信号衰减幅度较小，中波信号衰减幅度次之，短波信号衰减幅度最大。因此，较高轨道的重力卫星对月球重力场中波和短波信号的敏感性较弱，不利于高阶月球重力场反演。为了克服上述缺点进而反演高精度、高空间分辨率和全波段的月球重力场，目前最有效的办法是适当降低卫星轨道高度。采用极低轨设计虽然理论上可以提高月球重力场反演的精度和空间分辨率，但其负面效应不容忽视。

①随着卫星轨道高度降低，非保守力（如月球辐射压等）将快速增加，为调整卫星轨道高度和姿态需频繁进行轨道机动，不稳定的卫星平台工作环境将影响关键载荷的测量精度。

②由于卫星频繁喷气引起喷气燃料消耗，将导致星体质心和卫星重力梯度仪质心存在实时偏差。

③卫星使用寿命极大地缩减，将影响月球重力场反演的精度和空间分辨率。因此，合理选择月球卫星轨道高度是反演高精度和高空间分辨率月球重力场的重要保证。

（3）下一代 Moon – Gradiometer 月球卫星重力梯度测量计划虽然可采用非保守力补偿系统，但由于具有一定测量精度的非保守力补偿系统不可能将作用于月球重力梯度卫星体的非保守力完全消除，同时轨道和姿态微推进器的频繁喷气将导致卫星携带燃料的大量损耗。因此，适当降低卫星轨道高度有利于提高月球重力场的反演精度，其代价是在一定程度上牺牲卫星的使用寿命。据误差理论可知，如果卫星观测数据增加 n 倍，那么月球重力场的测量精度仅提高约 $\sqrt{n}$ 倍，因此由于适当降低月球重力卫星轨道高度而导致卫星使用寿命缩短不会对月球重力场反演精度产生本质的影响。

2. 观测时间

图 7.5 所示为基于累积月球水准面联合解析误差模型，基于相同的月球卫星重力梯度解析误差模型参数（表 7.3）和不同的卫星观测时间（14～56 天）估计下一代 Moon - Gradiometer 月球重力场的误差。图中十字线表示美国 JPL 公布的 GRAIL 月球重力场模型 GL0900D 的实测精度；虚粗线、实细线和虚细线表示分别采用卫星观测时间 56 天、28 天和 14 天估计累积月球水准面误差，统计结果如表 7.8 所示。研究结果表明：下一代重力梯度卫星 Moon - Gradiometer 的观测时间设计为 28 天较优，原因分析如下。

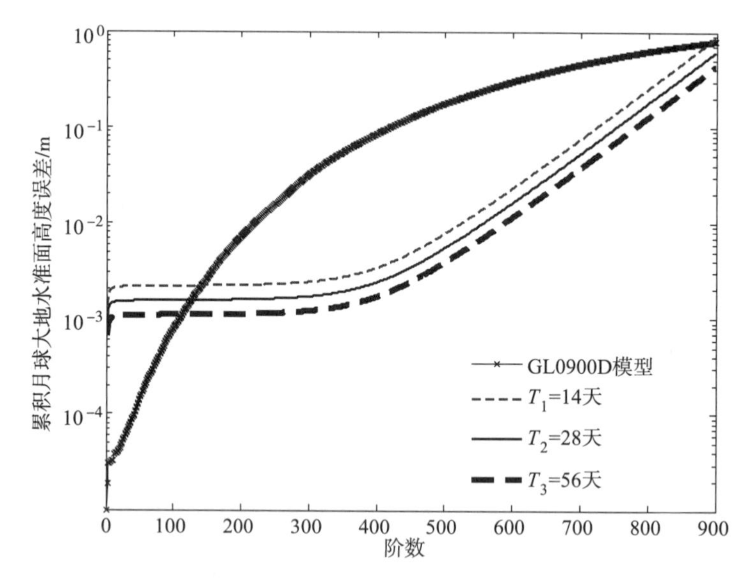

图 7.5 基于不同观测时间估计累积月球水准面误差

表 7.8 利用不同观测时间估计月球重力场误差统计

观测时间	累积月球水准面误差/m						
	50 阶	150 阶	300 阶	450 阶	600 阶	750 阶	900 阶
GL0900D	1.365×10^{-4}	2.613×10^{-3}	3.159×10^{-2}	1.252×10^{-1}	3.003×10^{-1}	5.387×10^{-1}	7.941×10^{-1}
14 天	2.151×10^{-3}	2.191×10^{-3}	2.405×10^{-3}	4.832×10^{-3}	2.288×10^{-2}	1.356×10^{-1}	8.661×10^{-1}
28 天	1.521×10^{-3}	1.549×10^{-3}	1.700×10^{-3}	3.418×10^{-3}	1.618×10^{-2}	9.589×10^{-2}	6.125×10^{-1}
56 天	1.075×10^{-3}	1.096×10^{-3}	1.202×10^{-3}	2.416×10^{-3}	1.145×10^{-2}	6.781×10^{-2}	4.331×10^{-1}

（1）当卫星观测时间设计为 14 天，在 900 阶处累积月球水准面误差为 8.661×10^{-1} m；当卫星观测时间设计为 28 天和 56 天，累计月球水准面精度分别提高 1.414 倍和 2 倍。因此，适当增加卫星观测时间有利于提高月球水准面精度。

（2）随着卫星观测时间的增加，卫星观测数据信号量将相应增加，但同时也增加了卫星观测数据误差量。因此，选择最优的卫星观测数据信噪比是建立下一代高精度和高空间分辨率月球重力场模型的关键因素。

（3）由于月球的自转周期和公转周期均为 28 天，因此将卫星观测时间设计为 28 天有利于近全球覆盖。

3. 采样间隔

图 7.6 所示为基于累积月球水准面联合解析误差模型，基于相同的月球卫星重力梯度解析误差模型参数（表 7.3）和不同的观测数据采样间隔（0.1 ~ 10 s）估计下一代 Moon - Gradiometer 月球重力场的精度。图中十字线表示美国 JPL 公布的 GRAIL 月球重力场模型 GL0900D 的实测精度；虚粗线、实细线和虚细线分别表示采用观测数据采样间隔 0.1 s、1 s 和 10 s 估计累积月球水准面误差，统计结果如表 7.9 所示。研究结果表明，下一代重力梯度卫星 Moon - Gradiometer 的观测数据采样间隔设计为 1 s 较优，原因分析如下。

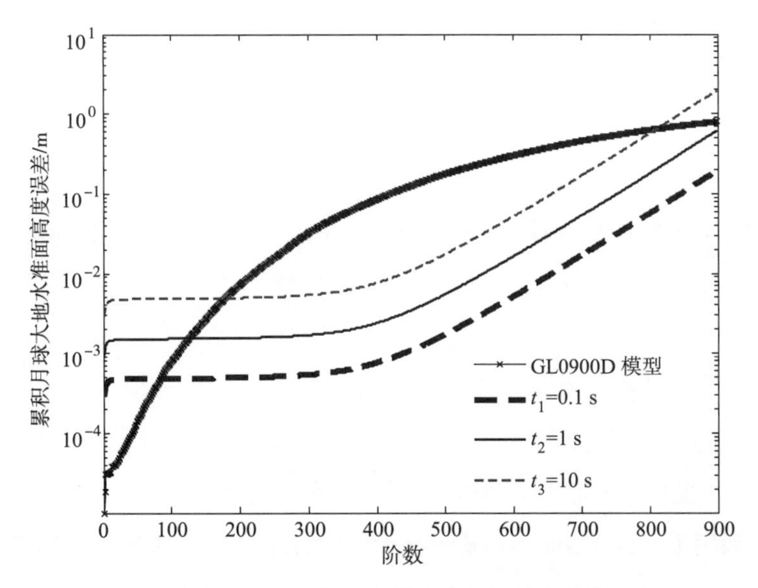

图 7.6　基于不同采样间隔估计累积月球水准面误差

表 7.9 利用不同采样间隔估计月球重力场误差统计

采样间隔	累积月球水准面误差/m						
	50 阶	150 阶	300 阶	450 阶	600 阶	750 阶	900 阶
GL0900D	1.365×10^{-4}	2.613×10^{-3}	3.159×10^{-2}	1.252×10^{-1}	3.003×10^{-1}	5.387×10^{-1}	7.941×10^{-1}
0.1 s	4.809×10^{-4}	4.900×10^{-4}	5.376×10^{-4}	1.081×10^{-3}	5.116×10^{-3}	3.032×10^{-2}	1.936×10^{-1}
1 s	1.521×10^{-3}	1.549×10^{-3}	1.700×10^{-3}	3.418×10^{-3}	1.618×10^{-2}	9.589×10^{-2}	6.125×10^{-1}
10 s	4.809×10^{-3}	4.900×10^{-3}	5.376×10^{-3}	1.081×10^{-2}	5.116×10^{-2}	3.032×10^{-1}	1.936×10^{0}

（1）如果卫星观测数据采样间隔采用 10 s，在月球重力场中长波段（$L\leqslant180$ 阶）和中短波段（$800\leqslant L\leqslant900$ 阶），基于当前 GRAIL 卫星估计累计月球水准面精度高于基于下一代 Moon - Gradiometer 卫星估计累计月球水准面精度；在月球重力场中波段（$180<L<800$ 阶），利用下一代 Moon - Gradiometer 卫星估计累计月球水准面精度优于利用当前 GRAIL 卫星估计累计月球水准面精度。因此，将下一代重力梯度卫星 Moon - Gradiometer 的观测数据采样间隔设计为 10 s 无法实质性提高月球中短波重力场精度。

（2）如果卫星观测数据采样间隔采用 0.1 s，在月球重力场中长波段（$L\leqslant100$ 阶），利用当前 GRAIL 卫星估计累计月球水准面精度高于利用下一代 Moon - Gradiometer 卫星估计累计月球水准面精度；在月球重力场中短波段（$100<L\leqslant900$ 阶），基于下一代 Moon - Gradiometer 卫星估计累计月球水准面精度优于基于当前 GRAIL 卫星估计累计月球水准面精度。随着观测数据采样间隔的逐渐减小，卫星观测数据量逐渐增多，将导致月球重力反演的整体计算量剧增和需要超大型并行计算机支持。

（3）如果卫星观测数据采样间隔采用 1 s，在月球重力场中长波段（$L\leqslant130$ 阶），通过当前 GRAIL 卫星估计累计月球水准面精度高于通过下一代 Moon - Gradiometer 卫星估计累计月球水准面精度；在月球重力场中短波段（$130<L\leqslant900$ 阶），利用下一代 Moon - Gradiometer 卫星估计累计月球水准面精度优于利用当前 GRAIL 卫星估计累计月球水准面精度。将卫星观测数据采样间隔设计为 1 s，

不仅有利于提高月球中短波重力场精度，而且有利于提高卫星重力反演的计算速度和降低对计算机性能的要求。

7.5　本章小结

（1）本章建立了卫星重力梯度张量误差和卫星轨道位置误差影响下一代 Moon－Gradiometer 月球重力场精度的新型单独和联合解析误差模型，并通过重力梯度和轨道位置单独解析误差模型估计累积月球水准面误差的符合性检验了解析误差模型的正确性。

（2）假如卫星重力梯度仪精度指标设计太低（$10^{-11}/s^2$），将不利于月球中短波重力场精度的提高；如果卫星重力梯度仪精度指标设计太高（$10^{-13}/s^2$），将较大程度增加卫星重力梯度仪研制的技术难度。因此，本章建议将下一代 Moon－Gradiometer 卫星重力梯度仪的测量精度设计为 $10^{-12}/s^2$ 较优。

（3）如果卫星轨道位置精度设计较高（20 m），其他载荷的精度指标必须相应提高；如果卫星轨道位置精度设计较低（100 m），必将损失月球重力场的反演精度。因此，本章建议将下一代 Moon－Gradiometer 卫星轨道位置精度设计为 60 m 较优。

（4）GRAIL 卫星仅能在特定轨道高度（55 km）发挥优势，如果下一代 Moon－Gradiometer 卫星的轨道高度也同样设计为 55 km，其效果仅相当于 GRAIL 卫星的简单重复测量。因此，本章建议下一代 Moon－Gradiometer 重力梯度卫星的轨道高度（25 km）尽可能选择在 GRAIL 的测量盲区。

（5）如果卫星观测时间设计太长（56 天），随着卫星观测数据信号量的增加，观测数据误差量也同时增长；如果卫星观测时间设计太短（14 天），由于卫星观测数据缺失将导致月球重力场精度降低。因此，本章建议下一代 Moon－Gradiometer 重力梯度卫星的观测时间设计为 28 天较优。

（6）如果卫星观测数据采样间隔设计太大（10 s），则不利于月球中短波重力场精度的提高；如果卫星观测数据采样间隔设计太小（0.1 s），将导致月球重力反演的整体计算量剧增和需要超大型并行计算机支持。因此，本章下一代重力梯度卫星 Moon－Gradiometer 的观测数据采样间隔设计为 1 s 较优。

参考文献

[1] Lorell J, Sjogren W L. Lunar gravity: preliminary estimates from Lunar Orbiter [J]. Science, 1968, 159 (3815): 625 -627.

[2] Liu A S, Laing P A. Lunar gravity analysis from long term effects [J]. Science, 1971, 173 (4001): 1017 -1020.

[3] Michael W H, Blackshear W T. Recent results on the mass, gravitational field and moments of inertia of the Moon [J]. Moon, 1972, 3 (4): 388 -402.

[4] Ferrari A J. An empirically derived lunar gravity field [J]. Moon, 1972, 5 (3 - 4): 390 -410.

[5] Akim E L, Vlasova Z P. Model of the lunar gravitational field, derived from Luna 10, 12, 14, 15 and 22 tracking data [J]. DAN SSSR, 1977, 235: 38 -41.

[6] Ferrari A J. Lunar gravity: a harmonic analysis [J]. Journal of Geophysical Research, 1977, 82 (20): 3065 -3084.

[7] Bills B G, Ferrari A J. A harmonic analysis of lunar gravity [J]. Journal of Geophysical Research, 1980, 85 (B2): 1013 -1025.

[8] Sagitov M U, Bodri B, Nazarenko V S, et al. Lunar gravimetry [C]. Vol. 35 of International Geophysics Series, Academic Press, New York, 1986.

[9] Konopliv A S, Sjogren W L. A high resolution lunar gravity field and predicted orbit behavior [C]. In AAS/AIAA Astrodynamics Specialist Conference, Victoria, B. C., Canada, August, 1993, 93 -662.

[10] Konopiiv A S. Private Communication [R]. 1994.

[11] Zuber M T, Smith D E, Lemoine F G, et al. The shape and internal structure of the Moon from the Clementine mission [J]. Science, 1994, 266 (5192): 1839 -1843.

[12] Lemoine F G R, Smith D E, Zuber M T, et al. A 70th degree lunar gravity model (GLGM 2) from Clementine and other tracking data [J]. Journal of Geophysical Research, 1997, 102 (E7): 16339 -16359.

[13] Mazarico E，Lemoine F G，Han S C，et al. GLGM－3：A degree－150 lunar gravity model from the historical tracking data of NASA Moon orbiters [J]. Journal of Geophysical Research：Planets，2010，115（E5），E05001.

[14] Konopliv A S，Binder A B，Hood L L，et al. Improved gravity field of the Moon from Lunar Prospector [J]. Science，1998，281（5382）：1476－1480.

[15] Konopliv A S，Yuan D N. Lunar Prospector 100th degree gravity model development [C]. Lunar Planet. Sci. Conf. 30th，Abstract 1067. Lunar and Planetary Institutes，Houston，1999.

[16] Konopliv A S，Asmar S W，Carranza E，et al. Recent gravity models as a result of the Lunar Prospector mission [J]. Icarus，2001，150（1）：1－18.

[17] Han S C，Mazarico E，Rowlands D D，et al. New analysis of Lunar Prospector radio tracking data brings the nearside gravity field of the Moon with an unprecedented resolution [J]. Icarus，2011，215（2）：455－459.

[18] Namiki N，Iwata T，Matsumoto K，et al. Farside gravity field of the Moon from four－way Doppler measurements of SELENE（Kaguya）[J]. Science，2009，323（5916）：900－905.

[19] Matsumoto K，Goossens S，Ishihara Y，et al. An improved lunar gravity field model from SELENE and historical tracking data：revealing the farside gravity features [J]. Journal of Geophysical Research，2010，115（E6）：E06007.

[20] Goossens S J，Matsumoto K，Liu Q，et al. Lunar gravity field determination using SELENE same－beam differential VLBI tracking data [J]. Journal of Geodesy，2011，85（4）：205－228.

[21] Goossens S J，Matsumoto K，Kikuchi F，et al. Improved high－resolution lunar gravity field model from SELENE and historical tracking data [C]. AGU Fall Meeting，Abstract P44B－05，2011.

[22] Zuber M T，Smith D E，Watkins M M，et al. Gravity field of the Moon from the Gravity Recovery And Interior Laboratory（GRAIL）mission [J]. Science，2013，339（6120）：668－671.

[23] Lemoine F G，Goossens S，Sabaka T J，et al. High－degree gravity models

from GRAIL primary mission data [J]. Journal of Geophysical Research: Planets. 2013, 118 (8): 1676 - 1698.

[24] Konopliv A S, Park R S, Yuan D N, et al. The JPL lunar gravity field to spherical harmonic degree 660 from the GRAIL primary mission [J]. Journal of Geophysical Research: Planets, 2013, 118 (7): 1415 - 1434.

[25] Lemoine F G, Goossens S, Sabaka T J, et al. GRGM900C: A degree 900 lunar gravity model from GRAIL primary and extended mission data [J]. Geophysical Research Letters, 2014, 41 (10): 3382 - 3389.

[26] Konopliv A S, Park R S, Yuan D N, et al. High - resolution lunar gravity fields from the GRAIL primary and extended missions [J]. Geophysical Research Letters, 2014, 41 (5): 1452 - 1458.

[27] Zheng W, Xu H Z, Zhong M, et al. Efficient and rapid accuracy estimation of the Earth's gravitational field from next - generation GOCE Follow - On by the analytical method [J]. Chinese Physics B, 2013, 22 (4): 049101 - 1 - 049101 - 8.

第 8 章

基于将来 Moon - ILRS 卫星重力计划提高月球重力场反演精度

本章围绕将来 Moon - ILRS（Interferometric Laser Ranging System）月球卫星重力计划开展了探索性需求论证。①首次建立了激光干涉测距仪的星间速度误差、地面深空探测网的轨道位置误差和无拖曳系统的非保守力误差影响将来 Moon - ILRS 月球重力场精度的单独和联合解析误差模型；②通过星间速度、轨道位置和非保守力的单独解析误差模型估计累积月球水准面误差的符合性检验了单独和联合解析误差模型的正确性；③以当前 GRAIL 月球重力双星计划为参考，开展了将来 Moon - ILRS 月球卫星重力系统的需求分析研究，建议搭载激光干涉测距仪和非保守力补偿系统等关键载荷，提出了关键载荷的匹配精度指标（星间速度为 10^{-9} m/s、轨道位置为 1 m、非保守力为 3×10^{-13} m/s^2）和优化轨道参数（轨道高度为 25 km、星间距离为 100 km 和采样间隔为 1 s）。

8.1 研究概述

月球卫星重力测量是 21 世纪世界各国成功开展月球探测的重要前提和必要基础，是众学科（月球科学、天文学、天体物理学、比较行星学、宇宙学、空间物理学、地球行星学、环境学等）和高科技（航天、通信、材料、能源、电子、遥感、军事等）集成的系统工程，将促进深空测控通信、新型运载火箭和航天工程系统集成等航天技术实现跨越式快速发展，对于迅速提升我国综合实力（政治、经济、科技、文化、军事等）具有重要而深远的意义。迄今为止，国际研究机构已成功发射了 60 多颗月球探测卫星，主要包括：苏联 Luna（1959—1976

年）和 Detector（1965—1970 年），美国 Pioneer（1958—1959 年）、Ranger（1961—1965 年）、Surveyor（1966—1968 年）、Lunar Orbiter（1966—1967 年）、Apollo（1967—1972 年）、Clementine（1994 年 1 月 25 日）、Lunar Prospector（1998 年 1 月 6 日）、Lunar Reconnaissance Orbiter（2009 年 6 月 18 日）和 GRAIL（2011 年 9 月 10 日），日本 Hiten（1990 年 1 月 24 日）和 Selene – 1（2007 年 9 月 14 日），欧洲 Smart – 1（2003 年 9 月 28 日），中国 Chang'E – 1/2/3/5T1（2007 年 10 月 24 日、2010 年 10 月 1 日、2013 年 12 月 2 日、2014 年 10 月 24 日），印度 Chandrayaan – 1（2008 年 10 月 22 日）等[1]。

如表 8.1 所示，美国宇航局喷气推进实验室（NASA – JPL）成功实施了 GRAIL（Gravity Recovery And Interior Laboratory）月球卫星重力双星计划[2-11]。GRAIL – A/B 双星（潮起和潮落）的科学目标是建立高精度和高空间分辨率的月球重力场模型（图 8.1 和表 8.2）。

表 8.1 地球卫星重力测量计划（GRACE 和 GRACE Follow – On）和月球卫星重力测量计划（GRAIL 和将来 Moon – ILRS）对比

项目	参数	地球卫星重力测量计划		月球卫星重力测量计划	
		GRACE	GRACE Follow – On	GRAIL	Moon – ILRS
	研究机构	美国 JPL 和德国 GFZ[a]	美国 JPL	美国 JPL	中国 CAS[b]
	发射时间	2012 年 3 月 17 日至 2017 年 10 月 27 日	2018 年 5 月 22 日至今	2011 年 9 月 10 日至 2012 年 12 月 17 日	2025—2030
卫星轨道	轨道高度/km	300 ~ 500	250	55（主要任务） 23（扩展任务）	25 ± 10
	星间距离/km	220 ± 50	50	175 ~ 225	100 ± 50
	轨道倾角/(°)	89	89	89.9	90
	轨道离心率	<0.001	<0.001	<0.001	<0.001
	观测周期/年	>10	>5	>1	>1
	采样间隔/s	5	1	5	1
	跟踪模式	SST – LL	SST – LL	SST – LL	SST – LL
	编队类型	双星（串行式）	双星（串行式）	双星（镜像式）	双星（共面式）

续表

项目	参数	地球卫星重力测量计划		月球卫星重力测量计划	
		GRACE	GRACE Follow－On	GRAIL	Moon－ILRS
	研究机构	美国 JPL 和德国 GFZ[a]	美国 JPL	美国 JPL	中国 CAS[b]
	发射时间	2012 年 3 月 17 日至 2017 年 10 月 27 日	2018 年 5 月 22 日至今	2011 年 9 月 10 日至 2012 年 12 月 17 日	2025—2030
关键载荷	K 波段测距系统（KBR）/($m\cdot s^{-1}$)	10^{-6}	—	—	—
	Ka 波段月球重力测距系统（LGRS）/($m\cdot s^{-1}$)	—	—	3×10^{-8}[12]	—
	激光干涉测距系统（ILRS）/($m\cdot s^{-1}$)	—	$10^{-7}\sim10^{-9}$	—	$10^{-9}\sim10^{-10}$
	全球卫星定位系统（GPS）/m	3×10^{-2}	$10^{-2}\sim10^{-3}$	—	—
	地面深空跟踪网（DSN）/m	—	—	$10\sim100$[13]	1
	加速度计（ACC）/($m\cdot s^{-2}$)	3×10^{-10}	—	—	—
	无阻尼补偿系统（DFCS）/($m\cdot s^{-2}$)	—	$10^{-11}\sim10^{-13}$	—	$10^{-13}\sim10^{-14}$

[a] GFZ：德国波茨坦地学研究中心。

[b] CAS：中国空间技术研究院。

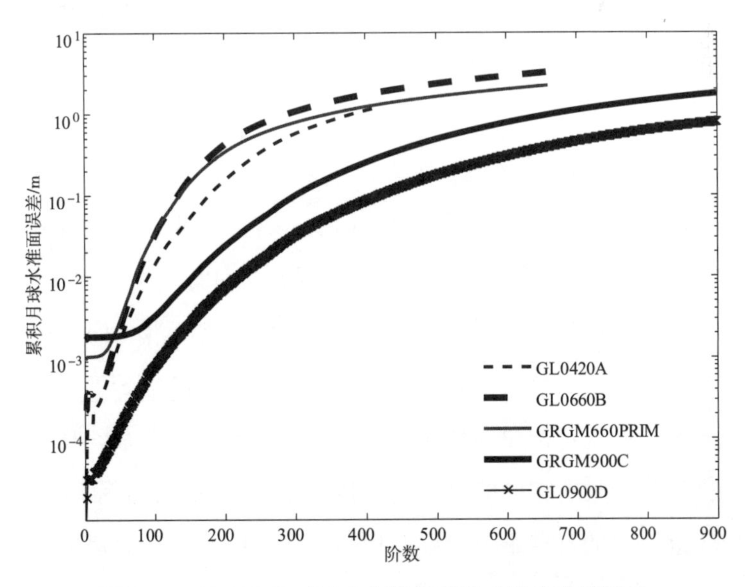

图 8.1　GRAIL 月球重力场模型累积大地水准面误差

表 8.2　GRAIL 月球重力场模型累积大地水准面误差统计结果

重力模型	累积大地水准面误差/m							
	50 阶	200 阶	350 阶	420 阶	550 阶	660 阶	750 阶	900 阶
GL0420A[14]	1.539×10^{-3}	1.518×10^{-1}	8.173×10^{-1}	1.199×10^{0}	—	—	—	—
GL0660B[15]	2.155×10^{-3}	4.179×10^{-1}	1.395×10^{0}	1.846×10^{0}	2.623×10^{0}	3.249×10^{0}	—	—
GRGM660PRIM[16]	2.719×10^{-3}	3.361×10^{-1}	1.002×10^{0}	1.302×10^{0}	1.808×10^{0}	2.211×10^{0}	—	—
GRGM900C[17]	1.886×10^{-3}	2.332×10^{-2}	1.645×10^{-1}	2.913×10^{-1}	6.221×10^{-1}	9.648×10^{-1}	1.266×10^{0}	1.769×10^{0}
GL0900D[18]	1.365×10^{-4}	7.123×10^{-3}	5.443×10^{-2}	9.988×10^{-2}	2.333×10^{-1}	3.902×10^{-1}	5.388×10^{-1}	7.941×10^{-1}

类似于美国宇航局喷气推进实验室（NASA－JPL）成功实施的地球卫星重力计划 GRACE[19－24]和 GRACE Follow－On[25－30]以及月球卫星重力计划 GRAIL，本章提出了更高精度的专用于月球重力场精密探测的将来月球卫星重力测量计划 Moon－ILRS。如表 8.1 所示，Moon－ILRS 双星预期采用近圆、极地和低轨道设计的卫星跟踪卫星低低飞行模式（SST－LL），利用激光干涉测距仪高精度测量星间速度（类似于地球卫星重力计划 GRACE Follow－On），利用地面深空探测网对月球双星精密跟踪定位（类似于月球卫星重力计划 GRAIL），利用无拖曳系统（Drag－free）高精度补偿双星受到的非保守力（太阳辐射压力、月球反照率辐射压力、月球轨道和姿态控制力及相对论效应等）。星载激光干涉测距仪是精确测量月球重力场的关键载荷之一。测量原理如下：首先，两个不同频率的激光信号在 ILRS－A/B 月球重力双星间相互传输；其次，将月球重力双星 ILRS－A/B 接收到的激光信号和本地超稳定振荡器产生的参考信号进行混合处理；最后，相位信号被送回地球跟踪站。星载激光干涉测距仪的应用不仅是 SST－LL－DSN 跟踪模式的主流方向，而且对构建高精度和高空间分辨率月球重力场模型具有重要意义。此外，由于月球具有相同的自转和公转周期，地面站深空跟踪网无法直接和连续跟踪位于远月面的月球重力双星 ILRS－A/B。因此，地面站深空跟踪网不能直接提供位于月球远月面的 ILRS－A/B 月球重力双星轨道位置。ILRS－A/B 月

球重力双星轨道位置误差由关键载荷（星载激光干涉测距仪的星间速度、地面深空探测网的轨道位置、非保守力补偿系统的非保守力等）匹配精度指标决定。

未来月球卫星重力计划 ILRS－A/B 的科学目标：下一代 ILRS－A/B 月球卫星重力场模型精度相对于现有月球重力场模型至少提高 10 倍，并可更好地了解月球从外壳到核心的精细结构。类似于地球重力场模型精度评价标准，月球大地水准面累积误差也是评价月球重力场模型质量的重要指标。将来 Moon－ILRS 月球重力场精度较当前 GRAIL 至少高一个数量级的原因如下：①Moon－ILRS 计划提高了关键载荷（激光干涉测距仪的星间速度、地面深空探测网的轨道位置以及非保守力补偿系统的非保守力）的测量精度；②降低了 Moon－ILRS 卫星的轨道高度，从而有效抑制了月球重力场随卫星轨道高度增加的衰减效应；③利用非保守力补偿系统高精度消除了双星受到的非保守力。

月球卫星重力反演定义如下：基于最小二乘法，通过精确求解月球引力位系数与月球重力卫星观测数据（星载激光干涉测距仪的星间速度、地面深空探测网的轨道位置、非保守力补偿系统的非保守力等）之间的转换关系建立的月球卫星观测方程获得月球引力位系数。根据建立和求解月球卫星观测方程的原理不同，月球重力场反演方法主要包括数值法和解析法。

（1）数值法。根据月球引力位系数与月球卫星跟踪数据之间的关系建立月球卫星观测方程，并利用最小二乘法精确求解月球引力位系数。数值法的缺点是计算量较大，需高性能计算机支持。

（2）解析法。基于由月球卫星观测误差影响的解析误差模型快速和有效地估计月球大地水准面累积误差；解析法的优点是卫星观测方程简单、计算速度快、易于敏感度分析研究。

通常在月球重力卫星成功发射之后，基于数值法可反演高精度和高空间分辨率的月球重力场模型。然而，对于未来月球卫星重力计划，解析法可直接应用于卫星跟踪模式优化选取（SST－DSN 和 SGG－DSN[31-32]）、关键载荷误差分析（星载激光干涉测距仪的星间速度、地面深空探测网的轨道位置、非保守力补偿系统的非保守力等）、轨道参数优化设计（轨道高度、星间距离、轨道倾角、轨道偏心率等）以及其他参数（观测周期和采样间隔）等敏感度分析。

不同于已有的研究成果，本章首次建立了激光干涉测距仪的星间速度误差、地面深空探测网的轨道位置误差和非保守力补偿系统的非保守力误差影响月球重力场精度的单独和联合解析误差模型，并围绕将来 Moon - ILRS 月球卫星重力计划开展了需求论证研究。本章的探索性研究不仅为将来卫星跟踪卫星原理的月球重力卫星系统的轨道参数和关键载荷匹配精度指标的优化设计提供理论基础和计算依据，同时对太阳系火星[33]、金星[34]等行星卫星重力计划的成功实施具有一定的参考价值。

8.2 SST - LL - DSN 解析误差模型建立

单独解析误差模型（激光干涉测距仪的星间速度、地面深空探测网的轨道位置和非保守力补偿系统的非保守力）建立的核心目标是获得将来 Moon - ILRS 月球重力双星关键载荷精度指标的匹配关系。另外，联合解析误差模型主要用于估计将来 Moon - ILRS 月球重力场精度。

8.2.1 单独解析误差模型

1. 星间速度误差模型

月球扰动位按球函数展开表示为[35]

$$T_{\mathrm{m}}(r_{\mathrm{m}},\phi_{\mathrm{m}},\lambda_{\mathrm{m}}) = \frac{Gm}{\boldsymbol{r}_{\mathrm{m}}}\sum_{l=2}^{L}\sum_{m=0}^{l}\left[\left(\frac{R_{\mathrm{m}}}{r_{\mathrm{m}}}\right)^{l}(\bar{C}_{lm}\cos m\lambda_{\mathrm{m}} + \bar{S}_{lm}\sin m\lambda_{\mathrm{m}})\bar{P}_{lm}(\sin\phi_{\mathrm{m}})\right] \tag{8.1}$$

式中，Gm 为万有引力常数 G 和月球质量 m 之积（$4.902\ 800\ 238\times10^{12}\ \mathrm{m^3/s^2}$）；$\boldsymbol{r}_{\mathrm{m}} = R_{\mathrm{m}} + h_{\mathrm{m}}$ 为由卫星质心到月心之间的距离；R_{m} 为月球平均半径（1.738×10^{6} m）；h_{m} 为卫星的平均轨道高度；ϕ_{m} 为月心纬度；λ_{m} 为月心经度；$\bar{P}_{lm}(\sin\phi_{\mathrm{m}})$ 为规格化的 Legendre 函数；l 为阶数；m 为次数；$\bar{C}_{lm}$、$\bar{S}_{lm}$ 为待求的规格化月球引力位系数。

月球扰动位的功率谱 $T_{\mathrm{m}}(\boldsymbol{r}_{\mathrm{m}},\phi_{\mathrm{m}},\lambda_{\mathrm{m}})$ 表示为

$$P_l^2(T_{\mathrm{m}}) = \sum_{m=0}^{l}\frac{1}{4\pi}\iint[T_{\mathrm{m}}(\boldsymbol{r}_{\mathrm{m}},\phi_{\mathrm{m}},\lambda_{\mathrm{m}})]^2\cos\phi_{\mathrm{m}}\mathrm{d}\phi_{\mathrm{m}}\mathrm{d}\lambda_{\mathrm{m}} \tag{8.2}$$

基于球谐函数的正交性和帕塞瓦尔定理，式（8.2）可化简为

$$P_l^2(T_m) = \left(\frac{Gm}{R_m}\right)^2 \left(\frac{R_m}{r_m}\right)^{2l+2} \sum_{m=0}^{l} (\bar{C}_{lm}^2 + \bar{S}_{lm}^2) \tag{8.3}$$

月球水准面功率谱为

$$P_l^2(N_m) = R_m^2 \sum_{m=0}^{l} (\bar{C}_{lm}^2 + \bar{S}_{lm}^2) \tag{8.4}$$

依式（8.3）和式（8.4）可得 $P_l^2(N_m)$ 和 $P_l^2(T_m)$ 的转换关系为

$$P_l^2(N_m) = R_m^2 \left(\frac{R_m}{Gm}\right)^2 \left(\frac{r_m}{R_m}\right)^{2l+2} P_l^2(T_m) \tag{8.5}$$

在球坐标系中，T_m 对 ϕ_m 和 λ_m 的偏导数为

$$\begin{cases} \dfrac{\partial T_m}{\partial \phi_m} = \dfrac{Gm}{r_m} \displaystyle\sum_{l=2}^{L} \sum_{m=0}^{l} \left(\frac{R_m}{r_m}\right)^l (\bar{C}_{lm}\cos m\lambda_m + \bar{S}_{lm}\sin m\lambda_m)[\bar{P}_{l,m+1}(\sin\phi_m) - \\ \quad m\tan\phi_m \bar{P}_{lm}(\sin\phi_m)] \\ \dfrac{\partial T_m}{\partial \lambda_m} = \dfrac{Gm}{r_m} \displaystyle\sum_{l=2}^{L} \sum_{m=0}^{l} \left(\frac{R_m}{r_m}\right)^l (-m\bar{C}_{lm}\sin m\lambda_m + m\bar{S}_{lm}\cos m\lambda_m)\bar{P}_{lm}(\sin\phi_m) \end{cases} \tag{8.6}$$

$P_l^2(\partial T_m/\partial \lambda_m)$ 和 $P_l^2(T_m)$ 的转换关系表示为

$$P_l^2(\partial T_m/\partial \lambda_m) = \left(\frac{Gm}{R_m}\right)^2 \left(\frac{R_m}{r_m}\right)^{2l+2} \sum_{m=0}^{l} m^2 (\bar{C}_{lm}^2 + \bar{S}_{lm}^2) \approx \frac{l^2}{2} P_l^2(T_m), \tag{8.7}$$

由于球对称性，$\partial T_m/\partial \varphi_m$ 和 $\partial T_m/\partial \lambda_m$ 具有相同的功率谱[36]，即

$$P_l^2\left(\frac{\partial T_m}{\partial \varphi_m}\right) = P_l^2\left(\frac{\partial T_m}{\partial \lambda_m}\right) = \frac{l^2}{2} P_l^2(T_m) \tag{8.8}$$

依能量守恒定律，单星观测方程可表示为

$$\frac{1}{2}\dot{\boldsymbol{r}}_m^2 = V_0 + T_m + C \tag{8.9}$$

式中，$\dot{\boldsymbol{r}}_m$ 为单星的速度；V_0 为中心引力位；C 为能量常数。

如图 8.2 所示，$O_m - X_m Y_m Z_m$ 表示月心惯性系（MCI），Moon－ILRS 双星差分能量观测方程可表示为

$$\frac{1}{2}(\dot{r}_{m2} + \dot{r}_{m1})\dot{\rho}_{m12} = T_{m2} - T_{m1} \tag{8.10}$$

式中，$\frac{1}{2}(\dot{\boldsymbol{r}}_{m2} + \dot{\boldsymbol{r}}_{m1}) = \sqrt{Gm/\boldsymbol{r}_m}$ 为沿星星连线方向的平均速度；$\dot{\boldsymbol{r}}_{m1}$ 和 $\dot{\boldsymbol{r}}_{m2}$ 分别为双

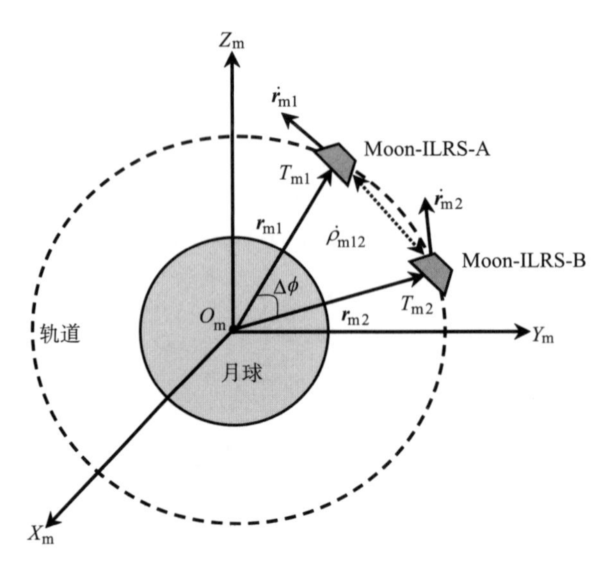

图 8.2　Moon－ILRS－A/B 双星测量月球重力场原理图

星各自的绝对速度；$\dot{\rho}_{m12}=\dot{\boldsymbol{r}}_{m12}\cdot\boldsymbol{e}_{m12}$ 为激光干涉测距仪的星间速度；$\dot{\boldsymbol{r}}_{m12}=\dot{\boldsymbol{r}}_{m2}-\dot{\boldsymbol{r}}_{m1}$ 为双星的相对速度矢量；$\boldsymbol{e}_{m12}=\boldsymbol{r}_{m12}/|\boldsymbol{r}_{m12}|$ 为由第一颗卫星指向第二颗卫星的单位方向矢量；$T_{m2}-T_{m1}=\dfrac{\partial T_m}{\partial\phi_m}\Delta\phi_m$ 为双星扰动位差分；$\Delta\phi_m=\dfrac{\rho_{m12}}{r_m}$ 为地心角；ρ_{m12} 为双星间距离。$\dot{\rho}_{m12}$ 的功率谱表示为

$$P_l^2(\dot{\rho}_{m12})=\frac{r_m}{GM}P_l^2\left(\frac{\partial T_m}{\partial\phi_m}\right)(\Delta\phi_m)^2 \tag{8.11}$$

联合式（8.5）、式（8.8）和式（8.11）可得 Moon－ILRS 卫星激光干涉测距仪的星间速度误差谱 $P_l^2(\delta\dot{\rho}_{m12})$ 和每阶月球水准面误差谱 $P_l^2(\delta N_m)$ 的转换关系为

$$P_l^2(\delta N_m)=\frac{R_m^3}{Gm}\left(\frac{r_m}{\rho_{m12}}\right)^2\left(\frac{r_m}{R_m}\right)^{2l+1}\frac{2}{l^2}P_l^2(\delta\dot{\rho}_{m12}) \tag{8.12}$$

式中，$P_l^2(\delta N_m)=\dfrac{\sigma^2(\delta N_m)}{L_{max}}$；$\sigma^2(\delta N_m)$ 为月球水准面的方差；$P_l^2(\delta\dot{\rho}_{m12})=\dfrac{\sigma^2(\delta\dot{\rho}_{m12})}{L_{max}}$；$\sigma^2(\delta\dot{\rho}_{m12})$ 为星间速度的方差；L_{max} 为 Moon－ILRS 月球重力场理论上可反演的最高阶数（由于月球重力场的部分高频信号湮没于观测误差，因此实测最高阶数将低于理论值），有

$$L_{\max} = \frac{\pi r_{\mathrm{m}}}{D_{\mathrm{m}}} \tag{8.13}$$

式中，$D_{\mathrm{m}} = \dot{r}_0 \Delta t$ 为半波长空间分辨率；$\dot{r}_0 = \sqrt{Gm/r_{\mathrm{m}}}$ 为卫星平均速度；Δt 为卫星观测值的采样间隔。

如果 N_0 个月球卫星观测值的误差是完全随机的，大量观测数据的平均可有效降低观测噪声，从而使累积月球水准面误差 $\delta N_{\dot{\rho}_{\mathrm{m12}}}$ 正比于 $\sqrt{1/N_0}$，且有

$$N_0 = \frac{T_0}{\Delta t} \tag{8.14}$$

式中，T_0 为卫星观测总时间。

基于式（8.12）、式（8.13）和式（8.14），星间速度误差 $\delta\dot{\rho}_{\mathrm{m12}}$ 影响累积月球水准面误差 $\delta N_{\dot{\rho}_{\mathrm{m12}}}$ 的解析误差模型表示为

$$\delta N_{\dot{\rho}_{\mathrm{m12}}} = \sqrt{\frac{R_{\mathrm{m}}^3}{Gm}\left(\frac{r_{\mathrm{m}}}{\rho_{\mathrm{m12}}}\right)^2 \sum_{l=2}^{L}\left(\frac{r_{\mathrm{m}}}{R_{\mathrm{m}}}\right)^{2l+1} \frac{2(2l+1)}{l^2 (T_0/\Delta t)\left[\pi r_{\mathrm{m}}/(\Delta t \sqrt{Gm/r_{\mathrm{m}}})\right]} \sigma^2(\delta\dot{\rho}_{\mathrm{m12}})} \tag{8.15}$$

式中，$\dfrac{2l+1}{\pi r_{\mathrm{m}}/(\Delta t \sqrt{Gm/r_{\mathrm{m}}})}$ 为由每阶月球水准面误差转化到累积月球水准面误差的频谱因子。

2. 轨道位置误差模型

卫星向心加速度 $\ddot{r}_{\mathrm{m}}$ 和线速度 $\dot{r}_{\mathrm{m}}$ 之间的关系为

$$\ddot{r}_{\mathrm{m}} = \frac{\dot{r}_{\mathrm{m}}^2}{r_{\mathrm{m}}} \tag{8.16}$$

式中，$\ddot{r}_{\mathrm{m}} = \ddot{r}_{\rho_{\mathrm{m12}}}/\sin(\Delta\phi_{\mathrm{m}}/2)$；$\ddot{r}_{\rho_{\mathrm{m12}}}$ 为 $\ddot{r}_{\mathrm{m}}$ 在星星连线方向的投影。式（8.16）可变形为

$$\ddot{r}_{\rho_{\mathrm{m12}}} = \frac{\sin\left(\dfrac{\Delta\phi_{\mathrm{m}}}{2}\right)}{r_{\mathrm{m}}} \dot{r}_{\mathrm{m}}^2 \tag{8.17}$$

由于 $\dot{r}_{\mathrm{m}} = \sqrt{Gm/r_{\mathrm{m}}}$，因此式（8.17）可变形为

$$\ddot{r}_{\rho_{\mathrm{m12}}} = \frac{Gm\sin\left(\dfrac{\Delta\phi_{\mathrm{m}}}{2}\right)}{r_{\mathrm{m}}^2} \tag{8.18}$$

在式（8.18）两边同时微分，可得

$$\mathrm{d}\ddot{r}_{\rho_{m12}} = \frac{-2Gm\sin\left(\frac{\Delta\phi_m}{2}\right)}{r_m^3}\mathrm{d}r_m \tag{8.19}$$

在式（8.19）两边同乘时间 Δt，可得

$$\mathrm{d}\dot{r}_{\rho_{m12}} = \frac{-2Gm\Delta t\sin\left(\frac{\Delta\phi_m}{2}\right)}{r_m^3}\mathrm{d}r_m \tag{8.20}$$

基于式（8.20），星间速度误差 $\delta\dot{\rho}_{m12}$ 和轨道位置误差谱 $P_l^2(\delta r_m)$ 之间的关系为

$$\delta\dot{\rho}_{m12} = \frac{-2Gm\Delta t\sin\left(\frac{\Delta\phi_m}{2}\right)}{r_m^3\sqrt{L_{\max}}}\delta r_m \tag{8.21}$$

式中，$P_l^2(\delta r_m) = \frac{\sigma^2(\delta r_m)}{L_{\max}}$；$\sigma^2(\delta r_m)$ 为卫星轨道位置误差方差。

基于式（8.15）和式（8.21），轨道位置误差 δr_m 影响累积月球水准面误差 δN_{r_m} 的解析误差模型表示为

$$\delta N_{r_m} = \sqrt{\frac{R_m^3}{Gm}\left(\frac{r_m}{\rho_{m12}}\right)^2\sum_{l=2}^{L}\left(\frac{r_m}{R_m}\right)^{2l+1}\frac{2(2l+1)}{l^2\left(\frac{T_0}{\Delta t}\right)\left(\frac{\pi r_m}{\Delta t\sqrt{\frac{Gm}{r_m}}}\right)}\sigma^2\left(\frac{2Gm\Delta t\sin\left(\frac{\Delta\phi_m}{2}\right)}{r_m^3\sqrt{\frac{\pi r_m}{\Delta t\sqrt{\frac{Gm}{r_m}}}}}\delta r_m\right)} \tag{8.22}$$

3. 非保守力误差模型

基于式（8.10），星间速度 $\dot{\rho}_{m12}$ 和月球扰动位 T_m 的转化关系为

$$\dot{\rho}_{m12} = \sqrt{\frac{r_m}{Gm}}\frac{\partial T_m}{\partial\phi_m}\Delta\phi_m \tag{8.23}$$

双星合外力差分表示为

$$a_{m12} = \frac{\partial T_m}{r_m\partial\phi_m}\Delta\phi_m \tag{8.24}$$

联合式（8.23）和式（8.24），星间速度 $\dot{\rho}_{m12}$ 和合外力 a_{m12} 转换关系为

$$\dot{\rho}_{m12} = \sqrt{\frac{r_m^3}{Gm}}a_{m12} \tag{8.25}$$

在式（8.25）两边同时微分，可得

$$\mathrm{d}\dot{\rho}_{\mathrm{m12}}=\sqrt{\frac{r_m^3}{Gm}}\mathrm{d}a_{\mathrm{m12}} \tag{8.26}$$

星间速度误差 $\delta\dot{\rho}_{\mathrm{m12}}$ 和双星在轨飞行总误差 δa_{m12} 之间的关系为

$$\delta\dot{\rho}_{\mathrm{m12}}=\sqrt{\frac{r_{\mathrm{m}}^3}{Gm}}\delta a_{\mathrm{m12}} \tag{8.27}$$

式中，$\delta a_{\mathrm{m12}}=\sqrt{\sigma^2(\delta P_{\mathrm{m}})+\sigma^2(\delta Q_{\mathrm{m}})}$ 包括双星关键载荷误差 δP_{m}（星间速度误差 $\delta\dot{\rho}_{\mathrm{m12}}$、轨道位置误差 δr_{m} 和非保守力误差 δf_{m}）和其他误差 δQ_{m}（轨道和姿态控制误差、固体潮模型误差等）。由于 δP_{m} 是 δa_{m12} 的主要误差源，同时本章将 δQ_{m} 按最大误差处理，$\delta Q_{\mathrm{m}}=\delta P_{\mathrm{m}}$，因此 δa_{m12} 和 δP_{m} 的关系可表示为

$$\delta a_{\mathrm{m12}}=\sqrt{2}\delta P_{\mathrm{m}} \tag{8.28}$$

据误差原理可知，双星各项关键载荷误差是相互匹配的（将 $\delta\dot{\rho}_{\mathrm{m12}}$、$\delta r_{\mathrm{m}}$ 和 δf_{m} 统一归算成加速度量纲后，误差值近似相等），因此 δP_{m} 和 δf_{m} 的方差转换关系为

$$\sigma^2(\delta P_{\mathrm{m}})=6\sigma^2(\delta f_{\mathrm{m}}) \tag{8.29}$$

通过将式（8.29）代入式（8.28），δa_{m12} 和 δf_{m} 的转换关系可表示为

$$\delta a_{\mathrm{m12}}=\sqrt{12}\delta f_{\mathrm{m}} \tag{8.30}$$

联合式（8.27）和式（8.30），星间速度误差 $\delta\dot{\rho}_{\mathrm{m12}}$ 和非保守力误差 δf_{m} 之间的转换关系可表示为

$$\delta\dot{\rho}_{\mathrm{m12}}=\sqrt{\frac{12r_{\mathrm{m}}^3}{Gm}}\delta f_{\mathrm{m}} \tag{8.31}$$

基于式（8.15）和式（8.31），非保守力误差 δf_{m} 影响累积月球水准面误差 $\delta N_{f_{\mathrm{m}}}$ 的解析误差模型可表示为

$$\delta N_{f_{\mathrm{m}}}=\sqrt{\frac{R_{\mathrm{m}}^3}{Gm}\left(\frac{r_{\mathrm{m}}}{\rho_{\mathrm{m12}}}\right)^2\sum_{l=2}^{L}\left(\frac{r_{\mathrm{m}}}{R_{\mathrm{m}}}\right)^{2l+1}\frac{2(2l+1)}{l^2\left(\frac{T_0}{\Delta t}\right)\left(\frac{\pi r_{\mathrm{m}}}{\Delta t\sqrt{\frac{Gm}{r_{\mathrm{m}}}}}\right)}\sigma^2\left(\sqrt{\frac{12r_{\mathrm{m}}^3}{Gm}}\delta f_{\mathrm{m}}\right)} \tag{8.32}$$

8.2.2　联合解析误差模型

基于式（8.15）、式（8.22）和式（8.32），Moon－ILRS－A/B 双星激光

干涉测距仪的星间速度误差、地面深空探测网的轨道位置误差以及非保守力补偿系统的非保守力误差影响累积月球水准面误差的新型联合解析误差模型可表示为

$$\delta N_{\mathrm{m}} = \sqrt{\frac{R_{\mathrm{m}}^3}{Gm}\left(\frac{r_{\mathrm{m}}}{\rho_{\mathrm{m12}}}\right)^2 \sum_{l=2}^{L}\left(\frac{r_{\mathrm{m}}}{R_{\mathrm{m}}}\right)^{2l+1} \frac{2(2l+1)}{l^2\left(\frac{T_0}{\Delta t}\right)\left(\frac{\pi r_{\mathrm{m}}}{\Delta t\sqrt{\frac{Gm}{r_{\mathrm{m}}}}}\right)}\sigma^2(\delta\eta_{\mathrm{m}})} \tag{8.33}$$

式中，$\delta\eta_{\mathrm{m}} = \sqrt{\sigma^2(\delta\dot{\rho}_{\mathrm{m12}}) + \sigma^2\left(\frac{2Gm\Delta t\sin(\Delta\phi_{\mathrm{m}}/2)}{r_{\mathrm{m}}^3\sqrt{\pi r_{\mathrm{m}}/(\Delta t\sqrt{Gm/r_{\mathrm{m}}})}}\delta r_{\mathrm{m}}\right) + \sigma^2(\sqrt{12r_{\mathrm{m}}^3/(Gm)}\delta f_{\mathrm{m}})}$ 为 Moon－ILRS－A/B 双星关键载荷的总误差；$\sigma^2(\delta\dot{\rho}_{\mathrm{m12}})$ 为星间速度方差；$\sigma^2\left(\frac{2Gm\Delta t\sin(\Delta\phi_m/2)}{r_{\mathrm{m}}^3\sqrt{\pi r_{\mathrm{m}}/(\Delta t\sqrt{Gm/r_{\mathrm{m}}})}}\delta r_{\mathrm{m}}\right)$ 为轨道位置方差；$\sigma^2(\sqrt{12r_{\mathrm{m}}^3/(Gm)}\delta f_{\mathrm{m}})$ 为非保守力方差。

8.3 Moon－ILRS 解析误差模型验证

如图 8.3 所示，十字线表示基于 GRAIL Level－1 的卫星数据，美国宇航局喷气推进实验室（JPL）公布的 GRAIL 月球重力场模型 GL0900D 的实测精度，在 900 阶处累积月球水准面误差为 7.941×10^{-1} m；实细线、虚粗线、虚细线和实粗线分别表示单独引入 Moon－ILRS 月球卫星激光干涉测距仪的星间速度误差 $\delta\dot{\rho}_{\mathrm{m12}}$、地面深空探测网的轨道位置误差 δr_{m}、非保守力补偿系统的非保守力误差 δf_{m} 以及联合误差（$\delta\dot{\rho}_{\mathrm{m12}}+\delta r_{\mathrm{m}}+\delta f_{\mathrm{m}}$）估计累积月球水准面的误差。Moon－ILRS 关键载荷精度指标的匹配关系和解析误差模型中的轨道参数如表 8.3 所示，累积月球水准面误差统计结果如表 8.4 所示。研究结果表明以下几点。

（1）根据图 8.3 中 5 条曲线对比可知，激光干涉测距仪的星间速度（式（8.15））、地面深空探测网的轨道位置（式（8.22））和非保守力补偿系统的非保守力（式（8.32））的单解析误差模型和联合误差模型（式（8.33））是正确的。

（2）根据图 8.3 中实细线、虚粗线和虚细线在各阶处的符合性，可验证本章

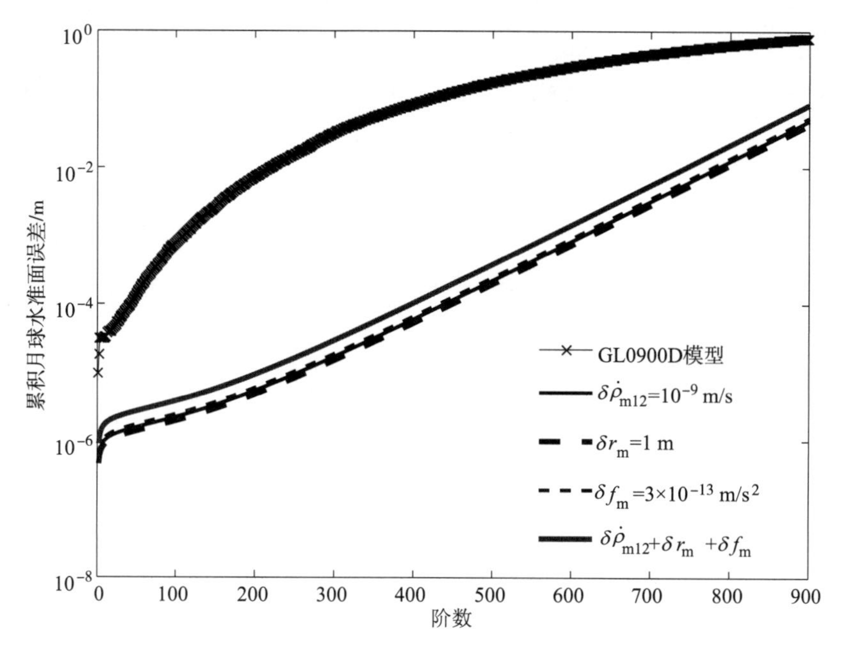

图 8.3　基于 Moon－ILRS 单独（星间速度 $\delta\dot{\rho}_{m12}$、轨道位置 δr_m 和非保守力 δf_m）和联合解析误差模型估计累积月球水准面误差

在表 8.3 中提出的 Moon－ILRS 各项关键载荷精度指标（$\delta\dot{\rho}_{m12}$、δr_m 和 δf_m）是匹配的。

表 8.3　Moon－ILRS 月球卫星重力解析误差模型参数

项目	参数	指标
轨道参数	轨道高度 h_m	25 km
	星间距离 ρ_{m12}	100 km
	采样间隔 Δt	1 s
	月球平均半径 R_m	1 738 km
	月球引力常数 Gm	$4.902\ 800\ 238\times10^{12}$ m^3/s^2
关键载荷	星间速度精度 $\delta\dot{\rho}_{m12}$（激光干涉测距仪）	10^{-9} m/s
	轨道位置精度 δr_m（地面深空探测网）	1 m
	非保守力精度 δf_m（非保守力补偿系统）	3×10^{-13} m/s^2

表 8.4 基于单独和联合解析误差模型估计累积月球水准面误差统计

误差模型		累积月球水准面误差/m						
		50 阶	150 阶	300 阶	450 阶	600 阶	750 阶	900 阶
GL0900D 模型		1.365×10^{-4}	2.613×10^{-3}	3.159×10^{-2}	1.252×10^{-1}	3.003×10^{-1}	5.387×10^{-1}	7.941×10^{-1}
单误差模型	星间速度 $\delta\dot{\rho}_{m12}$	1.565×10^{-6}	3.325×10^{-6}	1.721×10^{-5}	1.159×10^{-4}	8.438×10^{-4}	6.385×10^{-3}	4.942×10^{-2}
	轨道位置 δr_m	1.378×10^{-6}	2.928×10^{-6}	1.516×10^{-5}	1.021×10^{-4}	7.429×10^{-4}	5.621×10^{-3}	4.352×10^{-2}
	非保守力 δf_m	1.719×10^{-6}	3.653×10^{-6}	1.891×10^{-5}	1.273×10^{-4}	7.271×10^{-4}	7.015×10^{-3}	5.431×10^{-2}
联合误差模型 ($\sqrt{(\delta\dot{\rho}_{m12})^2+(\delta r_m)^2+(\delta f_m)^2}$)		2.702×10^{-6}	5.742×10^{-6}	2.972×10^{-5}	2.001×10^{-4}	1.458×10^{-3}	1.103×10^{-2}	8.535×10^{-2}

8.4 未来 Moon－ILRS 月球卫星重力计划需求分析

8.4.1 测量原理

SST－LL－DSN（卫星跟踪卫星低低联合地面深空网）跟踪模式主要包括绕月 Moon－ILRS 双星和地球站深空网。如图 8.4 所示，SST－LL－DSN 跟踪模式的测量原理如下：①通过地球站深空网精确跟踪绕月 Moon－ILRS 双星；②利用星载激光干涉测距仪精确测量星间距离；③基于非保守力补偿系统实施平衡作用于卫星的非保守力；④采用轨道和姿态控制系统探测 Moon－ILRS 双星的三维空间姿态。SST－LL－DSN 跟踪模式的优点如下[37]：①由于采用了微分原理，基于月球卫星重力双星反演月球重力场精度较月球卫星重力单星至少提高 10 倍；②由于基于未来 Moon－ILRS 双星计划反演月球重力场对星载激光干涉测距仪的高精度星间距离更敏感，因此对卫星定轨精度要求相对较低；③2002 年 3 月 17 日，美国发射的 GRACE 地球重力卫星的成功经验可供参考。总之，类似于 GRACE Follow－On 地球卫星重力计划采用 SST－LL－GPS 跟踪模式，建议未来 Moon－ILRS 月球卫星重力计划采用 SST－LL－DSN 跟踪模式较优。

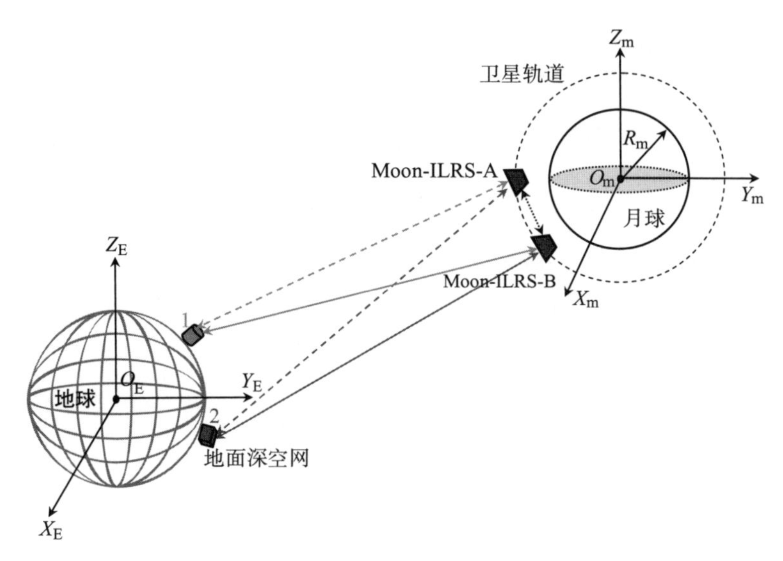

图 8.4　SST－LL－DSN 跟踪模式测量原理

如图 8.5 所示，在月心惯性系 $O_m-X_mY_mZ_m$ 中，圆点 O_m 位于月球质心，X_m 轴指向月球平春分点方向，Z_m 轴指向月球北极方向，Y_m 轴和 X_m 轴、Z_m 轴形成右手螺旋法则关系。在星体坐标系 $O_{S1(2)}-X_{S1(2)}Y_{S1(2)}Z_{S1(2)}$ 中，圆点 $O_{S1(2)}$ 分别位于 Moon－ILRS－A/B 双星质心，X_{S1} 轴和 X_{S2} 轴的正方向反向共线，$Z_{S1(2)}$ 轴垂直于 $X_{S1(2)}$ 轴且 $Z_{S1(2)}$ 轴正方向指向卫星散热器，$Y_{S1(2)}$ 轴和 $X_{S1(2)}$ 轴、$Z_{S1(2)}$ 轴构成右手螺旋关系。

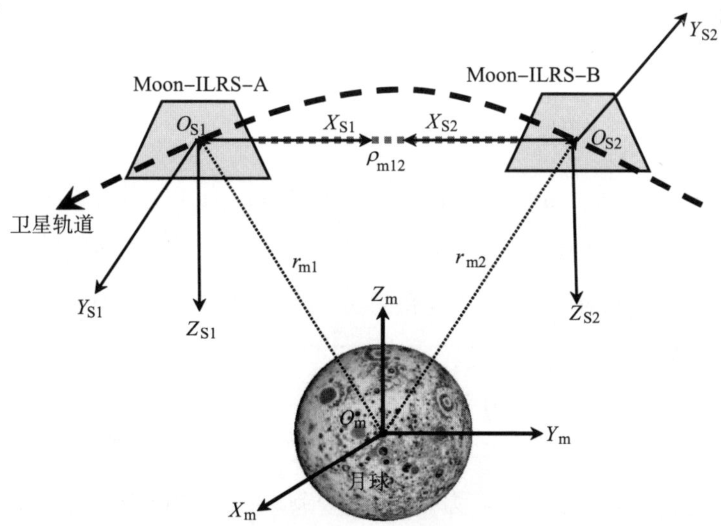

图 8.5　Moon－ILRS－A/B 双星计划测量原理

Moon－ILRS－A 卫星通过激光干涉测距仪向 Moon－ILRS－B 卫星发送激光信号，即

$$L_{\mathrm{A}}(t) = L_{\mathrm{A0}}\cos(\omega_{\mathrm{A}}t + \varphi_{\mathrm{A0}}) \tag{8.34}$$

式中，L_{A0}、$\omega_{\mathrm{A}} = 2\pi f_{\mathrm{A}}$ 和 φ_{A0} 分别为 Moon－ILRS－A 卫星激光干涉测距仪的激光信号的振幅、角频率和初始相位。

Moon－ILRS－B 卫星通过激光干涉测距仪向 Moon－ILRS－A 卫星发送激光信号，即

$$L_{\mathrm{B}}(t) = L_{\mathrm{B0}}\cos(\omega_{\mathrm{B}}t + \varphi_{\mathrm{B0}}) \tag{8.35}$$

式中，L_{B0}、$\omega_{\mathrm{B}} = 2\pi f_{\mathrm{B}}$ 和 φ_{B0} 分别为 Moon－ILRS－B 卫星激光干涉测距仪的激光信号的振幅、角频率和初始相位。

在 t 时刻，Moon－ILRS－A 卫星接收到 Moon－ILRS－B 卫星激光干涉星间测距仪在 Δt 时间前发射的激光信号 $L_{\mathrm{B}}(t-\Delta t)$，并与本地超稳定振荡器（USO）产生的发射信号 $L_{\mathrm{A}}(t)$ 混频处理（信号相乘），得

$$L_{\mathrm{A}}(t)L_{\mathrm{B}}(t-\Delta t) = L_{\mathrm{A0}}L_{\mathrm{B0}}\cos(\omega_{\mathrm{A}}t + \varphi_{\mathrm{A0}})\cos[\omega_{\mathrm{B}}(t-\Delta t) + \varphi_{\mathrm{B0}}] \tag{8.36}$$

通过积化和差，式（8.36）可变形为

$$L_{\mathrm{A}}(t)L_{\mathrm{B}}(t-\Delta t) = \frac{L_{\mathrm{A0}}L_{\mathrm{B0}}}{2}\{\cos[\omega_{\mathrm{A}}t + \varphi_{\mathrm{A0}} + \omega_{\mathrm{B}}(t-\Delta t) + \varphi_{\mathrm{B0}}] + \cos[\omega_{\mathrm{A}}t + \varphi_{\mathrm{A0}} - \omega_{\mathrm{B}}(t-\Delta t) - \varphi_{\mathrm{B0}}]\} \tag{8.37}$$

经低通滤波，式（8.37）可变形为

$$L_{\mathrm{A}}(t)L_{\mathrm{B}}(t-\Delta t) = \frac{L_{\mathrm{A0}}L_{\mathrm{B0}}}{2}\cos[\omega_{\mathrm{A}}t + \varphi_{\mathrm{A0}} - \omega_{\mathrm{B}}(t-\Delta t) - \varphi_{\mathrm{B0}}] \tag{8.38}$$

式中，$\varphi_{\mathrm{A}} = \omega_{\mathrm{A}}t + \varphi_{\mathrm{A0}} - \omega_{\mathrm{B}}(t-\Delta t) - \varphi_{\mathrm{B0}}$ 为 Moon－ILRS－A 卫星得到的相位。

同理，在 t 时刻，Moon－ILRS－B 卫星接收到 Moon－ILRS－A 卫星激光干涉星间测距仪在 Δt 时间前发射的激光信号 $L_{\mathrm{A}}(t-\Delta t)$，与本地 USO 产生的发射信号 $L_{\mathrm{B}}(t)$ 混频处理并经低通滤波，得

$$L_{\mathrm{A}}(t-\Delta t)L_{\mathrm{B}}(t) = \frac{L_{\mathrm{A0}}L_{\mathrm{B0}}}{2}\cos[\omega_{\mathrm{B}}t + \varphi_{\mathrm{B0}} - \omega_{\mathrm{A}}(t-\Delta t) - \varphi_{\mathrm{A0}}] \tag{8.39}$$

式中，$\varphi_{\mathrm{B}} = \omega_{\mathrm{B}}t + \varphi_{\mathrm{B0}} - \omega_{\mathrm{A}}(t-\Delta t) - \varphi_{\mathrm{A0}}$ 为 Moon－ILRS－B 卫星得到的相位。

将 Moon－ILRS－A/B 卫星激光干涉星间测距仪分别得到的相位传回接收站

进行综合处理，得

$$\varphi_{A} + \varphi_{B} = (\omega_{A} + \omega_{B})\Delta t \tag{8.40}$$

由式（8.40）可得 Moon - ILRS - A/B 双星的星间距离 ρ_{m12} 为

$$\rho_{m12} = c\Delta t \tag{8.41}$$

式中，c 为光速；$\Delta t = \dfrac{\varphi_{A} + \varphi_{B}}{\omega_{A} + \omega_{B}}$ 为激光干涉星间测距仪的激光信号在星间传输的时间。

Moon - ILRS - A/B 的星间距离 ρ_{m12} 同样可由位于月心惯性系 $O_{m} - X_{m}Y_{m}Z_{m}$ 中的位置矢量 $\boldsymbol{r}_{m1}$ 和 $\boldsymbol{r}_{m2}$ 表示

$$\rho_{m12} = \boldsymbol{r}_{m12} \cdot \boldsymbol{e}_{12} \tag{8.42}$$

式中，$\boldsymbol{r}_{m12} = \boldsymbol{r}_{m2} - \boldsymbol{r}_{m1}$ 为 Moon - ILRS - A/B 双星位置矢量的差分；$\boldsymbol{e}_{12}$ 为由 Moon - ILRS - A 指向 Moon - ILRS - B 的单位矢量。

在式（8.42）两边同时对时间 t 求导数，得到 Moon - ILRS - A/B 的星间速度，即

$$\dot{\rho}_{m12} = \dot{\boldsymbol{r}}_{m12}\boldsymbol{e}_{m12} + \boldsymbol{r}_{m12}\dot{\boldsymbol{e}}_{m12} \tag{8.43}$$

式中，$\boldsymbol{r}_{m12} = \boldsymbol{r}_{m2} - \boldsymbol{r}_{m1}$ 为 Moon - ILRS - A/B 双星速度矢量的差分；$\dot{\boldsymbol{e}}_{m12}$ 为垂直于 Moon - ILRS - A/B 连线的单位矢量，有

$$\dot{\boldsymbol{e}}_{m12} = \frac{\dot{\boldsymbol{r}}_{m12} - \rho_{m12}\boldsymbol{e}_{m12}}{\rho_{m12}} \tag{8.44}$$

基于 $\boldsymbol{r}_{12} \cdot \dot{\boldsymbol{e}}_{12} = 0$，式（8.43）可简化为

$$\dot{\rho}_{m12} = \dot{\boldsymbol{r}}_{m12} \cdot \boldsymbol{e}_{m12} \tag{8.45}$$

在式（8.45）两边同时对时间 t 求导数，得到 Moon - ILRS - A/B 的星间加速度为

$$\ddot{\rho}_{m12} = \ddot{\boldsymbol{r}}_{m12} \cdot \boldsymbol{e}_{m12} + \dot{\boldsymbol{r}}_{m12} \cdot \dot{\boldsymbol{e}}_{m12} \tag{8.46}$$

式中，$\ddot{\boldsymbol{r}}_{m12} = \ddot{\boldsymbol{r}}_{m2} - \ddot{\boldsymbol{r}}_{m1}$ 为 Moon - ILRS - A/B 双星加速度矢量的差分。

8.4.2　关键载荷误差

1. 星间速度误差

图 8.6 所示为基于累积月球水准面联合解析误差模型（式（8.33）），利用

相同的月球卫星重力解析误差模型参数（表 8.3）和不同的激光干涉测距仪的星间速度精度指标（10^{-8} ~ 10^{-10} m/s）估计将来 900 阶 Moon – ILRS 月球重力场精度（半波长空间分辨率约 6 km）。图中十字线表示美国 JPL 公布的 GRAIL 月球重力场模型 GL0900D 的实测精度；虚粗线、实细线和虚细线分别表示引入 Moon – ILRS 激光干涉测距仪的星间速度误差 10^{-8} m/s、10^{-9} m/s 和 10^{-10} m/s 估计累积月球水准面误差，统计结果如表 8.5 所示。本章建议未来 Moon – ILRS 双星计划激光干涉测距仪星间速度精度设计为 10^{-9} m/s 较优，具体原因分析如下。

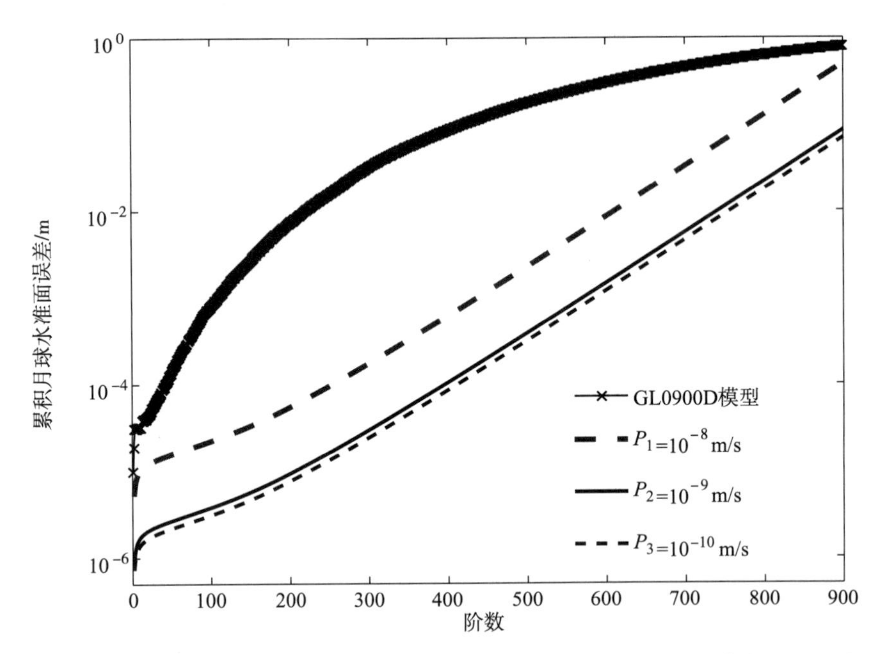

图 8.6 基于激光干涉测距仪的不同星间速度精度指标估计累积月球水准面误差

（1）随着激光干涉测距仪测量精度逐步增加（10^{-8} ~ 10^{-10} m/s），累计月球水准面精度呈非线性升高趋势。在 900 阶处，当激光干涉测距仪的星间速度精度指标采用 10^{-8} m/s 时，反演累积月球水准面误差为 4.991×10^{-1} m，当星间速度精度指标设计为 10^{-9} m/s 和 10^{-10} m/s 时，累计月球水准面精度分别提高了 5.848 倍和 7.155 倍。如果激光干涉测距仪的星间速度精度指标设计较低（10^{-8} m/s），由于其无法与地面深空探测网的卫星轨道位置测量精度 1 m 和 Drag – free 控制系统的非保守力测量精度 3×10^{-13} m/s^2 相匹配，因此较大程度地损失了 Moon – ILRS

月球重力场精度。

（2）如果激光干涉测距仪的星间速度精度指标设计为 10^{-9} m/s 和 10^{-10} m/s，利用将来 Moon - ILRS 计划估计累计月球水准面精度高于利用当前 GRAIL 计划估计累计月球水准面精度。研究结果表明，虽然激光干涉测距仪测量精度由 10^{-9} m/s^2 到 10^{-10} m/s^2 提高到了 10 倍，但在 900 阶处累计月球水准面精度仅提高到了 1.223 倍。当激光干涉测距仪精度指标设计为 10^{-10} m/s^2 时，由于卫星轨道位置精度 1 m 和非保守力精度 3×10^{-13} m/s^2 成为主要误差源，因此激光干涉测距仪精度已无法体现自身高精度的优势，只有与卫星轨道位置精度和非保守力精度相匹配部分才能发挥作用。另外，激光干涉测距仪测量精度设计较高将会较大程度增加激光干涉测距仪研制的技术难度。

表 8.5　利用不同星间速度观测精度估计月球重力场精度统计结果

参数		累积月球水准面误差/m						
		50 阶	150 阶	300 阶	450 阶	600 阶	750 阶	900 阶
GL0900D 模型		1.365×10^{-4}	2.613×10^{-3}	3.159×10^{-2}	1.252×10^{-1}	3.003×10^{-1}	5.387×10^{-1}	7.941×10^{-1}
星间速度误差 /(m · s^{-1})	$P_1=10^{-8}$	1.579×10^{-5}	3.358×10^{-5}	1.738×10^{-4}	1.169×10^{-3}	8.521×10^{-3}	6.448×10^{-2}	4.991×10^{-1}
	$P_2=10^{-9}$	2.702×10^{-6}	5.742×10^{-6}	2.972×10^{-5}	2.001×10^{-4}	1.458×10^{-3}	1.103×10^{-2}	8.535×10^{-2}
	$P_3=10^{-10}$	2.208×10^{-6}	4.693×10^{-6}	2.429×10^{-5}	1.635×10^{-4}	1.191×10^{-3}	9.011×10^{-3}	6.976×10^{-2}

2. 轨道位置误差

如图 8.7 所示，十字线表示美国 JPL 公布的 GRAIL 月球重力场模型 GL0900D 的实测精度；虚粗线、实细线和虚细线分别表示利用累积月球水准面联合解析误差模型（式（8.33）），基于相同的月球卫星重力解析误差模型参数（表8.3）和不同的 Moon - ILRS 卫星轨道位置测量精度 10 m、1 m 和 0.1 m 估计 900 阶累积月球水准面误差，统计结果如表 8.6 所示。研究结果表明以下几点。

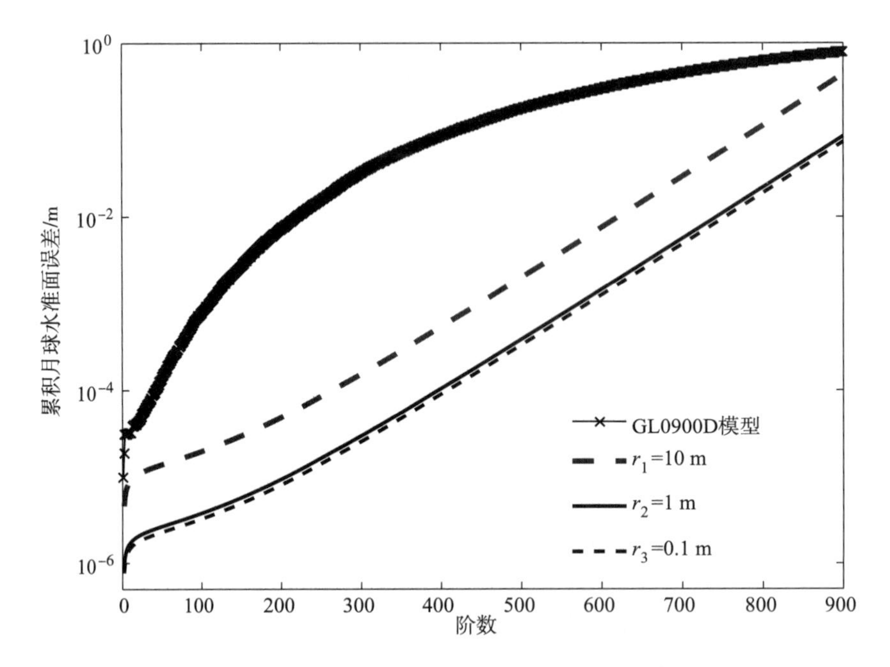

图 8.7　基于不同卫星轨道位置精度指标估计累积月球水准面误差

表 8.6　利用不同卫星轨道位置精度估计月球重力场误差统计结果

参数		累积月球水准面误差/m						
		50 阶	**150 阶**	**300 阶**	**450 阶**	**600 阶**	**750 阶**	**900 阶**
GL0900D 模型		1.365×10^{-4}	2.613×10^{-3}	3.159×10^{-2}	1.252×10^{-1}	3.003×10^{-1}	5.387×10^{-1}	7.941×10^{-1}
轨道位置误差/m	$r_1=10$	1.396×10^{-5}	2.969×10^{-5}	1.536×10^{-4}	1.035×10^{-3}	7.535×10^{-3}	5.701×10^{-2}	4.413×10^{-1}
	$r_2=1$	2.702×10^{-6}	5.742×10^{-6}	2.972×10^{-5}	2.001×10^{-4}	1.458×10^{-3}	1.103×10^{-2}	8.535×10^{-2}
	$r_3=0.1$	2.328×10^{-6}	4.949×10^{-6}	2.562×10^{-5}	1.725×10^{-4}	1.256×10^{-3}	9.501×10^{-3}	7.355×10^{-2}

（1）在 900 阶处，基于卫星轨道位置精度 10 m 估计累积月球水准面误差为 4.413×10^{-1} m，分别基于卫星轨道位置精度 1 m 和 0.1 m 估计累计月球水准面精度提高了 5.170 倍和 6 倍。因此，随着卫星轨道位置精度逐步增加，月球重力场反演精度呈非线性提高。利用地面深空探测网精确跟踪月球 Moon – ILRS – A/B 双星轨道，对于高精度建立月球重力场模型具有重要意义。目前星载激光干涉

测距仪、非保守力补偿系统等关键载荷测量精度可满足精确绘制月球重力场的需求。然而，与其他关键载荷（激光干涉测距仪、非保守力补偿系统等）比较，Moon－ILRS－A/B 月球重力双星的定轨精度（m 级）相对较低。因此，为了建立下一代高精度和高空间分辨率月球重力场模型，进一步提高 Moon－ILRS－A/B 月球重力双星定轨精度迫在眉睫。

（2）由于将来 Moon－ILRS 月球重力场反演精度主要取决于激光干涉测距仪的星间速度观测精度，因此对卫星轨道位置精度的敏感性相对较低。如果卫星轨道位置精度设计较高（0.1 m），不仅对地面深空探测网的技术性能要求更严格，而且为了实现关键载荷精度指标相互匹配，需要将其他载荷的精度指标相应提高。如果卫星轨道位置精度设计较低（10 m），低精度的轨道测量将较大程度地影响月球重力场的反演精度。因此，建议将来 Moon－ILRS 卫星轨道位置精度设计为 1 m 较优。

3. 非保守力误差

如图 8.8 所示，十字线表示美国 JPL 公布的 GRAIL 月球重力场模型 GL0900D 的实测精度；虚粗线、实细线和虚细线分别表示利用累积月球水准面联合解析误

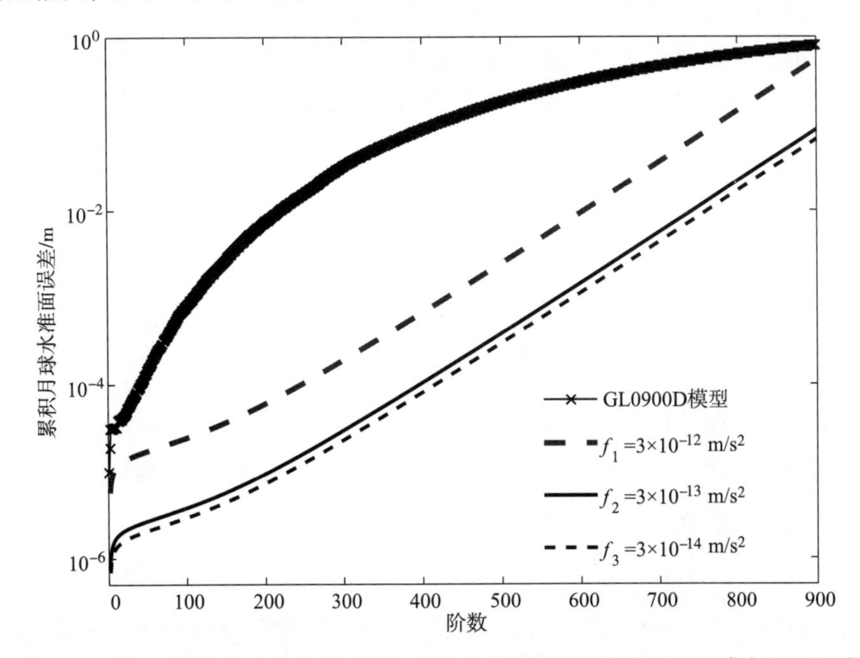

图 8.8　基于不同非保守力补偿系统的非保守力精度指标估计累积月球水准面误差

差模型（式（8.33）），基于相同的月球卫星重力解析误差模型参数（表 8.3）和不同的 Moon - ILRS 卫星非保守力精度 3×10^{-12} m/s²、3×10^{-13} m/s² 和 3×10^{-14} m/s² 估计 900 阶累积月球水准面误差，统计结果如表 8.7 所示。研究结果表明以下几点。

表 8.7 利用不同非保守力精度估计月球重力场误差统计结果

参数		累积月球水准面误差/m						
		50 阶	150 阶	300 阶	450 阶	600 阶	750 阶	900 阶
GL0900D 模型		1.365×10^{-4}	2.613×10^{-3}	3.159×10^{-2}	1.252×10^{-1}	3.003×10^{-1}	5.387×10^{-1}	7.941×10^{-1}
非保守力误差 /(m·s⁻²)	$f_1=3\times10^{-12}$	1.731×10^{-5}	3.681×10^{-5}	1.905×10^{-4}	1.282×10^{-3}	9.339×10^{-3}	7.065×10^{-2}	5.469×10^{-1}
	$f_2=3\times10^{-13}$	2.702×10^{-6}	5.742×10^{-6}	2.972×10^{-5}	2.001×10^{-4}	1.458×10^{-3}	1.103×10^{-2}	8.535×10^{-2}
	$f_3=3\times10^{-14}$	2.091×10^{-6}	4.445×10^{-6}	2.301×10^{-5}	1.549×10^{-4}	1.128×10^{-3}	8.535×10^{-3}	6.608×10^{-2}

（1）在 900 阶处，基于地面深空探测网的非保守力精度 3×10^{-12} m/s² 估计累积月球水准面误差为 5.469×10^{-1} m，分别基于非保守力误差 3×10^{-13} m/s² 和 3×10^{-14} m/s² 估计累计月球水准面精度提高了 6.408 倍和 8.276 倍。因此，随着非保守力精度逐步增加，月球重力场反演精度呈非线性提高。

（2）月球重力卫星非保守力的有效扣除通常包括两种方式，即非保守力后期改正技术（GRAIL 计划）和非保守力实时补偿技术（Moon - ILRS 计划）。

①非保守力后期改正技术的原理如下[38]：首先，在前期重力卫星测量月球重力场过程中，不搭载加速度计测量卫星受到的非保守力；其次，在后期反演月球重力场的观测方程中，基于非保守力模型将卫星受到的非保守力 $\boldsymbol{f}$ 效应从合外力 $\ddot{\boldsymbol{r}}$ 中扣除。优点是在一定程度上降低了载荷研制的难度。缺点是随着卫星轨道高度逐渐降低，作用于月球重力卫星的非保守力（以轨道高度和姿态控制力、月球辐射压为主）将急剧增大，而且非保守力模型精度相对较低。

②星载非保守力补偿系统主要包括加速度计、轨道和姿态控制微推进器、实时控制和处理系统。基本原理如下：首先，利用加速度计获得作用于未来 Moon - ILRS 月球重力双星上的非保守力；其次，加速度计的非保守力转化为期望的推

进力和力矩；最后，基于轨道和姿态控制微推进器实时补偿非保守力。优点如下：一是非保守力补偿系统有利于为卫星平台提供安静的工作环境，进而提高关键载荷的测量精度；二是由于轨道高度可有效降低，月球重力场信号衰减可被充分抑制。

（3）非保守力的实时补偿和精确扣除是进一步提高月球重力场精度的关键因素。如果非保守力精度设计较低（3×10^{-12} m/s^2），低精度的非保守力测量将较大程度影响月球重力场的反演精度。如果非保守力精度设计较高（3×10^{-14} m/s^2），不仅对非保守力补偿系统的研制技术要求更高，而且为了实现关键载荷精度指标相互匹配，需要将其他载荷的精度指标匹配提高。因此，建议将来 Moon－ILRS 卫星非保守力精度设计为 3×10^{-13} m/s^2 较优。

8.4.3　轨道参数

1. 轨道高度

图 8.9 所示为利用累积月球水准面联合解析误差模型（式（8.33）），基于相同的月球卫星重力解析误差模型参数（表 8.3）和不同的卫星轨道高度（15～

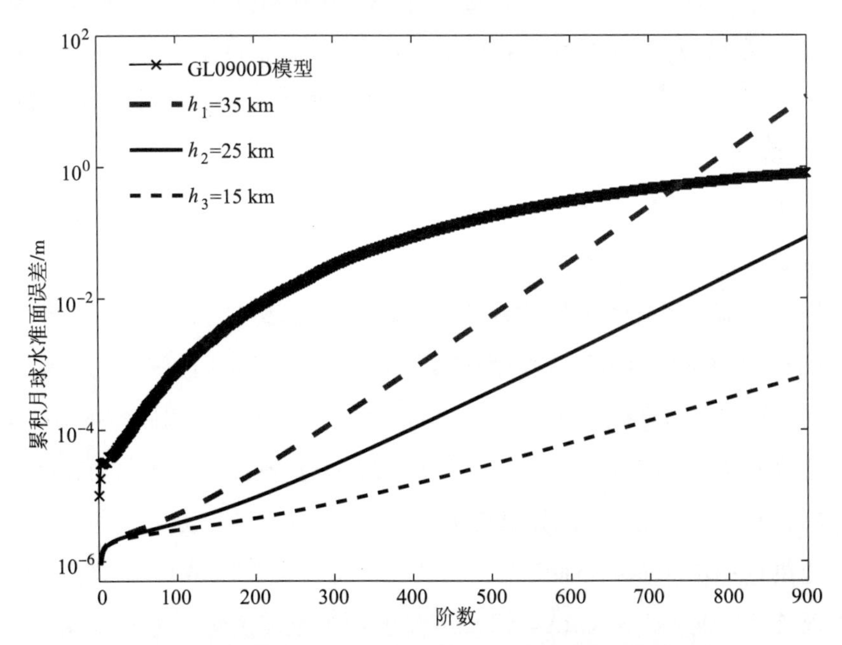

图 8.9　基于不同卫星轨道高度估计累积月球水准面误差

35 km）估计将来 Moon - ILRS 月球重力场的精度。图中十字线表示美国 JPL 公布的 GRAIL 月球重力场模型 GL0900D 的实测精度；虚粗线、实细线和虚细线分别表示采用 Moon - ILRS 卫星轨道高度 35 km、25 km 和 15 km 估计 900 阶累积月球水准面误差，统计结果如表 8.8 所示。研究结果表明，将来月球重力卫星 Moon - ILRS 的轨道高度设计为 25 km 较优，原因分析如下。

表 8.8 利用不同卫星轨道高度估计月球重力场误差统计结果

参数		累积月球水准面误差/m						
		50 阶	150 阶	300 阶	450 阶	600 阶	750 阶	900 阶
GL0900D 模型		1.365×10^{-4}	2.613×10^{-3}	3.159×10^{-2}	1.252×10^{-1}	3.003×10^{-1}	5.387×10^{-1}	7.941×10^{-1}
轨道高度/km	$h_1=35$	3.035×10^{-6}	1.039×10^{-5}	1.339×10^{-4}	2.135×10^{-3}	3.649×10^{-2}	6.465×10^{-1}	1.171×10^{1}
	$h_2=25$	2.702×10^{-6}	5.742×10^{-6}	2.972×10^{-5}	2.001×10^{-4}	1.458×10^{-3}	1.103×10^{-2}	8.535×10^{-2}
	$h_3=15$	2.441×10^{-6}	3.638×10^{-6}	7.698×10^{-6}	2.083×10^{-5}	6.341×10^{-5}	2.028×10^{-4}	6.661×10^{-4}

（1）在 900 阶处，基于卫星轨道高度 35 km 处估计累积月球水准面误差为 1.171×10^{1} m，分别基于轨道高度 25 km 和 15 km 处估计累计月球水准面精度提高了 137.199 倍和 17 579.943 倍。因此，随着非保守力精度逐步增加，月球重力场反演精度呈非线性提高。

（2）根据美国 JPL 公布的 GRAIL Level - 1 中卫星轨道位置实测数据可知，GRAIL 卫星的轨道高度主要分布在距月面 55 km（基本任务）和 23 km（扩展任务）的空间范围。经过约 1 年的月球重力场测量（2011 年 9 月 10 日至 2012 年 12 月 17 日），GRAIL 卫星已高精度和高空间分辨率地感测了中长波月球重力场。由于不同卫星轨道高度敏感于不同波段的月球重力场信号，因此 GRAIL 卫星仅能在特定轨道高度区间（50 ~ 60 km 和 20 ~ 30 km）发挥其优势，而在轨道覆盖空间范围之外基本无能为力。如果将来 Moon - ILRS 月球重力卫星的轨道高度也同样设计在 GRAIL 卫星的空间范围，除非月球重力场的反演精度高于 GRAIL 卫星；否则其效果仅相当于 GRAIL 月球卫星的简单重复测量，对于月球重力场精度的进一步提高没有实质性贡献。因此，将来 Moon - ILRS 重力卫星的轨道高度应尽可能选择在 GRAIL 的测量盲区，进而与 GRAIL 形成互补的态势。

（3）利用重力卫星作为传感器进行月球重力场测量的最大弱点是卫星轨道高度（15 ~ 35 km）处的月球重力场呈指数衰减$\left[\left(\frac{R_{\mathrm{m}}}{R_{\mathrm{m}}+h_{\mathrm{m}}}\right)^{2l+1}\right.$（式（8.1））$\left.\right]$。较高轨道的重力卫星对月球重力场的敏感性较弱，不利于提高月球重力场反演精度。为了克服上述缺点进而反演高精度、高空间分辨率和全波段的月球重力场，目前最有效的办法是适当降低卫星轨道高度。采用极低轨设计虽然理论上可以提高月球重力场反演的精度和空间分辨率，但其负面效应不容忽视：①随着卫星轨道高度降低，非保守力（如月球辐射压等）将快速增加，为调整卫星轨道高度和姿态需频繁进行轨道机动，不稳定的卫星平台工作环境将影响关键载荷的测量精度；②由于卫星频繁喷气引起喷气燃料消耗，将导致星体质心和星载加速度计检验质量质心存在实时偏差；③卫星工作寿命极大地缩减，将影响月球重力场反演的精度和空间分辨率。因此，合理选择月球卫星轨道高度是反演高精度和高空间分辨率月球重力场的重要保证。

（4）将来 Moon - ILRS 月球卫星重力测量计划虽然可采用非保守力补偿系统，但由于具有一定测量精度的非保守力补偿系统不可能将作用于月球重力卫星体的非保守力完全消除，同时轨道和姿态微推进器的频繁喷气将导致卫星携带燃料的大量损耗。因此，适当降低卫星轨道高度有利于提高月球重力场的反演精度，其代价是在一定程度上牺牲了卫星的使用寿命。根据误差理论可知，如果卫星观测数据增加了 n 倍。那么，月球重力场的测量精度仅提高约$\sqrt{n}$倍。因此，由于适当降低月球重力卫星轨道高度而导致卫星使用寿命缩短不会对月球重力场反演精度产生本质的影响。

综上所述，Moon - ILRS 月球重力双星飞行于 25 km 轨道高度，不仅有利于对月球重力场详细结构进行全球测绘，而且有利于延长工作寿命。

2. 星间距离

图 8.10 表示利用累积月球水准面联合解析误差模型（式（8.33）），基于相同的月球卫星重力解析误差模型参数（表 8.3）和不同的星间距离（50 ~ 200 km）估计将来 Moon - ILRS 月球重力场的精度。图中十字线表示美国 JPL 公布的 GRAIL 月球重力场模型 GL0900D 的实测精度；虚粗线、实细线和虚细线分别表示采用

Moon - ILRS 星间距离 50 km、100 km 和 200 km 估计 900 阶累积月球水准面误差，统计结果如表 8.9 所示。研究结果表明以下几点。

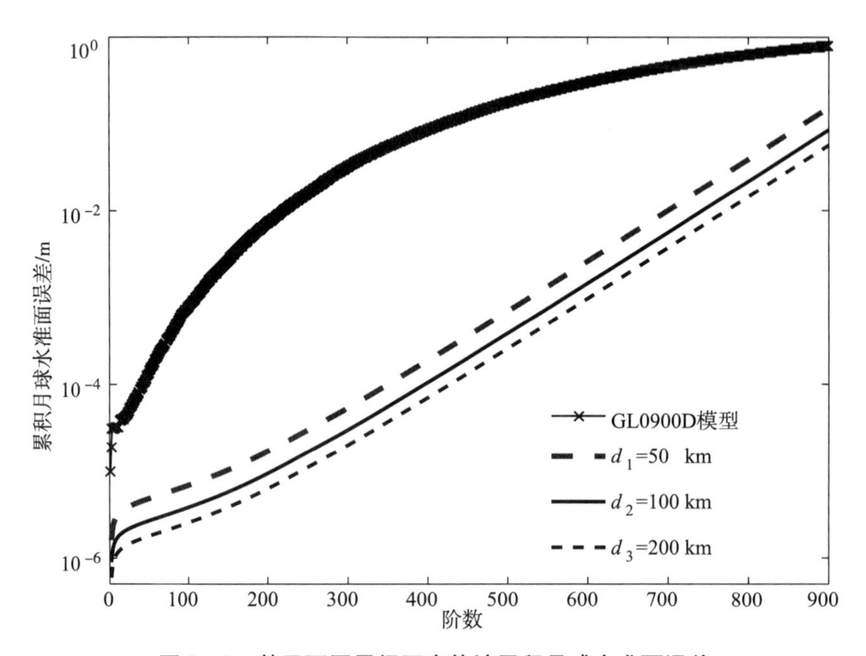

图 8.10 基于不同星间距离估计累积月球水准面误差

表 8.9 利用不同星间距离估计月球重力场误差统计结果

参数		累积月球水准面误差/m						
		50 阶	150 阶	300 阶	450 阶	600 阶	750 阶	900 阶
GL0900D 模型		1.365×10^{-4}	2.613×10^{-3}	3.159×10^{-2}	1.252×10^{-1}	3.003×10^{-1}	5.387×10^{-1}	7.941×10^{-1}
星间距离/km	$d_1=50$	4.848×10^{-6}	1.031×10^{-5}	5.335×10^{-5}	3.590×10^{-4}	2.615×10^{-3}	1.978×10^{-2}	1.532×10^{-1}
	$d_2=100$	2.702×10^{-6}	5.742×10^{-6}	2.972×10^{-5}	2.001×10^{-4}	1.458×10^{-3}	1.103×10^{-2}	8.535×10^{-2}
	$d_3=200$	1.802×10^{-6}	3.829×10^{-6}	1.982×10^{-5}	1.335×10^{-4}	9.718×10^{-4}	7.353×10^{-3}	5.692×10^{-2}

（1）随着 Moon - ILRS 月球双星的星间距离逐渐增大（50 ~ 200 km），累计月球水准面精度的增长幅度逐渐减小。在 900 阶处，基于 50 km 星间距离反演累

积大地水准面的误差为 1.532×10^{-1} m，基于 100 km 和 200 km 星间距离反演精度分别提高了 1.795 倍和 2.691 倍。因此，适当增加星间距离有利于月球重力场精度的改善，但不可能无限提高。

（2）Moon – ILRS 采用共轨双星编队飞行差分测量模式，如果星间距离选择太小（50 km），由于双星感测的月球重力场信号差别较小，在差分掉双星共同误差的同时月球重力场信号也将被大部分差分掉，导致信噪比较低，因此星间距离设计太小不利于月球重力场的精确反演。适当增加星间距离有助于月球重力场信噪比的提高，但星间距离设计太大（220 km）将导致测量噪声急剧增加以及对 Moon – ILRS 双星轨道和姿态测量精度要求的提高（类似于地球卫星重力测量计划 GRACE Follow – On）。因此，星间距离设计太大同样不利于提高月球重力场的反演精度。

（3）将 Moon – ILRS 星间距离设计为 100 km，可有效抑制由于星间距离选取不当而导致的月球重力场反演精度降低。因此，将来 Moon – ILRS 计划将星间距离设计为 100 km 较优，可有效提高 900 阶月球重力场反演的精度。

3. 采样间隔

图 8.11 所示为基于累积月球水准面联合解析误差模型（式（8.33）），基于

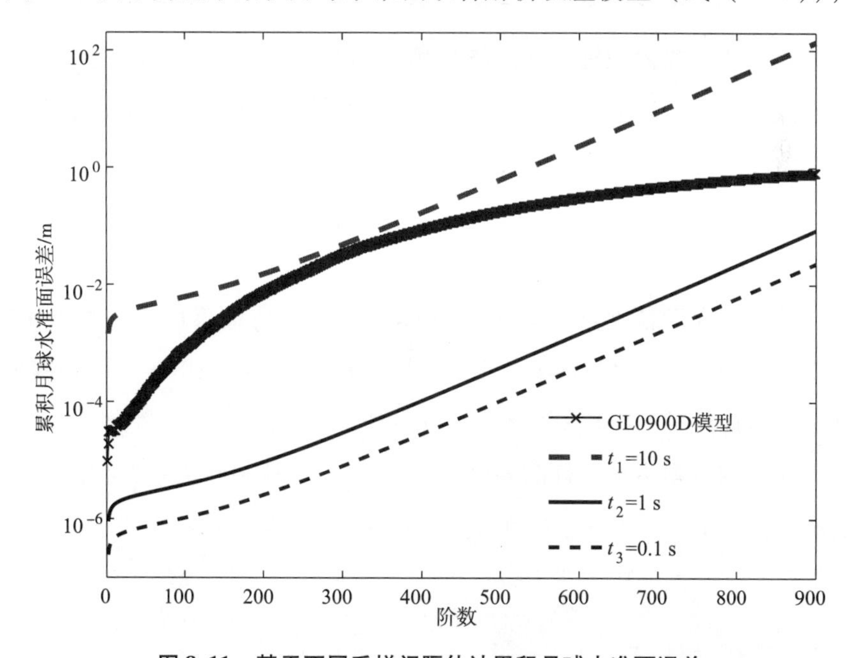

图 8.11　基于不同采样间隔估计累积月球水准面误差

相同的月球卫星重力解析误差模型参数（表 8.3）和不同的观测数据采样间隔（0.1 ~ 10 s）估计将来 Moon - ILRS 月球重力场的精度。图中十字线表示美国 JPL 公布的 GRAIL 月球重力场模型 GL0900D 的实测精度；虚粗线、实细线和虚细线分别表示采用观测数据采样间隔 10 s、1 s 和 0.1 s 估计 900 阶累积月球水准面误差，统计结果如表 8.10 所示。研究结果表明，将来 Moon - ILRS 月球重力卫星的观测数据采样间隔设计为 1 s 较优，原因分析如下。

表 8.10　利用不同采样间隔估计月球重力场误差统计结果

参数		累积月球水准面误差/m						
		50 阶	150 阶	300 阶	450 阶	600 阶	750 阶	900 阶
GL0900D 模型		1.365×10^{-4}	2.613×10^{-3}	3.159×10^{-2}	1.252×10^{-1}	3.003×10^{-1}	5.387×10^{-1}	7.941×10^{-1}
采样间隔/s	$t_1=10$	4.356×10^{-3}	9.258×10^{-3}	4.792×10^{-2}	3.226×10^{-1}	2.349×10^{0}	1.778×10^{1}	1.376×10^{2}
	$t_2=1$	2.702×10^{-6}	5.742×10^{-6}	2.972×10^{-5}	2.001×10^{-4}	1.458×10^{-3}	1.103×10^{-2}	8.535×10^{-2}
	$t_3=0.1$	7.349×10^{-7}	1.562×10^{-6}	8.086×10^{-6}	5.443×10^{-5}	3.965×10^{-4}	2.999×10^{-3}	2.322×10^{-2}

（1）如果卫星观测数据采样间隔采用 10 s，基于当前 GRAIL 卫星估计累计月球水准面精度高于基于将来 Moon - ILRS 卫星估计累计月球水准面精度。因此，将未来重力卫星 Moon - ILRS 的观测数据采样间隔设计为 10 s 无法实质性提高月球重力场精度。

（2）如果卫星观测数据采样间隔采用 0.1 s，虽然基于将来 Moon - ILRS 卫星估计累计月球水准面精度优于基于当前 GRAIL 卫星估计累计月球水准面精度，但随着观测数据采样间隔的逐渐减小，卫星观测数据量逐渐增多，将导致月球重力反演的整体计算量剧增和需要超大型并行计算机支持。

（3）将卫星观测数据采样间隔设计为 1 s，不仅有利于提高月球重力场精度，而且有利于提高卫星重力反演的计算速度和降低对计算机性能的要求。

8.5　本章小结

本章通过 SST - LL - DSN 跟踪模式和基于新型解析误差模型论证了未来 Moon - ILRS 卫星重力计划的可行性。主要研究结论如下。

（1）建立了激光干涉测距仪的星间速度误差、地面深空探测网的轨道位置误差和无拖曳系统的非保守力误差影响将来 Moon - ILRS 月球重力场精度的新型单独和联合解析误差模型，并通过星间速度、轨道位置和非保守力单独解析误差模型估计累积月球水准面误差的符合性检验了解析误差模型的正确性。

（2）假如激光干涉测距仪精度指标设计太低（10^{-8} m/s），将不利于月球重力场精度的提高；如果激光干涉测距仪精度指标设计太高（10^{-10} m/s），将较大程度增加激光干涉测距仪研制的技术难度。因此，本章建议将来 Moon - ILRS 激光干涉测距仪的测量精度设计为 10^{-9} m/s 较优。

（3）如果卫星轨道位置精度设计较高（0.1 m），其他载荷的精度指标必须相应提高；如果卫星轨道位置精度设计较低（10 m），必将损失月球重力场的反演精度。因此，本章建议将未来 Moon - ILRS 卫星轨道位置精度设计为 1 m 较优。

（4）如果非保守力精度设计较低（3×10^{-12} m/s^2），将较大程度影响月球重力场的反演精度；如果非保守力精度设计较高（3×10^{-14} m/s^2），对非保守力补偿系统的研制技术要求更高。因此，本章建议将来 Moon - ILRS 卫星非保守力精度设计为 3×10^{-13} m/s^2 较优。

（5）GRAIL 卫星仅能在特定轨道高度（55 km）发挥优势，如果将来 Moon - ILRS 卫星的轨道高度也同样设计为 55 km，其效果仅相当于 GRAIL 卫星的简单重复测量。因此，本章建议将来 Moon - ILRS 重力梯度卫星的轨道高度（25 km）尽可能选择在 GRAIL 的测量盲区。

（6）星间距离选择太小（50 km），在差分掉双星共同误差的同时月球重力场信号也将被大部分差分掉；星间距离设计太大（200 km）将导致测量噪声急剧增加以及提高轨道和姿态测量精度的要求。因此，本章建议将来 Moon - ILRS 计划的星间距离设计为 100 km 较优。

（7）如果卫星观测数据采样间隔设计太大（10 s），不利于月球重力场精度的提高；如果卫星观测数据采样间隔设计太小（0.1 s），将导致月球重力反演的整体计算量剧增和需要超大型并行计算机支持。因此，将来重力卫星 Moon - ILRS 的观测数据采样间隔设计为 1 s 较优。

参考文献

[1] Zheng W, Xu H Z, Zhong M, et al. Progress in international lunar exploration programs [J]. Progress in Geophysics, 2012, 27 (6): 2296 - 2307.

[2] Hoffman T L. GRAIL: gravity mapping the Moon [C]. IEEE Aerospace Conference, Big Sky, MT, USA, March 7 - 14, 2009.

[3] Chung M J, Hatch S J, Kangas J A, et al. Trans - lunar cruise trajectory design of GRAIL (Gravity Recovery And Interior Laboratory) mission [C]. AIAA Astrodynamics Specialist Conference, Toronto, Canada, August 2 - 5, 2010.

[4] Roncoli R B, Fujii K K. Mission design overview for the Gravity Recovery And Interior Laboratory (GRAIL) mission [C]. AIAA Astrodynamics Specialist Conference, Toronto, Canada, August 2 - 5, 2010.

[5] Park R S, Asmar S W, Fahnestock E G, et al. Gravity Recovery And Interior Laboratory (GRAIL) simulations of static and temporal gravity field [J]. Journal of Spacecraft and Rockets, 2012, 49 (2): 390 - 400.

[6] Andrews - Hanna J C, Asmar S W, Head J W, et al. Ancient igneous intrusions and early expansion of the Moon revealed by GRAIL gravity gradiometry [J]. Science, 2013, 339 (6120): 675 - 678.

[7] Asmar S W, Konopliv A S, Watkins M M, et al. The scientific measurement system of the Gravity Recovery And Interior Laboratory (GRAIL) mission [J]. Space Science Reviews, 2013, 178 (1): 25 - 55.

[8] Wieczorek M A, Neumann G A, Nimmo F, et al. The crust of the Moon as seen by GRAIL [J]. Science, 2013, 339 (6120): 671 - 675.

[9] Zuber M T, Smith D E, Lehman D H, et al. Gravity Recovery And Interior Laboratory (GRAIL): mapping the lunar interior from crust to core [J]. Space Science Reviews, 2013, 178 (1): 3-24.

[10] Klinger B, Baur O, Mayer-Gürr T. GRAIL gravity field recovery based on the short-arc integral equation technique: simulation studies and first real data results [J]. Planetary and Space Science, 2014, 91: 83-90.

[11] Williams J G, Konopliv A S, Boggs D H, et al. Lunar interior properties from the GRAIL mission [J]. Journal of Geophysical Research: Planets, 2014, 119 (7): 1546-1578.

[12] Klipstein W M, Arnold B W, Enzer D G, et al. The lunar gravity ranging system for the Gravity Recovery And Interior Laboratory (GRAIL) mission [J]. Space Science Reviews, 2013, 178 (1): 57-76.

[13] Hatch S J, Roncoli R B, Sweetser T H. GRAIL trajectory design: Lunar orbit insertion through science [C]. AIAA Astrodynamics Specialist Conference, Toronto, Canada, August 2-5, 2010.

[14] Zuber M T, Smith D E, Watkins M M, et al. Gravity field of the Moon from the Gravity Recovery And Interior Laboratory (GRAIL) mission [J]. Science, 2013, 339 (6120): 668-671.

[15] Konopliv A S, Park R S, Yuan D N, et al. The JPL lunar gravity field to spherical harmonic degree 660 from the GRAIL primary mission [J]. Journal of Geophysical Research: Planets, 2013, 118 (7): 1415-1434.

[16] Lemoine F G, Goossens S, Sabaka T J, et al. High-degree gravity models from GRAIL primary mission data [J]. Journal of Geophysical Research: Planets, 2013, 118 (8): 1676-1698.

[17] Lemoine F G, Goossens S, Sabaka T J, et al. GRGM900C: A degree 900 lunar gravity model from GRAIL primary and extended mission data [J]. Geophysical Research Letters, 2014, 41 (10): 3382-3389.

[18] Konopliv A S, Park R S, Yuan D N, et al. High-resolution lunar gravity fields from the GRAIL primary and extended missions [J]. Geophysical Research

Letters, 2014, 41 (5): 1452 - 1458.

[19] Tapley B D, Bettadpur S, Ries J C, et al. GRACE measurements of mass variability in the Earth system [J]. Science, 2004, 305 (5683): 503 - 505.

[20] Klees R, Liu X, Wittwer T, et al. A comparison of global and regional GRACE models for land hydrology [J]. Surveys in Geophysics, 2008, 29 (4 - 5): 335 - 359.

[21] Ramillien G L, Seoane L, Frappart F, et al. Constrained regional recovery of continental water mass time - variations from GRACE - based geopotential anomalies over South America [J]. Surveys in Geophysics, 2012, 33 (5): 887 - 905.

[22] Zheng W, Xu H Z, Zhong M, et al. Efficient accuracy improvement of GRACE global gravitational field recovery using a new inter - satellite range interpolation method [J]. Journal of Geodynamics, 2012, 53: 1 - 7.

[23] Zheng W, Xu H Z, Zhong M, et al. Precise recovery of the Earth's gravitational field with GRACE: Inter - Satellite Range - Rate Interpolation Approach [J]. IEEE Geoscience and Remote Sensing Letters, 2012, 9 (3): 422 - 426.

[24] Zenner L, Bergmann - Wolf I, Dobslaw H, et al. Comparison of daily GRACE gravity field and numerical water storage models for de - aliasing of satellite gravimetry observations [J]. Surveys in Geophysics, 2014, 35 (6): 1251 - 1266.

[25] Flechtner F, Neumayer K H, Doll B, et al. GRAF - A GRACE Follow - On mission feasibility study [C]. Geophysical Research Abstracts, 2009, Vol. 11, EGU2009 - 8516.

[26] Loomis B D, Nerem R S, Luthcke S B. Simulation study of a Follow - On gravity mission to GRACE [J]. Journal of Geodesy, 2012, 86 (5): 319 - 335.

[27] Sheard B S, Heinzel G, Danzmann K, et al. Intersatellite laser ranging instrument for the GRACE Follow - On mission [J]. Journal of Geodesy, 2012, 86 (12): 1083 - 1095.

[28] Zheng W, Xu H Z, Zhong M, et al. A precise and rapid residual intersatellite range－rate method for satellite gravity recovery from next－generation GRACE Follow－On mission [J]. Chinese Journal of Geophysics, 2014, 57 (1): 31－41.

[29] Zheng W, Xu H Z, Zhong M, et al. Precise recovery of the Earth's gravitational field by GRACE Follow－On satellite gravity gradiometer [J]. Chinese Journal of Geophysics, 2014, 57 (5): 1415－1423.

[30] Zheng W, Xu H Z, Zhong M, et al. Requirements analysis for future satellite gravity mission Improved－GRACE [J]. Surveys in Geophysics, 2015, 36 (1): 111－137.

[31] Zheng W, Xu H Z, Zhong M, et al. Progress in lunar gravitational field models and operation of future lunar satellite gravity gradiometry mission in China [J]. Science of Surverying and Mapping, 2012, 37 (2): 5－9.

[32] Zheng W, Xu H Z, Zhong M, et al. Sensitivity analysis for key payloads and orbital parameters from the next－generation Moon－Gradiometer satellite gravity program [J]. Surveys in Geophysics, 2015, 36 (1): 87－109.

[33] Zheng W, Xu H Z, Zhong M, et al. China's first－phase Mars Exploration Program: Yinghuo－1 orbiter [J]. Planetary and Space Science, 2013, 86: 155－159.

[34] Zheng W, Xu H Z, Zhong M, et al. Progress on international Venus exploration programs and implement of Venus gravity gradiometry mission in China [J]. Journal of Geodesy and Geodynamics, 2014, 34 (1): 8－14.

[35] Kaula W M. Theory of satellite geodesy [M]. Waltham: Blaisdell, 1966.

[36] Zheng W, Xu H Z, Zhong M, et al. Accurate and rapid error estimation on global gravitational field from current GRACE and future GRACE Follow－On missions [J]. Chinese Physics B, 2009, 18 (8): 3597－3604.

[37] Zheng W, Xu H Z, Zhong M, et al. Demonstration of requirement on future lunar satellite gravity exploration mission based on interferometric laser inter－satellite ranging principle [J]. Journal of the Astronautical Sciences, 2011,

32 (4): 922 -932.

[38] Zuber M T, Smith D E, Lehman D H, et al. GRAIL: facilitating future exploration to the Moon [C]. International Astronautical Congress, Naples, Italy, October 1, 2012.

第9章 我国将来 Mars - SST 火星卫星重力测量计划优化设计

本章首先回顾了国际火星探测计划的历史进程和科学意义；其次介绍了中国“萤火”1号火星探测计划的基本参数、发射过程、科学目标、核心载荷和关键技术；最后详细提出了中国将来 Mars - SST 火星卫星重力测量计划的实施建议：①基于探测精度较高、技术需求较少、测定速度较快、定轨要求较低、可借鉴 GRACE 的成功经验等优点，采用 SST - LL - Doppler - VLBI 系统观测模式；②先期开展高精度激光干涉星间测距仪、非保守力补偿系统等关键载荷和地面 Doppler - VLBI 系统的研制；③卫星轨道高度和星间距离分别设计为 50 ~ 100 km 和（100 ± 50）km；④先期开展仿真模拟研究。

9.1 研究概述

载人登陆火星、建立火星基地和开发火星资源是21世纪国际深空探测的热点问题和必然趋势。继人造卫星、载人航天和探月工程之后，适时开展以火星勘探为主的深空探测计划是中国科学技术发展和航天远景规划的必然选择。21世纪是人类利用卫星重力测量技术提升对火星认知能力的新纪元。火星重力场及其随时间的变化量反映了火星表层及内部物质的空间分布、运动和变化，同时决定着火星大地水准面的起伏和变化。重力卫星在重力场作用下绕火星做近圆极轨运动，若精密定轨则必须知道精确的火星重力场参数；反之，精确测定卫星轨道摄动，利用摄动跟踪观测数据又可以提高火星重力场参数的精度，两者相辅相成。

火星表面是否存在水冰和生命是人类始终关心的重要问题和亟待探索的未解

之谜，火星探测对了解地球等太阳系行星的演化历史具有非常重要的科学意义和应用价值。在太阳系中，由于火星是和地球最相似的行星（自转周期、椭圆轨道、四季交替、南北差异、地形地貌、土壤岩石、大气成分等），因此自19世纪60年代开始，世界各国（苏联、美国、日本、俄罗斯、欧洲等）共开展了近40次火星探测计划（成功率约40%），但至今为止仍未能确认火星上是否存在生命（表9.1）。火星探测和对火星丰富资源的开发和利用是反映一个国家高新科技水平和经济实力的重要标志，对人类的科学、社会和经济的发展具有重要意义：①基于火星的巨大臭氧层空洞有助于研究地球臭氧层消失后的极端后果；②通过火星大气中丰富的二氧化碳气体改善植物光合作用的效能，进而提高农作物产量；③通过二氧化碳和氢制造甲烷燃料以及利用重氢进行核发电；④利用火星上充足的氧化物质（氧化铁）还原获得氧气；⑤火星上不仅有火山活动和水流冲击形成的各种金属富矿，同时具有丰富的地热能和风能。

表9.1 国际火星探测计划历史进程

时间	国家	计划名称	科学任务和研究目标
1962.11.01	苏联	“火星”1号	开启人类探测火星新纪元，最终失败
1964.12.28	美国	“水手”4号	首次成功拍摄了火星的近距离照片
1971.05.09	美国	“水手”8号	由于发动机故障最终坠落
1971.05.10	苏联	“宇宙”419号	升空后停留于近地球轨道
1971.05.19	苏联	“火星”2号	绘制火星表面和云层图像
1971.05.28	苏联	“火星”3号	首颗成功在火星表面软着陆的探测器
1971.05.30	美国	“水手”9号	首颗火星轨道飞行器，首次拍摄到火星全貌
1973.07.21	苏联	“火星”4号	搭载氢、红外线、离子侦测器与相机
1973.07.25	苏联	“火星”5号	搭载氢、离子侦测器
1975.08.20	美国	“海盗”1号	首颗在火星上着陆，并成功发回照片的探测器
1975.09.09	美国	“海盗”2号	首次实施了3项生物试验，但未发现生命迹象
1988.07.07	苏联	“弗伯斯”1号	研究火星与2个卫星
1988.07.12	苏联	“福布斯”2号	进入火星轨道，但与地球通信中断
1992.09.25	美国	“火星观察者”号	研究火星的气候及地质

续表

时间	国家	计划名称	科学任务和研究目标
1996. 11. 07	美国	“火星全球勘测者”号	火星上发现至少 10 km 厚的地层
1996. 12. 04	美国	“火星探路者”号	首次携带火星车登陆，探知火星曾经温暖潮湿
1998. 07. 03	日本	“希望”号	世界第 3 个探测火星的国家，最终失败
2001. 04. 07	美国	“火星奥德赛”号	发现表面和近地表层可能含有丰富的冰冻水
2003. 06. 02	欧空局	“火星快车”号	对火星表面进行拍摄，探索存在水的证据
2003. 06. 10	美国	“勇气”号	探测火星是否存在水和生命，分析物质化学成分
2003. 07. 07	美国	“机遇”号	探测火星能否通过改造而适合生命生存
2005. 08. 12	美国	“火星勘测轨道飞行器”号	在火星地表寻找适合登陆地点
2007. 08. 04	美国	“凤凰”号	在火星北极区登陆，探测表面土壤的化学成分
2011. 11. 26	美国	“好奇”号	拥有前所未有机动性能，并使用核能提供电力
2013. 11. 05	印度	“火星轨道探测器”号	印度首个火星探测任务
2013. 11. 18	美国	火星大气与挥发演化任务	揭开火星大气层变得稀薄之谜
2016. 03. 14	欧空局	火星微量气体任务卫星	绘制火星大气层地图，了解甲烷和其他气体
2018. 05. 05	美国	“洞察”号	研究火星早期的地质演变
2020. 07. 19	阿联酋	“希望”号	研究天气周期，低层大气层中的天气事件
2020. 07. 23	中国	“天问”1 号	探测表面形貌、土壤特性、成分、水冰、大气等
2020. 07. 30	美国	“毅力”号	探测耶泽罗撞击坑附近的火星表面

目前国内外众多科研机构（美国宇航局（NASA）、俄罗斯联邦航天局（RSA）、中国国家航天局（CNSA）、日本宇宙航空研究机构（JAXA）、欧洲空间局（ESA）等）已围绕火星探测开展了广泛而深入的研究工作[1-10]。基于 GRACE 双星在高精度探测地球重力场中的优秀表现，美国宇航局戈达德航天中心（GSFC）于 2006 年提出了 Mars - GRACE 火星卫星重力探测计划[11]。国际火星探测计划的成功实施和载人登火远景规划的详细制定对中国既存在机遇又不乏挑战。中国应尽快汲取国外长期积累的火星探测成功经验，积极推动中国将来

Mars - SST（Satellite - to - Satellite Tracking）火星卫星重力测量计划的早日实施，加快中国研制火星重力卫星的步伐，通过火星卫星重力测量计划的实现带动相关科学领域（天文科学、宇航科学、行星科学、空间科学、生命科学、地球科学等）的快速发展，进而达到提升科学技术（航天、通信、材料、能源、电子、遥感、军事等）和推动国民经济发展的目标。基于此目的，本章首先介绍国际火星探测计划的历史进程和科学意义；其次介绍中国“萤火”1 号火星探测计划进展；最后详细介绍中国将来 Mars - SST 火星卫星重力测量计划的实施建议。

9.2 “萤火”1 号火星探测计划进展

“萤火”1 号火星探测不仅是我国首次开展的地外行星空间环境探测计划，而且是我国继人造卫星（1970 年 4 月）、载人航天（2003 年 10 月）和探月工程（2007 年 10 月）之后实施的又一项重大深空探测项目[9-10]。如图 9.1 和表 9.2 所示（http：//www. cnsa. gov. cn），“萤火”1 号是中国火星勘测远景规划中的首期火星探测计划，于 2011 年 10 月和俄罗斯的“福布斯 - 土壤”（Phobos - Grunt）“火卫”1 号探测卫星共同搭载联盟二型运载火箭从拜科努尔航天中心发射。

图 9.1 “萤火”1 号火星探测计划示意图

表 9.2　中国“萤火”1 号火星探测计划

项目	内容
基本参数	（1）发射时间：2011 年 10 月； （2）运载火箭：联盟二型； （3）轨道倾角：5°； （4）设计寿命：2 年； （5）在轨飞行：1 年； （6）轨道周期：72 h； （7）近/远火点：800/80 000 km； （8）尺　寸：750 mm×750 mm×600 mm； （9）质量：110 kg； （10）功率：90/180 W（平均/峰值）； （11）数据传输速率：80 b/s； （12）太阳能电池板总长度：5.6 m
发射过程	（1）“萤火”1 号将在轨道高度为 200 km 的地球轨道飞行 4 h； （2）通过启动主发动机，升到距地面 10 000 km 的过渡椭圆轨道无动力飞行 26 h； （3）伴随主发动机的再次启动，进入从地球到火星的双曲线轨道，约经历 10～11.5 个月的太空旅程，进入环绕火星轨道； （4）在中俄联合探测器共同绕火星飞行数天之后，2012 年 8 月中国“萤火”1 号和俄罗斯“福布斯－土壤”正式分离，“萤火”1 号将进入绕火星的椭圆轨道，而“福布斯－土壤”则转途去探测“火卫”1 号； （5）由于“萤火”1 号在为期 1 年的火星探测任务中将遭遇 7 次“长火影”（火星完全遮住太阳光，最长时间将持续 8.8 h，最低温度将达到－200 ℃），因此依靠太阳能供电的关键载荷将暂时进入休眠状态
科学目标	（1）探测火星的空间磁场强度、电离层和粒子分布及其变化规律； （2）探测火星大气离子的逃逸率； （3）探测火星地形、地貌和沙尘暴； （4）探测火星赤道区重力场； （5）探测火星上水的消失机制
核心载荷	（1）等离子体探测包：探测火星周围离子和电子的能量、角度和成分； （2）光学成像仪：对火星和“火卫”1 号进行摄影和拍照； （3）磁通门磁强计：测量火星空间磁场、太阳辐射强度和高能粒子； （4）掩星探测接收机：探测火星电离层的电子密度和电子总量
关键技术	（1）超远距离测控通信技术； （2）自主控制技术； （3）超低温适应技术； （4）热控和轻型化技术

由于火星引力位带谐项系数 $\bar{C}_{l0}$ 的精度决定于火星重力场空间分辨率和火星极沟尺寸的比值 $\dfrac{360/L_{\max}}{2\times|90°-I|}$，因此适当升高卫星轨道倾角有利于提高火星引

力位带谐项系数的精度；由于火星引力位田谐项系数 $\bar{C}_{lm}$ 的精度决定于卫星轨道在火星表面覆盖面积内观测值的密度，因此适当降低卫星轨道倾角有利于提高火星引力位田谐项系数精度。目前已有火星重力场模型均是通过美国“火星全球勘测者”号[12]、美国“火星奥德赛”号[13]、欧洲“火星快车”号[14]等极轨（高倾角）卫星跟踪数据获得。极轨设计有利于火星引力位带谐项系数精度的提高，但对火星引力位田谐项系数的感测精度较低。不同于已有火星探测计划，我国“萤火”1 号火星探测器将首次获得近赤道（低倾角）和大偏心率的环火星跟踪数据，因此可有效提高火星引力位田谐项系数的感测精度。

9.3 Mars – SST 火星卫星重力测量计划研究

9.3.1 SST – LL – Doppler – VLBI 系统观测模式

SST – LL – Doppler – VLBI 观测系统由地面 Doppler – VLBI 系统和相互跟踪的低轨 Mars – SST 重力双星组成。如图 9.2 所示，测量原理如下：利用地面 Doppler – VLBI 系统测控站对 Mars – SST 重力双星精密跟踪定位，基于非保守力补偿系统屏蔽双星受到的非保守力（如大气阻力、火星辐射压、太阳光压、轨道高度和姿态控制力、宇宙射线和粒子压等），通过姿态和轨道控制系统测量双星和载荷的空间三维姿态，Mars – SST 双星在同一轨道平面内前后相互跟踪编队飞行，利用星间测距仪高精度测量星间距离（共轨双星轨道摄动差），进而高精度和高空间分辨率反演火星重力场。

SST – LL – Doppler – VLBI 系统观测模式的优点如下：①既包含两组地面 Doppler – VLBI 系统跟踪观测模式，同时以差分原理测定 Mars – SST 重力双星之间的相互运动，因此得到的火星重力场的精度比单星跟踪观测模式至少高一个数量级；②由于火星重力场反演精度主要敏感于高精度的星间距离 ρ 和星间速度 $\dot{\rho}$，因此对卫星定轨精度的要求可适当放宽；③对中长波火星重力场的探测精度较高，技术要求相对较低且容易实现，火星重力场测定速度快、代价低和效益高；④可借鉴地球重力卫星 GRACE 整体系统的成功经验[15-25]。综上所述，中国将来首期火星卫星重力测量计划采用 SST – LL – Doppler – VLBI 系统观测模式较优。

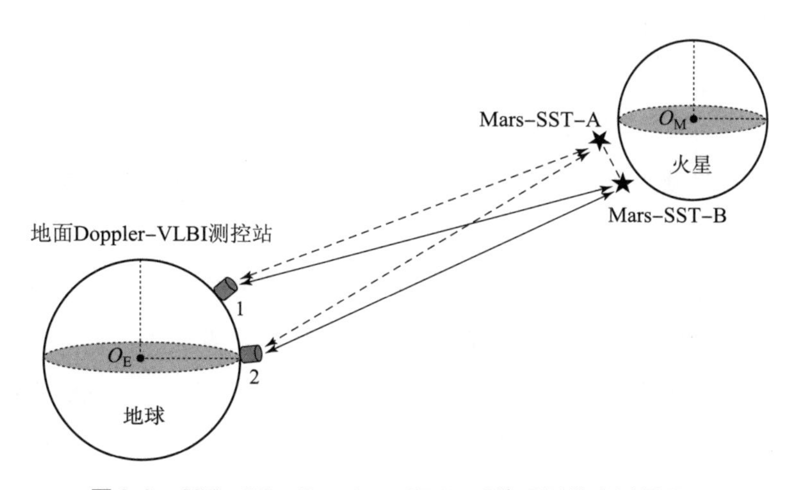

图 9.2 SST－LL－Doppler－VLBI 系统观测模式测量原理

如图 9.3 所示，火心惯性坐标系 $O_M-X_MY_MZ_M$ 的原点 O_M 位于火星的质心，X_M 轴的正方向指向历元的平春分点，Z_M 轴的正方向为火星自转轴的方向，Y_M 轴和 X_M、Z_M 轴成右手螺旋法则关系。星体坐标系 $O_{S1(2)}-X_{S1(2)}Y_{S1(2)}Z_{S1(2)}$ 的原点 $O_{S1(2)}$ 分别位于双星各自的质心，$X_{S1(2)}$（翻滚轴）的正方向分别由坐标原点指向激光干涉星间测距仪的相位中心，X_{S1} 轴和 X_{S2} 轴的正方向反向共线，$Z_{S1(2)}$（偏航轴）垂直于 $X_{S1(2)}$ 轴且位于同一轨道平面内，$Y_{S1(2)}$（倾斜轴）垂直于轨道平面且和 $X_{S1(2)}$、$Z_{S1(2)}$ 轴成右手螺旋法则关系。

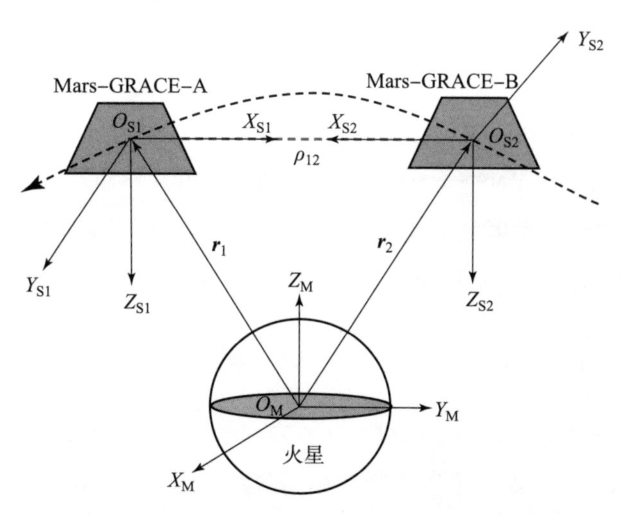

图 9.3 Mars－SST－A/B 重力双星测量原理

Mars－SST－A 星载激光干涉星间测距仪向 Mars－SST－B 发射的激光信号表示为

$$L_A(t) = L_{A0}\cos(\omega_A t + \varphi_{A0}) \tag{9.1}$$

Mars－SST－B 星载激光干涉星间测距仪向 Mars－SST－A 发射的激光信号表示为

$$L_B(t) = L_{B0}\cos(\omega_B t + \varphi_{B0}) \tag{9.2}$$

式中，L_{A0}、$\omega_A = 2\pi f_A$ 和 φ_{A0} 分别为 Mars－SST－A 星载激光干涉星间测距仪向 Mars－SST－B 发射激光信号的振幅、角频率和初相位；L_{B0}、$\omega_B = 2\pi f_B$ 和 φ_{B0} 分别为 Mars－SST－B 星载激光干涉星间测距仪向 Mars－SST－A 发射激光信号的振幅、角频率和初相位。

在 t 时刻，Mars－SST－A 卫星接收到 Mars－SST－B 卫星激光干涉星间测距仪在 Δt 时间前发射的激光信号 $L_B(t-\Delta t)$，并与本地超稳定振荡器（USO）产生的发射信号 $L_A(t)$ 混频处理（信号相乘）得

$$L_A(t)L_B(t-\Delta t) = L_{A0}L_{B0}\cos(\omega_A t + \varphi_{A0})\cos[\omega_B(t-\Delta t) + \varphi_{B0}] \tag{9.3}$$

将式（9.3）积化和差可分别得到和频信号及差频信号，有

$$L_A(t)L_B(t-\Delta t) = \frac{L_{A0}L_{B0}}{2}\{\cos[\omega_A t + \varphi_{A0} + \omega_B(t-\Delta t) + \varphi_{B0}] + \cos[\omega_A t + \varphi_{A0} - \omega_B(t-\Delta t) - \varphi_{B0}]\} \tag{9.4}$$

经低通滤波，仅保留低频分量（差频信号）得

$$L_A(t)L_B(t-\Delta t) = \frac{L_{A0}L_{B0}}{2}\cos[\omega_A t + \varphi_{A0} - \omega_B(t-\Delta t) - \varphi_{B0}] \tag{9.5}$$

式中，$\varphi_A = \omega_A t + \varphi_{A0} - \omega_B(t-\Delta t) - \varphi_{B0}$ 为 Mars－SST－A 卫星得到的相位。

同理，在 t 时刻，Mars－SST－B 卫星接收到 Mars－SST－A 卫星激光干涉星间测距仪在 Δt 时间前发射的激光信号 $L_A(t-\Delta t)$，并与本地 USO 产生的发射信号 $L_B(t)$ 混频处理后经低通滤波得

$$L_A(t-\Delta t)L_B(t) = \frac{L_{A0}L_{B0}}{2}\cos[\omega_B t + \varphi_{B0} - \omega_A(t-\Delta t) - \varphi_{A0}] \tag{9.6}$$

式中，$\varphi_B = \omega_B t + \varphi_{B0} - \omega_A(t-\Delta t) - \varphi_{A0}$ 为 Mars－SST－B 卫星得到的相位。

将 Mars－SST－A/B 卫星激光干涉星间测距仪分别得到的相位传回接收站综合处理得

$$\varphi_A+\varphi_B=[\omega_A t+\varphi_{A0}-\omega_B(t-\Delta t)-\varphi_{B0}]+[\omega_B t+\varphi_{B0}-\omega_A(t-\Delta t)-\varphi_{A0}]$$
$$=(\omega_A+\omega_B)\Delta t \tag{9.7}$$

由式（9.7）可得 Mars－SST－A/B 双星的星间距离为

$$\rho_{12}=c\Delta t \tag{9.8}$$

式中，c 为光速；$\Delta t=\dfrac{\varphi_A+\varphi_B}{\omega_A+\omega_B}$ 为激光干涉星间测距仪的激光信号在星间传输的时间。

Mars－SST－A/B 的星间距离 ρ_{12} 同样可由位于火心惯性系中的位置矢量 $\boldsymbol{r}_1$ 和 $\boldsymbol{r}_2$ 表示，即

$$\rho_{12}=\boldsymbol{r}_{12}\cdot\boldsymbol{e}_{12} \tag{9.9}$$

式中，$\boldsymbol{r}_{12}=\boldsymbol{r}_2-\boldsymbol{r}_1$ 为 Mars－SST－A/B 双星位置矢量差；$\boldsymbol{e}_{12}$ 为由 Mars－SST－A 指向 Mars－SST－B 的单位矢量。

在式（9.9）两边同时对时间 t 求导数，得到 Mars－SST－A/B 的星间速度为

$$\dot{\rho}_{12}=\dot{\boldsymbol{r}}_{12}\cdot\boldsymbol{e}_{12}+\boldsymbol{r}_{12}\cdot\dot{\boldsymbol{e}}_{12} \tag{9.10}$$

式中，$\dot{\boldsymbol{r}}_{12}=\dot{\boldsymbol{r}}_2-\dot{\boldsymbol{r}}_1$ 为 Mars－SST－A/B 双星速度矢量差；$\dot{\boldsymbol{e}}_{12}$ 表示垂直于 Mars－SST－A/B 连线的单位矢量：

$$\dot{\boldsymbol{e}}_{12}=\frac{\dot{\boldsymbol{\rho}}_{12}-\dot{\boldsymbol{r}}_{12}\boldsymbol{e}_{12}}{\boldsymbol{r}_{12}} \tag{9.11}$$

因为 $\boldsymbol{r}_{12}\cdot\dot{\boldsymbol{e}}_{12}=0$，所以式（9.10）可简化为

$$\dot{\rho}_{12}=\dot{\boldsymbol{r}}_{12}\cdot\boldsymbol{e}_{12} \tag{9.12}$$

在式（9.12）两边同时对时间 t 求导数，得到 Mars－SST－A/B 的星间加速度为

$$\ddot{\rho}_{12}=\ddot{\boldsymbol{r}}_{12}\cdot\boldsymbol{e}_{12}+\dot{\boldsymbol{r}}_{12}\cdot\dot{\boldsymbol{e}}_{12} \tag{9.13}$$

式中，$\ddot{\boldsymbol{r}}_{12}=\ddot{\boldsymbol{r}}_2-\ddot{\boldsymbol{r}}_1$ 为 Mars－SST－A/B 双星加速度矢量的差分。

9.3.2　卫星关键载荷和地面 Doppler－VLBI 系统

鉴于中国在高精度激光干涉星间测距仪、非保守力补偿系统等关键载荷和地面 Doppler－VLBI 系统研制方面与世界先进水平还有一定差距，而且这些技术不可能通过从国外引进获得，必须依靠独立自主研制，同时上述技术的实现直接决

定了中国能否成功实现首期 Mars - SST 卫星重力测量计划，因此中国应先期开展高精度卫星关键载荷研制和地面 Doppler - VLBI 系统建立的工作。

1. 激光干涉星间测距仪

在 SST - LL - Doppler - VLBI 跟踪观测模式中，目前国际上通常采用微波测距和激光测距两种模式。微波星间测距模式的优点是对卫星姿态实时控制技术和指向精度的要求较低，缺点是对星间距离和星间速度的测量精度相对较低；激光干涉星间测距模式采用的激光束方向性强，虽然对 Mars - SST 整体系统姿态控制的要求较高，但能大幅度提高星间距离和星间速度的感测精度（至少 3 个数量级）。激光干涉星间测距仪是中国将来火星重力卫星的最重要关键载荷，测量原理如下：为了提高星间距离的测量精度以及消除信号的延迟效应，激光干涉星间测距仪采用双单向和双频段测量模式。首先，Mars - SST 激光干涉星间测距仪分别向对方发送两种不同频率的激光信号；其次，双星各自接收的激光信号与本地超稳定振荡器（USO）产生的相应参考频率信号混频处理（信号相乘），通过低通滤波保留差频信号，并送到数据处理器；最后，利用数字锁相环路跟踪差频信号得到相位变化解，并将测量结果传回地面跟踪站做综合处理。Mars - SST 重力双星的轨道除受到非保守力摄动外，还主要受到火星静态和时变引力场的综合影响。由于 Mars - SST 共轨双星以不同的轨道相位敏感火星质量系统的影响，因此双星间将产生微小的轨道摄动差，进而使 Mars - SST 共轨双星连线方向的距离 ρ_{12} 、速度 $\dot{\rho}_{12}$ 和加速度 $\ddot{\rho}_{12}$ 实时变化，Mars - SST 激光干涉星间测距仪可高精度测量此距离变化 $\Delta\rho_{12}$ 、速度变化 $\Delta\dot{\rho}_{12}$ 和加速度变化 $\Delta\ddot{\rho}_{12}$ 。通过对星间距离差、速度差和加速度差的精密测量，火星重力场的高频信号被放大，因此有效提高了火星重力场高阶谐波分量的测量精度。激光干涉测距仪的研制和应用是今后国际上 SST - LL - Doppler - VLBI 跟踪模式发展的主流方向，是建立下一代高精度、高空间分辨率和全波段火星重力场模型的重要保证。

2. 非保守力补偿系统

在火星卫星重力测量中，利用 Mars - SST 作为传感器高精度感测火星重力场的最大弱点是卫星轨道高度处的重力场呈指数衰减 $[R_m/(R_m+H)]^{l+1}$（R_m 为火星的平均半径，H 为卫星轨道高度，l 为火星引力位按球函数展开的阶数）。为了克服上述缺点进而反演高精度火星重力场，目前最有效的办法是采用低轨重力卫星。但是，随着卫星轨道高度的逐渐降低（50～1 000 km），为了有效调整 Mars－SST 的轨道高度和三维姿态，卫星轨道和姿态微推进器将频繁喷气，不稳定的卫星平台环境将较大幅度地影响各载荷的观测精度；同时，由于火星的热容量和热导率很低，作用于 Mars－SST 的火星辐射压也将逐渐增大。另外，虽然火星的大气层较稀薄使得在一定程度上降低了作用于 Mars－SST 的大气阻力效应，但是太阳光压和宇宙射线粒子流对 Mars－SST 的影响不可忽视。因此，如果 Mars－SST 受到的非保守力能被高精度扣除，在保证火星重力场反演精度和空间分辨率的前提下，可以适当降低各核心载荷研制的难度以及避免不必要的人力、物力和财力的浪费。Mars－SST 非保守力的有效扣除通常包括两种方式，即非保守力后期改正技术和非保守力实时补偿技术。

非保守力后期改正技术的原理如下：首先，在前期火星重力场测量中，通过星载加速度计获得卫星受到的非保守力数据；其次，在后期反演火星重力场的观测方程中，将 Mars－SST 受到的非保守力 $\boldsymbol{f}$ 效应从合外力 $\ddot{\boldsymbol{r}}$ 中扣除。优点是非保守力效应的扣除分前期测量和后期改正两步完成，Mars－SST 在飞行过程中通过加速度计仅对卫星受到的非保守力进行测量，不需要实时补偿，因此在一定程度上降低了载荷研制的难度；缺点是随着卫星轨道高度逐渐降低，作用于 Mars－SST 的非保守力将急剧增大。

非保守力补偿系统通常由星载加速度计、轨道和姿态微推进器以及实时控制微处理系统组合而成。基本原理如下：首先，通过星载加速度计感测 Mars－SST 受到的非保守力；其次，实时控制微处理系统将星载加速度计测得的非保守力转换为轨道和姿态微推进器的期望推进力和力矩；最后，利用轨道和姿态微推进器实时补偿 Mars－SST 受到的非保守力。优点是影响 Mars－SST 平台系统和载荷的非保守力效应被非保守力补偿系统有效屏蔽，不仅为卫星平台系统和载荷提供了安静的工作环境进而保证了测量精度，同时可有效降低 Mars－SST 的轨道高度，进而抑制中短波火星重力场信号的衰减；缺点是在卫星关键载荷中新增加了非保守力补偿系统，适当增加了 Mars－SST 卫星系统研制的难度。

中国将来 Mars－SST 卫星重力测量计划可采用非保守力补偿系统，优点是有效降低了卫星其他关键载荷的研制难度（适当缩短测量动态范围以保证测量精度）和卫星轨道高度，有望进一步提高中高频火星重力场的测量精度。

3. 地面 Doppler – VLBI 系统

目前获得全球、规则、密集、全波段、高精度和高空间分辨率的火星重力场数据必须满足 3 个基本准则：①连续高精度跟踪 Mars – SST 的三维空间分量（位置和速度）；②精密测量或补偿作用于 Mars – SST 的非保守力和精确模型化作用于 Mars – SST 的保守力；③尽可能降低 Mars – SST 的轨道高度（50 ~ 200 km）。在 3 个基本准则中，连续高精度跟踪 Mars – SST 的三维空间分量是反演高精度和高空间分辨率火星重力场的必要前提和重要基础，需通过 Doppler – VLBI 系统实现。在火星重力测量中，激光干涉星间测距仪、非保守力补偿系统等关键载荷的精度指标和地面 Doppler – VLBI 系统定轨精度应严格匹配。如果某个载荷的精度指标高于其他载荷，根据误差原理可知，高精度指标的载荷无法发挥自身高精度的优势，只有与其他载荷相匹配的精度部分对火星重力场反演精度才有贡献。目前激光干涉星间测距仪、非保守力补偿系统等关键载荷的精度指标均可满足将来火星重力测量计划中各关键载荷精度指标匹配的要求。但由于 Doppler – VLBI 本身动态定轨的精度指标（dm 级）相对较低，定轨精度将是影响下一代高精度和高空间分辨率火星重力场模型建立的关键误差源，因此 Doppler – VLBI 定轨精度有待进一步提高。

9.3.3 卫星轨道参数的优化设计

Mars – SST 轨道参数（如轨道高度、星间距离等）的优化设计是成功实施将来火星卫星重力测量计划的关键因素和重要保证。

1. 轨道高度

由于不同卫星轨道高度敏感于不同阶次的火星引力位系数，因此目前已有火星探测器仅在特定轨道高度区间能发挥其优越性，而在轨道空间范围之外基本无能为力。如果中国将来 Mars – SST 也设计在已有火星探测器的轨道高度空间范围，除非反演火星重力场的精度高于它们，否则效果仅相当于其测量的简单重复，对于火星重力场精度的进一步提高没有实质性贡献。因此，中国将来 Mars – SST 的轨道高度应尽可能选择在它们的测量盲区，进而形成互补的态势。中国将来火星卫星重力测量计划虽然可采用非保守力补偿系统，但由于具有一定测量精度的非保守力补偿系统不可能将作用于 Mars – SST 的非保守力完全平衡掉，同时轨道和姿态微推进器的频繁喷气将导致卫星携带燃料的大量损耗。因此，适当降低卫星轨道高度有利于提高火星重力场的反演精度，其代价是在一定程度上牺牲了卫星的使用寿命。根据误差理论可知，如果观测数据增加了 n 倍，那么火星重力场的测量精度仅提高约 $\sqrt{n}$ 倍，因此由于适当降低 Mars – SST 轨道高度而导致卫星使用寿命缩短不会对火星重力场反演精度产生本质的影响。综上所述，中国将来 Mars – SST 的轨道高度设计为 50 ~ 100 km 较优。

2. 星间距离

在 SST – LL – Doppler – VLBI 模式中，适当缩短星间距离有利于高频火星重力场的反演，但如果星间距离设计太小，在抵消掉双星共同误差的同时，火星重力场信号也将被部分地差分掉，将导致信噪比较低，因此星间距离设计太小不利于低频火星重力场的确定；适当增加星间距离有助于提高低频火星重力场的信噪比，但星间距离设计太大将导致测量噪声急剧增加以及对 Mars – SST 轨道和姿态测量精度的要求提高，不利于高频火星重力场的测量。由于可采用非保守力补偿系统和激光干涉星间测距仪，因此 Mars – SST 的轨道高度可有效降低进而反演中短波火星重力场。综上所述，中国将来 Mars – SST 的星间距离设计为（100 ± 50）km 较优。

9.3.4　仿真模拟研究的先期开展

随着科学技术的日新月异，特别是计算机、微电子学和各种运动模拟器的迅速发展，使卫星系统仿真日趋完善。建议我国将仿真技术应用于 Mars – SST 的研制和运行的全过程。从方案论证、系统设计、部件研制、产品检验、实际应用、故障分析等各个阶段，都进行不同类型的仿真实验，从而达到提高研制质量、缩短研制周期和降低研制成本的目标。

1. 必要性

在接近真空环境条件下以整星方式演示各分系统的技术性能和任务功能的有效性，能够在 Mars – SST 发射之前对整体系统设计及性能上的缺陷进行检查和修改，有效降低研制过程中整星的风险性，确保在飞行前各分系统与整体的相容性以及系统参数和结构的最优化，提供有效手段进行故障分析以及研究故障对策。

2. 可行性

现代计算机技术、高水平的仿真软件（如 MATLAB SIMULINK）以及各种高精度和高可靠性的环境模拟设备可提供足够的物质条件，同时我国已具有一支从事卫星硬件研制和仿真实验模拟的科研队伍。

9.4 本章小结

基于国际在深空探测中遵循的“早开发，先受益”原则，火星探测和载人登火正成为世界各国研究机构向深空拓展的新一轮竞争焦点和远景规划。基于以上目的，本章开展了“萤火”1 号火星探测计划和 Mars - SST 火星卫星重力测量计划的研究，具体结论如下。

（1）介绍了国际火星探测计划的历史进程和火星探测的重要科学意义及应用前景。

（2）详细介绍了我国“萤火”1 号火星探测计划的基本参数、发射过程、科学目标、核心载荷和关键技术。

（3）详细介绍了我国将来 Mars - SST 火星卫星重力测量计划的实施建议。

①基于对中长波火星重力场的探测精度较高，技术要求相对较低，测定速度快、代价低和效益高，对定轨精度的要求较低，可借鉴地球重力卫星 GRACE 整体系统的成功经验等优点，建议我国将来首期 Mars - SST 卫星重力测量计划采用 SST - LL - Doppler - VLBI 系统观测模式较优。

②由于高精度激光干涉星间测距仪、非保守力补偿系统等关键载荷和地面 Doppler - VLBI 系统不可能通过从国外引进获得，必须依靠独立自主解决，因此建议应先期开展高精度卫星关键载荷和地面 Doppler - VLBI 系统的研制。

③建议我国将来首颗 Mars - SST 重力卫星的轨道高度和星间距离分别设计为 50 ~ 100 km 和（100 ± 50）km。

④建议从方案论证、系统设计、部件研制、产品检验、实际应用、故障分析等各个阶段先期开展仿真模拟研究。

本章的研究不仅可为我国将来首期 Mars - SST 火星卫星重力测量计划的成功实施奠定坚实的理论基础，而且可有效提升我国在未来深空探测领域的国际地位，同时对我国“萤火”1 号火星磁场和重力场探测计划、我国将来空间先进地球卫星重力测量计划（SAGM）、美国 GRAIL 月球卫星重力探测计划以及太阳系金星和水星等行星探测计划中高精度和高阶次全球重力场模型的有效和快速确定具有广泛的参考意义。

参考文献

[1] Anderson J D, Efron L, Wong S K. Martian mass and Earth－Moon mass ratio from coherent S－band tracking of Mariner 6 and 7 [J]. Science, 1970, 167 (3916): 277－279.

[2] Pettengill G H, Rogers A E E, Shapiro I I. Martian craters and a scarp as seen by radar [J]. Science, 1971, 174 (4016): 1321－1324.

[3] Sjogren W L, Lorell J, Wong L, et al. Mars gravity field based on a short－arc technique [J]. Journal of Geophysical Research, 1975, 80 (20): 2899－2908.

[4] Reasenberg R D, King R W. The rotation of Mars [J]. Journal of Geophysical Research Soild Earth, 1979, 84 (B11): 6231－6240.

[5] Chao B F, Rubincam D P. Variations of Mars gravitational field and rotation due to seasonal CO_2 exchange [J]. Journal of Geophysical Research, 1990, 95 (B9): 14755－14760.

[6] Folkner W M, Kahn R D, Preston R A, et al. Mars dynamics from Earth－based tracking of the Mars Pathfinder lander [J]. Journal of Geophysical Research, 1997, 102 (E2): 4057－4064.

[7] Smith D E, Zuber M T, Neumann G A. Seasonal variations of snow depth on Mars [J]. Science, 2001, 294 (5549): 2141－2146.

[8] Konopliv A S, Yoder C F, Standish E M, et al. A global solution for the Mars static and seasonal gravity, Mars orientation, Phobos and Deimos masses, and Mars ephemeris [J]. Icarus, 2006, 182 (1): 23－50.

[9] 陈昌亚，方宝东，曹志宇，等. YH－1 火星探测器设计及研制进展 [J]. 上

海航天，2009，26（3）：21－25.

［10］吴季，朱光武，赵华，等．“萤火”1号火星探测计划的科学目标［J］．空间科学学报，2009，29（5）：449－455.

［11］NASA GSFC Solicitation：Partnership Opportunity for the Mars GRACE Mission［C］．Goddard Space Flight Center，2006.

［12］Lemoine F G，Smith D E，Rowlands D D，et al. An improved solution of the gravity field of Mars（GMM－2B）from Mars Global Surveyor［J］．Journal of Geophysical Research，2001，106（E10）：23359－23376.

［13］Marty J C，Balmino G，Duron J，et al. Martian gravity field model and its time variations from MGS and Odyssey data［J］．Planetary and Space Science，2009，57（3）：350－363.

［14］Chicarro A，Martin P，Trautner R. Mars Express：The Scientific Payload［C］．European Space Agency Publications Division，European Space Research and Technology Centre，Noordwijk，The Netherlands，ESA SP－1240，2004，1－216.

［15］宁津生，罗志才．卫星跟踪卫星技术的进展及应用前景［J］．测绘科学，2000，25（4）：1－4.

［16］许厚泽．卫星重力研究：21世纪大地测量研究的新热点［J］．测绘科学，2001，26（3）：1－3.

［17］沈云中，许厚泽，吴斌．星间加速度解算模式的模拟与分析［J］．地球物理学报，2005，48（4）：807－811.

［18］周旭华，许厚泽，吴斌，等．用GRACE卫星跟踪数据反演地球重力场［J］．地球物理学报，2006，49（3）：718－723.

［19］Zheng W，Shao C G，Luo J，et al. Improving the accuracy of GRACE Earth's gravitational field using the combination of different inclinations［J］．Progress in Natural Science，2008，18（5）：555－561.

［20］郑伟，许厚泽，钟敏，等．GRACE卫星关键载荷实测数据的有效处理和地球重力场的精确解算［J］．地球物理学报，2009，52（8）：1966－1975.

［21］Zheng W，Xu H Z，Zhong M，et al. Physical explanation on designing three axes as different resolution indexes from GRACE satellite - borne accelerometer [J]. Chinese Physics Letters, 2008, 25 (12): 4482 -4485.

[22] Zheng W, Xu H Z, Zhong M, et al. Accurate and rapid error estimation on global gravitational field from current GRACE and future GRACE Follow - On missions [J]. Chinese Physics B, 2009, 18 (8): 3597 -3604.

[23] 郑伟，许厚泽，钟敏，等. 利用解析法有效快速估计将来 GRACE Follow - On 地球重力场的精度 [J]. 地球物理学报，2010，53 (4): 796 -806.

[24] 郑伟，许厚泽，钟敏，等. 国际重力卫星研究进展和我国将来卫星重力测量计划 [J]. 测绘科学，2010，35 (1): 5 -9.

[25] 郑伟，许厚泽，钟敏，等. 国际卫星重力梯度测量计划研究进展 [J]. 测绘科学，2010，35 (2): 57 -61.

第 10 章
基于新型半数值累积大地水准面综合误差模型精确估计火星卫星重力场精度

由于火星重力场的精密测量在将来火星探测计划实施中至关重要，为了进一步提高下一代火星重力场模型的反演精度，本章开展了我国将来 Mars－SST 火星重力测量计划的详细研究论证。①精确建立和有效验证了关键载荷误差影响的新型半数值累积大地水准面综合误差模型；②基于重力测量精度高、重力反演速度快、卫星系统技术要求低以及可借鉴地球卫星重力计划 GRACE（Gravity Recovery and Climate Experiment）/GRACE Follow－On（GFO）和月球卫星重力计划 GRAIL（Gravity Recovery and Climate Experiment）的成功经验，深空网联合低低卫星跟踪卫星的观测模式（DSN－SST－LL）是较优设计；③建议将来火星重力双星计划采用优化的关键载荷精度指标（激光干涉测距仪（ILRS）的星间速度为 10^{-7} m/s、深空网（DSN）的轨道位置为 35 m、无拖曳控制系统（DFCS）的非保守力为 3×10^{-11} m/s^2）和轨道参数（轨道高度为（100 ± 50）km、星间距离为（50 ± 10）km 和轨道重复周期为 55.4～57.9 天）。

10.1 研究概述

继“阿波罗”11 号载人登月于 1969 年 7 月 20 日成功实施后，围绕“早开发，先受益”的原则，火星探测和载人登火已成为各航天大国在深空探测领域新一轮的竞争焦点和远景规划[1-5]。21 世纪是通过专用的卫星重力测量技术提高对“数字火星”认知能力的新纪元。火星重力场不仅有利于反映火星表面和内部物质的空间分布、运动和迁移，而且可决定火星大地水准面的起伏和波动。因此，火星重力场精细结构研究是行星科学、地球科学、天体物理学、天文学、空间科学等的需求。

如表 10.1 所示，美国宇航局喷气推进实验室（NASA - JPL）和德国波茨坦地学研究中心（GFZ）联合研制的 GRACE 地球重力双星致力于精确测量地球中长波重力场信号[7-11]。GRACE - A（Tom）和 GRACE - B（Jerry）设计为近圆、近极和低轨双星，通过高轨 GPS（Global Positioning System）卫星精确测量卫星的轨道位置和轨道速度[12]，基于 K 波段测距系统（KBR）高精度感测星间距离[13]，利用星载加速度计获得非保守力（大气阻力、太阳光压、地球辐射压、轨道和姿态控制力等）信息[14]。为了进一步提高下一代地球重力场模型的反演精度，将来 GRACE Follow - On 计划[15-19]预期通过激光干涉测距仪（ILRS）精确测量星间距离，利用无拖曳控制系统（DFCS）实时补偿作用于卫星的非保守力（类似于 GOCE 卫星重力梯度计划）。

表 10.1　地球卫星重力测量计划 GRACE/GFO、月球卫星重力测量计划 GRAIL、火星卫星重力测量计划 Mars - SST 对比

参数		卫星重力计划			
		地球		月球	火星
		GRACE（当前）	GFO（下一代）	GRAIL（过去）	Mars - SST（将来）
轨道指标	研究机构	美国 JPL 和德国 GFZ	美国 JPL	美国 JPL	中国 CAST[a]
	发射时间	2002 年 3 月 18 日	2025—2030 年	2011 年 9 月 10 日至 2012 年 12 月 17 日	2030—2035 年
	轨道高度/km	500 ~ 300	250	55（主要任务） 23（扩展任务）	100 ± 50
	轨道倾角/(°)	89（近极轨）	89（近极轨）	90（极轨）	90（极轨）
	星间距离/km	220 ± 50	50	175 ~ 225	50 ± 10
	轨道离心率	<0.004（近圆）	<0.001（近圆）	<0.001（近圆）	<0.001（近圆）
	飞行寿命/年	>10	>5	>1	>5
	卫星数量	双星（串行编队）	双星（串行编队）	双星（串行编队）	双星（串行编队）

续表

参数		卫星重力计划			
		地球		月球	火星
		GRACE（当前）	GFO（下一代）	GRAIL（过去）	Mars - SST（将来）
载荷精度	星间速度 /(m·s^{-1})	10^{-6} (KBR)	10^{-7} ~ 10^{-9} (ILRS)	10^{-6} ~ 10^{-7} (LGRS)	10^{-7} ~ 10^{-8} (ILRS)
	轨道位置/cm	1 ~ 3 (GPS)	1 ~ 0.1 (GPS + 北斗)	10^3 ~ 10^4 (DSN)	10^2 ~ 10^4 (DSN)
	非保守力 /(m·s^{-2})	3×10^{-10} (ACC)	10^{-11} ~ 10^{-13} (DFCS)	—	10^{-11} ~ 10^{-12} (DFCS)
重力模型	Satellite - Only（最优）	GGM05S 模型[6] ($L=180$)	$L\geqslant400$（预期）	GL1500E 模型 ($L=1500$) (http：//pds - geosciences. wustl. edu)	$L\geqslant400$（预期）

[a]中国空间技术研究院（CAST）。

基于当前 GRACE 地球卫星重力测量计划的卓越贡献和成功经验，美国宇航局喷气推进实验室（NASA - JPL）已于 2011 年成功实施了月球卫星重力测量计划 GRAIL，旨在建立高精度月球重力场模型[20-25]。如表 10. 1 所示，GRAIL - A（Ebb）和 GRAIL - B（Flow）月球双星采用极轨、近圆、低轨和同轨设计。GRAIL - A/B 双星基于 Ka 波段月球重力测距仪系统（LGRS）精确测量星间距离，利用深空跟踪网（DSN）连续跟踪卫星轨道[26]，通过惯性测量单元、太阳敏感器和星跟踪器感测卫星的三维姿态，采用 X 波段无线电科学信标（RSB）将观测信号实时传回地面站。自从美国宇航局于 1964 年 11 月 28 日成功发射了首颗火星探测器 Mariner - 4 以来，火星重力场模型构建主要依靠轨道摄动观测数据。火星重力场模型是指一系列火星引力位系数的集合。如表 10. 2 所示，迄今为止，国际众多科研机构已采用传统重力测量技术开展了深入和广泛的火星重力场模型构建的研究论证。

表 10.2　火星重力场模型研究进展

重力模型	科研机构	时间/年	最大阶数	观测数据
10×10[27]	JPL（美国）	1973	10	Mariner 9
6×4[28]		1974	6	Mariner 9 和 Phobos－1
Mars50c[29]		1995	50	Mariner 9 和 Viking 1/2
MGS75A[30]		1998	75	Mariner 9，Viking 1/2 和 Mars Global Surveyor（MGS）
MGS75C[31]		1999	75	MGS
MGS75D/E[32]		2001	75	Mariner 9、Viking 1/2 和 MGS
MGS85F/F2/H2[33]		2002	85	Mariner 9、Viking 1/2 和 MGS
MGS95I/J[34]		2006	95	MGS 和 Mars Odyssey
MRO110B/B2[35]		2011	110	Mars Reconnaissance Orbiter（MRO）
MRO110C[35]		2012	110	MRO
MRO120D[36]		2016	120	MRO、MGS、Mars Odyssey、Pathfinder、Viking 1 Lander、MER Opportunity Lander
6×6[37]	MIT ①（英国）	1975	6	Mariner 9
6×6[38]	LRC ②（美国）	1977	6	Mariner 9 和 Viking 1/2
18×18[39]	BGI ③（法国）	1982	18	Mariner 9 和 Viking 1/2
GGM50A01[40]	GSFC ④（美国）	1993	50	Mariner 9 和 Viking 1/2
MGS75B[41]		1999	75	MGS、Mariner 9 和 Viking 1/2
MGM0890[42]		1999	70	Mariner、Viking 和 MGS
MGM0964C18[43]		1999	70	MGS
MGM0964C20[43]		1999	70	MGS
GMM－2B[44]		2001	80	MGS
MGM1025[45]		2001	80	MGS
MGM1041C[46]		2003	90	MGS
MRO95A[47]		2008	95	MRO、MGS 和 Mars Odyssey
Goddard Mars Model（GMM－3）[48]		2016	120	MRO、MGS 和 Mars Odyssey
MGGM08A[49]	CNES ⑤（法国）	2009	95	MGS 和 Mars Odyssey
MGM2011[50]	TiGeR ⑥（澳大利亚）	2012	3333	MGS 和 MOLA（Mars Orbiter Laser Altimeter）

① MIT：Massachusetts Institute of Technology，Cambridge，U. K.。

② LRC：Langley Research Center，NASA，U. S. A.。

③ BGI：Bureau Gravimétrique International，Toulouse，France。

④ GSFC：Goddard Space Flight Center，NASA，U. S. A.。

⑤ CNES：Centre National d'Etudes Spatiales，France。

⑥ TiGeR：Institute for Geoscience Research，Curtin University of Technology，Australia。

不同于传统的重力场测量轨道摄动技术，将来火星卫星重力测量技术不仅将在火星探测计划中扮演重要角色，而且直接决定火星探测器的最优轨道设计和载人登火着陆器位置的优化选取[51-52]。鉴于当前地球卫星重力测量计划 GRACE 和月球卫星重力测量计划 GRAIL 的优秀表现和卓越贡献，为了进一步提高火星重力场反演精度，本章预期开展将来火星卫星重力测量计划 Mars - SST 的探索性需求论证研究。如表 10.1 所示，科学目标为基于 Mars - SST 火星重力双星计划构建高精度和高空间分辨率的火星重力场模型。Mars - SST - A/B 火星重力双星预期基于星载激光干涉测距仪（ILRS）高精度测量星间速度（类似于下一代地球卫星重力测量计划 GRACE Follow - On），通过地面站的深空跟踪网（DSN）精确和连续跟踪双星轨道位置和轨道速度（类似于月球卫星重力测量计划 GRAIL），利用星载无拖曳控制系统（DFCS）实时补偿作用于双星的非保守力（类似于当前卫星重力测量计划 GOCE）。因此，基于将来火星卫星重力测量计划 Mars - SST 反演火星重力场精度至少高于利用传统火星探测计划的反演精度 10 倍。

将来 Mars - SST 火星重力双星计划的科学目标如下：精确绘制火星静态和时变重力场；深入了解火星的质量流量和气候动力学；探测火星的地壳和内部结构；研究火星的大气动力学。Mars - SST 火星重力场反演的基本原理如下：基于火星引力位系数和卫星观测数据（激光干涉测距仪（ILRS）的星间速度、地面深空网（DSN）的轨道位置、无拖曳控制系统（DFCS）的非保守力、星敏感器（SCA）的三维姿态等）的转换关系构建卫星观测方程；通过最小二乘法（LSM）精确解算卫星观测方程，从而获得火星引力位系数。国际火星探测计划的成功实施同时提供了机遇和挑战。因此，需尽可能借鉴已有火星探测器的成功经验，尽早推动将来火星卫星重力计划的成功实施，进而带动相关学科（行星科学、地球科学、天体物理学、天文学等）的快速发展。基于以上原因，本章利用新型半数值综合误差模型法主要聚焦于将来 Mars - SST 火星卫星重力测量计划中关键载荷精度指标匹配关系和优化轨道参数的研究论证。

10.2　半数值综合误差模型

目前火星重力场反演方法主要包括解析法和数值法。由于在建立误差模型中存在近似处理，因此基于解析法反演火星重力场精度较低。数值法的缺点为计算量较大、计算速度较慢、需要高性能计算机支持。为了有效克服解析法和数值法的缺点，本章通过兼顾重力反演精度和反演计算速度，提出了新型半数值综合误差模型法。基于半数值综合误差模型法有利于精确和快速开展关键载荷精度指标匹配关系和优化轨道参数的需求分析研究。

10.2.1　误差模型建立

基于激光干涉测距仪的星间速度误差、地面深空网的轨道位置误差、无拖曳控制系统的非保守力误差，构建半数值综合误差模型，不仅可获得将来 Mars - SST 双星关键载荷的匹配精度指标，而且有利于提高下一代火星重力场反演精度。图 10.1 所示为火星惯性坐标系（MCI）$O_M - X_M Y_M Z_M$。其中，$\dot{\boldsymbol{\rho}}_{M12}$ 表示 Mars - SST - A/B 重力双星的星间速度；$\boldsymbol{r}_M$ 表示从 Mars - SST 卫星质心到火星质心间的距离；$\dot{\boldsymbol{r}}_M$ 表示 Mars - SST 卫星的轨道速度。

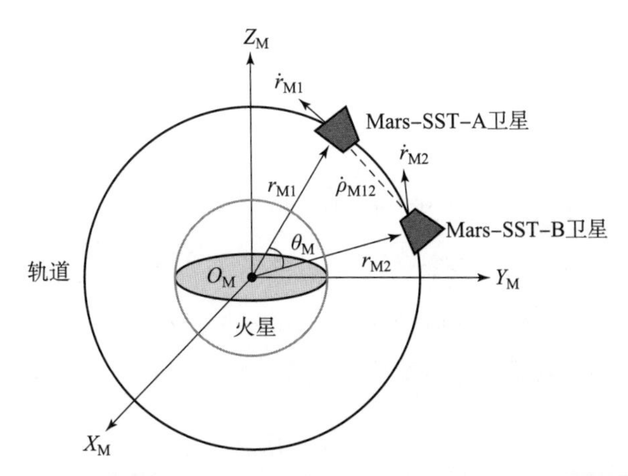

图 10.1　将来火星卫星重力计划 Mars - SST - A/B 测量原理

本章建立了 K 波段测距系统的星间速度误差的半解析误差模型，用于估计累

积大地水准面误差 δN_{e}[53]，有

$$\delta N_{\mathrm{e}} = R_{\mathrm{e}}\sqrt{\sum_{l=2}^{L}\left\{\frac{1}{2[1-P_l(\cos\theta)]}\frac{R_{\mathrm{e}}}{GM_{\mathrm{e}}}\left(\frac{r_{\mathrm{e}}}{R_{\mathrm{e}}}\right)^{2l+1}\sigma_l^2(\delta\dot{\rho}_{\mathrm{e}12})\right\}} \tag{10.1}$$

式中，GM_{e} 为万有引力常数 G 与地球质量 M_{e} 的乘积；R_{e} 为地球的平均半径；r_{e} 为由卫星质心到地心的距离；$P_l(\cos\theta)$ 为 l 阶勒让德函数；θ 为地心角。

本章提出星间速度误差 $\delta\dot{\rho}_{\mathrm{m}12}$、轨道位置误差 δr_{m} 和非保守力误差 δf_{m} 的解析关系，用于建立月球重力场模型[54]

$$\delta\dot{\rho}_{\mathrm{m}12} = \frac{-2GM_{\mathrm{m}}\Delta t\sin\left(\frac{\theta}{2}\right)}{r_{\mathrm{m}}^3\sqrt{L_{\max}}}\delta r_{\mathrm{m}} = \sqrt{\frac{12r_{\mathrm{m}}^3}{GM}}\delta f_{\mathrm{m}} \tag{10.2}$$

式中，GM_{m} 为万有引力常数 G 和月球质量 M_{m} 的乘积；r_{m} 为由卫星质心到月心的距离；Δt 为采样间隔；$L_{\max}$ 为月球引力位按球函数展开的最大阶数。

不同于前人研究，通过联合式（10.1）和式（10.2），本章构建了由激光干涉测距系统的星间速度误差 $\delta\dot{\rho}_{\mathrm{M}12}$、地面深空网（DSN）的轨道位置误差 δr_{M} 和无拖曳控制系统（DFCS）的非保守力误差 δf_{M} 联合影响的新型半数值累积火星大地水准面综合误差模型，即

$$\delta N_{\mathrm{c}} = R_{\mathrm{M}}\left\{\sum_{l=2}^{L}\frac{1}{2[1-P_l(\cos\theta_{\mathrm{M}})]}\frac{R_{\mathrm{M}}}{GM}\left(\frac{r_{\mathrm{M}}}{R_{\mathrm{M}}}\right)^{2l+1}\sigma_l^2(\delta\eta_{\mathrm{M}})\right\}^{\frac{1}{2}} \tag{10.3}$$

式中，$\delta\eta_{\mathrm{M}} = \sqrt{\sigma_l^2(\delta\dot{\rho}_{\mathrm{M}12}) + \sigma_l^2\left(\frac{2GM\Delta t_{\mathrm{M}}\sin\left(\frac{\theta_{\mathrm{M}}}{2}\right)}{r_{\mathrm{M}}^3\sqrt{L_{\max}}}\delta r_{\mathrm{M}}\right) + \sigma_l^2\left(\sqrt{12r_{\mathrm{M}}^3/(GM)}\delta f_{\mathrm{M}}\right)}$；$GM$ 为引力常数 G 和火星质量 M 之积；R_{M} 为火星平均半径；$P_l(\cos\theta_{\mathrm{M}})$ 为勒让德函数；l 为球函数展开的阶数；θ_{M} 为对应于激光干涉测距系统的星间距离 $\rho_{\mathrm{M}12}$ 的火心角；Δt_{M} 为采样间隔；$L_{\max}$ 为火星重力场反演的理论最大阶数。

基于 Mars－SST 双星关键载荷误差 $\delta\dot{\rho}_{\mathrm{M}12}$、$\delta r_{\mathrm{M}}$ 和 δf_{M}，估计累积火星大地水准面误差步骤如下。

（1）在火星表面，首先按照经度 λ_{M}（0°～360°）和纬度 ϕ_{M}（－90°～90°）进行均匀格网划分，然后将 Mars－SST 星下点误差 $\delta\eta_{\mathrm{M}}(\phi_{\mathrm{M}},\lambda_{\mathrm{M}})$ 平均插值到格点处。

（2）$\delta\eta_{\mathrm{M}}(\phi_{\mathrm{M}},\lambda_{\mathrm{M}})$ 按照球函数展开，有

$$\delta\eta_{\mathrm{M}}(\phi_{\mathrm{M}},\lambda_{\mathrm{M}}) = \sum_{l=0}^{L}\sum_{m=0}^{l}[(C_{\delta\eta_{lm}}\cos m\lambda_{\mathrm{M}} + S_{\delta\eta_{lm}}\sin m\lambda_{\mathrm{M}})\bar{P}_{lm}(\sin\phi_{\mathrm{M}})] \tag{10.4}$$

式中，$(C_{\delta\eta_{lm}},\ S_{\delta\eta_{lm}})$ 为球函数展开的系数，有

$$(C_{\delta\eta_{lm}},S_{\delta\eta_{lm}}) = \frac{1}{4\pi}\iint\delta\eta(\phi_{\mathrm{M}},\lambda_{\mathrm{M}})\bar{Y}_{lm}(\phi_{\mathrm{M}},\lambda_{\mathrm{M}})\cos\phi_{\mathrm{M}}\mathrm{d}\phi_{\mathrm{M}}\mathrm{d}\lambda_{\mathrm{M}} \tag{10.5}$$

式中，$\bar{Y}_{lm}(\phi_{\mathrm{M}},\lambda_{\mathrm{M}}) = \bar{P}_{l|m|}(\sin\phi_{\mathrm{M}})Q_m(\lambda_{\mathrm{M}}),Q_m(\lambda_{\mathrm{M}}) = \begin{cases}\cos(m\lambda_{\mathrm{M}}) & m \geqslant 0\\ \sin(|m|\lambda_{\mathrm{M}}) & m < 0\end{cases}$。

（3）阶误差方差 $\delta\eta_{\mathrm{M}}$ 表示为

$$\sigma_l^2(\delta\eta_{\mathrm{M}}) = \sum_{m=0}^{l}(C_{\delta\eta_{lm}}^2 + S_{\delta\eta_{lm}}^2) \tag{10.6}$$

通过联合式（10.3）和式（10.6），火星重力场模型可被有效且精确反演。

10.2.2　误差模型校验

如图 10.2 所示，星号线表示美国宇航局喷气推进实验室（NASA - JPL）公

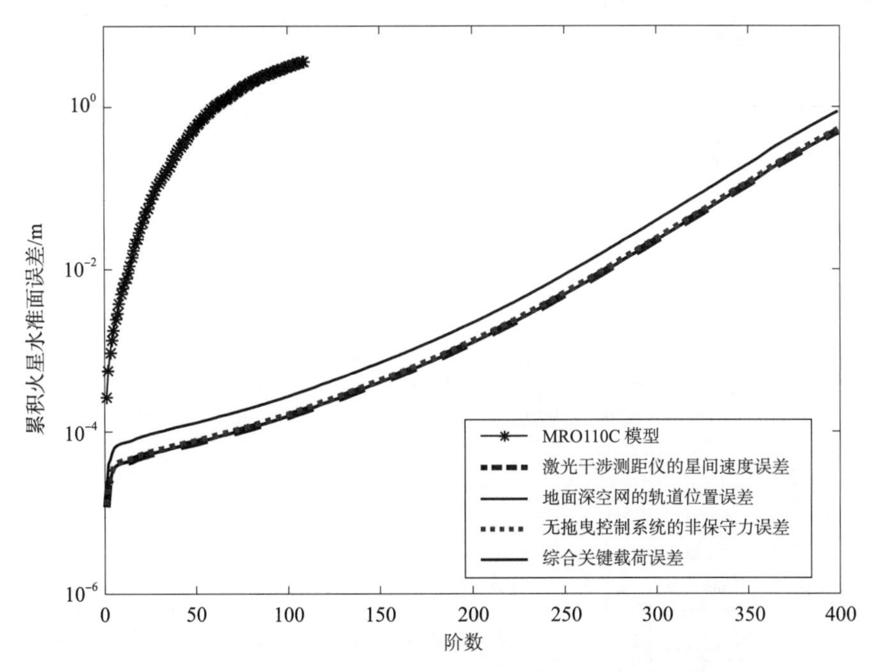

图 10.2　基于星间速度误差、轨道位置误差和非保守力误差影响的 Mars - SST 火星累积大地水准面误差对比

布的110阶火星重力场模型MRO110C；在110阶处，累积大地水准面误差为3.641 m。虚粗线、实细线、点粗线和实粗线分别表示基于将来Mars - SST双星的激光干涉测距仪的星间速度误差、地面深空网的轨道位置误差、无拖曳控制系统的非保守力误差和综合关键载荷误差反演的400阶累积火星大地水准面误差；半数值综合误差模型（式（10.3））的相关参数如表10.3所示；Mars - SST火星重力卫星关键载荷误差影响的累积大地水准面误差统计结果如表10.4所示。研究结果如下。

表10.3 将来Mars - SST火星重力测量计划的综合误差模型参数

参数		指标
轨道	轨道高度 H_M/km	(100 ± 50)
	星间距离 ρ_{M12}/km	(50 ± 10)
	采样间隔 Δt_M/s	5
	平均半径 R_M/km	3 396
	万有引力常数 $GM/(m^3 \cdot s^{-2})$	$4.282\,837\,564 \times 10^{13}$
载荷	星间速度误差 $\delta\dot{\rho}_{M12}$ (ILRS)/$(m \cdot s^{-1})$	10^{-7}
	轨道位置误差 $\delta \boldsymbol{r}_M$ (DSN)/m	35
	非保守力误差 $\delta \boldsymbol{f}_M$ (DFCS)/$(m \cdot s^{-2})$	3×10^{-11}

表10.4 Mars - SST火星重力卫星关键载荷误差影响的累积大地水准面误差统计

参数		累积大地水准面误差/m						
		20阶	50阶	80阶	110阶	200阶	300阶	400阶
MRO110C模型		2.818×10^{-2}	5.249×10^{-1}	1.936×10^{0}	3.641×10^{0}	—	—	—
关键载荷	星间速度误差 (10^{-7} m/s)	4.861×10^{-5}	7.259×10^{-5}	1.101×10^{-4}	1.816×10^{-4}	1.221×10^{-3}	2.202×10^{-2}	5.013×10^{-1}
	轨道位置误差 (35 m)	4.868×10^{-5}	7.269×10^{-5}	1.103×10^{-4}	1.819×10^{-4}	1.223×10^{-3}	2.205×10^{-2}	5.021×10^{-1}
	非保守力误差 (3×10^{-11} m/s^2)	5.153×10^{-5}	7.698×10^{-5}	1.168×10^{-4}	1.926×10^{-4}	1.293×10^{-3}	2.335×10^{-2}	5.316×10^{-1}
	综合误差	8.530×10^{-5}	1.275×10^{-4}	1.932×10^{-4}	1.189×10^{-4}	2.141×10^{-3}	3.865×10^{-2}	8.798×10^{-1}

（1）如表10.4所示，在400阶处，基于将来Mars - SST双星的星间速度误

差、轨道位置误差和非保守力误差分别影响的累积火星大地水准面误差为 5.013×10^{-1} m、5.021×10^{-1} m 和 5.316×10^{-1} m。基于图 10.2 中虚粗线、实细线和点粗线的符合性可知：基于关键载荷误差模型（星间速度、轨道位置和非保守力）分别有效和快速估计火星重力场精度是可靠的；同时，表 10.3 中显示的关键载荷精度指标（星间速度、轨道位置和非保守力）是相互匹配的。

（2）在 400 阶处，基于 Mars - SST 双星关键载荷的综合误差模型（式(10.3)）反演累积火星大地水准面误差为 8.798×10^{-1} m。通过图 10.2 中星号线和实粗线对比可知，基于将来 Mars - SST 双星计划反演火星重力场精度较现有 MRO110C 火星重力场模型精度至少高 10 倍。

（3）本章构建的用于估计累积火星大地水准面误差的半数值综合关键载荷误差模型是正确的，有利于建立下一代高精度和高空间分辨率火星重力场模型。

10.3　Mars - SST 卫星重力计划需求分析

10.3.1　观测模式优化选取

1. DSN 观测模式

如图 10.3 所示，地面深空网观测模式（DSN）的工作原理如下。

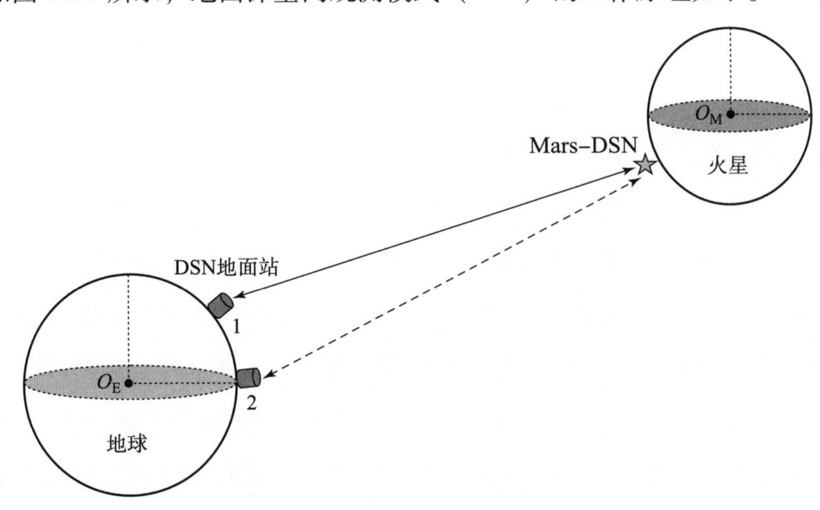

图 10.3　DSN 观测模式测量原理

(1) 联合多普勒 (Doppler) 系统的距离和速度 (敏感于径向观测) 以及甚长基线干涉 (VLBI) 系统的延迟和延迟率 (敏感于水平观测), 精密跟踪火星重力卫星的轨道位置 $\boldsymbol{r}_{\mathrm{M}}$。

(2) 作用于火星重力卫星的非保守力 $\boldsymbol{f}_{\mathrm{M}}$ (大气阻力、轨道高度和姿态控制力、火星辐射压、太阳辐射压、宇宙射线压等) 被星载无拖曳系统 (DFCS) 实时补偿。

(3) 建立保守力 $\boldsymbol{F}_{\mathrm{M}}$ 模型 (太阳引力、火星固体潮和大气潮、相对论效应等)。

(4) 基于火星卫星观测方程 $\boldsymbol{g}_{\mathrm{M}} = \ddot{\boldsymbol{r}}_{\mathrm{M}} - \boldsymbol{f}_{\mathrm{M}} - \boldsymbol{F}_{\mathrm{M}}$, 反演火星重力场。

随着星载无拖曳系统 (DFCS) 性能的明显提升, 非保守力观测精度 (10^{-11} ~ 10^{-13} m/s^2) 已能较好满足火星重力场反演精度需求。但是, 由于轨道测量精度 (米级) 限制, 基于地面深空网观测模式无法实质性提高火星重力场模型精度。

2. DSN – SST – LL 观测模式

地面深空网联合卫星跟踪卫星低低模式 (DSN – SST – LL) 主要包括地面深空网 (DSN) 和 Mars – SST 火星重力双星。如图 10.4 所示, DSN – SST – LL 观测模式工作原理如下: ①基于地面深空网精密测量 Mars – SST 火星重力双星轨道; ②通过星载激光干涉测距仪 (ILRS) 高精度测量星间速度; ③利用星载无拖曳控制系统实施补偿作用于 Mars – SST 火星重力双星的非保守力; ④借助姿态和轨道控制系统 (AOCS) 精确感测关键载荷和卫星系统的三维空间姿态; ⑤联合 Mars – SST 火星重力双星的轨道位置、星间距离、非保守力、三维姿态等观测数据构建高精度和高空间分辨率火星重力场模型。

DSN – SST – LL 观测模式的优点如下: ①由于采用差分原理, 基于 Mars – SST 火星重力双星反演火星重力场精度较基于火星重力单星反演精度至少提高 1 个数量级; ②由于火星重力场模型反演精度主要敏感于星间距离观测值, 因此 Mars – SST 火星重力双星的定轨精度可适当放宽; ③火星重力场探测精度高, 火星重力双星系统技术难度小; ④可借鉴地球重力双星 GRACE/GFO 和月球重力双星 GRAIL 的成功经验。总之, DSN – SST – LL 观测模式是反演高精度和高空间分辨率 Mars – SST 火星重力场精度的优化设计。

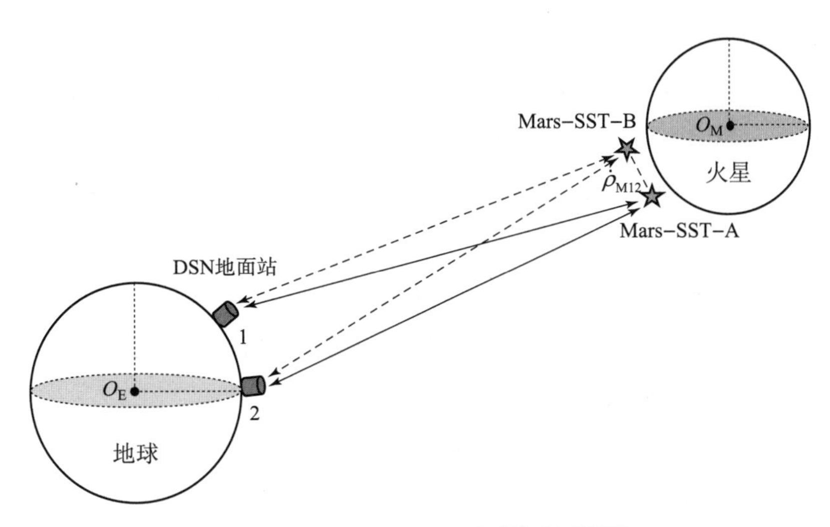

图 10.4　DSN – SST – LL 观测模式测量原理

3. DSN – SGG 观测模式

如图 10.5 所示，地面深空网联合卫星重力梯度（DSN – SGG）观测系统由位于地球的地面深空网和绕火星飞行的重力梯度卫星构成。其优点如下。

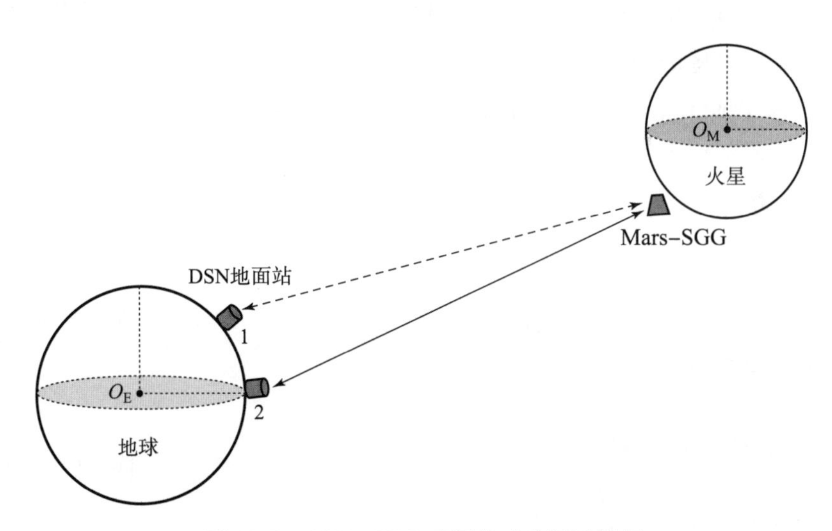

图 10.5　DSN – SGG 观测模式的测量原理

（1）传统火星探测器通过多普勒跟踪数据可获得火星静态重力场的中长波信号。因为火星引力位的 2 阶张量可被直接测量，所以火星重力场的中高频精细结构有利于被精确反演。因此，卫星重力梯度测量技术是构建火星中短波重力场模型的有效途径。

（2）基于卫星多普勒观测原理的传统卫星重力测量技术主要取决于卫星轨道测量精度。然而，由于卫星重力梯度仪的加速度计阵列可同时测量卫星运动姿态和卫星重力梯度数据，经后处理可辅助精密定轨，因此火星 DSN－SGG 观测模式对卫星轨道测量精度要求较低。

（3）近圆、极轨和低轨的火星重力梯度卫星可获得全球覆盖和规则分布的重力梯度数据，不仅有利于精确测量火星重力场的短波信号，而且可借鉴 GOCE 地球卫星梯度计划的成功经验。

4. DSN－SST－LL 和 DSN－SGG 观测模式对比

（1）基于 DSN－SST－LL 观测模式有利于提高火星静态重力场的中长波信号精度，通过 DSN－SGG 观测模式有利于反演火星静态中短波重力场。因此，联合 DSN－SST－LL 和 DSN－SGG 观测模式有望获得高精度、高空间分辨率和全波段的火星重力场模型。

（2）基于 DSN－SST－LL 观测模式不仅有利于建立火星静态重力场模型，同时可监测火星时变重力场信息。然而，DSN－SGG 观测模式仅能反演火星静态重力场，无法实现将来 Mars－SST 火星双星重力计划的科学目标。

（3）鉴于地球卫星重力计划 GRACE 和 GOCE 的实施经验，在将来 Mars－SST 火星双星重力计划中，DSN－SGG 观测模式的技术复杂性高于 DSN－SST－LL 观测模式。

总之，DSN－SST－LL 和 DSN－SGG 观测模式不是相互竞争，而是互补的。本章建议在火星卫星重力测量第一阶段首先采用 DSN－SST－LL 观测模式，在后续阶段可考虑采用 DSN－SGG 观测模式。

10.3.2 关键载荷匹配精度

1. 星间速度误差

如图 10.6 所示，星号线表示 MRO110C 火星重力场模型误差；在 110 阶处，累积火星大地水准面误差为 3.641 m。虚细线、实细线和虚粗线分别表示基于星载激光干涉测距仪的不同星间速度误差（10^{-6} m/s、10^{-7} m/s 和 10^{-8} m/s）反演 400 阶 Mars－SST 累积火星大地水准面误差，统计结果如表 10.5 所示。研究结果如下。

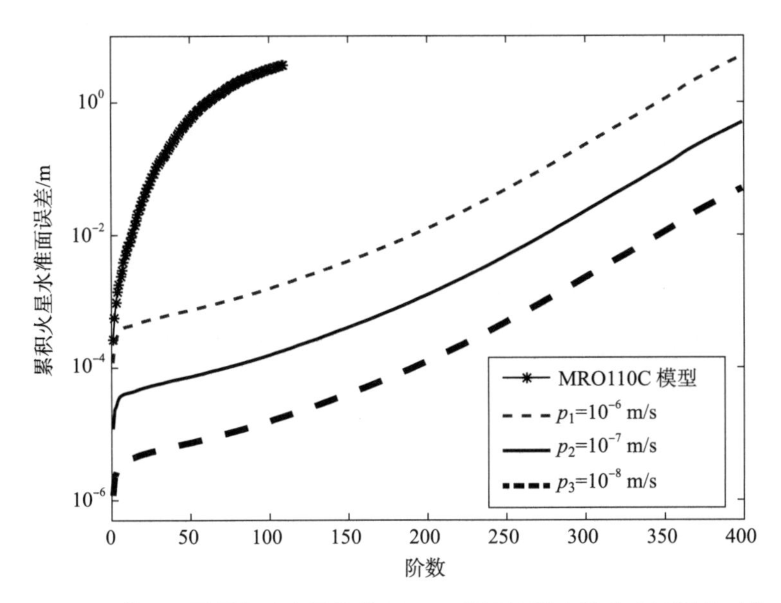

图 10.6 基于不同星间速度误差的 Mars – SST 累积大地水准面误差对比

表 10.5 基于不同星间速度误差的 Mars – SST 累积大地水准面误差统计

参数		累积大地水准面误差/m						
		20 阶	50 阶	80 阶	110 阶	200 阶	300 阶	400 阶
MRO110C 模型		2.818×10^{-2}	5.249×10^{-1}	1.936×10^{0}	3.641×10^{0}	—	—	—
星间速度误差	10^{-6} m/s	4.860×10^{-4}	7.259×10^{-4}	1.101×10^{-3}	1.816×10^{-3}	1.220×10^{-2}	2.202×10^{-1}	5.013×10^{0}
	10^{-7} m/s	4.860×10^{-5}	7.259×10^{-5}	1.101×10^{-4}	1.816×10^{-4}	1.220×10^{-3}	2.202×10^{-2}	5.013×10^{-1}
	10^{-8} m/s	4.860×10^{-6}	7.259×10^{-6}	1.101×10^{-5}	1.816×10^{-5}	1.220×10^{-4}	2.202×10^{-3}	5.013×10^{-2}

（1）在400阶处，基于星载激光干涉测距仪星间速度误差 10^{-6} m/s 反演累积火星大地水准面误差为 5.013 m，分别是基于星间速度误差 10^{-7} m/s 和 10^{-8} m/s 反演累积火星大地水准面误差的10倍和100倍。如果星载激光干涉测距仪星间速度误差被设计为 10^{-6} m/s，由于星间速度测量精度较低，因此火星重力场反演精度无法被实质性提高；反之，假如 Mars – SST 双星采用较高的星间速度测量精度 10^{-8} m/s，星载激光干涉测距仪的研制困难将增加。

（2）星载激光干涉测距仪是提高火星重力场模型精度的关键载荷之一。测量原理如下：①Mars - SST - A/B 星间传输采用双频激光信号；②Mars - SST 卫星接收到的激光信号与本地超稳定振荡器（USO）产生的激光信号进行混频处理；③相位信号被发送回地球跟踪站。星载激光干涉测距仪的研制和应用不仅是将来 DSN - SST - LL 观测模式的主流方向，而且是构建下一代高精度火星重力场图的重要手段。

（3）同时兼顾火星重力场反演精度和关键载荷研制难度，星载激光干涉测距仪星间速度误差 10^{-7} m/s 是将来 Mars - SST 双星计划的较优选择。

2. 轨道位置误差

如图 10.7 所示，星号线表示 MRO110C 火星重力场模型误差；在 110 阶处，累积火星大地水准面误差为 3.641 m。虚细线、实细线和虚粗线分别表示基于地面深空网的不同轨道位置误差（350 m、35 m 和 3.5 m）反演 400 阶 Mars - SST 累积火星大地水准面误差，统计结果如表 10.6 所示。研究结果如下。

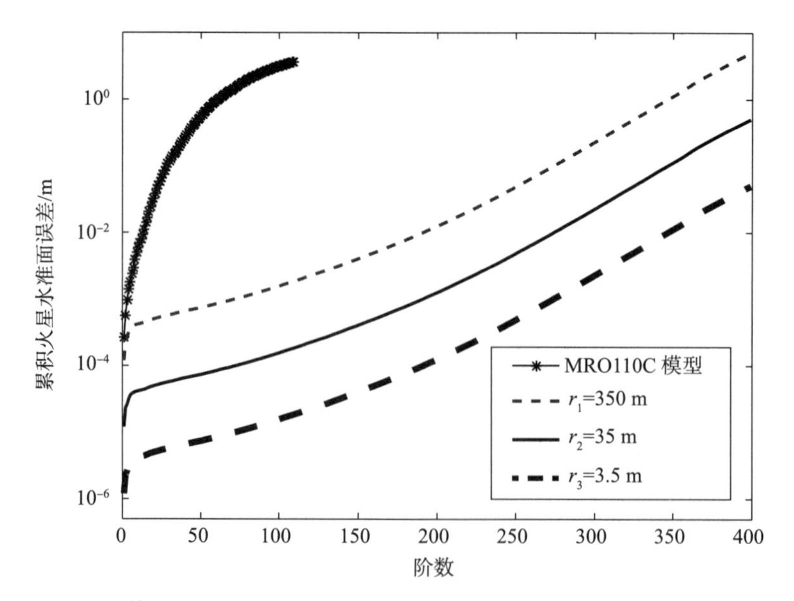

图 10.7　基于不同轨道位置误差的 Mars - SST 累积大地水准面误差对比

表 10.6　基于不同轨道位置误差的 Mars – SST 累积大地水准面误差统计

参数		累积大地水准面误差/m						
		20 阶	50 阶	80 阶	110 阶	200 阶	300 阶	400 阶
MRO110C 模型		2.818×10^{-2}	5.249×10^{-1}	1.936×10^{0}	3.641×10^{0}	—	—	—
轨道位置误差	350 m	4.868×10^{-4}	7.269×10^{-4}	1.103×10^{-3}	1.819×10^{-3}	1.222×10^{-2}	2.205×10^{-1}	5.021×10^{0}
	35 m	4.868×10^{-5}	7.269×10^{-5}	1.103×10^{-4}	1.819×10^{-4}	1.222×10^{-3}	2.205×10^{-2}	5.021×10^{-1}
	3.5 m	4.868×10^{-6}	7.269×10^{-6}	1.103×10^{-5}	1.819×10^{-5}	1.222×10^{-4}	2.205×10^{-3}	5.021×10^{-2}

（1）在 400 阶处，基于轨道位置误差 3.5 m 反演累积火星大地水准面误差为 5.021×10^{-2} m，分别是基于轨道位置误差 35 m 和 350 m 反演累积火星大地水准面误差的 $\frac{1}{10}$ 和 $\frac{1}{100}$。当 Mars – SST 双星设计为较高定轨精度 3.5 m 时，尽管火星重力场反演精度有一定程度提高，但由于对地面深空网的研制技术要求较高，因此将影响 Mars – SST 计划的成功实施。反之，较低的轨道位置测量精度 350 m 将不利于火星重力场模型精度的提升。

（2）基于地面深空网（DSN）对将来 Mars – SST 双星的精密轨道测量（POD）是反演高精度和高空间分辨率火星重力场的关键因素。目前星载激光干涉星间测距仪（ILRS）和无拖曳控制系统（DFCS）的测量精度基本能满足火星重力场反演精度的需求。然而，目前轨道测量精度相对于其他关键载荷略低。因此，地面深空网的轨道测量精度提升是建立下一代高精度和高空间分辨率火星重力场模型的迫切需求。

（3）权衡轨道观测精度和计划实施可能性，将来 Mars – SST 双星采用地面深空网轨道位置误差为 35 m 较优。

3. 非保守力误差

如图 10.8 所示，星号线表示 MRO110C 火星重力场模型误差；在 110 阶处，累积火星大地水准面误差为 3.641 m。虚细线、实细线和虚粗线分别表示基于无拖曳控制系统的不同非保守力误差（3×10^{-10} m/s^2、3×10^{-11} m/s^2 和 3×10^{-12} m/s^2）

反演 400 阶 Mars - SST 累积火星大地水准面误差，统计结果如表 10.7 所示。研究结果如下。

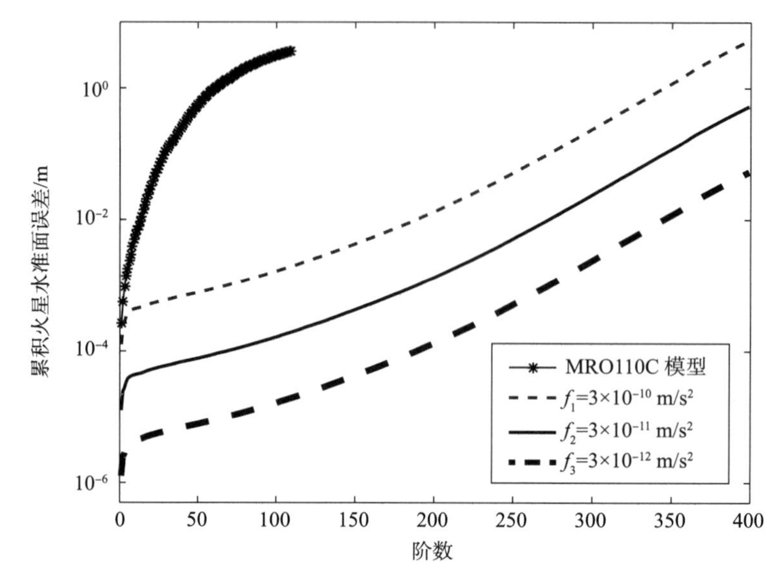

图 10.8 基于不同非保守力误差的 Mars - SST 累积大地水准面误差对比

表 10.7 基于不同非保守力误差的 Mars - SST 累积大地水准面误差统计

参数		累积大地水准面误差/m						
		20 阶	50 阶	80 阶	110 阶	200 阶	300 阶	400 阶
MRO110C 模型		2.818×10^{-2}	5.249×10^{-1}	1.936×10^{0}	3.641×10^{0}	—	—	—
非保守力误差	3×10^{-10} m/s²	5.153×10^{-4}	7.698×10^{-4}	1.168×10^{-3}	1.926×10^{-3}	1.293×10^{-2}	2.335×10^{-1}	5.316×10^{0}
	3×10^{-11} m/s²	5.153×10^{-5}	7.698×10^{-5}	1.168×10^{-4}	1.926×10^{-4}	1.293×10^{-3}	2.335×10^{-2}	5.316×10^{-1}
	3×10^{-12} m/s²	5.153×10^{-6}	7.698×10^{-6}	1.168×10^{-5}	1.926×10^{-5}	1.293×10^{-4}	2.335×10^{-3}	5.316×10^{-2}

（1）在 400 阶处，基于非保守力误差 3×10^{-11} m/s² 反演累积火星大地水准面误差为 5.316×10^{-1} m，是利用非保守力误差 3×10^{-12} m/s² 反演累积火星大地水准面误差的 10 倍，是通过非保守力误差 3×10^{-10} m/s² 反演累积火星大地水准面误差的 $\frac{1}{10}$。当无拖曳控制系统的非保守力被设计为低测量精度 3×10^{-10} m/s²

时，将在一定程度上损失火星重力场反演精度；反之，假如采用较高的非保守力误差 3×10^{-12} m/s^{2}时，无拖曳控制系统研制的技术困难将较大程度增加。

（2）星载无拖曳控制系统（DFCS）的测量原理如下：在基于 Mars - SST 双星探测火星重力场期间，利用无拖曳控制系统实时补偿作用于重力双星的非保守力。由于火星表面的低热导率、低热扩散率和低比热容，随着 Mars - SST 双星轨道高度逐渐降低，火星辐射压呈逐渐增加趋势。由于火星大气较稀薄，因此尽管作用于 Mars - SST 双星的大气阻力相对较小，但是太阳风压和宇宙射线压的负面效应不可忽视。因此，基于星载无拖曳控制系统对非保守力的精确补偿是实质性提高火星重力场反演精度的关键因素。

（3）总之，权衡利弊，将来 Mars - SST 火星重力双星计划的非保守力误差设计为 3×10^{-11} m/s^{2}较优。

4. 综合误差

如图 10.9 所示，星号线表示 MRO110C 火星重力场模型误差；在 110 阶处，累积火星大地水准面误差为 3.641 m。虚细线、实细线和虚粗线分别表示利用半数值综合误差模型（式（10.3）和表 10.3），基于星载激光干涉测距仪、地面深

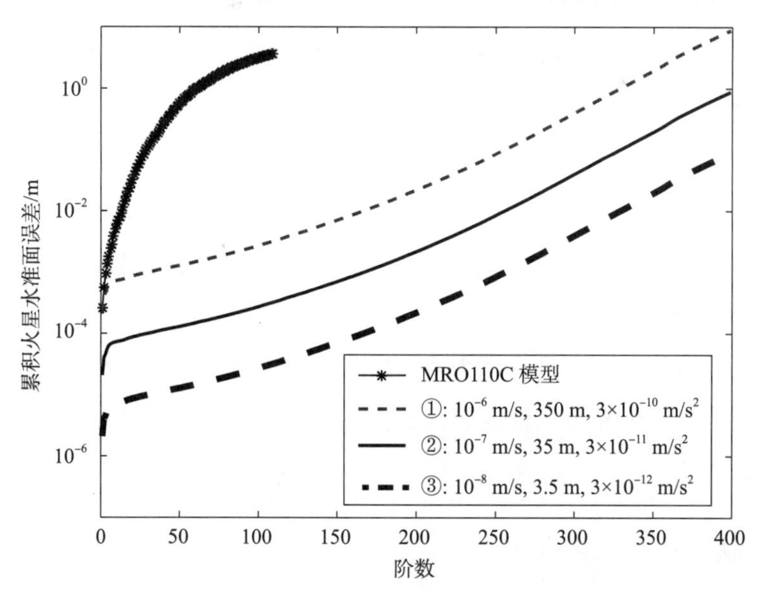

图 10.9　基于不同综合误差（星间速度误差、轨道位置误差和非保守力误差）的 Mars - SST 累积大地水准面误差对比

空网、无拖曳控制系统的不同关键载荷误差（①星间速度误差 10^{-6} m/s、轨道位置误差 350 m 和非保守力误差 3×10^{-10} m/s^2；②星间速度误差 10^{-7} m/s、轨道位置误差 35 m 和非保守力误差 3×10^{-11} m/s^2；③星间速度误差 10^{-8} m/s、轨道位置误差 3.5 m 和非保守力误差 3×10^{-12} m/s^2）反演 400 阶 Mars－SST 的累积火星大地水准面误差，统计结果如表 10.8 所示。研究结果如下。

表 10.8　基于不同关键载荷综合误差（星间速度误差、轨道位置误差和非保守力误差）的 Mars－SST 累积大地水准面误差统计

参数		累积大地水准面误差/m						
		20 阶	50 阶	80 阶	110 阶	200 阶	300 阶	400 阶
MRO110C 模型		2.818×10^{-2}	5.249×10^{-1}	1.936×10^{0}	3.641×10^{0}	—	—	—
综合误差	①	8.530×10^{-4}	1.275×10^{-3}	1.932×10^{-3}	3.189×10^{-3}	2.141×10^{-2}	3.865×10^{-1}	8.798×10^{0}
	②	8.530×10^{-5}	1.275×10^{-4}	1.932×10^{-4}	1.189×10^{-4}	2.141×10^{-3}	3.865×10^{-2}	8.798×10^{-1}
	③	8.530×10^{-6}	1.275×10^{-5}	1.932×10^{-5}	1.189×10^{-5}	2.141×10^{-4}	3.865×10^{-3}	8.798×10^{-2}

（1）在 400 阶处，基于关键载荷匹配精度指标（①星间速度误差 10^{-6} m/s、轨道位置误差 350 m 和非保守力误差 3×10^{-10} m/s^2）反演累积火星大地水准面误差为 8.798 m。当采用关键载荷匹配精度指标（②星间速度误差 10^{-7} m/s、轨道位置误差 35 m 和非保守力误差 3×10^{-11} m/s^2；③星间速度误差 10^{-8} m/s、轨道位置误差 3.5 m 和非保守力误差 3×10^{-12} m/s^2）时，累计火星大地水准面反演精度将提高 10 倍和 100 倍。

（2）综合 10.3.1 和 10.3.2 小节的优选原因，将来 Mars－SST 火星重力双星计划的关键载荷匹配精度设计为星间速度误差 10^{-7} m/s、轨道位置误差 35 m 和非保守力误差 3×10^{-11} m/s^{2}较优。

10.3.3　轨道参数优化设计

1. 轨道高度

如图 10.10 所示，星号线表示 MRO110C 火星重力场模型误差；在 110 阶处，累积火星大地水准面误差为 3. 641 m。虚细线、实细线和虚粗线分别表示利用半数值综合误差模型，基于不同轨道高度（150 km、100 km 和 50 km）反演 400 阶 Mars – SST 累积火星大地水准面误差，统计结果如表 10. 9 所示。研究结果如下。

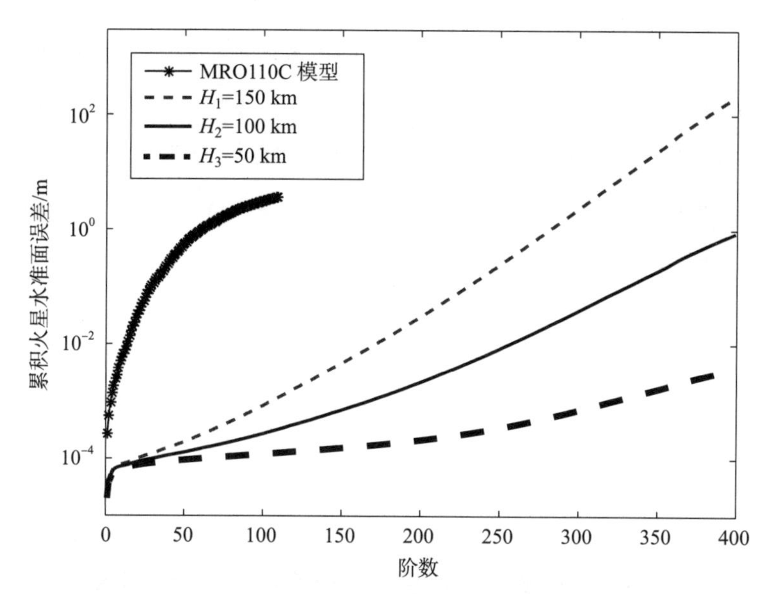

图 10. 10　基于不同轨道高度（150 km、100 km 和 50 km）的 Mars – SST 累积大地水准面误差对比

表 10. 9　基于不同轨道高度（150 km、100 km 和 50 km）的 Mars – SST 累积大地水准面误差统计

参数		累积大地水准面误差/m						
		20 阶	50 阶	80 阶	110 阶	200 阶	300 阶	400 阶
MRO110C 模型		2.818×10^{-2}	5.249×10^{-1}	1.936×10^{0}	3.641×10^{0}	—	—	—
轨道高度	$H_1=150$ km	9.732×10^{-5}	1.898×10^{-4}	4.323×10^{-4}	1.132×10^{-3}	2.935×10^{-2}	2.306×10^{0}	2.133×10^{2}
	$H_2=100$ km	8.530×10^{-5}	1.275×10^{-4}	1.932×10^{-4}	1.189×10^{-4}	2.141×10^{-3}	3.865×10^{-2}	8.798×10^{-1}
	$H_3=50$ km	7.558×10^{-5}	9.421×10^{-5}	1.092×10^{-4}	1.255×10^{-4}	2.116×10^{-4}	7.092×10^{-4}	3.792×10^{-3}

（1）在 400 阶处，基于卫星轨道高度 100 km，累积火星大地水准面误差为

8.798×10^{-1} m；基于卫星轨道高度 150 km，累计火星大地水准面精度降低到$\frac{1}{242}$；基于卫星轨道高度50 km，累计火星大地水准面精度提高232倍。在火星卫星重力反演过程中，火星重力场信号随卫星轨道高度增加的指数衰减效应$[R_M/(R_M+H_M)]^{l+1}$是火星重力场模型精度的主要限制因素。为了克服以上缺点，目前最有效的方法是 Mars - SST 双星采用低火星轨道高度设计（(100 ±50) km)。然而，随着卫星轨道高度的降低，为了有效调整 Mars - SST 双星，轨道和姿态控制推进器将频繁喷气，这一不稳定的卫星平台工作环境将极大程度影响关键载荷的观测精度。因为 Mars - SST 双星预期搭载无拖曳控制系统（DFCS)，由于低火星轨道设计（(100 ±50) km）导致的非保守力增加将不会实质性影响火星重力场探测精度。基于误差理论和统计学原理，如果 Mars - SST 双星观测数据增加 N 倍，火星重力场反演精度仅能提高$\sqrt{N}$倍。因此，适当降低卫星轨道高度（(100 ± 50) km）导致的 Mars - SST 双星寿命缩短将不会实质性影响火星重力场模型精度。

(2) 因为不同卫星轨道高度对火星引力位系数（带谐、扇谐和田谐）的敏感度不同，因此已实施的火星探测计划仅对特定轨道高度的火星重力场信号敏感。假如将来 Mars - SST 双星计划的轨道高度与已实施火星探测计划（Mariner 9、Phobos - 1、Viking 1/2、MRO、MGS and Mars Odyssey）的轨道高度相同，这就相当于简单重复测量，使火星重力场精度难以进一步提高。因此，将来 Mars - SST 双星的轨道高度((100 ±50) km）预期设计为已有火星探测计划的轨道高度测量盲区。尽管适当降低卫星轨道高度有利于提高火星重力场反演精度，但同时也一定程度地损失将来 Mars - SST 双星的工作寿命。本章预期采用星载无拖曳控制系统实时补偿作用于 Mars - SST 双星的非保守力（$10^{-11}\sim10^{-12}$ m/s^2）。因此，将来 Mars - SST 双星的工作寿命（大于 5 年）将不会被实质性影响。另外，火星大气密度小于地球大气密度的 1%，火星表面大气压仅为 500 ~ 700 Pa。因此，火星重力卫星受到的大气阻力仅为地球重力卫星的$\frac{1}{100}$。总之，低火星轨道((100 ±50) km）的负面影响较低地球轨道可忽略。

(3) 星载无拖曳控制系统通常由加速度计、轨道和姿态推进器、实时控制微处理器构成。基本工作原理如下：①通过加速度计精确测量作用于将来 Mars - SST 双星的非保守力；②实时控制微处理器将加速度计的非保守力转化为轨道和姿态推进器的期望推力和力矩；③利用轨道和姿态微推进器实时补偿作用于将来 Mars - SST 双星的非保守力。星载无拖曳控制系统的优点如下：由于作用于卫星平台系统和关键载荷的非保守力可被星载无拖曳控制系统有效屏蔽，因此不仅可为卫星平台系统和关键载荷提供安静的工作环境和保证测量精度，而且有利于使将来 Mars - SST 双星的轨道高度进一步降低，同时有效抑制火星重力场的中短波信号衰减。

（4）由于不同卫星轨道高度将导致卫星轨道重复周期和星下点轨迹的变化，因此卫星轨道重复周期是决定火星重力场反演精度的关键因素。卫星轨道重复覆盖（星下点重复轨迹）可为火星重力场模型系数的精确测量提供有利条件[55]。卫星重复轨道（共振轨道）定义如下：对于 2 个质数 $\boldsymbol{\Phi}$ 和 $\boldsymbol{\Psi}$，当卫星绕地球旋转 $\boldsymbol{\Psi}$ 圈，卫星轨道升交点绕地轴旋转 $\boldsymbol{\Phi}$ 圈，恰恰重复通过地球相同的子午面[56-57]。将来 Mars - SST 双星的轨道高度设计为 $H_M = 50 \sim 150$ km，因此轨道重复周期 $\alpha = 55.426 \sim 57.856$ 天（式（10.11））。

将来 Mars - SST 双星的绕火星每圈周期 T 表示为

$$T = 2\pi \left[\frac{(R_M + H_M)^3}{GM} \right]^{1/2} \tag{10.7}$$

式中，$G = 6.672 \times 10^{-11}$ （$\mathrm{N \cdot m^2/kg^2}$）；$M = 6.422 \times 10^{23}$ kg；$R_M = 3.397 \times 10^6$ m；H_M为火星轨道高度（（100 ± 50）km）。

将来 Mars - SST 双星的每天绕火星圈数表示为

$$N = \frac{t}{T} \tag{10.8}$$

式中，$t = 24.617 \times 3\,600$ s 为火星的自转周期。

将来 Mars - SST 双星的星下点轨迹在赤道处间距为

$$\lambda = \frac{2\pi R_M}{\alpha N} \tag{10.9}$$

式中，α 为轨道重复周期。

火星重力场反演的空间分辨率 D 表示为

$$D \approx \lambda = \frac{\pi R_M}{L_{\max}} \tag{10.10}$$

式中，$L_{\max}=400$ 为火星重力场反演的最大阶数。

联合式（10.6）至式（10.10），轨道重复周期 α 表示为

$$\alpha = \frac{4L_{\max}\pi \dfrac{(R_M+H_M)^3}{(GM)^{1/2}}}{t} \tag{10.11}$$

（5）综合考虑火星重力场反演精度和卫星系统工作寿命，将来 Mars - SST 双星的轨道高度设计为（100 ± 50）km 较优。

2. 星间距离

如图 10.11 所示，星号线表示 MRO110C 火星重力场模型误差；在 110 阶处，累积火星大地水准面误差为 3.641 m。虚细线、实细线和虚粗线分别表示基于不同星间距离（30 km、50 km 和 100 km）反演 400 阶 Mars - SST 累积火星大地水准面误差，统计结果如表 10.10 所示。研究结果如下。

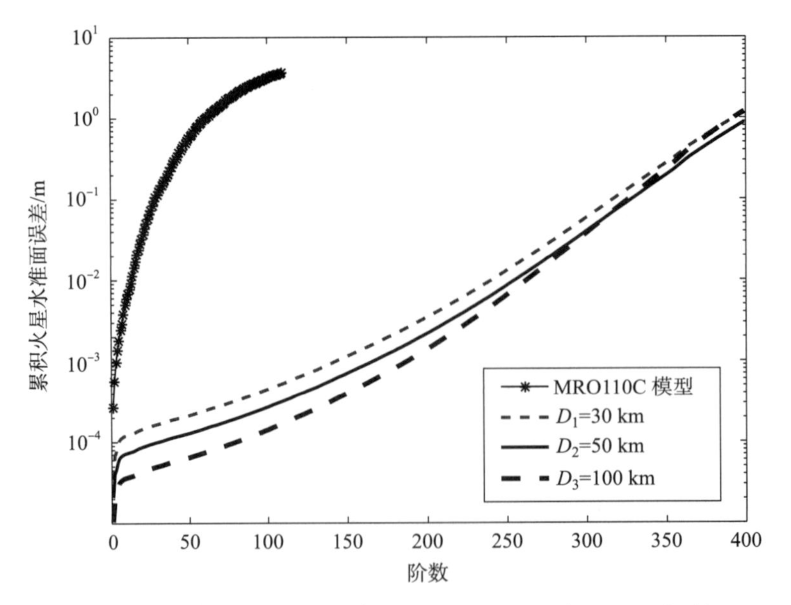

图 10.11 基于不同星间距离（30 km、50 km 和 100 km）的 Mars - SST 累积大地水准面误差对比

表10.10 基于不同星间距离（30 km、50 km和100 km）的
Mars－SST累积大地水准面误差统计

参数		累积大地水准面误差/m						
		20阶	50阶	80阶	110阶	200阶	300阶	400阶
MRO110C模型		2.818×10^{-2}	5.249×10^{-1}	1.936×10^{0}	3.641×10^{0}	—	—	—
星间距离	$D_1=30$ km	1.421×10^{-4}	2.121×10^{-4}	3.206×10^{-4}	5.256×10^{-4}	3.395×10^{-3}	5.671×10^{-2}	1.158×10^{0}
	$D_2=50$ km	8.530×10^{-5}	1.275×10^{-4}	1.932×10^{-4}	1.189×10^{-4}	2.141×10^{-3}	3.865×10^{-2}	8.798×10^{-1}
	$D_3=100$ km	4.268×10^{-5}	6.409×10^{-5}	9.878×10^{-5}	1.683×10^{-4}	1.369×10^{-3}	3.645×10^{-2}	1.203×10^{0}

（1）在火星重力场的中低频段（$L\leqslant300$），随着星间距离逐渐增加（30～100 km），累积火星大地水准面误差呈降低趋势。在300阶处，基于星间距离30 km反演累积火星大地水准面误差为5.671×10^{-2} m；分别是基于星间距离50 km和100 km的累积火星大地水准面误差的1.467倍和1.556倍。原因分析如下：当星间距离设计较短时，Mars－SST－A/B火星中低频重力场反演精度较低。基于差分原理，当火星卫星观测值的共同误差被抵消时，火星重力场信号也同时被一定程度消除。因此，将导致卫星重力反演的信噪比较低。总之，较短的星间距离（30 km）不利于提高火星中低频重力场模型精度。

（2）在火星重力场的中高频段（$300<L\leqslant400$），基于星间距离50 km反演火星重力场精度超过了星间距离30 km和100 km。在400阶处，累积火星大地水准面误差为8.798×10^{-1} m；分别基于星间距离30 km和100 km的累计火星大地水准面精度降低了31.6%和36.8%。原因如下：尽管适当增加星间距离有利于提高卫星重力观测数据的信噪比，但是火星重力场的测量误差和卫星轨道高度和姿态控制系统研制的技术复杂性将较大程度增加。因此，较大星间距离不利于提升高频段火星重力场模型精度。

（3）基于星间距离50 km有利于同时提高火星重力场的中低频和高频信号精度。因此，将来Mars－SST双星可采用星间距离（50±10）km构建下一代高精度和高空间分辨率的火星重力场模型。

10.4 本章小结

本章围绕关键载荷精度指标匹配关系和轨道参数优化设计，旨在论证将来Mars - SST火星重力测量计划成功实施的可行性。

（1）本章首次建立和验证了新型半数值累积大地水准面综合误差模型，主要误差源包括激光干涉测距仪的星间速度误差、深空网的轨道位置误差、加速度计的非保守力误差。

（2）在将来火星重力测量计划Mars - SST中，建议采用DSN - SST - LL观测模式。主要优点包括火星重力场反演精度高、轨道测量精度需求低、卫星重力反演速度快、关键载荷研制技术要求低、可借鉴已成功实施的地球卫星重力计划和月球卫星重力计划的成功经验。

（3）兼顾火星重力场反演精度和关键载荷研制技术复杂性，建议将来火星重力测量计划Mars - SST的关键载荷匹配精度指标最好设计如下：星间速度测量精度10^{-7} m/s、轨道位置测量精度35 m、非保守力测量精度3×10^{-11} m/s^2。

（4）将来火星重力双星计划Mars - SST的轨道高度设计为（100 ± 50）km较优。由于非保守力急剧增长的负面影响，较低轨道高度将导致火星重力双星寿命的大幅度缩短；随着轨道高度增加，火星重力场观测信号将呈指数衰减趋势。

（5）为了进一步提高火星短波重力场信号的测量精度，建议将来火星重力双星计划Mars - SST的星间距离设计为（50 ± 10）km较合适。适当增长星间距离有利于提高火星中长波重力场的反演精度；适当缩短星间距离有利于提高火星短波重力场信号的感测精度。

参考文献

[1] Hughes J L. Significance of a conclusive test of Dirac's Large Numbers hypothesis using precision ranging to Mars [J]. Astrophysics and Space Science, 1977, 46 (2): 15 - 18.

[2] Kazarian - Le B V. The MARS'96/BALTE balloon mission to Mars: preliminary

results of numerical simulations [J]. Astrophysics and Space Science, 1996, 239 (2): 197 - 211.

[3] Zheng W, Hsu H T, Zhong M, et al. China's first - phase Mars Exploration Program: Yinghuo - 1 orbiter [J]. Planetary Space Science, 2013, 86: 155 - 159.

[4] Eapen R T, Sharma R K. Mars interplanetary trajectory design via Lagrangian points [J]. Astrophysics and Space Science, 2014, 353 (1): 65 - 71.

[5] Guo J, Lin L, Bai C, et al. The effects of solar Reimers η on the final destinies of Venus, the Earth, and Mars [J]. Astrophysics and Space Science, 2016, 361: 122.

[6] Tapley B, Flechtner S, Bettadpur S, et al. The status and future prospect for GRACE after the first decade [C]. Eos Trans., Fall Meet. Suppl., Abstract G22A - 01, 2013.

[7] Tapley B D, Bettadpur S, Ries J C, et al. GRACE measurements of mass variability in the Earth system [J]. Science, 2004, 305 (5683): 503 - 505.

[8] Zheng W, Hsu H T, Zhong M, et al. Efficient calibration of the non - conservative force data from the space - borne accelerometers of the twin GRACE satellites [J]. Transactions of the Japan Society for Aeronautical and Space Sciences, 2011, 54 (184): 106 - 110.

[9] Zheng W, Hsu H T, Zhong M, et al. Efficient accuracy improvement of GRACE global gravitational field recovery using a new inter - satellite range interpolation method [J]. Journal of Geodynamics, 2012, 53: 1 - 7.

[10] Zheng W, Hsu H T, Zhong M, et al. Precise recovery of the Earth's gravitational field with GRACE: Intersatellite Range - Rate Interpolation Approach [J]. IEEE Geoscience and Remote Sensing Letters, 2012, 9 (3): 422 - 426.

[11] Bezděk A, Sebera J, Klokočník J, et al. Gravity field models from kinematic orbits of CHAMP, GRACE and GOCE satellites [J]. Advances in Space Research, 2014, 53 (3): 412 - 429.

[12] Jäggi A, Hugentobler U, Bock H, et al. Precise orbit determination for GRACE

using undifferenced or doubly differenced GPS data [J]. Advances in Space Research, 2007, 39 (10): 1612 -1619.

[13] Bandikova T, Flury J, Ko U D. Characteristics and accuracies of the GRACE inter - satellite pointing [J]. Advances in Space Research, 2012, 50 (1): 123 -135.

[14] Flury J, Bettadpur S, Tapley B D. Precise accelerometry onboard the GRACE gravity field satellite mission [J]. Advances in Space Research, 2008, 42 (8): 1414 -1423.

[15] Loomis B D, Nerem R S, Luthcke S B. Simulation study of a follow - on gravity mission to GRACE [J]. Journal of Geodesy, 2012, 86 (5): 319 -335.

[16] Sheard B S, Heinzel G, Danzmann K, et al. Intersatellite laser ranging instrument for the GRACE Follow - On mission [J]. Journal of Geodesy, 2012, 86 (12): 1083 -1095.

[17] Zheng W, Hsu H T, Zhong M, et al. A precise and rapid residual intersatellite range - rate method for satellite gravity recovery from next - generation GRACE Follow - On mission [J]. Chinese Journal of Geophysics, 2014, 57 (1): 31 -41.

[18] Zheng W, Hsu H T, Zhong M, et al. Precise recovery of the Earth's gravitational field by GRACE Follow - On satellite gravity gradiometer [J]. Chinese Journal of Geophysics, 2014, 57 (5): 1415 -1423.

[19] Zheng W, Hsu H T, Zhong M, et al. Requirements analysis for the future satellite gravity mission Improved - GRACE [J]. Surveys in Geophysics, 2015, 36 (1): 87 -109.

[20] Zheng W, Hsu H T, Zhong M, et al. Demonstration of requirement on future lunar satellite gravity exploration mission based on interferometric laser inter - satellite ranging principle [J]. Journal of Astronautics, 2011, 32 (4): 922 - 932.

[21] Zheng W, Hsu H T, Zhong M, et al. Progress in international lunar exploration programs [J]. Progress in Geophysics, 2012, 27 (6): 2296 -2307.

[22] Zheng W, Hsu H T, Zhong M, et al. Progress in lunar gravitational field models and operation of future lunar satellite gravity gradiometry mission in China [J]. Science of Surveying and Mapping, 2012, 37 (2): 5 -9.

[23] Zheng W, Hsu H T, Zhong M, et al. Sensitivity analysis for key payloads and orbital parameters from the next - generation Moon - Gradiometer satellite gravity program [J]. Surveys in Geophysics, 2015, 36 (1): 111 -137.

[24] Wieczorek M A, Neumann G A, Nimmo F, et al. The crust of the Moon as seen by GRAIL [J]. Science, 2013, 339 (6120): 671 -675.

[25] Zuber M T, Smith D E, Watkins M M, et al. Gravity field of the moon from the Gravity Recovery And Interior Laboratory (GRAIL) mission [J]. Science, 2013, 339 (6120): 668 -671.

[26] Wang Z, Wang N, Ping J S. Research on the lunar ionosphere using dual - frequency radio occultation with a small VLBI antenna [J]. Astrophysics and Space Science, 2015, 356 (2): 225 -230.

[27] Lorell J, Born G H, Christensen E J, et al. Gravity field of Mars from Mariner 9 tracking data [J]. Icarus, 1973, 18 (2): 304 -316.

[28] Born G H. Mars physical parameters as determined from Mariner 9 observations of the natural satellites and Doppler tracking [J]. Journal of Geophysical Research, 1974, 79 (32): 4837 -4844.

[29] Konopliv A S, Sjogren W L. The JPL mars gravity field, Mars50c, based upon Viking and Mariner 9 Doppler tracking data [C]. JPL Publication 95 - 5, Jet Propulsion Laboratory, Califonia Institute of Technology, Pasadana, CaCA, United States, 1995.

[30] Sjogren W L, Yuan D N, Konopliv A S. Recent Mars gravity field modeling at JPL Fall Meeting AGU [C]. San Francisco, California December, 1998, 6 -10.

[31] Sjogren W L, Yuan D N, Konopliv A S. Mars gravity field modeling with MGS mapping data [C]. Fall Meeting AGUS, San Francisco, California, December, 1999.

[32] Yuan D N, Sjogren W L, Konopliv A S, et al. Gravity field of Mars: a 75th degree and order model [J]. Journal of Geophysical Research Planets, 2001, 106 (E10): 23377-23401.

[33] Sjogren W L. http://wwwpds. wustl. edu. The Mars Global Surveyor Gravity Science Team at JPL, 2002.

[34] Konopliv A S, Yoder C F, Standish E M. A global solution for the Mars static and seasonal gravity, Mars orientation, Phobos and Deimos masses, and Mars ephemeris [J]. Icarus, 2006, 182 (1): 23-50.

[35] Konopliv A S, Asmar S W, Folkner W M, et al. Mars high resolution gravity fields from MRO, Mars seasonal gravity, and other dynamical parameters [J]. Icarus, 2011, 211 (1): 401-428.

[36] Konopliv A S, Park R S, Folkner W M. An improved JPL Mars gravity field and orientation from Mars orbiter and lander tracking data [J]. Icarus, 2016, 274: 253-260.

[37] Reasenberg R D, Shapiro I I, White R D. The gravity field of Mars [J]. Geophysical Research Letters, 1975, 2 (3): 89-92.

[38] Gapcynski J P, Tolson R H, Michael W H. Mars gravity field: combined Viking and Mariner 9 results [J]. Journal of Geophysical Research, 1977, 82 (28): 4325-4327.

[39] Balmino G, Moynot B, Vales N. Gravity field of Mars in spherical harmonics up to degree and order eighteen [J]. Journal of Geophysical Research, 1982, 87 (B12): 9735-9746.

[40] Smith D E, Lerch F J, Nerem R S. An improved gravity model for Mars: Goddard Mars Model-1 (GMM-1) [J]. Journal of Geophysical Research, 1993, 98 (E11): 20781-20889.

[41] Smith D E, Zuber M T, Haberle R M. The Mars seasonal CO_2 cycle and the time variation of the gravity field: a general circulation model simulation [J]. Journal of Geophysical Research, 1999, 104 (E1): 1885-1896.

[42] Lemoine F G, Rowlands D D, Neumann G A, et al. Precise orbit determination

for Mars global surveyor during hiatus and SPO [C]. American Astronautical Society Paper 99 - 147, AAS/AIAA Space Flight Mechanics Meeting, Breckenridge, CO, 7 - 10 February, 1999.

[43] Lemoine F G, Rowlands D D, Smith D E, et al. Orbit determination for Mars Global Surveyor during mapping [C]. Paper AAS 99 - 328, Astrodynamics Specialist Conference, Girdwood, Alaska, 16 - 19 August, 1999.

[44] Lemoine F G, Smith D E, Rowlands D D. An improved solution of the gravity field of Mars (GMM - 2B) from Mars Global Surveyor [J]. Journal of Geophysical Research, 2001, 106 (E10), 23359 - 23376.

[45] Lemoine F G, Neumann G A, Chinn D S, et al. Solution for Mars geophysical parameters from Mars Global Surveyor tracking data [C]. EOS, Trans. AGU 82 (47), Fall Meeting Supplement, Abstract P42A - 0545, F721, 2001.

[46] Lemoine F G. MGM1041c Gravity Model, Mars Global Surveyor Radio Sci. Arch [C]. MGS - M - RSS - 5 - SDP - V1, Geosci. Node, Planet. Data Syst., Wash. Univ., St. Louis, Mo., March 28, 2003.

[47] Lemoine F G, Mazarico E, Neumann G, et al. New solutions for the Mars static and temporal gravity field using the Mars Reconnaissance Orbiter [C]. Eos Trans. AGU, 89 (53), Fall Meet. Suppl., Abstract P41B - 1376, 2008.

[48] Genova A, Goossens S, Lemoine F G, et al. Global and local gravity field models of Mars with MGS, MARS Odyssey and MRO [C]. 47th Lunar and Planetary Science Conference, 2016.

[49] Marty J C, Balmino G, Duron J. Martian gravity field model and its time variations from MGS and Odyssey data [J]. Planetary Space Science, 2009, 57 (3): 350 - 363.

[50] Hirt C, Claessens S J, Kuhn M, et al. Kilometre - resolution gravity field of Mars: MGM2011 [J]. Planetary Space Science, 2012, 67 (1): 147 - 154.

[51] Zheng W, Hsu H T, Zhong M, et al. Progress in international Martian exploration programs and research on future Martian satellite gravity measurement mission in China [J]. Journal of Geodesy and Geodynamics, 2011, 31 (3):

51 –57.

[52] Zheng W, Hsu H T, Zhong M, et al. Progress in "Yinghuo – 1" Martian exploration program and research on Mars – SST satellite gravity measurement mission [J]. Science of Surveying and Mapping, 2012, 37 (2): 44 –48.

[53] Zheng W, Hsu H T, Zhong M, et al. Efficient and rapid estimation of the accuracy of GRACE global gravitational field using the semi – analytical method [J]. Chinese Journal of Geophysics, 2008, 51 (6): 1143 –1150.

[54] Zheng W, Hsu H T, Zhong M, et al. Improvement in the recovery accuracy of the lunar gravity field based on the future Moon – ILRS spacecraft gravity mission [J]. Surveys in Geophysics, 2015, 36 (4): 587 –619.

[55] Kim J. Simulation study of a low – low satellite – to – satellite tracking mission [D]. Doctoral Dissertation at University of Texas, 2000.

[56] Wagner C A. Determination of low – order resonant gravity harmonics from the drift of two Russian 12 – hour satellites [J]. Journal of Geophysical Research, 1968, 73 (14): 4661 –4674.

[57] Allan R R. Satellite resonance with longitude – dependent gravity—Ⅲ, inclination changes for close satellites [J]. Planetary Space Science, 1973, 21 (2): 205 –225.

第 11 章 未来金星卫星重力梯度计划 Venus - SGG 的精度评估和性能分析

本章主要围绕未来金星卫星重力梯度测量计划 Venus - SGG 的关键载荷匹配精度指标和卫星轨道参数开展需求分析研究。①建立和验证了星载原子干涉重力梯度仪（Atom - Interferometer Gravity Gradiometer，AIGG）的重力梯度误差和地球深空网（DSN）的轨道位置误差和轨道速度误差影响金星累积大地水准面误差的单独和联合解析误差模型；②通过权衡静电悬浮重力梯度仪、超导重力梯度仪和原子干涉重力梯度仪的优缺点，超高精度星载原子干涉重力梯度仪有利于以前所未有的高精度和高空间分辨率构建金星重力场模型和测量大地水准面；③建议未来金星卫星重力梯度测量计划 Venus - SGG 采用较优的关键载荷匹配精度指标（重力梯度 $3 \times 10^{-13}/s^2$、轨道位置 10 m、轨道速度 8×10^{-4} m/s）和轨道参数（轨道高度（300 ± 50）km、观测时间 60 个月和采样间隔 1 s）。

11.1 研究概述

至今为止，为了对金星开展广泛而深入的科学研究，俄罗斯、美国、欧洲、日本等已发射了 40 多颗金星探测器[1-5]。然而，目前国际上还没有实施专用金星卫星重力测量计划，进而构建高精度和高空间分辨率的金星重力场模型[6]。由于地球和金星具有许多相似之处，金星的成因、演化和结构等科学信息不仅有助于研究地球的起源、发展和演化[7]，同时也有利于较大程度提高对月球[8-11]、火星[12-15]、水星[16-18]等起源和演化特征的理解和认识。

如表 11.1 所示，欧洲空间局（European Space Agency，ESA）成功实施了第

一期地球卫星重力梯度测量计划，GOCE（Gravity Field and Steady - State Ocean Circulation Explorer）卫星主要致力于反演地球中短波重力场。GOCE 卫星在近极、近圆、太阳同步和低空轨道上绕地球飞行，采用卫星跟踪卫星高低和卫星重力梯度联合跟踪模式（SST - HL/SGG）。除了利用高轨美国全球定位系统（Global Positioning System，GPS）和俄罗斯全球导航卫星系统（GLObal NAvigation Satellite System，GLONASS）实时跟踪低轨道 GOCE 卫星外[19]，通过 GOCE 卫星质心处的静电悬浮重力梯度仪精确测量地球引力位的 2 阶导数[20]，采用非保守力补偿系统实时补偿作用于卫星的非保守力[21]。自 20 世纪 80 年代初，卫星重力梯度测量的思想被首次应用于获取重力信息以来，许多科研机构已围绕利用卫星重力梯度测量技术精确探测地球重力场开展了全面和深入的研究[21-25]。由于随着卫星轨道高度逐渐增加，地球重力场信号呈指数衰减，因此基于卫星跟踪卫星模式仅能获取地球中长波重力场分量（如美国国家航空航天局喷气推进实验室（American Jet Propulsion Laboratory，National Aeronautics and Space Administration，NASA's JPL）和德国波茨坦地学研究中心（German GeoForschungsZentrum Potsdam，GFZ）联合于 2002 年 3 月 17 日发射的 GRACE（Gravity Recovery And Climate Experiment）重力卫星的轨道高度采用 500 km [26-30]）。卫星重力梯度测量原理有利于直接确定地球重力位的 2 阶梯度，可使地球重力场反演信号的衰减效应被有效抑制。因此，GOCE 卫星有利于获得详细的地球中高频重力场信号。地球重力梯度卫星 GOCE 的任务目标是地球重力异常精度为 10^{-5} m/s^2、大地水准面精度为 1 ~2 cm、地球重力场空间分辨率优于 100 km[31]。GOCE 卫星计划的科学目标是：提供地球内部的物理解释，进而获得与岩石圈、地幔组成和流变、隆升和俯冲过程相关的地球动力学新见解；更好地理解洋流和热传输机理；全球高程参考系统可作为地形过程和海平面变化研究的参考面；以及极地冰盖厚度及其运动的最优估计[32]。

表 11.1　地球卫星重力梯度计划 GOCE、月球卫星重力计划 GRAIL 和将来金星卫星重力计划 Venus - SGG 对比

参数		卫星重力计划		
		GOCE（地球）	GRAIL（月球）	Venus - SGG（金星）
轨道参数	研究机构	欧空局	美国喷气推进实验室	中国空间技术研究院
	发射时间	2009 年 3 月 17 日至 2013 年 11 月 10 日	2011 年 9 月 10 日至 2012 年 12 月 17 日	2025—2030 年
	轨道高度	250 km	55 km（主要任务） 23 km（扩展任务）	(300 ± 50) km
	轨道倾角	96.5° （太阳同步轨道）	89.9° （近极轨道）	90° （极轨）
	轨道离心率	<0.001 （近圆轨道）	<0.001 （近圆轨道）	<0.001 （近圆轨道）
	飞行寿命/年	>4	>1	>5
	卫星数量	单星	双星（串行编队）	单星
	跟踪模式	卫星跟踪卫星高低/卫星重力梯度模式	卫星跟踪卫星高低/低低模式	深空网 - 卫星重力梯度模式
	采样间隔	1	5	1
关键载荷误差	重力梯度	$3\times10^{-12}/s^2$ （静电悬浮重力梯度仪）	—	$10^{-13}\sim10^{-14}/s^2$ （原子干涉重力梯度仪）
	星间速度	—	$10^{-7}\sim10^{-8}$ m/s （月球重力测距系统）	—
	轨道位置	1 cm （GPS/GLONASS）	10 ~ 100 m （深空跟踪网）	1 ~ 100 m （深空跟踪网）
	轨道速度	10^{-5} m/s （GPS/GLONASS）	10^{-3} m/s （深空跟踪网）	$10^{-3}\sim10^{-4}$ m/s （深空跟踪网）
重力模型	卫星重力模型	GO_CONS_GCF_2_TIM_R5（$L=280$）[33]	GL0900D（$L=900$）[34]	$L\geqslant360$

如表 11.1 所示，鉴于地球卫星重力计划（CHAMP（CHAllenging Minisatellite Payload）、GRACE 和 GOCE）的杰出贡献，美国宇航局喷气推进实验室成功发射了低轨月球重力双星 GRAIL - A/B（Gravity Recovery And Interior Laboratory），科学目标是通过卫星跟踪卫星高低/低低跟踪模式精确反演月球重力场模型[35 - 38]。月球重力双星 GRAIL 飞行在近圆、近极、低轨和串行轨道，通过星载 Ka 波段月

球重力测距仪（LGRS）精确测量星间速度，利用地球深空跟踪网实时测量卫星轨道和卫星速度，采用 X 波段无线电科学信标（RSB）将卫星数据连续传回地面站。月球卫星重力计划 GRAIL 的科学目标主要包括：绘制月球地壳和岩石圈结构图；了解月球的非对称热演化；确定撞击盆地的地下结构和月球区块起源；确定地壳角砾岩和岩浆作用时间演化；测量月球深层内部结构和月球内核大小[39]。

自 1967 年 6 月 12 日苏联制造的 Venus－4 探测器首次成功发射以来[40]，传统轨道摄动分析法在金星重力场模型反演方面一直发挥着重要作用（表 11.2）。如表 11.3 所示，基于在高精度和高空间分辨率 GOCE 卫星重力梯度模型构建方面取得的丰硕成果[41]，未来金星卫星重力测量计划 Venus－SGG 致力于提升金星重力场模型的精度和空间分辨率。如图 11.1 和表 11.1 所示，金星重力卫星 Venus－SGG 计划采用近圆轨、极轨和低轨设计。金星卫星重力计划 Venus－SGG 预期采用地基深空网跟踪站精确测量轨道位置[42]，通过原子干涉重力梯度仪高精度测量金星引力位的 2 阶张量[43]，利用非保守力补偿系统实时平衡非保守力（大气阻力、金星辐射压力、太阳辐射压力、轨道高度和姿态控制力、宇宙射线压力等）。未来金星卫星重力计划 Venus－SGG 的主要科学目标包括：以前所未有的高精度和空间分辨率构建下一代金星重力场模型；为相关交叉学科（空间科学、行星科学、天体物理学、天文学、地球科学、地质学、宇宙学等）和将来载人登金提供详细的重力信息；增进对金星历史和现状的了解。

表 11.2　金星重力场模型研究进展

重力模型	研究机构	时间/年	最大阶数	跟踪数据
6×6[44]	JPL（美国）	1980	6	“先驱者”金星探测器（PVO）
7×7[45]	JPL（美国）	1983	7	“先驱者”金星探测器
10×10[46]	JPL（美国）	1985	10	“先驱者”金星探测器
18×18[47]	JPL（美国）	1987	18	“先驱者”金星探测器
VGM6A[48]	JPL（美国）	1992	21	“先驱者”金星探测器
21×21[49]	JPL（美国）	1993	21	“先驱者”金星探测器、“麦哲伦”金星探测器
GVM－1[50]	NASA/GSFC[a]/JPL（美国）	1993	50	“先驱者”金星探测器

续表

重力模型	研究机构	时间/年	最大阶数	跟踪数据
PMGN60C[51]	JPL/GRGS(b)（美国/法国）	1993	60	“麦哲伦”金星探测器、“先驱者”金星探测器
NP60FSAAP[52]	JPL（美国）	1994	60	“麦哲伦”金星探测器、“先驱者”金星探测器
MGNP75ISAAP[53]	JPL（美国）	1994	75	“麦哲伦”金星探测器、“先驱者”金星探测器
90×90[54]	GSFC/CSR(c)（美国）	1996	90	“麦哲伦”金星探测器、“先驱者”金星探测器
MGNP90LSAAP[55]	JPL（美国）	1996	90	“麦哲伦”金星探测器、“先驱者”金星探测器
MGNP120PSAAP[56]	JPL（美国）	1996	120	“麦哲伦”金星探测器、“先驱者”金星探测器
MGNP155S[57]	JPL（美国）	1997	155	“麦哲伦”金星探测器、“先驱者”金星探测器
180×180[58]	GRGS/CNES(d)（法国）	1998	180	“麦哲伦”金星探测器、“先驱者”金星探测器
MGNP180U[59]	JPL（美国）	1999	180	“麦哲伦”金星探测器、“先驱者”金星探测器
180×180[60]	GSFC（美国）	2002	180	“麦哲伦”金星探测器、“先驱者”金星探测器

（a）GSFC：（Goddard Space Flight Center，美国国家航空航天局戈达德航天飞行中心）；
（b）GRGS：（Research Group of Space Geodesy，法国空间大地测量研究组）；
（c）CSR：（Center for Space Research，University of Texas，美国得克萨斯大学空间研究中心）；
（d）CNES：（Centre National d'Etudes Spatiales，法国国家空间研究中心）。

表 11.3　GOCE 地球重力场模型研究进展

重力模型	时间/年	研究机构	最大阶数	观测数据
GOCO01S[61]	2010	德国 TUM(1) 奥地利 GUT(2) 德国 UB(3) 奥地利 AAS(4) 瑞士 UB(5)	224	GOCE SGG（224 阶，2 个月）+ITG－GRACE2010s（180 阶，7.5 年）+Kaula 正则化（170～224 阶）

续表

重力模型	时间/年	研究机构	最大阶数	观测数据
GOCO02S[62]	2011	奥地利 GUT 德国 TUM 德国 UB 瑞士 UB 奥地利 AAS	250	GOCE SGG（250 阶，8 个月）+ GOCE SST（110 阶，12 个月）+ ITG – GRACE2010s（180 阶，7.5 年）+ CHAMP（120 阶，8 年）+ SLR（5 阶，5 年，5 颗星）+ Kaula 正则化（180 ~ 250 阶）
GOCO03S[63]	2012	奥地利 GUT 奥地利 AAS 德国 UB 德国 TUM 瑞士 UB	250	GOCE SGG（250 阶，18 个月）+ GOCE SST（110 阶，12 个月）+ ITG – GRACE2010s（180 阶，7.5 年）+ CHAMP（120 阶，8 年）+ SLR（5 阶，5 年，5 颗星）+ Kaula 正则化（180 ~ 250 阶）
GOCO05S[64]	2015	德国 UB 德国 TUM	280	GOCE SGG（48 个月）+ ITG – GRACE2010s（10.5 年）+ 运动轨道（Swarm A + B + C，TerraSarX，Tandem – X，CHAMP，GRACE A + B，GOCE）+ SLR（LAGEOS，LAGEOS 2，Starlette，Stella，Ajisai，Larets）+ Kaula 正则化（大于 150 阶）
GOCO05C[65]	2016	德国 TUM	720	GOCE SGG（48 个月）+ ITG – GRACE2010s（10.5 年）+ 运动轨道（Swarm A + B + C，TerraSarX，Tandem – X，CHAMP，GRACE A + B，GOCE）+ SLR（LAGEOS，LAGEOS 2，Starlette，Stella，Ajisai，Larets）+ DTU2013 测高重力 + 地面/航空重力（北极、澳大利亚、加拿大、欧洲、南美、美国）
GOCO06S[66]	2019	奥地利 GUT	300	GOCE SGG（48 个月）+ ITG – GRACE2010s（15.5 年）+ 运动轨道（Swarm A + B + C，TerraSarX，Tandem – X，CHAMP，GRACE A + B，GOCE（TIM6 SST））+ SLR（LAGEOS，LAGEOS 2，Starlette，Stella，Ajisai，LARES，Larets，Etalon 1/2，BLITS）+ Kaula 正则化（大于 150 阶）
GO_CONS_GCF_2_SPW_R1[67]	2010	意大利 PdM(6) 丹麦 UC(7)	210	GOCE（2 个月）
GO_CONS_GCF_2_SPW_R2[68]	2011	意大利 PdM 丹麦 NSI(8)	240	GOCE（8 个月）

续表

重力模型	时间/年	研究机构	最大阶数	观测数据
GO_CONS_GCF_2_SPW_R4[69]	2014	意大利 PdM	280	GOCE（43 个月）
GO_CONS_GCF_2_SPW_R5[70]	2017	意大利 PdM	330	GOCE（48 个月）
GO_CONS_GCF_2_TIM_R1[71]	2010	德国 TUM 奥地利 GUT 德国 UB 奥地利 AAS	224	GOCE（2 个月）
GO_CONS_GCF_2_TIM_R2[33]	2011	德国 TUM 法国 CNES 意大利 PdM 德国 GFZ 奥地利 GUT 德国 UB 奥地利 AAS 丹麦 UC	250	GOCE（8 个月）
GO_CONS_GCF_2_TIM_R3[33]	2011		250	GOCE（18 个月）
GO_CONS_GCF_2_TIM_R4[33]	2013		250	GOCE（26.5 个月）
GO_CONS_GCF_2_TIM_R5[33]	2014		280	GOCE（48 个月）
GO_CONS_GCF_2_TIM_R6[72]	2019	德国 UB 奥地利 GUT	300	GOCE（49 个月）
GO_CONS_GCF_2_DIR_R1[73]	2010	法国 CNES 德国 FZ	240	GOCE（2 个月）
GO_CONS_GCF_2_DIR_R2[73]	2011		240	GOCE（8 个月）
GO_CONS_GCF_2_DIR_R3[73]	2011		240	GOCE（350 天）＋GRACE（6.5 年）＋LAGEOS（6.5 年）
GO_CONS_GCF_2_DIR_R4[73]	2013		260	GOCE（837 天）＋GRACE（9 年）＋LAGEOS（25 年）
GO_CONS_GCF_2_DIR_R5[74]	2014		300	GOCE（1259 天）＋GRACE（10 年）＋LAGEOS（25 年）
GO_CONS_GCF_2_DIR_R6[75]	2019	法国 CNES	300	GOCE（49 个月）＋GRACE（85 个月）＋LAGEOS（25 年）＋LAGEOS－1/2，Ajisai，Starlette，Stella（16 年）＋LARES（7 年）

续表

重力模型	时间/年	研究机构	最大阶数	观测数据
EIGEN－6S[76]	2011	德国 GFZ 法国 CNES	240	GOCE（6.7 个月）＋GRACE（7.5 年）＋LAGEOS（6.5 年）
EIGEN－6C[76]	2011		1420	GOCE（6.7 个月）＋GRACE（7.5 年）＋LAGEOS（6.5 年）＋DTU10
EIGEN－6C2[77]	2012		1949	GOCE（350 天）＋GRACE（7.8 年）＋LAGEOS（25 年）＋DTU10
EIGEN－6S2[78]	2014	德国 TUM 德国 GFZ	260	GOCE（837 天）＋GRACE（8 年）＋LAGEOS（25 年）
EIGEN－6S4[79]	2016	法国 CNES	300	GOCE（837 天）＋GRACE（12 年）＋LAGEOS（18 年）
DGM－1S[80]	2012	荷兰 DUT(9)	250	GOCE SGG（10 年）＋GOCE SST（14 年）＋GRACE KBR（7 年）＋GRACE GPS（4 年）
ITG－GOCE02[81]	2013	德国 UB	240	GOCE（8 个月）
GOGRA02S[83]	2013	德国 TUM	230	GOCE（33 个月）＋ITG－GRACE2010s（180 阶，7.5 年）
GOGRA04S[83]	2014		230	GOCE（48 个月）＋ITG－GRACE2010s（180 阶，7.5 年）
JYY_GOCE02S[82]	2013		230	GOCE（34 个月）
JYY_GOCE04S[83]	2014		230	GOCE（48 个月）

（1）TUM：（Technische Universität München，德国慕尼黑工业大学）
（2）GUT：（Graz University of Technology，奥地利格拉茨理工大学）
（3）UB：（University of Bonn，德国波恩大学）
（4）AAS：（Austrian Academy of Sciences，奥地利科学院）
（5）UB：（University of Bern，瑞士伯尔尼大学）
（6）PdM：（Politecnico di Milano，意大利米兰理工大学）
（7）UC：（University of Copenhagen，丹麦哥本哈根大学）
（8）NSI：（National Space Institute，丹麦国家空间研究所）
（9）DUT：（Delft University of Technology，荷兰代尔夫特理工大学）

不同于以往利用传统轨道摄动分析原理探测金星重力场的研究，鉴于已实施的 GOCE 地球卫星重力梯度计划和 GRAIL 月球卫星重力计划的成功经验，本章围绕未来金星卫星重力梯度计划 Venus－SGG 的精度评估和性能分析开展新型探索性研究。

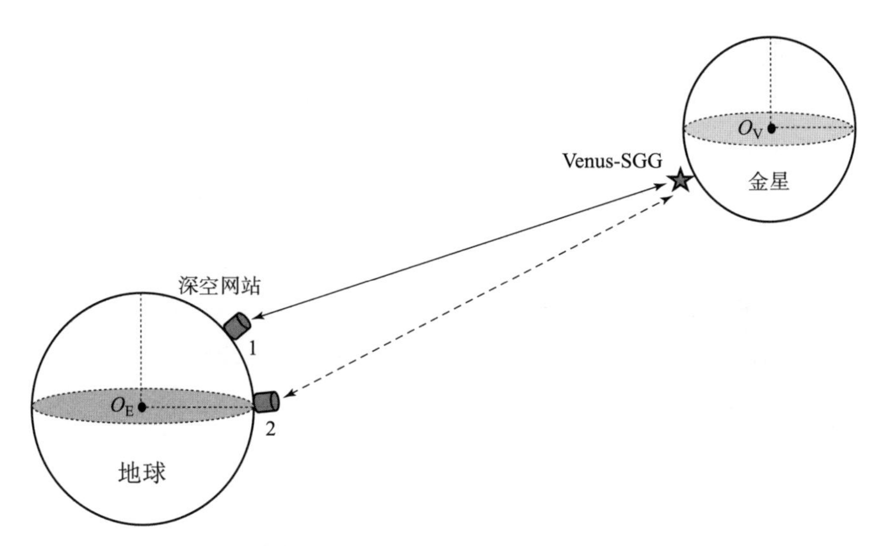

图 11.1　未来金星卫星重力计划 Venus－SGG 测量原理

11.2　解析误差模型

11.2.1　单独解析误差模型

1. 重力梯度误差模型

基于功率谱原理，本章建立了新型重力梯度张量 $\boldsymbol{V}_{xyz}=(V_{xx},V_{yy},V_{zz},V_{xz})$ 累积大地水准面解析误差模型，并通过未来 GOCE Follow－On 卫星重力梯度计划敏感度分析（关键载荷匹配精度指标优化选取和轨道参数指标的优化设计）验证了新型解析误差模型的可靠性[84]。因此，Venus－SGG 卫星重力梯度张量误差 $\boldsymbol{V}_{xyz}=(V_{xx},V_{yy},V_{zz},V_{xz})$ 影响的新型累积大地水准面解析误差模型定义为（见附录）

$$\sigma_N(\delta V_{xyz})=\frac{R_V^4}{GM_V(\sqrt{T_V/\Delta t_V})}\cdot\sqrt{\sum_{l=2}^{L}\frac{(2l+1)\left(\frac{R_V+H_V}{R_V}\right)^{2l+6}\sigma^2(\delta V_{xyz})}{\frac{(l+1)^3(l+2)(2l+3)}{3(2l+1)}+\left[(l+1)(l+2)-\sqrt{\frac{(l+1)^3(l+2)(2l+3)}{3(2l+1)}}\right]^2+(l+1)^2(l+2)^2+[(l+1)/5]^2}}\tag{11.1}$$

式中，$\delta \boldsymbol{V}_{xyz}$ 为原子干涉重力梯度仪观测误差；GM_{V}为万有引力常数 G 与金星质量 M_{V}的乘积；L 为金星引力位按球函数展开的最大阶数；l 为球函数的阶数；$R_{\mathrm{V}} + H_{\mathrm{V}} = \boldsymbol{r}_{\mathrm{V}}$ 为从金星中心到 Venus - SGG 卫星质心之间的距离；R_{V} 为金星的平均半径；H_{V} 为 Venus - SGG 卫星的平均轨道高度；T_{V} 为卫星观测时间总计；Δt_{V} 为卫星观测数据采样间隔。

2. 轨道位置误差模型

在金星惯性坐标系中（VCI），Venus - SGG 卫星轨道位置 r_{V} 和卫星轨道加速度 $\ddot{r}_{\mathrm{V}}$ 转换关系如下

$$\ddot{r}_{\mathrm{V}} = \frac{GM_{\mathrm{V}}}{r_{\mathrm{V}}^2} \tag{11.2}$$

在式（11.2）两边同时除以 r_{V} 可得

$$\frac{\ddot{r}_{\mathrm{V}}}{r_{\mathrm{V}}} = \frac{GM_{\mathrm{V}}}{r_{\mathrm{V}}^3} \tag{11.3}$$

式中，$\boldsymbol{V}_{xyz} = \dfrac{\ddot{r}_{\mathrm{V}}}{r_{\mathrm{V}}}$ 为金星引力位的重力梯度张量。

基于功率谱原理，在式（11.3）两边同时微分可得

$$\sigma^2(\delta \boldsymbol{V}_{xyz}) = \left(-\frac{3GM_{\mathrm{V}}}{r_{\mathrm{V}}^4}\right)^2 P^2(\delta r_{\mathrm{V}}) \tag{11.4}$$

式中，$P^2(\delta r_{\mathrm{V}}) = \dfrac{\sigma^2(\delta r_{\mathrm{V}})}{L}$ 为 Venus - SGG 卫星轨道位置的误差功率谱；$\sigma^2(\delta r_{\mathrm{V}})$ 为轨道位置的误差方差。

基于式（11.4），Venus - SGG 卫星重力梯度误差 $\delta \boldsymbol{V}_{xyz}$ 和轨道位置误差 δr_{V} 的转换关系为

$$\delta \boldsymbol{V}_{xyz} = \frac{3GM_{\mathrm{V}}}{r_{\mathrm{V}}^4\sqrt{L}}\delta r_{\mathrm{V}} \tag{11.5}$$

联合式（11.1）至式（11.5），Venus - SGG 卫星轨道位置误差 δr_{V} 影响的新型累积大地水准面解析误差模型表示为

$$\sigma_N(\delta r_V) = \frac{R_V^4}{GM_V(\sqrt{T_V/\Delta t_V})} \cdot$$

$$\sqrt{\sum_{l=2}^{L} \frac{(2l+1)\left(\frac{R_V+H_V}{R_V}\right)^{2l+6}\sigma^2\left(\frac{3GM_V}{(R_V+H_V)^4\sqrt{L}}\delta r_V\right)}{\frac{(l+1)^3(l+2)(2l+3)}{3(2l+1)} + \left[(l+1)(l+2) - \sqrt{\frac{(l+1)^3(l+2)(2l+3)}{3(2l+1)}}\right]^2 + (l+1)^2(l+2)^2 + [(l+1)/5]^2}} \tag{11.6}$$

3. 轨道速度误差模型

Venus - SGG 卫星轨道位置 r_V 、轨道速度 $\dot{r}_V$ 和轨道加速度 $\ddot{r}_V$ 的转化关系为

$$\ddot{r}_V = \frac{\dot{r}_V^2}{r_V} \tag{11.7}$$

在式（11.7）两边同时除以 r_V 可得

$$\frac{\ddot{r}_V}{r_V} = \frac{\dot{r}_V^2}{r_V^2} \tag{11.8}$$

由于 $\boldsymbol{V}_{xyz} = \frac{\ddot{r}_V}{r_V}$，式（11.8）两边同时微分，可得

$$\delta \boldsymbol{V}_{xyz} = \frac{2\dot{r}_V}{r_V^2}\delta \dot{r}_V \tag{11.9}$$

式中，$\dot{r}_V = \sqrt{GM_V/r_V}$ 为 Venus - SGG 卫星的平均速度。

基于式（11.9），Venus - SGG 卫星重力梯度误差 $\delta \boldsymbol{V}_{xyz}$ 和轨道速度误差 $\delta \dot{r}_V$ 转换关系为

$$\delta \boldsymbol{V}_{xyz} = \sqrt{\frac{4GM_V}{r_V^5}}\delta \dot{r}_V \tag{11.10}$$

联合式（11.1）和式（11.10），Venus - SGG 卫星轨道速度误差 $\delta \dot{r}_V$ 影响的累积大地水准面解析误差模型表示为

$$\sigma_N(\delta \dot{r}_V) = \frac{R_V^4}{GM_V(\sqrt{T_V/\Delta t_V})} \cdot$$

$$\sqrt{\sum_{l=2}^{L} \frac{(2l+1)\left(\frac{R_V+H_V}{R_V}\right)^{2l+6}\sigma^2\left(\sqrt{\frac{4GM_V}{(R_V+H_V)^5}}\delta \dot{r}_V\right)}{\frac{(l+1)^3(l+2)(2l+3)}{3(2l+1)} + \left[(l+1)(l+2) - \sqrt{\frac{(l+1)^3(l+2)(2l+3)}{3(2l+1)}}\right]^2 + (l+1)^2(l+2)^2 + [(l+1)/5]^2}} \tag{11.11}$$

11.2.2 联合解析误差模型

通过联合式（11.1）、式（11.6）和式（11.11），Venus－SGG 卫星主要误差源（重力梯度、轨道位置误差、轨道速度误差等）影响的新型累积大地水准面联合解析误差模型表示为

$$\sigma_l(N)_{V_{xyz},r_V,\dot{r}_V}=\frac{R_V^4}{GM_V\sqrt{T_V/\Delta t_V}}\cdot$$

$$\sqrt{\sum_{l=2}^{L}\frac{(2l+1)\left(\frac{R_V+H_V}{R_V}\right)^{2l+6}}{(l+1)^2(l+2)^2+\frac{2(l+1)^3(l+2)(2l+3)}{9(2l+1)}}\sigma^2(\delta\varphi_V)} \tag{11.12}$$

式中，$\delta\varphi_V=\sqrt{\sigma^2(\delta V_{xyz})+\sigma^2\left(\frac{3GM_V}{(R_V+H_V)^4\sqrt{L}}\delta r_V\right)+\sigma^2\left(\sqrt{\frac{4GM_V}{(R_V+H_V)^5}}\delta\dot{r}_V\right)}$ 为未来 Venus－SGG 卫星总载荷误差；$\sigma^2(\delta \boldsymbol{V}_{xyz})$ 为卫星重力梯度张量的误差方差；$\sigma^2\left(\frac{3GM_V}{(R_V+H_V)^4\sqrt{L}}\delta r_V\right)$ 为卫星轨道位置的误差方差；$\sigma^2\left(\sqrt{\frac{4GM_V}{(R_V+H_V)^5}}\delta\dot{r}_V\right)$ 为卫星轨道速度的误差方差。

11.2.3 解析误差模型验证

如图 11.2 所示，利用位于美国加利福尼亚金石、西班牙马德里和澳大利亚堪培拉的地面站深空网获得的“麦哲伦”号和“先驱者”号金星探测器的双向多普勒辐射跟踪数据，星号线表示美国宇航局喷气推进实验室公布的 180 阶次金星重力场模型 MGNP180U 的测量精度；在 180 阶处，金星累积大地水准面误差为 2.753 m。虚线、十字线、点线和实线分别表示原子干涉重力梯度仪重力梯度误差 δV_{xyz}（式（11.1））、深空跟踪网轨道位置误差 δr_V（式（11.6））和轨道速度误差 $\delta\dot{r}_V$（式（11.11））以及联合误差 $\delta\varphi_V$（式（11.12））影响的 Venus－SGG 累积大地水准面误差。表 11.4 所示为 Venus－SGG 关键载荷观测误差引起的金星累积大地水准面误差统计结果。单独（式（11.1）、式（11.6）和式（11.11））和联合（式（11.12））解析误差模型中的轨道参数和关键载荷匹配精度指标如表

11.5 所示。研究结果如下。

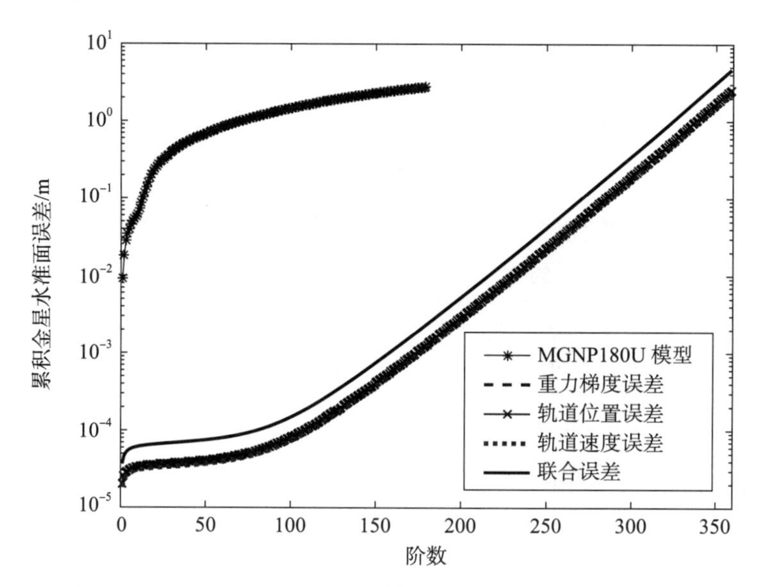

图 11.2　Venus – SGG 卫星重力梯度误差、轨道位置误差、轨道速度误差和联合误差影响的累积大地水准面误差对比

表 11.4　Venus – SGG 关键载荷观测误差引起的金星累积大地水准面误差统计结果

参数		金星累积大地水准面误差/m						
		20 阶	50 阶	100 阶	180 阶	250 阶	300 阶	360 阶
MGNP180U 模型		2.232×10^{-1}	6.705×10^{-1}	1.446×10^{0}	2.753×10^{0}	—	—	—
关键载荷	重力梯度误差 δV_{xyz}	3.408×10^{-5}	3.879×10^{-5}	7.508×10^{-5}	1.185×10^{-3}	2.082×10^{-2}	1.761×10^{-1}	2.422×10^{0}
	轨道位置误差 δr_V	3.583×10^{-5}	4.079×10^{-5}	7.896×10^{-5}	1.246×10^{-3}	2.189×10^{-2}	1.852×10^{-1}	2.546×10^{0}
	轨道速度误差 $\delta \dot{r}_V$	3.221×10^{-5}	3.666×10^{-5}	7.098×10^{-5}	1.120×10^{-3}	1.968×10^{-2}	1.665×10^{-1}	2.289×10^{0}
	联合误差 $\delta\varphi_V$	6.556×10^{-5}	7.465×10^{-5}	1.446×10^{-4}	2.283×10^{-3}	4.011×10^{-2}	3.392×10^{-1}	4.665×10^{0}

表 11.5 未来金星卫星重力梯度计划 Venus - SGG 的轨道参数和载荷误差

项目	参数	指标
卫星轨道	轨道高度 H_V	300 km
	观测时间 T_V	60 个月
	采样间隔 Δt_V	1 s
	金星平均半径 R_V	6.052×10^6 m
	引力常数 GM_V	$3.248\,59\times10^{14}$ m^3/s^2
关键载荷	重力梯度误差 δV_{xyz}（原子干涉重力梯度仪）	$3\times10^{-13}/s^2$
	轨道位置误差 δr_V（深空跟踪网）	10 m
	轨道速度误差 $\delta\dot{r}_V$（深空跟踪网）	8×10^{-4} m/s

（1）如图 11.2 所示，以原子干涉重力梯度仪的重力梯度单独解析误差模型（式（11.1））为标准，可知深空跟踪网的轨道位置（式（11.6））和轨道速度（式（11.11））单独解析误差模型以及联合解析误差模型（式（11.12））是正确的。

（2）根据图 11.2 中虚线（δV_{xyz}）、十字线（δr_V）和点线（$\delta\dot{r}_V$）之间的一致性，可知表 11.5 中未来专用 Venus - SGG 重力梯度卫星的关键载荷精度指标是相互匹配的。因此，本章建立的累积大地水准面单独解析误差模型（式（11.1）、式（11.6）和式（11.11））有利于开展将来金星卫星重力计划中星载关键载荷精度指标匹配关系论证研究。

（3）通过星号线（MGNP180U 模型）和实线（组合误差 $\delta\varphi_V$）对比可知，本章构建的新型累积大地水准面联合解析误差模型（式（11.12））可用于反演下一代高精度和高空间分辨率金星重力场模型。

11.3 Venus - SGG 卫星计划的灵敏度分析

11.3.1 星载重力梯度仪的优化选取

星载重力梯度仪是一种专用的科学传感器，用于直接和精确地探测行星引力位的 2 阶梯度。由于重力梯度对等位面曲率的敏感性较高，因此星载重力梯度仪有利于绘制行星中短波重力场的精细结构。星载重力梯度仪的研究和发展主要包括 3 个方面：从单轴旋转到三轴定向；从室温到超低温；从扭转、静电悬浮到超导原理[85-86]。目前，星载重力梯度仪主要包括静电悬浮重力梯度仪[87-88]、超导重力梯度仪[89-90]和原子干涉重力梯度仪[91]。

1. 静电悬浮重力梯度仪

星载静电悬浮重力梯度仪的测量原理（以当前 GOCE 地球卫星重力计划为例）是通过 3 对静电悬浮加速度计在固定基线方向上获得的重力加速度差，可精确解算出全张量重力梯度。星载静电悬浮重力梯度仪的三轴方向与星固坐标系的三轴方向严格一致，主要测量线性加速度、角加速度、离心加速度、科里奥利加速度等。星载静电悬浮重力梯度仪的优点主要包括结构简单、成本低、灵敏度高、抗干扰能力强、数据采集自动化等。

2. 超导重力梯度仪

星载超导重力梯度仪由 3 对对称排列的超导加速度计组成，分别由弱弹簧、超导检验质量、电磁传感器和超导量子干涉装置组成。工作原理为：首先，利用超导量子干涉仪（测量精度为 10^{-16} m）精确测量超导质量的位移变化；其次，电磁传感器产生的磁场通过超导检验质量运动进行调制，并通过超导量子干涉装置进行放大；最后，输出电压信号。与上述静电悬浮重力梯度仪相比，星载超导重力梯度仪对超导质量的位移更为敏感，在未来行星重力探测任务中具有较大的发展潜力。

3. 原子干涉重力梯度仪

星载原子干涉重力梯度仪的分辨率为 $10^{-16}/s^2$，由 3 对相互垂直的原子干涉加速度计组成。工作原理为：首先，大量铯原子被冷却到低温。在超低温情况下，为了便于确定铯原子的位置和速度，原子以超声速运动的速度将减小到 1 cm/s 左右；其次，运动缓慢的铯原子被置于行星引力场中，处于自由下落状态；最后，根据铯原子在行星重力场存在前后的相位差精确测量重力加速度。由于对环境周围质量分布极其敏感，星载原子干涉重力梯度仪有助于对行星重力场进行前所未有的详细测绘。

综上所述，未来专用 Venus – SGG 卫星重力梯度计划最好采用星载原子干涉重力梯度仪，以期大幅度提高下一代金星重力场模型的精度和空间分辨率。

11.3.2 关键载荷观测误差

1. 重力梯度误差

图 11.3 所示为基于相同轨道参数（表 11.5）和星载原子干涉重力梯度仪不同测量精度（$3\times10^{-12}\sim3\times10^{-14}/s^2$）的 Venus－SGG 金星累积大地水准面联合解析误差模型（式（11.12））。星号线表示美国宇航局喷气推进实验室发布的 180 阶次金星重力场模型 MGNP180U 的真实精度；虚线、实线和点线分别表示采用不同重力梯度误差 $3\times10^{-12}/s^2$、$3\times10^{-13}/s^2$ 和 $3\times10^{-14}/s^2$ 的金星累积大地水准面误差；统计结果如表 11.6 所示。研究结果如下。

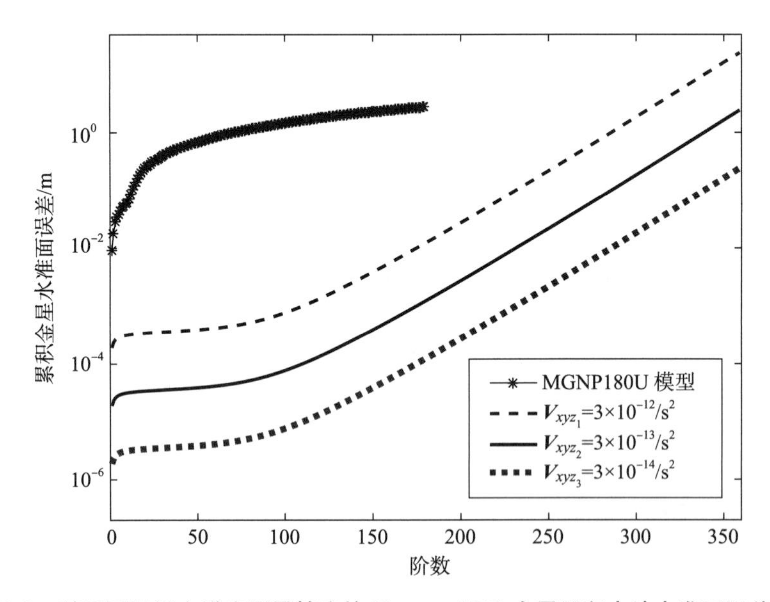

图 11.3 基于不同重力梯度测量精度的 Venus－SGG 金星累积大地水准面误差对比

表 11.6 基于不同重力梯度测量精度的 Venus－SGG 金星累积大地水准面误差统计结果

参数	金星累积大地水准面误差/m						
	20 阶	50 阶	100 阶	180 阶	250 阶	300 阶	360 阶
MGNP180U 模型	2.232×10^{-1}	6.705×10^{-1}	1.446×10^{0}	2.753×10^{0}	—	—	—

续表

参数		金星累积大地水准面误差/m						
		20 阶	50 阶	100 阶	180 阶	250 阶	300 阶	360 阶
重力梯度误差 /s^{-2}	3×10^{-12}	3.408×10^{-4}	3.879×10^{-4}	7.508×10^{-4}	1.185×10^{-2}	2.082×10^{-1}	1.761×10^{0}	2.422×10^{1}
	3×10^{-13}	3.408×10^{-5}	3.879×10^{-5}	7.508×10^{-5}	1.185×10^{-3}	2.082×10^{-2}	1.761×10^{-1}	2.422×10^{0}
	3×10^{-14}	3.408×10^{-6}	3.879×10^{-6}	7.508×10^{-6}	1.185×10^{-4}	2.082×10^{-3}	1.761×10^{-2}	2.422×10^{-1}

（1）在 360 阶处，如果采用重力梯度误差 $3\times10^{-12}/s^2$，金星累积大地水准面误差为 2.422×10^1；如果重力梯度误差设计为 $3\times10^{-13}/s^2$ 和 $3\times10^{-14}/s^2$，金星累积大地水准面误差分别降低到$\frac{1}{10}$和$\frac{1}{100}$。高精度重力梯度张量测量不仅有利于对未来 Venus – SGG 计划产生巨大影响，而且预期对高精度和高空间分辨率金星重力场模型构建会做出巨大贡献。

（2）当星载原子干涉重力梯度仪设计为较低测量精度 $3\times10^{-12}/s^2$ 时，由于重力梯度精度限制，因此无法有效提高金星重力场反演精度。相反，如果重力梯度观测精度（$3\times10^{-12}/s^2$）设计较高，星载原子干涉重力梯度仪的技术复杂性将相应提高。

（3）为了权衡金星重力场反演精度与星载原子干涉重力梯度仪研制难度的利弊，建议未来 Venus – SGG 金星卫星重力梯度计划中星载原子干涉重力梯度仪的重力梯度误差设计为 $3\times10^{-13}/s^2$ 较优。

2. 轨道位置误差

图 11.4 所示为基于联合解析误差模型（式（11.12）），采用相同的轨道参数（表 11.5）和地面站深空跟踪网不同的轨道位置观测精度（1 ~ 100 m），Venus – SGG 金星重力场反演精度对比。星号线表示美国宇航局喷气推进实验室公布的 180 阶金星重力场模型 MGNP180U 的真实精度；虚线、实线和点线分别表示基于不同的轨道位置观测精度 100 m、10 m 和 1 m 反演金星累积大地水准面误差；统计结果如表 11.7 所示。研究结果如下。

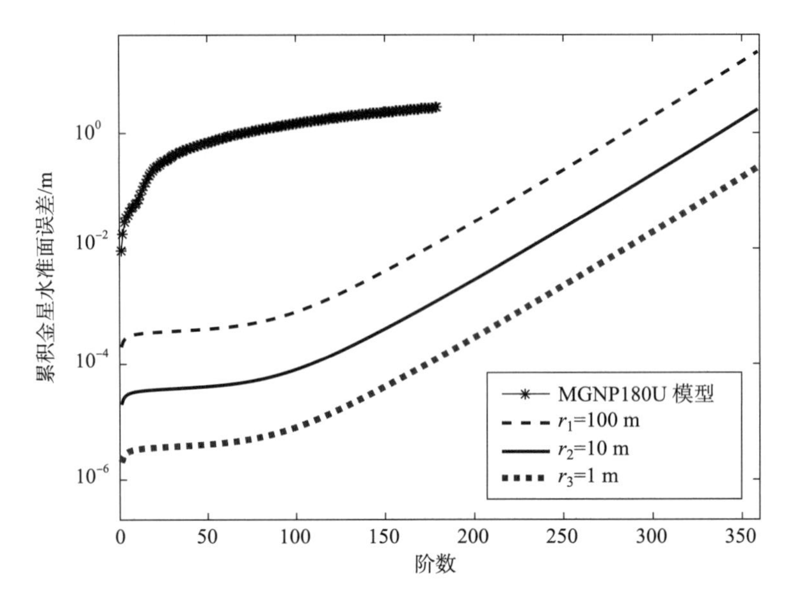

图 11.4　基于不同轨道位置测量精度的 Venus - SGG 金星累积大地水准面误差对比

表 11.7　基于不同轨道位置测量精度的 Venus - SGG 金星累积大地水准面误差统计结果

参数		金星累积大地水准面误差/m						
		20 阶	50 阶	100 阶	180 阶	250 阶	300 阶	360 阶
MGNP180U 模型		2.232×10^{-1}	6.705×10^{-1}	1.446×10^{0}	2.753×10^{0}	—	—	—
轨道位置误差/m	100	3.583×10^{-4}	4.079×10^{-4}	7.896×10^{-4}	1.246×10^{-2}	2.285×10^{-1}	1.852×10^{0}	2.546×10^{1}
	10	3.583×10^{-5}	4.079×10^{-5}	7.896×10^{-5}	1.246×10^{-3}	2.285×10^{-2}	1.852×10^{-1}	2.546×10^{0}
	1	3.583×10^{-6}	4.079×10^{-6}	7.896×10^{-6}	1.246×10^{-4}	2.285×10^{-3}	1.852×10^{-2}	2.546×10^{-1}

（1）在 360 阶处，基于轨道位置误差 10 m 反演金星累积大地水准面误差为 2.546 m。如果轨道测量精度分别设计为 1 m 和 100 m，金星重力场反演精度分别提高 10 倍和降低到$\frac{1}{10}$。

（2）如果将来 Venus－SGG 金星重力梯度卫星的轨道位置测量精度（100 m）较低，由于定轨误差的负面约束，无法获得高精度和高空间分辨率金星重力场信号。然而，假设未来专用 Venus－SGG 卫星的轨道位置设计为较高精度（1 m），则地面站深空跟踪网的研制技术难度将较大程度提高。

（3）为了在反演精度限制和研制技术难度之间取得平衡，未来 Venus－SGG 卫星计划设计为 10 m 定轨精度是反演高精度金星重力场模型的首选方案。

3. 轨道速度误差

图 11.5 所示为基于联合解析误差模型（式（11.12）），采用相同的轨道参数（表 11.5）和地面站深空跟踪网不同的轨道速度观测精度（$8\times10^{-3}\sim8\times10^{-5}$ m/s），Venus－SGG 金星重力场反演精度对比。星号线表示美国宇航局喷气推进实验室公布的 180 阶金星重力场模型 MGNP180U 的真实精度；虚线、实线和点线分别表示基于不同的轨道速度观测精度 8×10^{-3} m/s、8×10^{-4} m/s 和 8×10^{-5} m/s 反演金星累积大地水准面误差；统计结果如表 11.8 所示。研究结果如下。

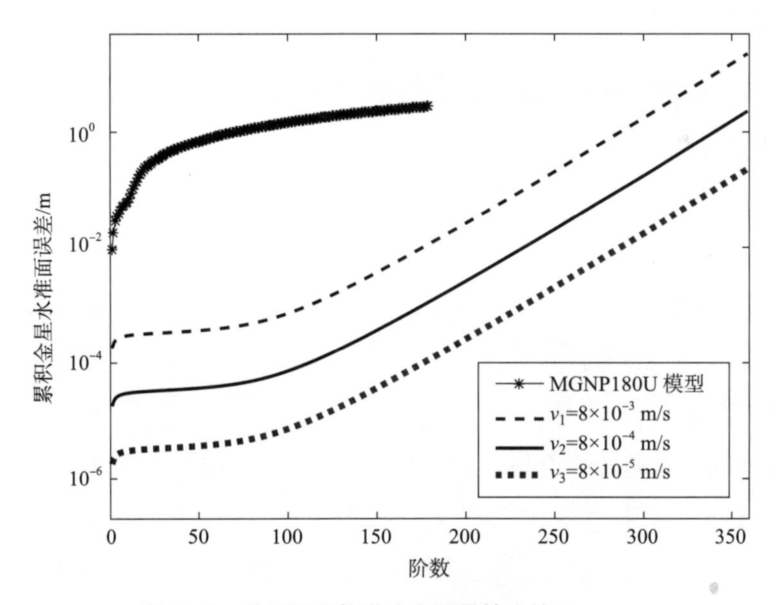

图 11.5　基于不同轨道速度测量精度的 Venus－SGG 金星累积大地水准面误差对比

表 11.8 基于不同轨道速度测量精度的 Venus - SGG 金星累积大地水准面误差统计结果

参数		金星累积大地水准面误差/m						
		20 阶	50 阶	100 阶	180 阶	250 阶	300 阶	360 阶
MGNP180U 模型		2.232×10^{-1}	6.705×10^{-1}	1.446×10^{0}	2.753×10^{0}	—	—	—
轨道速度误差/($m\cdot s^{-1}$)	8×10^{-3}	3.221×10^{-4}	3.666×10^{-4}	7.098×10^{-4}	1.121×10^{-2}	1.968×10^{-1}	1.665×10^{0}	2.289×10^{1}
	8×10^{-4}	3.221×10^{-5}	3.666×10^{-5}	7.098×10^{-5}	1.121×10^{-3}	1.968×10^{-2}	1.665×10^{-1}	2.289×10^{0}
	8×10^{-5}	3.221×10^{-6}	3.666×10^{-6}	7.098×10^{-6}	1.121×10^{-4}	1.968×10^{-3}	1.665×10^{-2}	2.289×10^{-1}

（1）在 360 阶处，当轨道速度观测精度设计为 8×10^{-4} m/s 时，金星累积大地水准面误差为 2.289 m；当轨道速度精度设计为 8×10^{-3} m/s 时，金星累积大地水准面误差将增大 10 倍；当轨道速度观测精度设计为 8×10^{-5} m/s 时，金星累积大地水准面误差将降低到$\frac{1}{10}$。

（2）当卫星轨道速度观测精度（8×10^{-3} m/s）太低时，不精确的轨道速度将导致金星重力场反演精度损失；反之，当轨道速度观测精度（8×10^{-5} m/s）设计较高时，对地面站深空跟踪网技术要求将较大程度提高。另外，为了获得匹配的关键载荷精度，卫星其他关键载荷观测精度需求也需同时提高。

（3）建议未来 Venus - SGG 金星专用卫星重力梯度计划的轨道速度测量精度设计为 8×10^{-4} m/s 较优。

4. 联合误差

图 11.6 所示为基于联合解析误差模型（式（11.12）），采用相同的轨道参数（表 11.5）和不同的关键载荷匹配精度指标（①星载原子干涉重力梯度仪的重力梯度 $3\times10^{-12}/s^2$、地面站深空跟踪网的轨道位置 100 m 和轨道速度 8×10^{-3} m/s；②重力梯度 $3\times10^{-13}/s^2$、轨道位置 10 m 和轨道速度 8×10^{-4} m/s；③重力梯度 $3\times10^{-14}/s^2$、轨道位置 1 m 和轨道速度 8×10^{-5} m/s），Venus - SGG 金星重力场反演精度对比。星号线表示美国宇航局喷气推进实验室公布的 180 阶金星重力场

模型 MGNP180U 的真实精度；虚线、实线和点线分别表示基于不同的关键载荷匹配精度指标（①②③）反演金星累积大地水准面误差；统计结果如表 11.9 所示。研究结果如下。

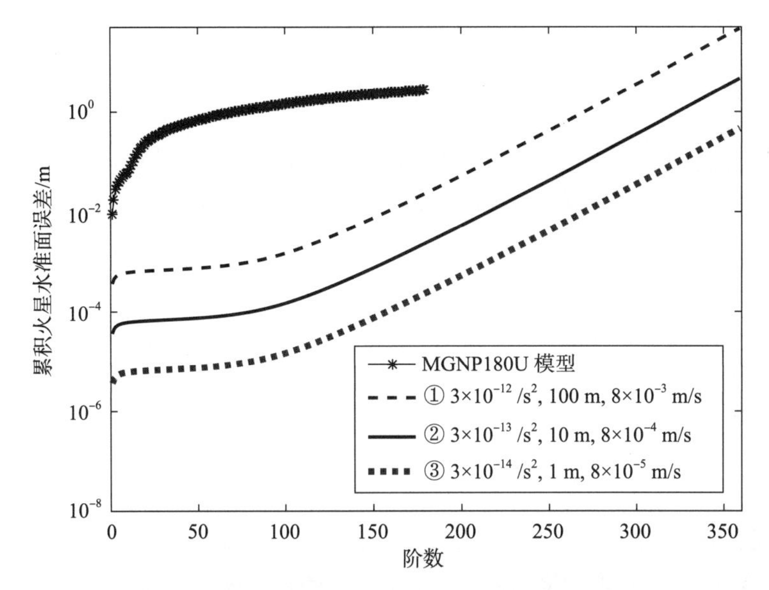

图 11.6　基于不同联合误差（重力梯度、轨道位置和轨道速度）的 Venus－SGG 金星累积大地水准面误差对比

表 11.9　基于不同联合误差（重力梯度、轨道位置和轨道速度）的 Venus－SGG 金星累积大地水准面误差统计结果

参数		金星累积大地水准面误差/m						
		20 阶	50 阶	100 阶	180 阶	250 阶	300 阶	360 阶
MGNP180U 模型		2.232×10^{-1}	6.705×10^{-1}	1.446×10^{0}	2.753×10^{0}	—	—	—
联合误差	①	6.556×10^{-4}	7.465×10^{-4}	1.446×10^{-3}	2.283×10^{-2}	4.011×10^{-1}	3.392×10^{0}	4.665×10^{1}
	②	6.556×10^{-5}	7.465×10^{-5}	1.446×10^{-4}	2.283×10^{-3}	4.011×10^{-2}	3.392×10^{-1}	4.665×10^{0}
	③	6.556×10^{-6}	7.465×10^{-6}	1.446×10^{-5}	2.283×10^{-4}	4.011×10^{-3}	3.392×10^{-2}	4.665×10^{-1}

（1）在 360 阶处，当关键载荷匹配精度指标设计为①星载原子干涉重力梯度

仪的重力梯度 $3\times10^{-12}/s^2$、地面站深空跟踪网的轨道位置 100 m 和轨道速度 8×10^{-3} m/s 时，金星累积大地水准面误差为 4.665×10^1 m；当关键载荷匹配精度指标设计为②重力梯度 $3\times10^{-13}/s^2$、轨道位置 10 m 和轨道速度 8×10^{-4} m/s 以及③重力梯度 $3\times10^{-14}/s^2$、轨道位置 1 m 和轨道速度 8×10^{-5} m/s 时，金星累积大地水准面误差将降低到 $\frac{1}{10}$ 和 $\frac{1}{100}$。

（2）综合需求分析可知，未来 Venus－SGG 金星专用卫星重力梯度计划的关键载荷匹配精度指标设计为重力梯度 $3\times10^{-13}/s^2$、轨道位置 10 m 和轨道速度 8×10^{-4} m/s 是较优的选择。

11.3.3 轨道参数优化设计

1. 轨道高度

图 11.7 所示为基于联合解析误差模型（式（11.12）），采用相同的关键载荷匹配精度指标（表 11.5）和不同的轨道高度（350～250 km），Venus－SGG 金星重力场反演精度对比。星号线表示美国宇航局喷气推进实验室公布的 180 阶金

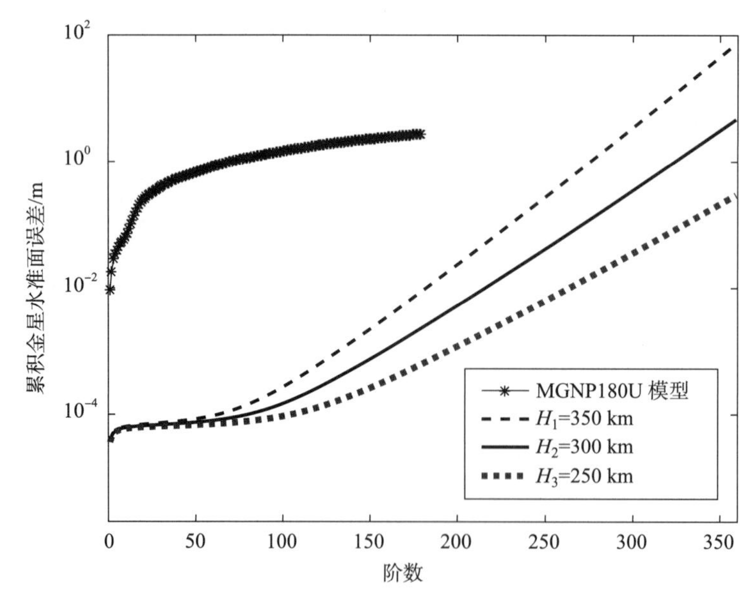

图 11.7 基于不同轨道高度（350 km、300 km 和 250 km）的 Venus－SGG 金星累积大地水准面误差对比

星重力场模型 MGNP180U 的真实精度；虚线、实线和点线分别表示基于不同的轨道高度（350 km、300 km 和 250 km）反演金星累积大地水准面误差；统计结果如表 11. 10 所示。研究结果如下。

表 11. 10　基于不同轨道高度（350 km、300 km 和 250 km）的 Venus – SGG 金星累积大地水准面误差统计结果

参数		金星累积大地水准面误差/m						
		20 阶	50 阶	100 阶	180 阶	250 阶	300 阶	360 阶
MGNP180U 模型		2.232×10^{-1}	6.705×10^{-1}	1.446×10^{0}	2.753×10^{0}	—	—	—
轨道高度/km	350	6.895×10^{-5}	8.405×10^{-5}	2.613×10^{-4}	8.623×10^{-3}	2.641×10^{-1}	3.312×10^{0}	7.303×10^{1}
	300	6.556×10^{-5}	7.465×10^{-5}	1.446×10^{-4}	2.283×10^{-3}	4.011×10^{-2}	3.392×10^{-1}	4.665×10^{0}
	250	6.251×10^{-5}	6.798×10^{-5}	9.255×10^{-5}	6.151×10^{-4}	6.118×10^{-3}	3.473×10^{-2}	2.965×10^{-1}

（1）当未来 Venus – SGG 金星专用卫星重力梯度计划的轨道高度设计为 300 km 时，在 360 阶处金星累积大地水准面误差为 4. 665 m；如果卫星轨道高度设计为 250 km，金星重力场反演精度将提高 6. 356 倍；如果卫星轨道高度设计在 350 km，金星重力场反演精度将降低到$\frac{1}{15.655}$。

（2）基于美国宇航局于 1989 年 5 月 4 日成功实施的金星“麦哲伦”计划的观测数据，可知“麦哲伦”探测器飞行的椭圆轨道近金点为 295 km，远金点为 7 762 km。在约 4 年的重力场探测计划（1989 年 5 月 4 日至 1994 年 10 月 13 日）中，基于“麦哲伦”金星探测器的轨道摄动分析有效反演了金星中低频重力场。由于不同卫星轨道高度敏感于不同频段的金星重力场测量信号，因此“麦哲伦”金星探测器仅能探测特定轨道高度上的金星重力场信号。假如未来 Venus – SGG 金星专用重力梯度卫星也工作在与“麦哲伦”金星探测器相同的轨道高度上，由于对金星重力场的简单重复测量，因此下一代金星重力场模型的精度和空间分辨率将无法得到实质性提高。因此，相对于已有金星探测器，将来 Venus – SGG 金星专用卫星重力梯度计划最好设计在不同的轨道高度。

(3) 利用 Venus - SGG 金星专用重力梯度卫星进行金星重力场反演的重要缺陷是，随着卫星轨道高度（350 km）增加，金星重力场信号呈指数衰减。因此，具有较低轨道高度的 Venus - SGG 金星专用重力梯度卫星对金星中高频段重力场信号特别敏感，有利于构建高精度和空间分辨率的全球大地水准面模型。因此，未来 Venus - SGG 金星专用重力梯度卫星应尽可能采用较低轨道高度飞行。然而，由于金星表面的大气压力和大气质量分别是地球的 92 倍和 93 倍，当卫星轨道高度逐渐下降为 250 km 时，非保守力的负面影响（如大气阻力）将成为未来 Venus - SGG 金星专用重力梯度卫星工作寿命的主要限制。

(4) 卫星轨道高度的优化设计对下一代高精度和高空间分辨率金星重力场模型建立起着至关重要的作用。因此，为了平衡重力场反演精度和探测任务运行寿命，未来 Venus - SGG 金星专用重力梯度卫星最好设计在 (300 ± 50) km 轨道高度飞行。

2. 观测时间

图 11.8 所示为基于联合解析误差模型（式（11.12）），采用相同的关键载荷匹配精度指标（表 11.5）和不同的观测时间（12 ~ 120 个月），Venus - SGG

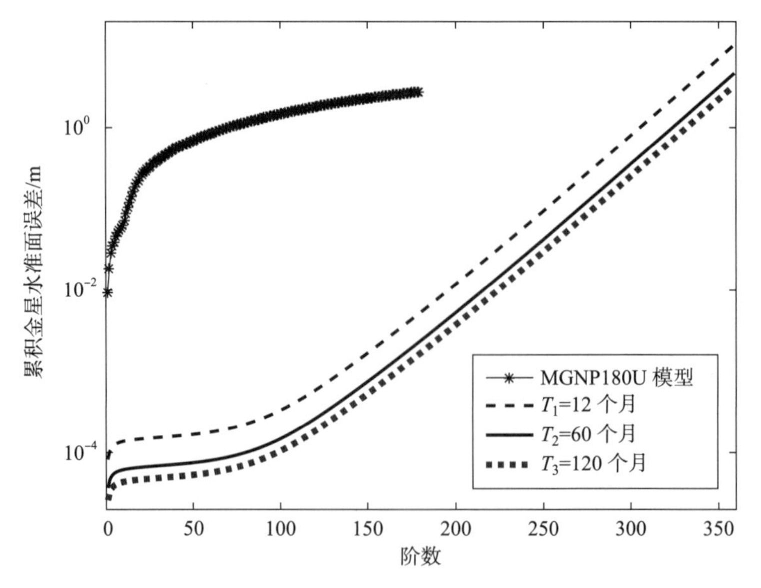

图 11.8 基于不同观测时间（12 个月、60 个月和 120 个月）的 Venus - SGG 金星累积大地水准面误差对比

金星重力场反演精度对比。星号线表示美国宇航局喷气推进实验室公布的 180 阶金星重力场模型 MGNP180U 的真实精度；虚线、实线和点线分别表示基于不同的观测时间（12 个月、60 个月和 120 个月）反演金星累积大地水准面误差；统计结果如表 11.11 所示。研究结果如下。

表 11.11　基于不同观测时间（12 个月、60 个月和 120 个月）的 Venus – SGG 金星累积大地水准面误差统计结果

参数		金星累积大地水准面误差/m						
		20 阶	50 阶	100 阶	180 阶	250 阶	300 阶	360 阶
MGNP180U 模型		2.232×10^{-1}	6.705×10^{-1}	1.446×10^{0}	2.753×10^{0}	—	—	—
观测时间/月	12	1.466×10^{-4}	1.669×10^{-4}	3.233×10^{-4}	5.105×10^{-3}	8.969×10^{-2}	7.586×10^{-1}	1.043×10^{1}
	60	6.556×10^{-5}	7.465×10^{-5}	1.446×10^{-4}	2.283×10^{-3}	4.011×10^{-2}	3.392×10^{-1}	4.665×10^{0}
	120	4.636×10^{-5}	5.279×10^{-5}	1.022×10^{-4}	1.615×10^{-3}	2.836×10^{-2}	2.399×10^{-1}	3.299×10^{0}

（1）如果未来 Venus – SGG 金星专用重力梯度卫星采用 60 个月的观测时间，在 360 阶处，金星重力场反演精度为 4.665 m。当未来专用 Venus – SGG 金星重力梯度卫星观测时间设计为 12 个月和 120 个月时，金星重力场反演精度分别降低到$\frac{1}{2.236}$和提高 1.414 倍。如果未来专用 Venus – SGG 金星重力梯度卫星采用 12 个月的较短观测时间，由于缺乏卫星观测数据，金星重力场反演精度难以有效提高。

（2）适当延长未来专用 Venus – SGG 金星卫星重力梯度计划的观测时间（120 个月），有助于提高金星重力场测量精度。然而，随着未来专用 Venus – SGG 金星卫星重力梯度计划观测时间逐渐增加，卫星观测数据误差量也将同步增加，而且卫星重力反演计算复杂度也相应增加。因此，未来专用 Venus – SGG 金星重力梯度卫星数据的最优信噪比对于保证金星重力场反演精度和空间分辨率具有重要意义。

（3）考虑到金星重力场模型精度与卫星重力反演计算速度之间的平衡，未来专用 Venus - SGG 金星卫星重力梯度计划采用60 个月的观测时间有利于获取全球覆盖的详细重力信息。

3. 采样间隔

图 11.9 所示为基于联合解析误差模型（式（11.12）），采用相同的关键载荷匹配精度指标（表 11.5）和不同的采样间隔（10 ~ 0.1s），Venus - SGG 金星重力场反演精度对比。星号线表示美国宇航局喷气推进实验室公布的 180 阶金星重力场模型 MGNP180U 的真实精度；虚线、实线和点线分别表示基于不同的采样间隔（10 s、1 s 和 0.1 s）反演金星累积大地水准面误差；统计结果如表 11.12 所示。研究结果如下。

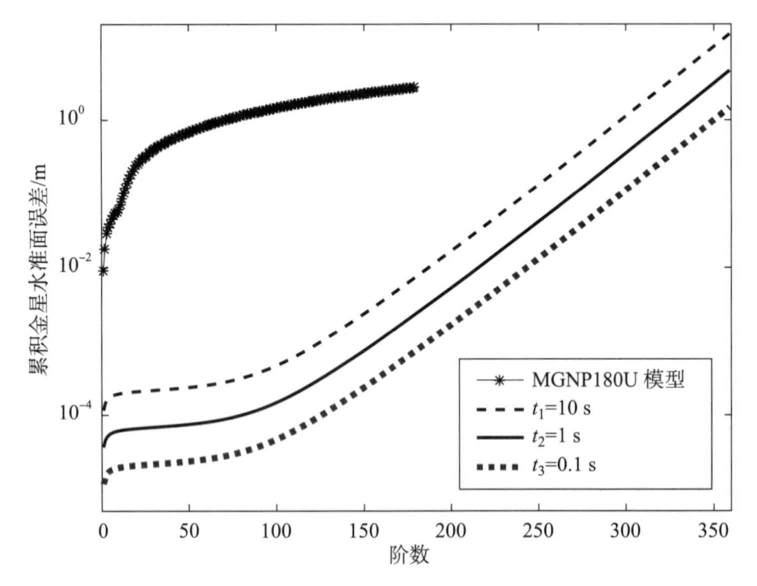

图 11.9　基于不同采样间隔（10 s、1 s 和 0.1 s）的 Venus - SGG 金星累积大地水准面误差对比

表 11.12　基于不同采样间隔（10 s、1 s 和 0.1 s）的 Venus - SGG 金星累积大地水准面误差统计结果

参数	金星累积大地水准面误差/m						
	20 阶	50 阶	100 阶	180 阶	250 阶	300 阶	360 阶
MGNP180U 模型	2.232×10^{-1}	6.705×10^{-1}	1.446×10^{0}	2.753×10^{0}	—	—	—

续表

参数		金星累积大地水准面误差/m						
		20 阶	50 阶	100 阶	180 阶	250 阶	300 阶	360 阶
采样间隔/s	10	2.073×10^{-4}	2.361×10^{-4}	4.573×10^{-4}	7.219×10^{-3}	1.268×10^{-1}	1.073×10^{0}	1.476×10^{1}
	1	6.556×10^{-5}	7.465×10^{-5}	1.446×10^{-4}	2.283×10^{-3}	4.011×10^{-2}	3.392×10^{-1}	4.665×10^{0}
	0.1	2.073×10^{-5}	2.361×10^{-5}	4.573×10^{-5}	7.219×10^{-4}	1.268×10^{-2}	1.073×10^{-1}	1.476×10^{0}

(1) 假设未来专用 Venus - SGG 金星重力梯度卫星跟踪数据的采样间隔为 0.1 s，在 360 阶处，金星重力场反演精度为 1.476 m。当卫星跟踪数据的采样间隔设计为 1 s 和 10 s 时，金星重力场反演精度分别降低到$\frac{1}{3.161}$和$\frac{1}{10}$。

(2) 假设未来专用 Venus - SGG 金星重力梯度卫星观测数据的采样间隔为 0.1 s，由于卫星观测数据量增大，因此金星重力场反演精度有利于被有效提高。然而，大量的观测数据将导致高性能计算需求的明显增加。另外，如果采用 10 s 采样间隔的卫星观测数据，由于观测信号量不足，金星重力场反演精度无法大幅度提高。

(3) 通过平衡精度提高和计算复杂度之间的优、缺点，未来专用 Venus - SGG 金星重力梯度卫星采样间隔设计为 1 s 不仅有利于提升金星重力场测绘精度，同时可大幅度改善卫星重力反演计算速度。

11.4 本章小结

本章的核心目标是围绕未来专用 Venus - SGG 金星卫星重力梯度计划的关键载荷匹配精度指标（重力梯度、轨道位置和轨道速度）和轨道参数（轨道高度、观测时间和采样间隔）开展可行性论证。

(1) 建立了星载原子干涉重力梯度仪的重力梯度、地球站深空跟踪网的轨道位置和轨道速度等主要误差源影响的金星累积大地水准面单独和联合解析误差模型。同时，分别基于重力梯度误差、轨道位置误差和轨道速度误差影响金星重力场反演精度的符合性验证了单一和联合解析误差模型的可靠性。

(2) 通过比较静电悬浮重力梯度仪、超导重力梯度仪和原子干涉重力梯度仪，星载原子干涉重力梯度仪有利于构建下一代高精度和高空间分辨率金星重力场模型。

(3) 为了平衡卫星重力反演精度和关键载荷研制难度，建议未来专用Venus - SGG 金星卫星重力梯度计划采用关键载荷匹配精度指标为重力梯度 $3\times10^{-13}/s^2$、轨道位置 10 m 和轨道速度 8×10^{-4} m/s 时较优。

(4) 为了权衡卫星重力观测精度与重力反演计算速度，建议未来专用Venus - SGG 金星重力梯度卫星可采用轨道参数为：轨道高度（300 ± 50）km、观测周期 60 个月和采样间隔 1 s。

参考文献

[1] Taguchi M, Fukuhara T, Imamura T, et al. Longwave infrared camera onboard the Venus Climate Orbiter [J]. Advances in Space Research, 2007, 40 (6): 861 - 868.

[2] Russell C T, Zhang T L, Strangeway R J, et al. Electromagnetic waves observed by Venus Express at periapsis: detection and analysis techniques [J]. Advances in Space Research, 2008, 41 (1): 113 - 117.

[3] Chassefière E, Korablev O, Imamura T, et al. European Venus Explorer: an in - situ mission to Venus using a balloon platform [J]. Advances in Space Research, 2009, 44 (1): 106 - 115.

[4] Kappel D, Arnold G, Haus R, et al. Refinements in the data analysis of VIRTIS - M - IR Venus nightside spectra [J]. Advances in Space Research, 2012, 50 (2): 228 - 255.

[5] Withers P, Christou A A, Vaubaillon J. Meteoric ion layers in the ionospheres of Venus and Mars: early observations and consideration of the role of meteor showers [J]. Advances in Space Research, 2013, 52 (7): 1207 - 1216.

[6] Zheng W, Xu H Z, Zhong M, et al. Progress on international Venus exploration

programs and implement of Venus gravity gradiometry mission in China [J]. Journal of Geodesy and Geodynamics, 2014, 34 (1): 8 – 14.

[7] Kaula W M. Venus: a contrast in evolution to Earth [J]. Science, 1990, 247 (4947): 1191 – 1196.

[8] Zheng W, Hsu H T, Zhong M, et al. Demonstration of requirement on future lunar satellite gravity exploration mission based on interferometric laser inter – satellite ranging principle [J]. Journal of Astronautics, 2011, 32 (4): 922 – 932.

[9] Zheng W, Hsu H T, Zhong M, et al. Improvement in the recovery accuracy of the lunar gravity field based on the future Moon – ILRS spacecraft gravity mission [J]. Surveys in Geophysics, 2015, 36 (4): 587 – 619.

[10] Maghrabi A H. On the measurements of the Moon's infrared temperature and its relation to the phase angle [J]. Advances in Space Research, 2014, 53 (2): 339 – 347.

[11] Califorrniaa E. Influence of the lunar ambience on dynamic surface hydration on sunlit regions of the Moon [J]. Advances in Space Research, 2015, 55 (6): 1705 – 1709.

[12] Zheng W, Hsu H T, Zhong M, et al. Progress in international Martian exploration programs and research on future Martian satellite gravity measurement mission in China [J]. Journal of Geodesy and Geodynamics, 2011, 31 (3): 51 – 57.

[13] Zheng W, Hsu H T, Zhong M, et al. China's first – phase Mars Exploration Program: Yinghuo – 1 orbiter [J]. Planetary and Space Science, 2013, 86: 155 – 159.

[14] Beaudet R A. The statistical treatment implemented to obtain the planetary protection bioburdens for the Mars Science Laboratory mission [J]. Advances in Space Research, 2013, 51 (12): 2261 – 2268.

[15] Moores J E, Lemmon M T, Rafkin S C R, et al. Atmospheric movies acquired at the Mars Science Laboratory landing site: cloud morphology, frequency and

significance to the Gale Crater water cycle and Phoenix mission results [J]. Advances in Space Research, 2015, 55 (9): 2217 - 2238.

[16] Yoshioka K, Hikosaka K, Kameda S, et al. Mercury's sodium exosphere explored by the Bepi Colombo mission [J]. Advances in Space Research, 2008, 41 (9): 1386 - 1391.

[17] Sauvaud J A, Fedorov A, Aoustin C, et al. The mercury electron analyzers for the Bepi Colombo mission [J]. Advances in Space Research, 2010, 46 (9): 1139 - 1148.

[18] Noyelles B, Lhotka C. The influence of orbital dynamics, shape and tides on the obliquity of Mercury [J]. Advances in Space Research, 2013, 52 (12): 2085 - 2101.

[19] Bock H, Jäggi A, Švehla D, et al. Precise orbit determination for the GOCE satellite using GPS [J]. Advances in Space Research, 2007, 39 (10): 1638 - 1647.

[20] Visser P N A M. GOCE gradiometer validation by GPS [J]. Advances in Space Research, 2007, 39 (10): 1630 - 1637.

[21] Canuto E. Drag - free and attitude control for the GOCE satellite [J]. Automatica, 2008, 44 (7): 1766 - 1780.

[22] Zheng W, Hsu H T, Zhong M, et al. Accurate and rapid determination of GOCE Earth's gravitational field using time - space - wise approach associated with Kaula regularization [J]. Chinese Journal of Geophysics, 2011, 54 (1): 240 - 249.

[23] Zheng W, Hsu H T, Zhong M, et al. A contrastive study on the influences of radial and three - dimensional satellite gravity gradiometry on the accuracy of the Earth's gravitational field recovery [J]. Chinese Physics B, 2012, 21 (10): 109101 - 109108.

[24] Zheng W, Hsu H T, Zhong M, et al. Efficient and rapid accuracy estimation of the Earth's gravitational field from next - generation GOCE Follow - On by the analytical method [J]. Chinese Physics B, 2013, 22 (4): 049101 - 049108.

[25] Yi W Y. An alternative computation of a gravity field model from GOCE [J]. Advances in Space Research, 2012, 50 (3): 371－384.

[26] Zheng W, Hsu H T, Zhong M, et al. Efficient calibration of the non－conservative force data from the space－borne accelerometers of the twin GRACE satellites [J]. Transactions of the Japan Society for Aeronautical and Space Sciences, 2011, 54 (184): 106－110.

[27] Zheng W, Hsu H T, Zhong M, et al. Efficient accuracy improvement of GRACE global gravitational field recovery using a new inter－satellite range interpolation method [J]. Journal of Geodynamics, 2012, 53: 1－7.

[28] Zheng W, Hsu H T, Zhong M, et al. Precise recovery of the Earth's gravitational field with GRACE: Intersatellite Range－Rate Interpolation Approach [J]. IEEE Geoscience and Remote Sensing Letters, 2012, 9 (3): 422－426.

[29] Zheng W, Hsu H T, Zhong M, et al. Requirements analysis for future satellite gravity mission Improved－GRACE [J]. Surveys in Geophysics, 2015, 36 (1): 87－109.

[30] Bezděk A, Sebera J, Klokočník J, et al. Gravity field models from kinematic orbits of CHAMP, GRACE and GOCE satellites [J]. Advances in Space Research, 2014, 53 (3): 412－429.

[31] Rummel R, Balmino G, Johannessen J, et al. Dedicated gravity field missions—principles and aims [J]. Journal of Geodynamics, 2002, 33 (1－2): 3－20.

[32] Johannessen J A, Balmino G, Le Provost C, et al. The European gravity field and steady－state ocean circulation explorer satellite mission: its impact on geophysics [J]. Surveys in Geophysics, 2003, 24: 339－386.

[33] Pail R, Bruinsma S, Migliaccio F, et al. First GOCE gravity field models derived by three different approaches [J]. Journal of Geodesy, 2011, 85 (11): 819－843.

[34] Konopliv A S, Park R S, Yuan D N, et al. High－resolution lunar gravity fields from the GRAIL primary and extended missions [J]. Geophysical Research

Letters, 2014, 41 (5): 1452 - 1458.

[35] Zheng W, Hsu H T, Zhong M, et al. Progress in international lunar exploration programs [J]. Progress in Geophysics, 2012, 27 (6): 2296 - 2307.

[36] Zheng W, Hsu H T, Zhong M, et al. Progress in lunar gravitational field models and operation of future lunar satellite gravity gradiometry mission in China [J]. Science of Surveying and Mapping, 2012, 37 (2): 5 - 9.

[37] Andrews - Hanna J C, Asmar S W, Head J W, et al. Ancient igneous intrusions and early expansion of the Moon revealed by GRAIL gravity gradiometry [J]. Science, 2013, 339 (6120): 675 - 678.

[38] Wieczorek M A, Neumann G A, Nimmo F, et al. The crust of the Moon as seen by GRAIL [J]. Science, 2013, 339 (6120): 671 - 675.

[39] Zuber M T, Smith D E, Watkins M M, et al. Gravity field of the Moon from the Gravity Recovery And Interior Laboratory (GRAIL) mission [J]. Science, 2013, 339 (6120): 668 - 671.

[40] Vinogradov A P, Surkov Y A, Florenskii K P, et al. Determination of the chemical composition of the Venus atmosphere by the Venus - 4 space probe [J]. Soviet Physics Doklady, 1968, 13: 176.

[41] Zheng W, Hsu H T, Zhong M, et al. Research progress in satellite gravity gradiometry recovery [J]. Journal of Geodesy and Geodynamics, 2014, 34 (4): 1 - 8.

[42] Cesarone R J, Abraham D S, Deutsch L J. Prospects for a next - generation deep - space network [J]. Proceedings of the IEEE, 2007, 95 (10): 1902 - 1915.

[43] Yu N, Kohel J M, Kellogg J R, et al. Development of an atom - interferometer gravity gradiometer for gravity measurement from space [J]. Applied Physics B, 2006, 84 (4): 647 - 652.

[44] Ananda M P, Sjogren W L, Phillips R J, et al. A low - order global gravity field of Venus and dynamical implications [J]. Journal of Geophysical Research, 1980, 85 (A13): 8303 - 8318.

[45] Williams B G, Mottinger N A. Venus gravity field: Pioneer Venus orbiter navigation results [J]. Icarus, 1983, 56 (3): 578－589.

[46] Mottinger N A, Sjogren W L, Bills B G. Venus gravity: a harmonic analysis and geophysical implications [J]. Journal of Geophysical Research, 1985, 90 (S02): 739－756.

[47] Bills B G, Kiefer W S, Jones R L. Venus gravity: a harmonic analysis [J]. Journal of Geophysical Research, 1987, 92 (B10): 10335－10351.

[48] McNamee J B, Kronschnabl G R, Ryne M S. An improved Venus gravity field from Doppler tracking of the Pioneer Venus orbiter and Magellan spacecraft [C]. Astrodynamics Conference, American Institute of Aeronautics and Astronautics; Hilton Head Island, SC. Washington, 1992: 603－610.

[49] McNamee J B, Borderies N J, Sjogren W L. Venus: global gravity and topography [J]. Journal of Geophysical Research－Planets, 1993, 98 (E5): 9113－9128.

[50] Nerem R S, Bills B G, McNamee J B. A high resolution gravity model for Venus: GVM－1 [J]. Geophysical Research Letters, 1993, 20 (7): 599－602.

[51] Konopliv A S, Borderies N J, Chodas P W, et al. Venus gravity and topography: 60th degree and order model [J]. Geophysical Research Letters, 1993, 20 (21): 2403－2406.

[52] Konopliv A S, Sjogren W L. Venus spherical harmonic gravity model to degree and order 60 [J]. Icarus, 1994, 112 (1): 42－54.

[53] Konopliv A S, Sjogren W L, Graat E, et al. Venus gravity data reduction [C]. Presentation at Fall 1994 Meeting, American Geophysical Union, San Francisco, CAY December 5－9, 1994.

[54] Perini J P, Nerem R S, Lemoine F G. The development of a high resolution gravity field model for Venus [J]. Lunar and Planetary Science, 1996, 27: 1017.

[55] Konopliv A S, Sjogren W L. Venus gravity handbook [C]. JPL Publication 96－

2, Jet Propulsion Laboratory, Pasadena, CA, January, 1996.

[56] Konopliv A S, Sjogren W L, Yoder C F, et al. Venus 120th degree and order gravity field [C]. Presented at 1996 AGU Fall Meeting, San Francisco, CA, 1996.

[57] Konopliv A S, Sjogren W L. Venus 155th degree and order gravity field [C]. Presented at Geodynamics of Venus: Evolution and Current State, AGU Chapman Conf., Sept. 4 - 6, Aspen, CO, 1997.

[58] Barriot J P, Valès N, Balmino G, et al. A 180th degree and order model of the Venus gravity field from Magellan line of sight residual Doppler data [J]. Geophysical Research Letters, 1998, 25 (19): 3743 - 3746.

[59] Konopliv A S, Banerdt W B, Sjogren W L. Venus gravity: 180th degree and order model [J]. Icarus, 1999, 139 (1): 3 - 18.

[60] Cox C M, Lemoine F G, Beall J. Venus gravity model and covariance complete to degree and order 180 [C]. American Geophysical Union, Spring Meeting abstract #P21A - 07, 2002.

[61] Pail R, Goiginger H, Schuh W D, et al. Combined satellite gravity field model GOCO01S derived from GOCE and GRACE [J]. Geophysical Research Letters, 2010, 37 (20): L20314.

[62] Goiginger H, Rieser D, Mayer - Guerr T, et al. The combined satellite - only global gravity field model GOCO02S [C]. 2011 General Assembly of the European Geosciences Union, Vienna, Austria, April 4 - 8, 2011.

[63] Mayer - Gürr T, GOCO consortium. The new combined satellite only model GOCO03S [C]. International Symposium on Gravity, Geoid and Height Systems GGHS 2012, Venice, 2012.

[64] Mayer - Gürr T, Pail R, Gruber T, et al. The combined satellite gravity field model GOCO05S [C]. Vienna, Austria, 2015.

[65] Fecher T, Pail R, Gruber T. GOCO Consortium. GOCO05C: A new combined gravity field model based on full normal equations and regionally varying weighting [J]. Surveys in Geophysics, 2017, 38 (3): 571 - 590.

[66] Kvas A. The satellite – only gravity field model GOCO06S [C]. GFZ Data Services, 2019, http://doi.org/10.5880/ICGEM.2019.002.

[67] Migliaccio F, Reguzzoni M, Sans F, et al. GOCE data analysis: the space – wise approach and the first space – wise gravity field model [C]. ESA Living Planet Symposium 2010, Bergen, 2010.

[68] Migliaccio F, Reguzzoni M, Gatti A, et al. A GOCE – only global gravity field model by the space – wise approach [C]. 4th International GOCE User Workshop, Munich, 2011.

[69] Gatti A, Reguzzoni M, Migliaccio F, et al. Space – wise grids of gravity gradients from GOCE data at nominal satellite altitude [C]. 5th International GOCE User Workshop, UNESCO, Paris, France, 2014.

[70] Gatti A, Reguzzoni M, Migliaccio F, et al. Computation and assessment of the fifth release of the GOCE – only space – wise solution [C]. Presented at the 1st Joint Commission 2 and IGFS Meeting, 19 – 23 September 2016, Thessaloníki, Greece, 2016.

[71] Pail R, Goiginger H, Mayrhofer R, et al. GOCE gravity field model derived from orbit and gradiometry data applying the time – wise method [C]. ESA Living Planet Symposium, Bergen, Norway, 2010.

[72] Brockmann J M, Schubert T, Schuh W D. An improved model of the Earth's static gravity field solely derived from reprocessed GOCE data [J]. Surveys in Geophysics, 2021, 42 (2): 09626 – 10712.

[73] Bruinsma S L, Marty J C, Balmino G, et al. GOCE gravity field recovery by means of the direct numerical method [C]. ESA Living Planet Symposium, Bergen, Norway, 2010.

[74] Bruinsma S L, Förste C, Abrikosov O, et al. The new ESA satellite – only gravity field model via the direct approach [J]. Geophysical Research Letters, 2013, 40 (14): 3607 – 3612.

[75] Bruinsma S, Förste C, Abrikosov O, et al. ESA's satellite – only gravity field model via the direct approach based on all GOCE data [J]. Geophysical

Research Letters, 2014, 41 (21): 7508 -7514.

[76] Förste C, Bruinsma S, Shako R, et al. EIGEN -6 - A new combined global gravity field model including GOCE data from the collaboration of GFZ - Potsdam and GRGS - Toulouse [C]. General Assembly European Geosciences, Union, Vienna, Austria, 2011.

[77] Förste C, Bruinsma S, Flechtner F, et al. A preliminary update of the direct approach GOCE processing and a new release of EIGEN -6C [C]. AGU 2012 Fall Meeting, San Francisco, USA, 2012.

[78] Rudenko S, Dettmering D, Esselborn S, et al. Influence of time variable geopotential models on precise orbits of altimetry satellites, global and regional mean sea level trends [J]. Advances in Space Research, 2014, 54 (1): 92 - 118.

[79] Förste C, Bruinsma S L, Rudenko S, et al. EIGEN -6S4: a time - variable satellite - only gravity field model to d/o 300 based on LAGEOS, GRACE and GOCE data from the collaboration of GFZ Potsdam and GRGS Toulouse [C]. EGU General Assembly 2015, Vienna, Austria, 2015.

[80] Hashemi Farahani H, Ditmar P, Klees R, et al. The static gravity field model DGM - 1S from GRACE and GOCE data: computation, validation and an analysis of GOCE mission's added value [J]. Journal of Geodesy, 2013, 87 (9): 843 -867.

[81] Schall J, Eicker A, Kusche J. The ITG - GOCE02 gravity field model from GOCE orbit and gradiometer data based on the short arc approach [J]. Journal of Geodesy, 2014, 88 (4): 403 -409.

[82] Yi W Y, Rummel R, Gruber T. Gravity field contribution analysis of GOCE gravitational gradient components [J]. Studia Geophysica Et Geodaetica, 2013, 57 (2): 174 -202.

[83] Yi W Y, Rummel R. A comparison of GOCE gravitational models with EGM2008 [J]. Journal of Geodynamics, 2014, 73: 14 -22.

[84] Zheng W, Wang Z K, Ding Y W, et al. Accurate establishment of error models

for satellite gravity gradiometry recovery and requirements analysis for the future GOCE Follow - On mission [J]. Acta Geophys, 2016, 64 (3): 732 -754.

[85] DiFrancesco D, Grierson A, Kaputa D, et al. Gravity gradiometer systems - advances and challenges [J]. Geophysical Prospecting, 2009, 57 (4): 615 - 623.

[86] 郑伟，许厚泽，钟敏，等. 国际卫星重力梯度测量计划研究进展 [J]. 测绘科学，2010, 35 (2): 57 -61.

[87] Touboul P, Foulon B, Willemenot E. Electrostatic space accelerometers for present and future missions [J]. Acta Astronaut, 1999, 45 (10): 605 -617.

[88] Touboul P. Microscope instrument development, lessons for GOCE [J]. Advances in Space Research, 2003, 108 (1 -2): 393 -408.

[89] Paik H J. Geodesy and gravity experiment in Earth orbit using a superconducting gravity gradiometer [J]. IEEE Transactions on Geoscience and Remote Sensing, 1985, GE -23 (4): 524 -526.

[90] Zarembiński S. On superconductive gravity gradiometry in space [J]. Space Science Reviews, 2003, 108 (1 -2): 367 -376.

[91] Snadden M J, McGuirk J M, Bouyer P, et al. Measurement of the Earth's gravity gradient with an atom interferometer - based gravity gradiometer [J]. Physical Review Letters, 1998, 81 (5): 971 -974.

附录

重力梯度单误差模型

在地固坐标系中，地球引力位按球谐函数展开定义为

$$V(r,\theta,\lambda)=\frac{GM}{R_e}\sum_{l=0}^{L}\left(\frac{R_e}{r}\right)^{l+1}\sum_{m=0}^{l}(\bar{C}_{lm}\cos m\lambda+\bar{S}_{lm}\sin m\lambda)\bar{P}_{lm}(\cos\theta) \quad (附1)$$

式中，GM 为万有引力常数 G 与地球质量 M 的乘积；R_e 为地球的平均半径；L 为球谐函数展开的最大阶数；r、θ 和 λ 分别为地心半径、地心余纬度和地心经度；$\bar{P}_{lm}(\cos\theta)$ 为 l 阶和 m 次的谛合勒让德函数；$\bar{C}_{lm}$、$\bar{S}_{lm}$ 为估计的归一化引力位系数。

如附图所示，局部指北坐标系（X，Y，Z）和地心惯性坐标系（x，y，z）的转换关系为

$$\begin{bmatrix}x\\y\\z\end{bmatrix}=$$

$$\begin{bmatrix}-\cos(\pi-\lambda)\cos\left(\frac{\pi}{2}+\theta\right) & \sin(\pi-\lambda) & \cos(\pi-\lambda)\sin\left(\frac{\pi}{2}+\theta\right)\\ -\sin(\pi-\lambda)\cos\left(\frac{\pi}{2}+\theta\right) & -\cos(\pi-\lambda) & \sin(\pi-\lambda)\sin\left(\frac{\pi}{2}+\theta\right)\\ \sin\left(\frac{\pi}{2}+\theta\right) & 0 & \cos\left(\frac{\pi}{2}+\theta\right)\end{bmatrix}\begin{bmatrix}X\\Y\\Z+r\end{bmatrix}$$

（附2）

$O-XYZ$ 表示局部指北坐标系，原点 O 位于卫星质心，X 轴和 Y 轴分别指北和指西，Z 轴和 X 轴、Y 轴构成右手螺旋准则。在局部指北坐标系中，用球坐标（r,θ,λ）表示地球引力位 $V(r,\theta,\lambda)$ 2 阶导数的解析公式非常简单。在局部指北

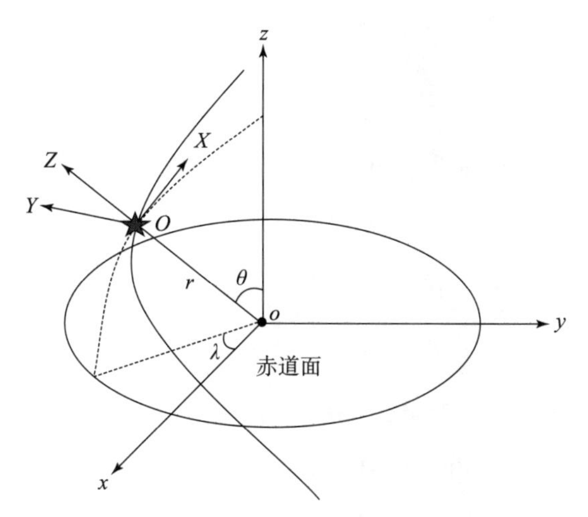

附图　局部指北坐标系（LNS）$O-XYZ$ 和地心惯性坐标系（ECI）$o-xyz$

坐标系中，$V(r,\theta,\lambda)$ 相对 (X,Y,Z) 的 2 阶梯度表示为

$$\boldsymbol{\Gamma}=\begin{bmatrix}\boldsymbol{V}_{XX} & \boldsymbol{V}_{XY} & \boldsymbol{V}_{XZ}\\ \boldsymbol{V}_{YX} & \boldsymbol{V}_{YY} & \boldsymbol{V}_{YZ}\\ \boldsymbol{V}_{ZX} & \boldsymbol{V}_{ZY} & \boldsymbol{V}_{ZZ}\end{bmatrix} \tag{附3}$$

式中，$\boldsymbol{\Gamma}$ 为对称无迹矩阵；$\boldsymbol{V}_{XX}+\boldsymbol{V}_{YY}+\boldsymbol{V}_{ZZ}=0$，在 9 个重力梯度张量中 5 个是独立分量。

$$\begin{cases}\boldsymbol{V}_{XX}(r,\theta,\lambda)=\dfrac{GM}{R_e^3}\sum\limits_{l=2}^{L}\left(\dfrac{R_e^3}{r}\right)^{l+3}\sum\limits_{m=0}^{l}(\bar{\boldsymbol{C}}_{lm}\cos m\lambda+\bar{\boldsymbol{S}}_{lm}\sin m\lambda)\boldsymbol{H}^{XX}(\theta)\\ \boldsymbol{V}_{YY}(r,\theta,\lambda)=\dfrac{GM}{R_e^3}\sum\limits_{l=2}^{L}\left(\dfrac{R_e^3}{r}\right)^{l+3}\sum\limits_{m=0}^{l}(\bar{\boldsymbol{C}}_{lm}\cos m\lambda+\bar{\boldsymbol{S}}_{lm}\sin m\lambda)\boldsymbol{H}^{YY}(\theta)\\ \boldsymbol{V}_{ZZ}(r,\theta,\lambda)=\dfrac{GM}{R_e^3}\sum\limits_{l=2}^{L}\left(\dfrac{R_e^3}{r}\right)^{l+3}\sum\limits_{m=0}^{l}(\bar{\boldsymbol{C}}_{lm}\cos m\lambda+\bar{\boldsymbol{S}}_{lm}\sin m\lambda)\boldsymbol{H}^{ZZ}(\theta)\\ \boldsymbol{V}_{XY}(r,\theta,\lambda)=\dfrac{GM}{R_e^3}\sum\limits_{l=2}^{L}\left(\dfrac{R_e^3}{r}\right)^{l+3}\sum\limits_{m=0}^{l}(-\bar{\boldsymbol{C}}_{lm}\sin m\lambda+\bar{\boldsymbol{S}}_{lm}\cos m\lambda)\boldsymbol{H}^{XY}(\theta)\\ \boldsymbol{V}_{XZ}(r,\theta,\lambda)=\dfrac{GM}{R_e^3}\sum\limits_{l=2}^{L}\left(\dfrac{R_e^3}{r}\right)^{l+3}\sum\limits_{m=0}^{l}(\bar{\boldsymbol{C}}_{lm}\cos m\lambda+\bar{\boldsymbol{S}}_{lm}\sin m\lambda)\boldsymbol{H}^{XZ}(\theta)\\ \boldsymbol{V}_{YZ}(r,\theta,\lambda)=\dfrac{GM}{R_e^3}\sum\limits_{l=2}^{L}\left(\dfrac{R_e^3}{r}\right)^{l+3}\sum\limits_{m=0}^{l}(-\bar{\boldsymbol{C}}_{lm}\sin m\lambda+\bar{\boldsymbol{S}}_{lm}\cos m\lambda)\boldsymbol{H}^{YZ}(\theta)\end{cases} \tag{附4}$$

其中，

$$
\begin{cases}
\boldsymbol{H}^{XX}(\theta) = \bar{\boldsymbol{P}}''_{lm}(\cos\theta) - (l+1)\bar{\boldsymbol{P}}_{lm}(\cos\theta) \\
\boldsymbol{H}^{YY}(\theta) = \arctan\theta\bar{\boldsymbol{P}}'_{lm}(\cos\theta) - (l+1+m^2\arcsin^2\theta)\bar{\boldsymbol{P}}_{lm}(\cos\theta) \\
\boldsymbol{H}^{ZZ}(\theta) = (l+1)(l+2)\bar{\boldsymbol{P}}_{lm}(\cos\theta) \\
\boldsymbol{H}^{XY}(\theta) = m\arcsin\theta[\bar{\boldsymbol{P}}'_{lm}(\cos\theta) - \arctan\theta\bar{\boldsymbol{P}}_{lm}(\cos\theta)] \\
\boldsymbol{H}^{XZ}(\theta) = (l+2)\bar{\boldsymbol{P}}'_{lm}(\cos\theta) \\
\boldsymbol{H}^{YZ}(\theta) = m(l+2)\arcsin\theta\bar{\boldsymbol{P}}_{lm}(\cos\theta)
\end{cases}
$$

Legendre 函数的 0 阶、1 阶和 2 阶导数分别表示为

$$
\begin{cases}
\bar{\boldsymbol{P}}_{lm}(\cos\theta) = \gamma_m 2^{-l}\sin^m\theta \sum_{k=0}^{[(l-m)/2]} (-1)^k \dfrac{(2l-2k)!}{k!(l-k)!(l-m-2k)!}(\cos\theta)^{l-m-2k} \\
\qquad (m \leqslant l) \\
\bar{\boldsymbol{P}}'_{lm}(\cos\theta) = \dfrac{1}{\sin\theta}[(l+1)\cos\theta\bar{\boldsymbol{P}}_{lm}(\cos\theta) - (l-m-1)\bar{\boldsymbol{P}}_{l+1,m}(\cos\theta)] \\
\bar{\boldsymbol{P}}''_{lm}(\cos\theta) = -l\bar{\boldsymbol{P}}_{lm}(\cos\theta) + l\cos\theta\bar{\boldsymbol{P}}'_{l-1,m}(\cos\theta) + \dfrac{l}{4}\cos^2\theta[\bar{\boldsymbol{P}}'_{l-1,m+1}(\cos\theta) - \\
\qquad 4\bar{\boldsymbol{P}}'_{l-1,m-1}(\cos\theta)]
\end{cases}
$$

式中，$\gamma_m = \begin{cases} \sqrt{2(2l+1)\dfrac{(l-|m|)!}{(l+|m|)!}} & (m \neq 0) \\ \sqrt{2l+1} & (m = 0) \end{cases}$

根据球谐函数的 Parseval 定理，在局部指北坐标系中卫星重力梯度 V_{ab} 的功率谱表示为

$$
P^2(V_{ab}) = \frac{1}{4\pi}\iint[V_{ab}(r,\phi,\lambda)]^2\cos\phi\mathrm{d}\phi\mathrm{d}\lambda \tag{附5}
$$

式中，a、$b = X$、Y、Z。

联合式（附 2）、式（附 4）和式（附 5），在地心惯性坐标系中，卫星重力梯度张量误差 $\delta\boldsymbol{V}_{ij}$ 的功率谱表示为

$$
P^2(\delta\boldsymbol{V}_{ij}) = \left(\frac{GM}{R_e^3}\right)^2 \sum_{l=0}^{L} A_{ij}^2 \left(\frac{R_e}{R_e+H}\right)^{2l+6} \sum_{m=0}^{l} (\delta\bar{C}_{lm})^2 + (\delta\bar{S}_{lm})^2 \tag{附6}
$$

式中，A_{ij} 为灵敏度系数（i、$j = x$、y、z）；H 为卫星轨道高度；$\delta\bar{C}_{lm}$、$\delta\bar{S}_{lm}$ 为引力位

系数误差。

累积大地水准面误差定义为

$$\sigma_N = R_e \sqrt{\sum_{l=2}^{L} \sum_{m=0}^{l} (\delta\bar{C}_{lm})^2 + (\delta\bar{S}_{lm})^2} \tag{附7}$$

联合式（附6）和式（附7），卫星重力梯度张量的累积大地水准面误差表示为

$$\sigma_N(\delta \boldsymbol{V}_{ij}) = \frac{R_e^4}{GM\left(\sqrt{\frac{T}{\Delta t}}\right)} \sqrt{\sum_{l=2}^{L} \frac{2l+1}{A_{ij}^2} \left(\frac{R_e + H}{R_e}\right)^{2l+6} \sigma^2(\delta \boldsymbol{V}_{ij})} \tag{附8}$$

式中，$\sigma^2(\delta \boldsymbol{V}_{ij})$ 为重力梯度张量的误差方差；T 为重力梯度数据的观测时间；Δt 为观测数据采样间隔；$T/\Delta t$ 为重力梯度的数量。根据统计学基本原理，如果重力梯度张量的个数增加 $T/\Delta t$ 倍，地球重力场反演精度约提高 $\sqrt{T/\Delta t}$ 倍。

根据式（附8）和附表，卫星重力梯度张量的累积大地水准面误差表示为

$$\sigma_N(\delta \boldsymbol{V}_{xx}) = \frac{R_e^4}{GM\left(\sqrt{\frac{T}{\Delta t}}\right)} \sqrt{\sum_{l=2}^{L} \frac{2l+1}{\frac{(l+1)^3(l+2)(2l+3)}{3(2l+1)}} \left(\frac{R_e + H}{R_e}\right)^{2l+6} \sigma^2(\delta \boldsymbol{V}_{xx})} \tag{附9}$$

$$\sigma_N(\delta \boldsymbol{V}_{yy}) = \frac{R_e^4}{GM\left(\sqrt{\frac{T}{\Delta t}}\right)} \cdot \sqrt{\sum_{l=2}^{L} \frac{2l+1}{\left[(l+1)(l+2) - \sqrt{\frac{(l+1)^3(l+2)(2l+3)}{3(2l+1)}}\right]^2} \left(\frac{R_e + H}{R_e}\right)^{2l+6} \sigma^2(\delta \boldsymbol{V}_{yy})} \tag{附10}$$

$$\sigma_N(\delta \boldsymbol{V}_{zz}) = \frac{R_e^4}{GM\left(\sqrt{\frac{T}{\Delta t}}\right)} \sqrt{\sum_{l=2}^{L} \frac{2l+1}{(l+1)^2\,(l+2)^2} \left(\frac{R_e + H}{R_e}\right)^{2l+6} \sigma^2(\delta \boldsymbol{V}_{zz})} \tag{附11}$$

$$\sigma_N(\delta \boldsymbol{V}_{xz}) = \frac{R_e^4}{GM\left(\sqrt{\frac{T}{\Delta t}}\right)} \sqrt{\sum_{l=2}^{L} \frac{2l+1}{[(l+1)/5]^2} \left(\frac{R_e + H}{R_e}\right)^{2l+6} \sigma^2(\delta \boldsymbol{V}_{xz})} \tag{附12}$$

$$\sigma_N(\delta V_{xyz}) = \frac{R_e^4}{GM\left(\sqrt{\frac{T}{\Delta t}}\right)} \cdot$$

$$\sqrt{\sum_{l=2}^{L} \frac{(2l+1)\left(\frac{R_e+H}{R_e}\right)^{2l+6} \sigma^2(\delta V_{xyz})}{\frac{(l+1)^3(l+2)(2l+3)}{3(2l+1)} + \left[(l+1)(l+2) - \sqrt{\frac{(l+1)^3(l+2)(2l+3)}{3(2l+1)}}\right]^2 + (l+1)^2(l+2) + \left[\frac{(l+1)}{5}\right]^2}}$$

（附 13）

附表　卫星重力梯度张量的功率谱灵敏度系数

梯度功率谱	灵敏度系数 A_{ij}
$P^2(\boldsymbol{V}_{xx})$	$A_{xx} = -\sqrt{\frac{(l+1)^3(l+2)(2l+3)}{3(2l+1)}}$
$P^2(\boldsymbol{V}_{yy})$	$A_{yy} = -\left[(l+1)(l+2) - \sqrt{\frac{(l+1)^3(l+2)(2l+3)}{3(2l+1)}}\right]$
$P^2(\boldsymbol{V}_{zz})$	$A_{zz} = (l+1)(l+2)$
$P^2(\boldsymbol{V}_{xz})$	$A_{xz} = -(l+1)/5$
$P^2(\boldsymbol{V}_{xyz})$	$A_{xyz} = \sqrt{A_{xx}^2 + A_{yy}^2 + A_{zz}^2 + A_{xz}^2}$

索　引

A~Z（英文）

B

C

D

H～J

K~L

M～R

S

T

W

X

Y

Z

（王彦祥、毋栋 编制）

彩 插

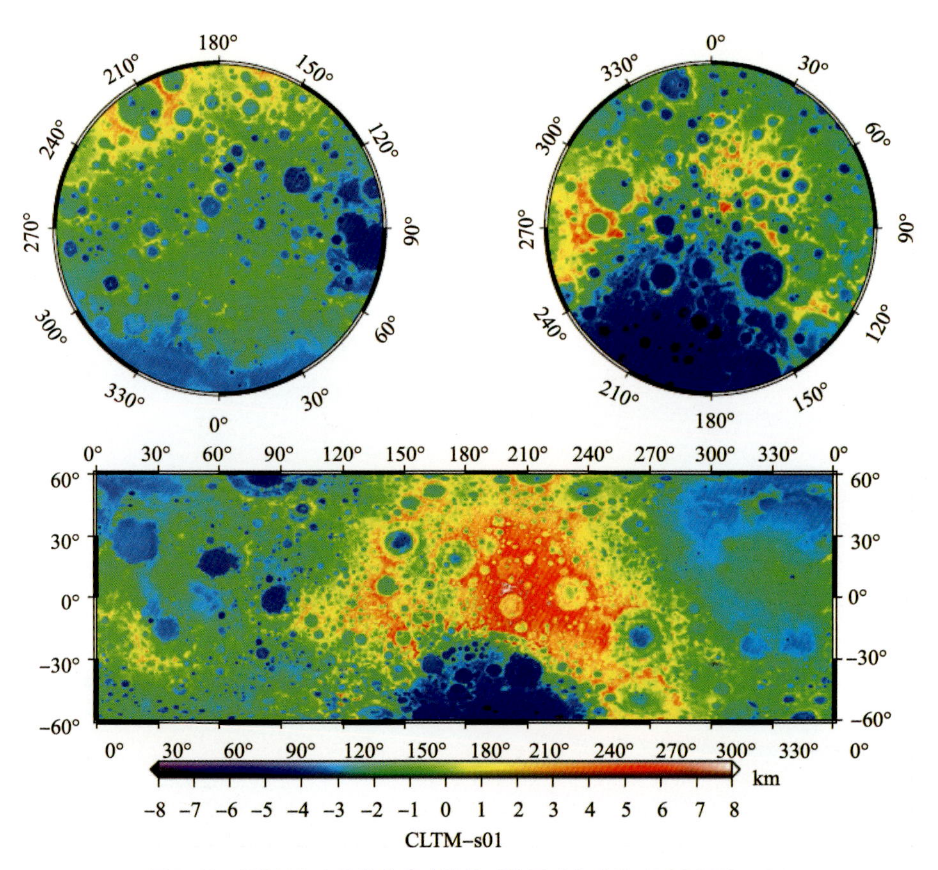

图 5.12 “嫦娥”1 号激光高度计得到的月球全球地形图 CLTM - s01

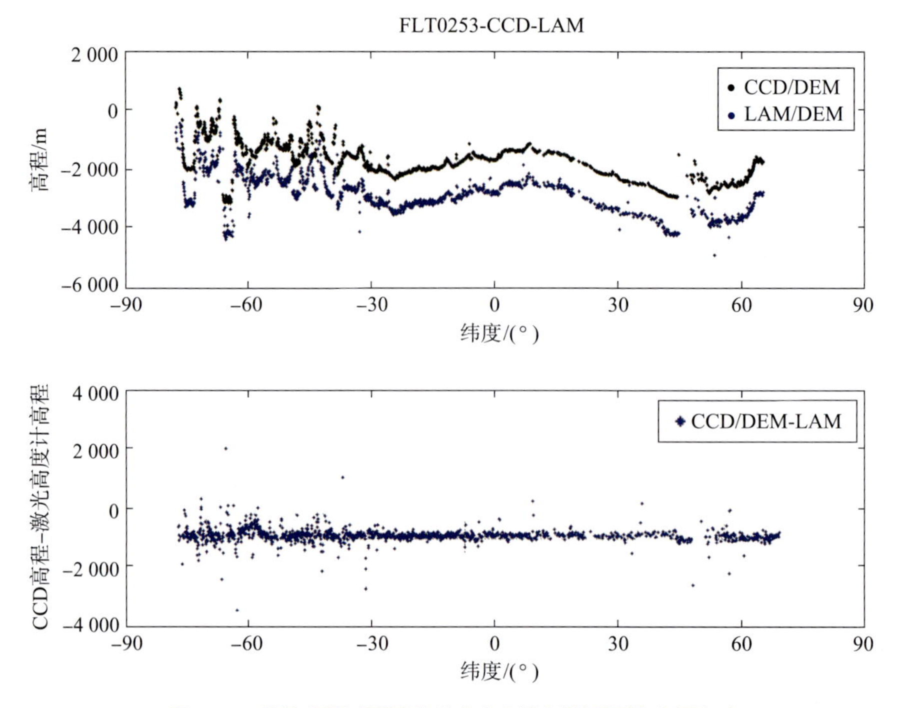

图 5. 21 单轨 CCD/DEM 和激光高度计 LAM/DEM 高程比对

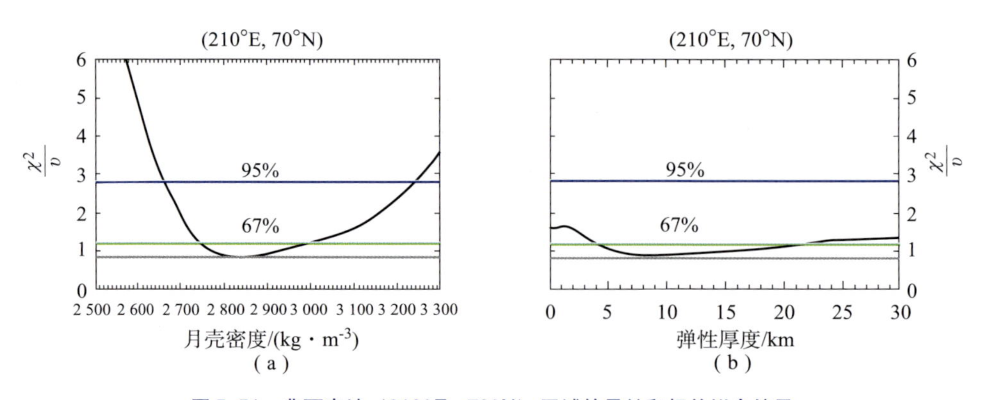

图 5. 51 背面高地（210°E，70°N）区域的导纳和相关拟合结果

（采用表面和内部载荷模型。各参数的最佳拟合结果如图（a）月壳密度、（b）弹性厚度、

（c）载荷比，其中的黑色水平线对应 67% 和 95% 概率的不确定度，

（d）为实测和最佳拟合的导纳和相关，灰色竖线表示进行拟合的区域）

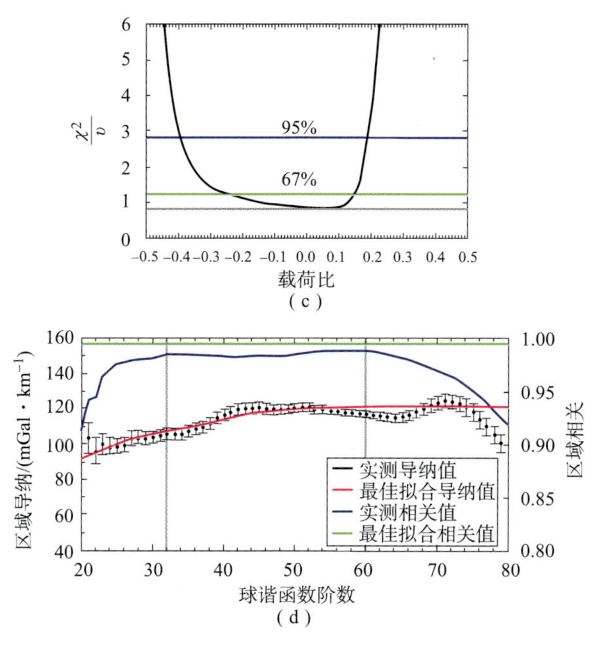

图 5.51　背面高地（210°E，70°N）区域的导纳和相关拟合结果（续）

（采用表面和内部载荷模型。各参数的最佳拟合结果如图（a）月壳密度、（b）弹性厚度、（c）载荷比，其中的黑色水平线对应 67% 和 95% 概率的不确定度，（d）为实测和最佳拟合的导纳和相关，灰色竖线表示进行拟合的区域）

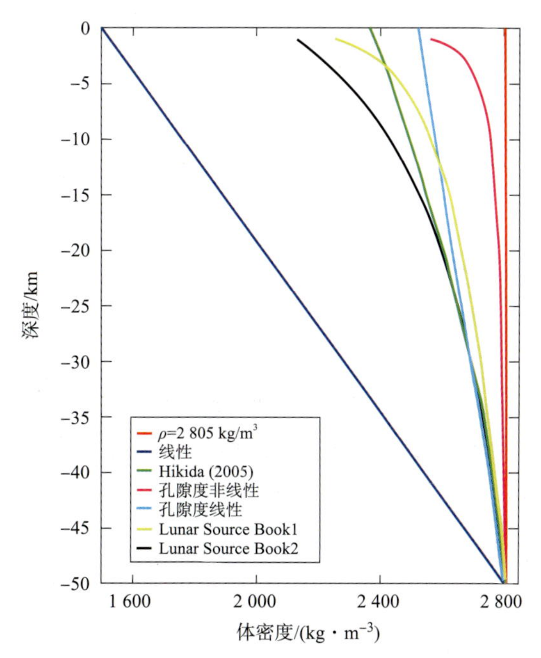

图 5.77　几种不同密度随深度变化的模型曲线

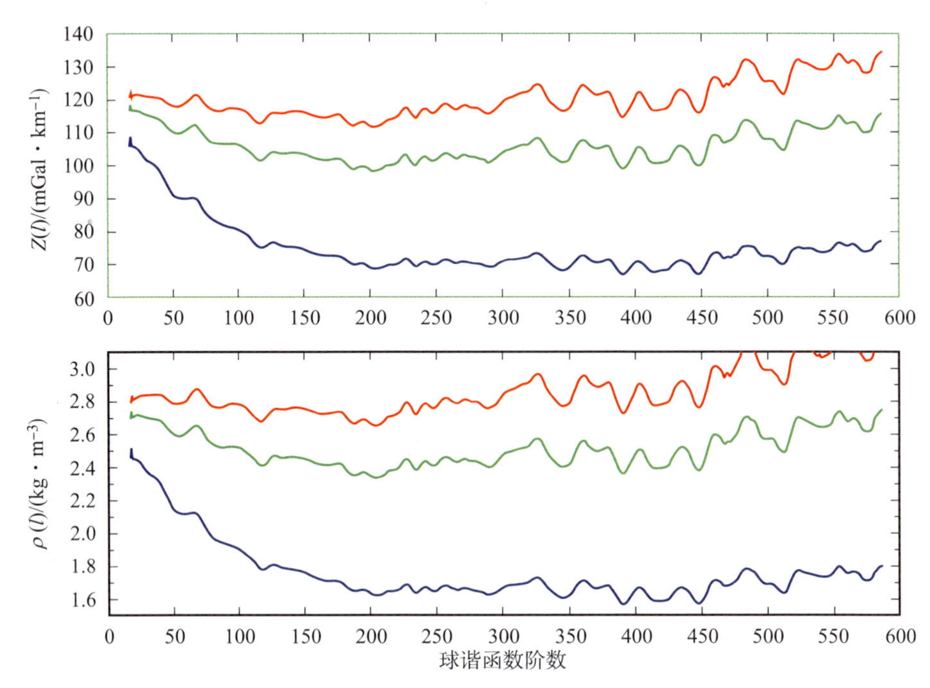

图 5.79　模拟的导纳和单层密度随阶次变化的结果

（红色曲线对应常密度模型，蓝色曲线对应线性密度模型，

绿色曲线对应 Hikida（2005）的密度模型）

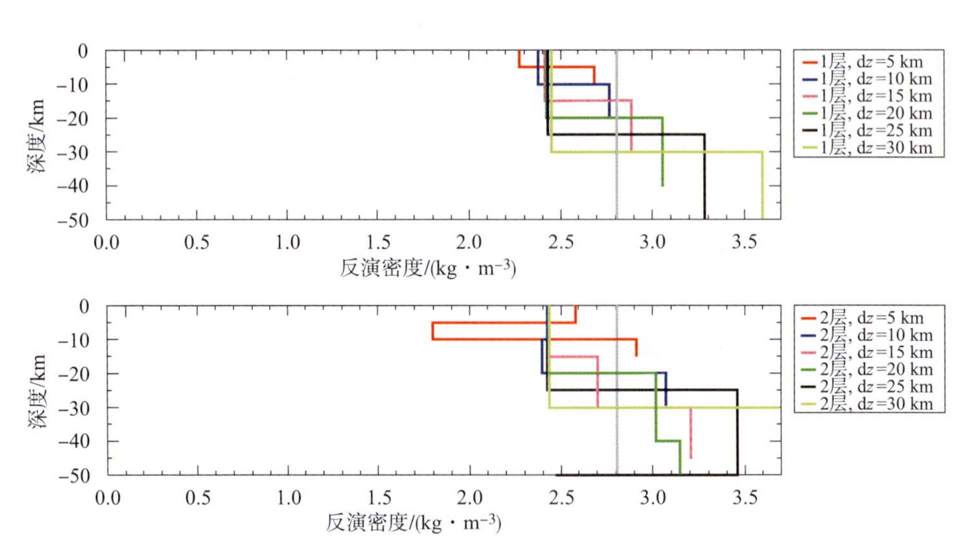

图 5.80　导纳法对常数月壳密度模型径向密度反演

（其中灰色实线代表实际的密度随深度变化曲线，不同颜色折线为不同分层的密度反演结果）

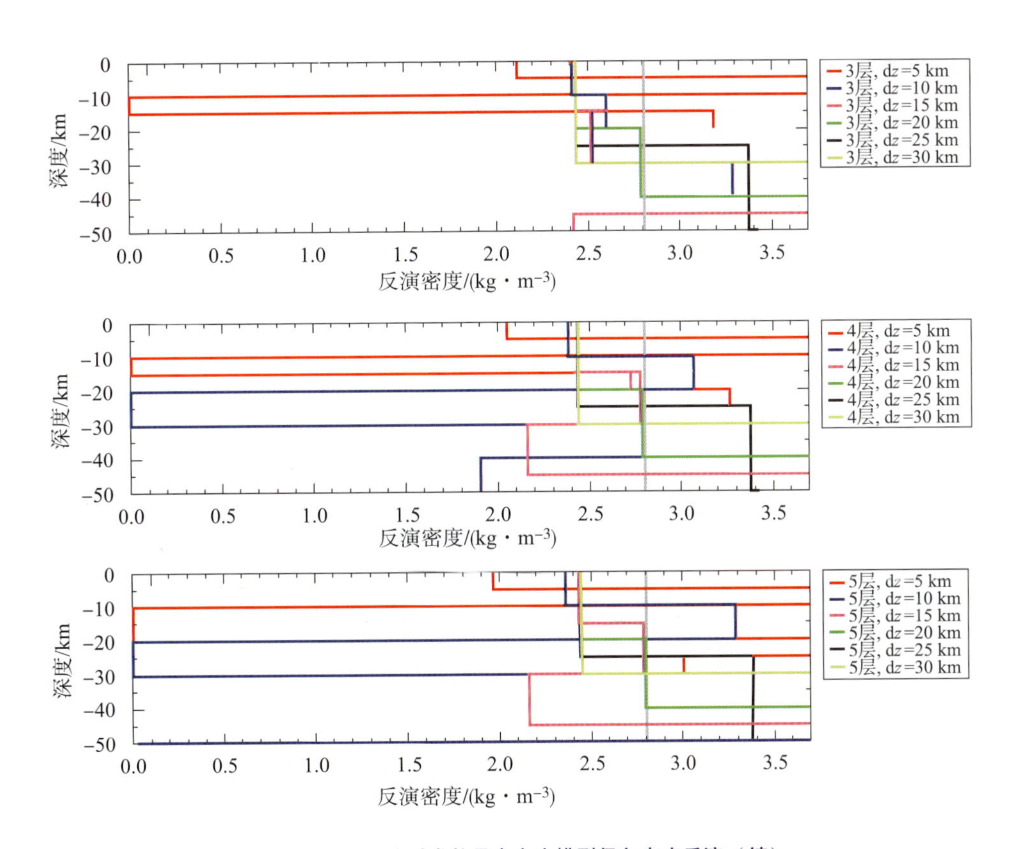

图 5. 80　导纳法对常数月壳密度模型径向密度反演（续）

（其中灰色实线代表实际的密度随深度变化曲线，不同颜色折线为不同分层的密度反演结果）

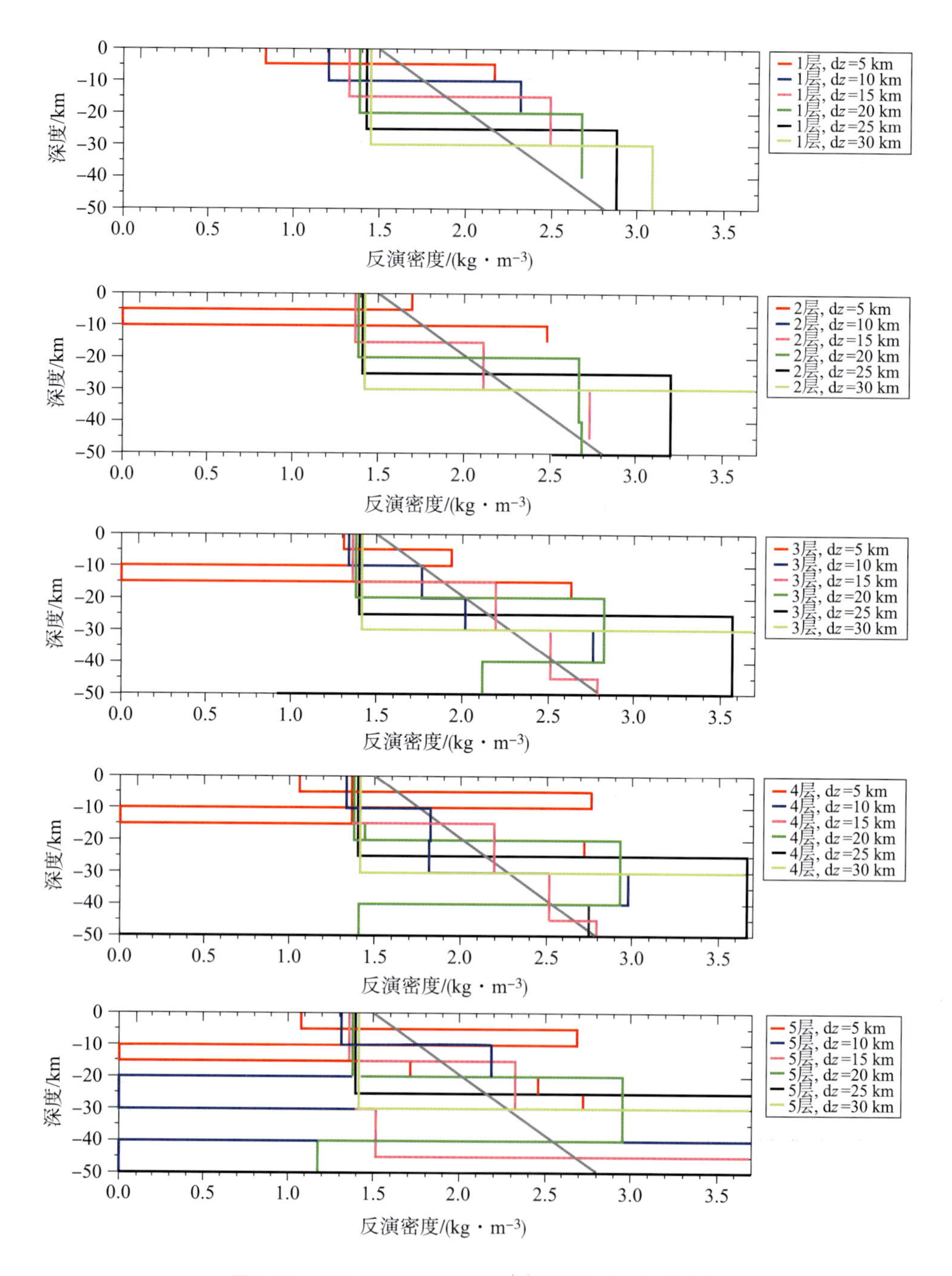

图 5.81　导纳法对月壳线性密度模型进行径向密度反演

（其中灰色实线代表实际的密度随深度变化曲线，不同颜色折线为不同分层的密度反演结果）

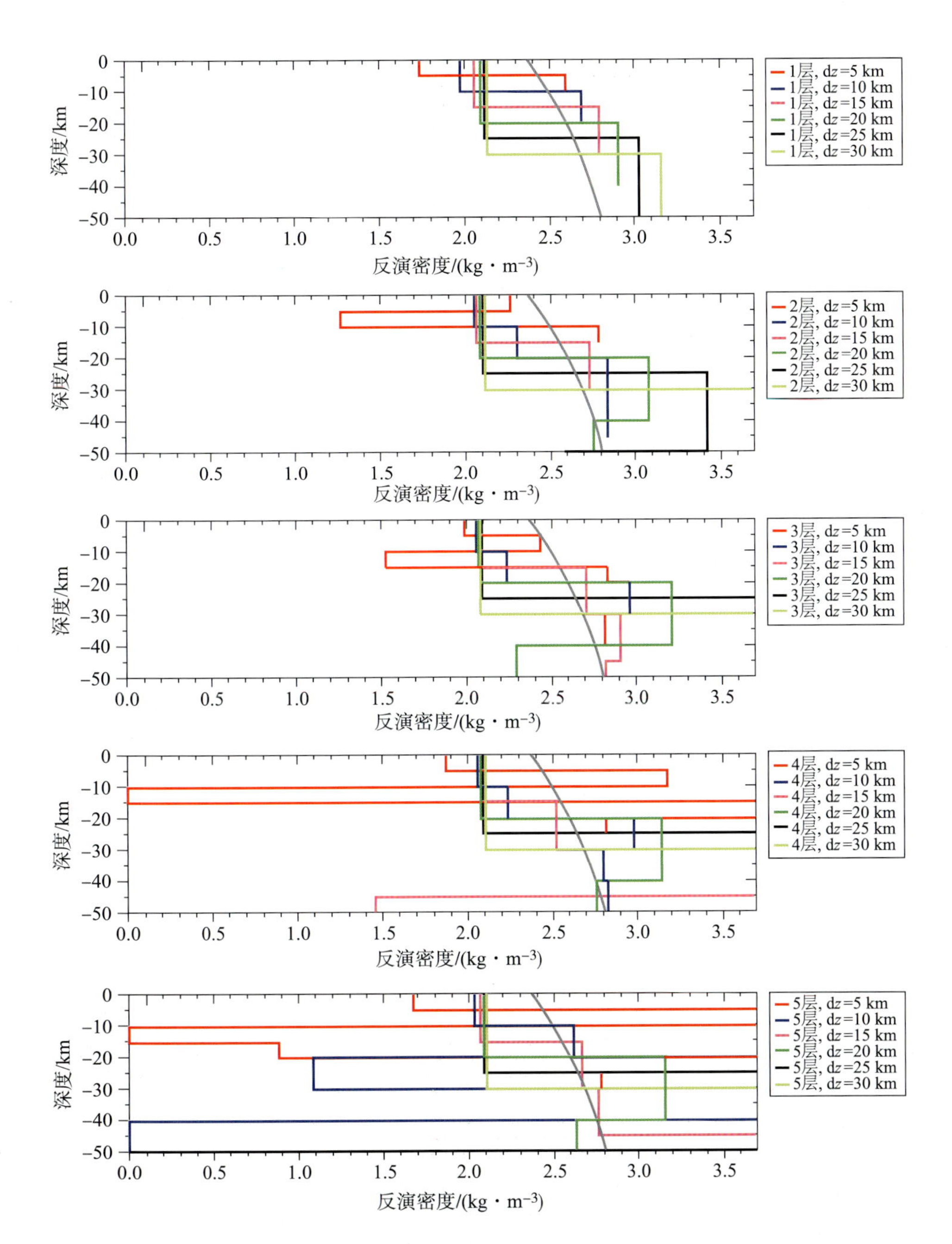

图 5. 82　导纳法对 Hikida（2005）月壳密度模型进行径向密度反演

（其中灰色实线代表实际的密度随深度变化曲线，不同颜色折线为不同分层的密度反演结果）